普通高等教育“十二五”规划教材

火力发电厂水处理

主　编　江亭桂
副主编　赵　斌　张　勇　王兴国

中国水利水电出版社
www.waterpub.com.cn

内 容 提 要

本书系统介绍了火力发电厂水处理中各处理单元的基本原理、设备结构和运行过程。主要内容包括：火力发电厂用水概况、水的混凝沉淀与澄清、水的过滤处理、离子交换的基本知识、水的离子交换处理、膜分离技术、凝结水精处理、锅炉设备的腐蚀与防护、炉内水处理以及水处理系统的工艺设计。

本书可作为高等学校热能与动力工程、电厂化学、电厂环境工程专业和电力企业培训的教材，也可供有关技术人员参考。

图书在版编目（CIP）数据

火力发电厂水处理 / 江亭桂主编. -- 北京 : 中国水利水电出版社, 2011.8 (2018.2重印)
普通高等教育“十二五”规划教材
ISBN 978-7-5084-8741-0

Ⅰ. ①火… Ⅱ. ①江… Ⅲ. ①火电厂－水处理－高等学校－教材 Ⅳ. ①TM621.8

中国版本图书馆CIP数据核字(2011)第156607号

书　　名	普通高等教育“十二五”规划教材 **火力发电厂水处理**
作　　者	主编　江亭桂　副主编　赵斌　张勇　王兴国
出版发行	中国水利水电出版社 （北京市海淀区玉渊潭南路1号D座　100038） 网址：www.waterpub.com.cn E-mail：sales@waterpub.com.cn 电话：（010）68367658（营销中心）
经　　售	北京科水图书销售中心（零售） 电话：（010）88383994、63202643、68545874 全国各地新华书店和相关出版物销售网点
排　　版	中国水利水电出版社微机排版中心
印　　刷	天津嘉恒印务有限公司
规　　格	184mm×260mm　16开本　17印张　403千字
版　　次	2011年8月第1版　2018年2月第2次印刷
印　　数	3001—4500册
定　　价	**38.00**元

前言

本书系统介绍了火力发电厂水处理中各处理单元的基本原理、设备结构和运行过程。主要内容包括：火力发电厂用水概况、水的混凝沉淀与澄清、水的过滤处理、离子交换的基本知识、水的离子交换处理、膜分离技术、凝结水精处理、锅炉设备的腐蚀与防护、炉内水处理以及水处理系统的工艺设计。

全书共分十章，由江亭桂、赵斌、张勇、王兴国四位老师共同编写，并由江亭桂任主编和统稿。各章节编写人员分工如下：江亭桂负责第一章、第四章、第五章和第十章的编写；赵斌负责第八章、第九章的编写；张勇负责第二章、第三章的编写；王兴国负责第六章、第七章的编写。在本书的编写过程中得到南京师范大学、河北联合大学、长春工程学院等相关院校的大力支持和帮助，在此谨表示诚挚的谢意！

本书可作为高等学校热能与动力工程、电厂化学、电厂环境工程专业和电力企业培训的教材，也可供有关技术人员参考。

本次编写是对多年来从事火力发电厂水处理教学工作的总结，另外在编写过程中参考了大量的教材、技术资料、标准和规范等，并引用了其中部分内容和图表，在此向原作者表示衷心的感谢！

本书内容广泛，涉及的学科较多，由于编者水平有限，加之各位都工作繁忙，书中难免存在不足和疏漏之处，敬请读者批评指正。

编 者

2011 年 6 月

前言

目录

第一章　火力发电厂用水概况

发电厂又称发电站，是将自然界蕴藏的各种一次能源转换为电能（二次能源）的工厂。发电厂主要可分为水力发电厂、火力发电厂和核电站等。水力发电厂是利用自然界水流的动能和势能推动水轮机而发电的，简称水电厂。利用煤、石油、天然气或其他燃料燃烧的化学热能将水加热变成蒸汽，用蒸汽推动汽轮机而发电的，称火力发电厂，简称火电厂。利用核燃料发电的电厂称核电站。还有些靠太阳能、风力和潮汐发电的小型电站。我国目前发电以火力发电为主。

第一节　水在火力发电厂中的作用

在火力发电厂中，水进入锅炉后，吸收燃料（煤、油或天然气）燃烧放出的热能，转变成蒸汽，进入汽轮机，在汽轮机中，高温高压的蒸汽冲动汽轮机叶片，带动汽轮机轴旋转，将热能转变成机械能；汽轮机带动发电机，将机械能转变成电能。所以锅炉、汽轮机和发电机为火力发电厂的主要设备。为了保证它们的正常运行，对锅炉用水的质量有很严格的要求，而且机组中蒸汽的参数越高，对其要求也越严。

一、火电厂气水循环系统

根据是否对外供气，火电厂又分为凝汽式发电厂和热电厂。

1. 凝汽式发电厂气水循环系统

在凝汽式发电厂中，水汽呈循环状运行，不对外供气。锅炉产生的蒸汽经汽轮机后进入凝汽器，在凝汽器中被冷却成凝结水，凝结水经凝结水泵送到低压加热器，加热后送入除氧器。再由给水泵将已除氧的水送到高压加热器后进入锅炉。图 1－1 所示就是凝汽式发电厂水汽系统的主要流程。

在上述系统中，气水的流动虽呈循环状，但这是主流，并非全部，在实际运行中总不免有些损失。造成气水损失的主要原因有如下几个方面。

（1）锅炉部分。锅炉的排污放水、锅炉安全门和过热器放汽门的向外排气，用蒸汽推动附属机械（如汽动给水泵），蒸汽吹灰和燃烧液体燃料（如油等）时采用蒸汽雾化法等，都要造成气水损失。

（2）汽轮机机组。汽轮机的轴封处要连续向外排气，在抽气器和除氧器排气口处会随空气排出一些蒸汽，造成损失。

（3）各种水箱。各种水箱（如疏水箱等）有溢流和热水的蒸发损失等。

（4）管道系统。各管道系统法兰盘连接处不严密和阀门漏泄等原因，也会造成气水损失。

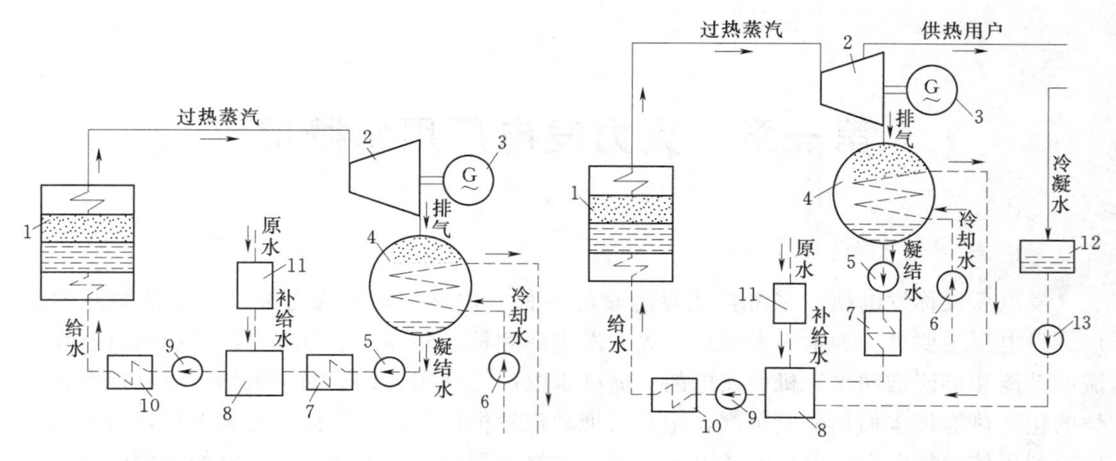

图 1-1　凝汽式发电厂水汽循环系统的主要流程

1—锅炉；2—汽轮机；3—发电机；4—凝汽器；5—凝结水泵；6—冷却水泵；7—低压加热器；8—除氧器；9—给水泵；10—高压加热器；11—水处理设备

图 1-2　热电厂水汽循环系统的主要流程

1—锅炉；2—汽轮机；3—发电机；4—凝汽器；5—凝结水泵；6—冷却水泵；7—低压加热器；8—除氧器；9—给水泵；10—高压加热器；11—水处理设备；12—返回凝结水箱；13—返回水泵

为了维持发电厂热力系统的水汽循环运行正常，就要用水补充这些损失，这部分水称为补给水，凝汽式发电厂在正常运行情况下，补给水量不超过锅炉额定蒸发量的 2%～4%。

2. 热电厂气水循环系统

有些火力发电厂除发电外，还向附近的工厂和住宅区供生产用气和取暖用热水，这种电厂称为热电厂。在热电厂中，由于用户用热方式不同和供热系统复杂等原因，送出的蒸汽大部分不能收回，气水损失很大，因此在热电厂中补给水量经常比凝汽式电厂大得多。图 1-2 所示就是热电厂水汽循环系统的主要流程。

二、水在气水循环系统中不同的名称

由于水在火力发电厂水汽循环系统中所经历的过程不同，水质常有较大的差别。因此，根据实用的需要，常给予这些水以不同的名称，现简述如下。

（1）原水（又称生水）。指未经任何处理的天然水（如江河、湖、地下水等），是火电厂中各种用水的来源。

（2）锅炉补给水。原水经过各种方法净化处理后，用来补充火力发电厂气水损失的水，称为锅炉补给水。锅炉补给水按其净化处理方法的不同，又可分为软化水、蒸馏水和除盐水等。

（3）凝结水。在汽轮机中做功后的蒸汽经冷凝成的水，称为凝结水。

（4）疏水。各种蒸汽管道和用汽设备中的蒸汽冷凝水，称为疏水。它经疏水器汇集到疏水箱或并入凝结水系统中。疏水系统往往比较复杂。在图 1-1 和图 1-2 中为了说明水汽循环的主要系统，所以未把它表示出来。

（5）返回水。热电厂向热用户供热后，回收的蒸汽冷凝水，称为返回水。返回水分为热网加热器冷凝水和生产返回冷凝水。

（6）给水。送进锅炉的水称为给水。凝汽式发电厂的给水，主要由凝结水、补给水和各种疏水组成。热电厂的给水组成中，还包括返回水。

（7）锅炉水。在锅炉本体的蒸发系统中流动着的水，称为锅炉水，习惯上简称炉水。

（8）冷却水。用作冷却介质的水称为冷却水。在电厂中，它主要是指通过凝汽器用以冷却汽轮机排气的水。

三、火电厂气水品质不良的危害

长期的实践使人们认识到，热力系统中水的品质，是影响火力发电厂热力设备（锅炉、汽轮机等）安全、经济运行的重要因素之一。没有经过净化处理的天然水含有许多杂质，这种水如进入气水循环系统，将会造成各种危害。为了保证热力系统中有良好的水质，必须对水进行适当的净化处理和严格地监督气水质量。火电厂中由于气水品质不良主要会引起如下危害。

1. 热力设备的结垢

进入锅炉的水中如果有易于沉积的物质或发生反应后生成难溶于水的物质，经过一段时间运行后，在和水接触的受热面上，会生成一些固体附着物，这种现象称为结垢，这些固体附着物称为水垢。水垢的导热性比金属差几百倍，又极易在热负荷很高的部位生成，使结垢部位的金属温度过高，引起金属强度下降，致使锅炉的管道发生局部变形、鼓包，甚至爆管；炉内结垢还会大大降低锅炉的热效率，从而影响火电厂的经济效益。

通常情况下，锅炉给水有硬度是造成结垢的主要原因，但对于高参数的大型锅炉，由于给水中硬度已被全部去除，故形成的水垢主要是铁的沉积物。

在汽轮机凝汽器内，冷却水水质问题导致的结垢会造成凝汽器真空度降低，从而使汽轮机的热效率和出力下降；加热器的结垢会使水的加热温度达不到设计值，使整个热力系统的经济性降低。

热力设备结垢后需要清洗，不但增加了检修工作量和费用，而且使热力设备的年运行时间减少。

2. 热力设备的腐蚀

火电厂热力设备的金属经常和水接触，若水质不良，则会引起金属腐蚀。易于发生腐蚀的设备有给水管道、各种加热器、锅炉省煤器、水冷壁、过热器和汽轮机凝汽器等。腐蚀不仅缩短设备本身的使用寿命，而且由于金属腐蚀产物转入水中，使给水中杂质增多，从而加剧炉管内的结垢过程，结成的垢又会加速炉管腐蚀，形成恶性循环。如果金属的腐蚀产物被蒸汽带到汽轮机中，则会沉积下来从而严重影响汽轮机的安全、经济运行。

3. 过热器和汽轮机内积盐

水质不良还会使引起锅炉产生的蒸汽不纯，随蒸汽带出的杂质就会沉积在蒸汽通过的各个部位、如过热器或汽轮机，这种现象称为积盐。过热器管内积盐会引起金属管壁过热甚至爆管，汽轮机内积盐会大大降低汽轮机的出力和效率。特别是高温高压大容量汽轮机，它的高压部分蒸汽流通的截面积很小，所以少量的积盐也会大大增加蒸汽流通的阻力，使汽轮机的出力下降。当汽轮机积盐严重时，还会使推力轴承负荷增大，隔板弯曲，造成事故停机。

火力发电厂水处理工作就是为了保证热力系统各部分有良好的气水品质，以防止热力设备的结垢、积盐和腐蚀。因此，在火电厂中，水处理工作对保证发电厂的安全、经济运行具有十分重要的意义。

第二节　天然水中的杂质

水是地面上分布最广的物质，几乎占据着地球表面的3/4，构成了洋、海、江、湖；此外在高山上和地球南北两极还常年有积雪和冰，地层中存有大量的地下水，大气中也有相当数量的水蒸气。水是一种溶解能力很强的溶剂，能溶解大气中、地表面和地下岩层里的许多物质，而且在天然水的流动过程中还会夹带一些固体物质，因此，天然水中往往含有很多杂质。

由于水处理方法与杂质颗粒的大小有关，在水处理工艺中，通常按这些杂质颗粒的大小，将其分成三类：悬浮物、胶体和溶解物质。表1－1所示为此种分类法。

表1－1　　水中杂质的分类

<table>
<tr><td>粒径
(mm)</td><td>10^{-7}</td><td>10^{-6}</td><td>10^{-5}</td><td>10^{-4}</td><td>10^{-3}</td><td>10^{-2}</td><td>10^{-1}</td><td>1</td><td>10</td></tr>
<tr><td>分类</td><td colspan="2">真溶液</td><td colspan="2">胶体溶液</td><td colspan="5">悬浮液</td></tr>
<tr><td>特征</td><td colspan="2">透明</td><td colspan="2">光照下浑浊</td><td colspan="3">浑浊</td><td colspan="2">肉眼可见</td></tr>
<tr><td rowspan="2">常用
处理法</td><td rowspan="2" colspan="2">离子交换、
电渗析、反渗透</td><td colspan="2">超滤</td><td colspan="2">精密过滤</td><td colspan="3">自然沉降、过滤</td></tr>
<tr><td colspan="7">混凝、澄清、过滤</td></tr>
</table>

一、悬浮物

悬浮物是粒径在10^{-4}mm（100nm）以上的粒子，一般情况下悬浮于水中的物质。它们在水中不稳定，分布也很不均匀。天然水中悬浮物可分为漂浮的、悬浮的和可沉降的。一些植物及腐烂体的相对密度小于1，一般漂浮于水面，称为漂浮物；一些黏土、砂粒之类的无机物的相对密度大于1，当水静止或流速缓慢时会下沉，称为可沉物；还有些其密度与水相近的，会悬浮在水中。由于悬浮物的存在，水体会变浑浊。

二、胶体

胶体是颗粒粒径在10^{-6}～10^{-4}mm（1～100nm）之间的微粒。胶体颗粒在水中有布朗运动，它们不能靠静置的方法自水中分离出来。而且，胶体表面带电，同类胶体之间有同性电荷的斥力，不易相互粘合成较大的颗粒，所以胶体在水中是比较稳定的。

胶体大都是由许多不溶于水的分子组成的集合体。有些溶于水的高分子化合物也被看做胶体，是因为它们的分子较大，具有与胶体相似的性质。在天然水中，属于前一种胶体的主要是硅、铁和铝的化合物，是一些无机物。属于后一种的多是因动植物腐烂而形成的有机胶体，其中主要是腐殖质，它们是水体产生色、嗅、味的主要原因。

水中胶体的存在，使水在光照下显得浑浊。

三、溶解物质

溶解物质是指颗粒直径小于10^{-6}mm（1nm）的微粒，大都以离子或溶解气体状态存在于水中，现概述如下。

1. 离子态杂质

天然水中常遇到的各种离子见表1-2，其中第一类是最常见的。这些离子的来源主要是当水流经地层时，溶解了某些矿物质。此外，天然水中还可能有少量化学组成不清楚的有机酸根与 H_2SiO_3 电离出的 $HSiO_3^-$，也属于离子态杂质。以下对几种主要的离子作一介绍。

表1-2　天然水中溶有离子的概况

类别	阳离子		阴离子		浓度的数量级
	名称	符号	名称	符号	
Ⅰ	钠离子 钾离子 钙离子 镁离子	Na^+ K^+ Ca^{2+} Mg^{2+}	碳酸氢根 氯离子 硫酸根	HCO_3^- Cl^- SO_4^{2-}	自几毫克每升到几万毫克每升
Ⅱ	铵离子 铁离子 锰离子	NH_4^+ Fe^{3+} Mn^{2+}	氟离子 硝酸根 碳酸根	F^- NO_3^- CO_3^{2-}	自十分之几毫克每升到几个毫克每升
Ⅲ	铜离子 锌离子 镍离子 钴离子 铝离子	Cu^{2+} Zn^{2+} Ni^{2+} Co^{2+} Al^{3+}	硫氢酸根 硼酸根 亚硝酸根 溴离子 碘离子 磷酸氢根 磷酸二氢根	HS^- BO_2^- NO_2^- Br^- I^- HPO_4^{2-} $H_2PO_4^-$	小于十分之几毫克每升

(1) 钙离子（Ca^{2+}）。在含盐量少的水中，Ca^{2+} 的量常常在阳离子中占第一位。天然水中的 Ca^{2+}，主要来自地层中的石灰石（$CaCO_3$）和石膏（$CaSO_4 \cdot 2H_2O$）的溶解。$CaCO_3$ 在水中的溶解度虽然很小，但当水中含有二氧化碳（CO_2）时，$CaCO_3$ 就较易溶解。这是因为它们相互反应而生成溶解度较大的碳酸氢钙｛$Ca(HCO_3)_2$｝的缘故，其反应见式（1-1）。

$$CaCO_3 + CO_2 + H_2O = Ca(HCO_3)_2 \tag{1-1}$$

(2) 镁离子（Mg^{2+}）。水中 Mg^{2+} 的来源大都由白云石（$MgCO_3 \cdot CaCO_3$）受含 CO_2 水的溶解而致。白云石在水中的溶解和石灰石相似。白云石中碳酸镁（$MgCO_3$）的溶解反应，见式（1-2）。

$$MgCO_3 + CO_2 + H_2O = Mg(HCO_3)_2 \tag{1-2}$$

在含盐量少的水中，Mg^{2+} 的浓度一般为 Ca^{2+} 的25%～50%；在含盐量大（>1000mg/L）的水中，有的 Mg^{2+} 浓度和 Ca^{2+} 浓度大致相等，有的 Mg^{2+} 浓度较大。

(3) 碳酸氢根（HCO_3^-）。水中的 HCO_3^-，主要是由于水中溶解的 CO_2 和碳酸盐反应后产生的。反应式参看式（1-1）和式（1-2）。HCO_3^- 常是天然水中最主要的阴离子。

(4) 氯离子（Cl^-）。天然水中都含有 Cl^-，这是因水流经地层时，溶解了其中的氯化物。常见氯化物的溶解度都很大，随着地下水和河流带入海洋，逐渐积累起来，造成海水中含有大量的氯化物。

(5) 硫酸根 (SO_4^{2-})。天然水中都含有 SO_4^{2-}，一般地下水 SO_4^{2-} 的含量比河、湖水中的大。地层中的石膏 ($CaSO_4 \cdot 2H_2O$) 是水中 SO_4^{2-} 的重要来源。

2. 溶解气体

天然水中常见的溶解气体有氧和二氧化碳，有时还有硫化氢、二氧化硫和氨等。

(1) 氧 (O_2)。天然水中 O_2 的主要来源是大气中 O_2 的溶解。因为空气中含有20.95%的氧，水与大气接触使水体具有自动充氧的能力。另外，水中藻类的光合作用也产生一部分的氧，但这种光合作用并不是水体中氧的主要来源，因为在白天这种光合作用产生的氧，又在夜间的新陈代谢过程中消耗了。各种地表水因为各地的水温和气压不同，溶解氧的含量相差较大。地下水因不与大气相接触，氧的含量一般低于地表水。天然水的氧含量，一般在几至十几毫克每升之间。因为水中的溶解氧对金属有腐蚀作用，所以，火力发电厂用水中含有溶解氧通常是不利的。

(2) 二氧化碳 (CO_2)。天然水中的 CO_2 主要来源是水中或泥土中有机物的氧化和分解，也有的是地层深处进行的地质化学过程生成的。至于大气中的 CO_2，因为含量只有0.03%～0.04%（体积百分率），而气体在水中的溶解度是和水面上该气体的分压力成正比的（称为亨利定律），相应的 CO_2 溶解度仅为0.5～1.0mg/L。所以自大气中溶入的 CO_2 并非天然水中含有大量 CO_2 的来源，恰恰相反，天然水中 CO_2 还会向大气中析出。

天然水中 CO_2 含量通常在几十至几百毫克每升之间。地面水中 CO_2 含量不超过20～30mg/L，地下水中 CO_2 含量较高，有时达到几百毫克每升。

水中 O_2 和 CO_2 的存在是金属发生腐蚀的主要原因。

第三节　火电厂用水的水质指标

水质是指水和其中杂质共同表现出的综合特性，也就是常说的水的质量。表示水中杂质个体成分或整体性质的项目，称为水质指标，它是衡量水质好坏的参数。

由于各种工业过程中对水质的要求不同，所以采用的水质标准也有差别。火电厂用水根据其使用性质制定了的水质指标，如表1-3所示。

表1-3　　水质指标

名称	符号	常用单位	名称	符号	常用单位
悬浮物	—	mg/L	电导率	DD或K	μS/cm
浊度	—	NTU	碱度	A	mmol/L (H^+)
透明度	—	cm	硬度	H	mmol/L $\left(\frac{1}{2}Me^{2+}\right)$
溶解盐类	DS	mg/L	碳酸盐硬度	H_T	mmol/L $\left(\frac{1}{2}Me^{2+}\right)$
含盐量	c S	mmol/L $\left(\frac{1}{n}I^n\right)$ mg/L	非碳酸盐硬度	H_F	mmol/L $\left(\frac{1}{2}Me^{2+}\right)$
溶解固体		mg/L	耗氧量	COD	mg/L

续表

名称	符号	常用单位	名称	符号	常用单位
含油量		mg/L	磷酸根	PO_4^{3-}	mg/L
稳定度			硝酸根	NO_3^-	mg/L
pH			亚硝酸根	NO_2^-	mg/L
溶解氧	O_2	mg/L	钙	Ca^{2+}	mg/L
二氧化碳	CO_2	mg/L	镁	Mg^{2+}	mg/L
碳酸氢根	HCO_3^-	mg/L	钾	K^+	mg/L
碳酸根	CO_3^{2-}	mg/L	钠	Na^+	mg/L
氯离子	Cl^-	mg/L	铵	NH_4^+	mg/L
硫酸根	SO_4^{2-}	mg/L	铁	Fe^{3+}	mg/L
硅酸根	SiO_3^{2-}	mg/L	铝	Al^{3+}	

火电厂用水的水质指标有两类：一类指标是表示水中杂质离子的组成的成分指标，如 Ca^{2+}、Mg^{2+}、Na^+、SO_4^{2-}、Cl^- 等；另一类指标是表示某些化合物之和或表征某种性能，这些指标是由于技术上的需要而专门制定的，故称为技术指标。

一、悬浮固体与浊度

悬浮固体是水样在规定的条件下，经过滤能够分离出来的固体，单位为 mg/L。这项指标仅能表征水中颗粒较大的悬浮物，而不包括能穿透滤纸的颗粒小的悬浮物及胶体，所以有较大的局限性。此法需要将水样过滤，滤出的悬浮物需经烘干和称量等手续，操作麻烦，不易用作现场的监督指标。

浊度是反映水中悬浮物和胶体含量的一个综合性指标，它是利用水中悬浮物和胶体颗粒对光的散射作用来表征其含量的一种指标，即表示水浑浊的程度。

浊度通过专用光电浊度仪来测定，操作简便迅速。由于标准水样配制方法不同，所使用单位也不相同，目前以福马肼聚合物［由硫酸肼 $N_2H_2SO_4$ 和六次甲基四胺 $(CH_2)_6N_4$ 配制成的浑浊液］作为浊度标准的对照溶液，与水样相比较，所测得的浊度单位用福马肼单位（FTU 或 NTU）表示。

二、溶解盐类

1. 含盐量

含盐量是表示水中各种溶解盐类的总和，由水质全分析的结果，通过计算求出。含盐量有两种表示方法：一是质量表示法，即将水中各种阴、阳离子的含量以质量浓度（mg/L）为单位全部相加；另一种是摩尔表示法，即将水中各种阳离子或阴离子均按带一个电荷的离子为基本单位，计算其摩尔浓度（mmol/L），然后将它们（阳离子或阴离子）相加。

由于水质全分析比较麻烦，所以常用溶解固体近似表示，或用电导率衡量水中含盐量的多少。

2. 溶解固体

溶解固体是在规定的条件下，水样经过滤除去悬浮固体后，在 105～110℃下经蒸干所得的固体量，单位用 mg/L 表示。由于在过滤时水中的部分胶体和有机物与溶解盐类一样能穿过滤纸，在蒸发过程中水中的碳酸氢盐转变成了碳酸盐，在此温度下还有一些湿分和结晶水不能除尽，所以溶解固体只能近似表示水中溶解盐类的含量。

3. 电导率

表示水中离子导电能力的大小的指标，称作电导率。由于溶于水的盐类都能电离出具有导电能力的离子，所以电导率可以反映水中含盐量的多少。水越纯净，含盐量越低，电导率越小。水的电导率的大小除了与水中离子含量有关外，还和离子的种类有关，单凭电导率不能计算水中含盐量。在水中离子的组成比较稳定的情况下，可以根据试验求得电导率与含盐量的关系，将测得的电导率换算成含盐量。

电导率是电阻率的倒数，单位为 S/cm，实用上，由于水的电导率常常很小，所以经常用 μS/cm 的单位，它是 S/cm 的 10^{-6}。电导率可用电导率仪测定，是衡量水中含盐量最简便和迅速的方法，是表征水中溶解盐类的替代指标，也是水纯净程度的一个重要指标。

水中离子的导电性能与温度有较大关系，一般水样每升高 1℃，可使电导率升高约 2%。所以在测定电导率值时，应将水保持一定的温度，或将此值换算至某一标准温度下的数值，通常取 25℃的电导率为标准值，以便于比较。此外，还应注意有些溶于水的气体，如 CO_2 和 NH_3，虽不会形成含盐量，也会产生具有导电性的离子。

三、硬度

硬度是用来表示水中某些容易形成的垢类以及洗涤时容易消耗肥皂的一类物质，是水中二价及以上的金属阳离子的浓度之和，用符号 H 或 YD 表示。对于天然水来说，硬度主要由 Ca^{2+}、Mg^{2+} 构成，其他高价金属离子如 Fe^{3+}、Al^{3+} 的含量很少，所以通常认为硬度就是指水中这两种离子的含量。水中钙离子含量称钙硬度 H_{Ca}，镁离子含量称镁硬度 H_{Mg}，总硬度是指钙硬度和镁硬度之和。即 $H=H_{Ca}+H_{Mg}=\left[\frac{1}{2}Ca^{2+}\right]+\left[\frac{1}{2}Mg^{2+}\right]$。根据 Ca^{2+}、Mg^{2+} 与阴离子组合形式的不同，又可将硬度分为碳酸盐硬度和非碳酸盐硬度两类。

1. 碳酸盐硬度（H_T）

碳酸盐硬度是指水中钙、镁的碳酸氢盐及碳酸盐的含量。因为天然水中碳酸根的含量常很小，所以一般将碳酸盐硬度看作钙、镁的碳酸氢盐的含量。此类硬度在水沸腾时就从溶液中析出而产生沉淀，所以有时又叫暂时硬度。如反应式（1-3）和式（1-4）所示。

$$Ca(HCO_3)_2 \xrightarrow{\Delta} CaCO_3\downarrow + H_2O + CO_2\uparrow \tag{1-3}$$

$$\begin{aligned} Mg(HCO_3)_2 \xrightarrow{\Delta} & MgCO_3 + H_2O + CO_2\uparrow \\ & \downarrow + H_2O \\ & Mg(OH)_2\downarrow + CO_2\uparrow \end{aligned} \tag{1-4}$$

2. 非碳酸盐硬度（H_F）

非碳酸盐硬度是指水中钙、镁的硫酸盐、氯化物等的含量。这种硬度在水沸腾时不能析出沉淀，所以有时又称永久硬度。

硬度的常用单位是 $mmol/L\left(\frac{1}{2}Me^{2+}\right)$，$Me^{2+}$ 代表 Ca^{2+} 和 Mg^{2+}，$\frac{1}{2}Me^{2+}$ 说明计算硬

度时采用的是带一个电荷的基本单元。

此外，硬度还可用“度”或“$ppmCaCO_3$”表示。用“度”这个单位时，经常使用的是德国度，以符号°G表示。1°G相当于10mg/LCaO所形成的硬度；美国常用的硬度单位为$ppmCaCO_3$，ppm表示百万分之一，与mg/L大致相当。这三种硬度单位的关系是

$$1mmol/L\left(\frac{1}{2}Me^{2+}\right)=2.8°G=50ppmCaCO_3$$

【例1-1】　某水分析结果：Ca^{2+}为62.1mg/L，Mg^{2+}为13.6mg/L，试用各种方法表示水的硬度。

解：$\frac{1}{2}Ca^{2+}$和$\frac{1}{2}Mg^{2+}$的摩尔质量分别为20g/mol和l2.15g/mol，故

$$H=H_{Ca}+H_{Mg}=c\left(\frac{1}{2}Ca^{2+}\right)+c\left(\frac{1}{2}Mg^{2+}\right)$$

$$=\frac{62.1}{20}+\frac{13.6}{12.15}=4.22\ (mmol/L)$$

$$=4.22\times2.8=11.82\ (°G)$$

$$=4.22\times50=211\ (ppmCaCO_3)$$

四、碱度和酸度

1. 碱度

水的碱度是指水中能够与强酸进行中和反应的物质含量，用符号A或JD表示。碱度表示水中含OH^-、$CO_3{}^{2-}$、$HCO_3{}^-$及其他一些弱酸盐类量的总和，因为这些盐类在水溶液中都呈碱性，可以用酸中和，所以归纳为碱度。

天然水的碱度主要由$HCO_3{}^-$构成。

当水中同时存在有$HCO_3{}^-$和OH^-的时候，就发生如式（1-5）所示的化学反应。

$$HCO_3{}^-+OH^-\longrightarrow CO_3{}^{2-}+H_2O \tag{1-5}$$

故水中不能同时含有$HCO_3{}^-$碱度和OH^-碱度。

碱度因为是用酸中和的办法来测定的，所以当采用的指示剂不同，也就是滴定终点不同时，所测得的物质也不同。常用的指示剂为酚酞和甲基橙。用酚酞作指示剂，滴定至红色消失，此时pH值约为8.3，水仍为微碱性，测得的碱度称酚酞碱度；当用甲基橙为指示剂时，滴定终点pH值为4.3～4.5，溶液呈橙红色，测得的碱度称甲基橙碱度，此时OH^-中和成H_2O，$HCO_3{}^-$和$CO_3{}^{2-}$均中和成H_2CO_3，所以甲基橙碱度又称总碱度。

通常所称的碱度，如不加特殊说明，就是指总碱度，即甲基橙碱度。碱度的单位为mmol/L（H^+），这里H^+表示中和用酸的基本单元。

2. 酸度

酸度是指水中含有能与强碱（如NaOH、KOH等）起中和作用的物质的量。可能形成酸度的物质有强酸、强酸弱碱盐、弱酸和酸式盐。

天然水中酸度的主要成分是碳酸和$HCO_3{}^-$的盐类，一般没有强酸酸度。在电厂水处理过程中，如H^+交换器出水会出现强酸酸度。

酸度的测定是用强碱标准溶液滴定的，所用指示剂不同，所得到的酸度不同。如用甲基橙为指示剂，滴定终点 pH 值为 3.7，测出的是强酸酸度；用酚酞作指示剂，终点 pH 值为 8.3，测出的则是水中的全部酸度。

五、有机物

天然水中的有机物种类繁多，成分也很复杂，分别以溶解物、胶体和悬浮状态存在，因此很难进行逐类测定。通常利用有机物比较容易被氧化这一特征，用某些指标间接地反映水中有机物的含量，下面对这些间接技术指标的概念作简单介绍。

1. 化学需氧量（COD）

在规定条件下，用氧化剂处理水样时，单位体积水所消耗该氧化剂量，计算时折合为氧的质量浓度，即为化学需氧量，简写代号为 COD，单位以 mg/LO_2 表示。化学需氧量越高，表示水中有机物越多。目前常用的氧化剂有重铬酸钾和高锰酸钾。氧化剂不同，测得有机物的含量也不同。由于每一种有机物的可氧化性不同，每一种的氧化能力也不同，所以化学需氧量只能表示所用氧化剂在规定条件下所能氧化的那一部分有机物的含量，并不表示水中全部有机物的含量。如用重铬酸钾 $K_2Cr_2O_7$ 作氧化剂，在强酸加热沸腾回流的条件下，以银离子作催化剂，可对水中 85%～95%以上的有机物进行氧化，不能被完全氧化的是一些直链的、带苯环的有机物，这种方法基本上能反映水中有机物的总量。如用高锰酸钾作氧化剂，只能氧化约 70%的一些比较容易氧化的有机物，并且有机物的种类不同，所得的结果也有很大差别。所以这项指标具有明显的相对性，目前它较多地用于轻度污染的天然水和清水的测定。

用 $KMnO_4$ 作氧化剂测得的有机物用 COD_{Mn} 标注，用 $K_2Cr_2O_7$ 作氧化剂测得的有机物用 COD_{Cr} 标注。

测定化学耗氧量时，应严格控制氧化反应条件，温度、氧化时间和 pH 值对测定结果影响较大。

2. 生化需氧量（BOD）

生化需氧量是指利用微生物氧化水中有机物，单位体积所需要的氧量，符号为 BOD，单位也是用 mg/LO_2 表示。生化需氧量越高，表示水中可生物降解的有机物含量越多。同样，它也不能表示水中全部的有机物。

由于利用微生物氧化水中有机物是一种生化反应，所以反应速率一般比化学反应慢，而且受温度的影响。因此，测定生化需氧量时，一般规定在 20℃时测定。当温度等于 20℃时，河流中有机物的氧化分解需要几个月甚至更长时间才能完成，全过程需要的氧量叫总生化需氧量。因此，目前都以 5 天作为测定生化需氧量的标准时间，用 BOD_5 表示。一般 BOD_5 约为最终需氧量的 60%～70%，因此 BOD_5 具有一定的代表性。

3. 总有机碳（TOC）

总有机碳是指水中有机物的总含碳量，即将水样中的有机物在 900℃高温和加催化剂的条件下气化、燃烧，这时水样中的有机碳和无机碳全部氧化成 CO_2，然后利用红外线气体分析仪分别测定总的 CO_2 量和无机碳产生的 CO_2 量，两者之差即为总有机碳量。

第四节　天然水的特征及分类

一、天然水的特征

1. 大气降水（雨、雪）

天然的雨、雪本来是比较洁净的，但当它们在下降和在地面上或在地下流动的过程中，接触了泥土、岩石、空气和树木等自然界的物质，加上有时受到废水废物的人为污染，水中就会溶有很多杂质。雨雪中的杂质主要是氧、氮和二氧化碳等气体；在广大居民地区和工业中心地区的雨雪中，含有硫化氢、硫酸、煤烟和一些尘埃等杂质；在海洋地区的雨水中，则含有一些氯化钠。雨水的硬度不大于70～100μmol/L，含盐量不大于40～50mg/L。这种天然水体虽然纯度较高，但难以收集，无法采用，所以不适宜作发电厂用水的水源。

2. 江河水

江河水易受自然条件影响，是水圈中最为活跃的部分。江河水在时间与空间上都有很大的差异。通常，河水中悬浮物和胶体杂质含量较多，浊度高于地下水。

因各地区的自然条件和对水利资源的利用情况不同，江河水的水质有很大差别，特别是我国，幅员广大、河流纵横，即使是同一河流，也常常在上游和下游、夏季和冬季、雨天和晴天，水质有所不同。

我国华东、中南和西南地区因为土质和气候条件较好，草木丛生，水土流失较少，河水浑浊度一般很低，只有在雨季河水较浑浊，每年平均浊度都在100～400度之间或更低。东北地区河流的悬浮物含量也不大，一般其浊度在数百度以下。华北和西北的河流，特别是黄土地区，悬浮物含量高，变化幅度大，暴雨时，挟带大量泥沙，河水中悬浮物含量在短短几小时内，可由几百毫克每升骤增至几万毫克每升。最突出的是黄河，冬季河水浊度只有几十度，夏季悬浮物含量可达几万毫克每升，洪峰时甚至高达几十万毫克每升。

我国江河水的含盐量和硬度都比较低，含盐量一般在70～900mg/L之间，硬度在1.0～8.0mmol/L$\left(\frac{1}{2}Me^{2+}\right)$之间。

3. 湖泊及水库水

湖泊及水库水主要由河水补给，水质与河水类似。但由于湖水流动性小，储存时间长，经过长期自然沉淀，浊度较低，只有在风浪时浊度上升。水的流动性小，透明度高，又给水中生物特别是藻类的繁殖创造了良好的条件。因而，湖水一般含藻类较多，使水产生色、臭、味。因为湖水进出水交替缓慢，停留时间比河水长，当含有较多的氮与磷时，就会使湖水富营养化。由于湖水不断得到补给，又不断蒸发，故含盐量往往比河水高。湖泊按含盐量分，有淡水湖、微咸水湖和咸水湖。微咸水湖和咸水湖含盐量在1000mg/L以上直至数万毫克每升。

4. 地下水

水在地层渗透过程中，悬浮物和胶体已基本或大部分除掉，水质清澈，且水源不易受到外界污染和气温影响，因而水质较稳定。由于地下水流经岩层时，溶解了各种可溶性物质，故水的含盐量通常高于地表水（除了海水）。至于含盐量的多少及盐类的成分，则取决于地下水流经地层的矿物质成分、地下水埋深和与岩石接触时间等。我国水文地质条件比较复杂，各地区地下水含盐量相差很大，但大部分在200～500mg/L之间。一般情况下，多雨地区如东南沿海地区及西南地区，由于地下水受大量雨水补给，可溶性盐大部分早已溶失，故含盐量少；干旱地区如西北、内蒙古等地，地下水含盐量较高。地下水在地层中不能通畅流动，溶解氧量很少。如果有机物在土壤中较多，把氧气消耗于生物后，就会进行厌氧分解，产生CO_2、H_2S等气体溶于水中，使水具有还原性。还原性的水可以溶解一些金属如铁、锰等，故地下水含铁、锰比地表水高。

5. 海水

海水是天然水体的主要组成部分，由于长时间的蒸发浓缩作用，海水中含有大量的溶解盐类，通常高达3.5%，其中以氯化钠含量最高，约占总含盐量的89%，其次是硫酸盐和硅酸盐。钙、镁离子总和达50～70mmol/L，有时高达100～200mmol/L。海水最大的特点是，各地区海水中各种盐类或离子的质量基本保持不变。目前，海水已是沿海缺水城市制取淡水的水源，也是工业冷却用水的水源。在海滨的火力发电厂，海水是凝汽器的冷却用水。

二、天然水的分类

在水处理中，有时为了选择处理方法、对水处理设备进行工艺计算，或者判断可能生成沉积物的组成，需要对天然水体进行分类。天然水体分类的方法有许多种，这里主要从电厂水处理的角度进行分类。

（一）按含盐量分类

按水中含盐量的高低，可将天然水分为四种类型，如表1-4所示。

表1-4　天然水按含盐量分类

低含盐量水	中等含盐量水	较高含盐量水	高含盐量水
<200mg/L	200～500mg/L	500～1000mg/L	>1000mg/L

我国江河水属于低含盐量的约占一半，其他都是中等含盐量水，地下水大部分是中等含盐量水。

（二）按硬度分类

按水中硬度的高低，可将天然水分为五种类型，如表1-5所示。

表1-5　天然水按硬度分类

极软水	软　水	中等硬度水	硬　水	极硬水
<1.0mmol/L	1.0～3.0mmol/L	3.0～6.0mmol/L	6.0～9.0mmol/L	>9.0mmol/L

我国江河水的硬度情况是：在东南沿海一带最低，大都小于0.5mmol/L，为极软水区；愈向西北硬度愈大，最大可达3～6mmol/L；东北地区，硬度由北向南增大，松花江和东北沿海又低达0.5～1.0mmol/L。

（三）按阴阳离子的相对含量分类

水中溶解性的盐类都是以离子状态存在的，所以水分析的结果常以离子表示，但在水处理中有时将阴、阳离子结合起来，写成化合物的形式。结合顺序的排列原则是：阳离子按 Ca^{2+}、Mg^{2+}、$Na^{+}+K^{+}$ 的顺序排列，阴离子按 HCO_3^-、SO_4^{2-}、Cl^- 的顺序排列，即 Ca^{2+} 和 HCO_3^- 首先结合，若有剩余的 Ca^{2+} 则与 SO_4^{2-} 结合，再与 Cl^- 结合；若有剩余的 HCO_3^- 则与 Mg^{2+} 结合，再与 Na^+ 或 K^+ 结合。根据它们的含量，作图解如图 1－3 所示。

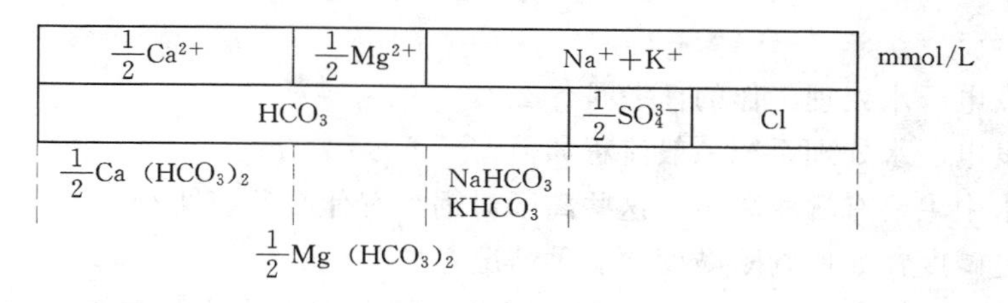

图 1－3　水中离子的假想组合

这种结合排列的理由：一是根据电中性原则，即全部阳离子所带的正电荷与全部阴离子所带的负电荷相等，当以带一个电荷的摩尔质量为基本单元时，全部阳离子的毫摩尔数等于全部阴离子的毫摩尔数；二是根据组合形成化合物的溶解度大小，溶解度小的先结合。Ca^{2+} 和 Mg^{2+} 的碳酸氢盐最易转化成沉淀物，其次是它们的硫酸盐；阳离子 Na^+ 和 K^+、阴离子 Cl^- 都不易生成沉淀物。

根据上述这种假想结合原则，又可以将天然水分成碱性水和非碱性水。

1. 碱性水

碱性水是指碱度大于硬度（$A>H$）的水，即 $[HCO_3^-]>\left[\frac{1}{2}Ca^{2+}\right]+\left[\frac{1}{2}Mg^{2+}\right]$，如图 1－3 所示。由图 1－3 可知，在碱性水中，Ca^{2+} 和 Mg^{2+} 都是以 $Ca(HCO_3)_2$、$Mg(HCO_3)_2$ 的状态存在，而没有 Ca^{2+} 的非碳酸盐硬度，另外还有一部分 $NaHCO_3$，称过剩碱度 A_G，在早期的水处理中也称“负硬度”。即

$$A_G = A - H$$

2. 非碱性水

非碱性水是指硬度大于碱度（$H>A$）的水，即 $\left[\frac{1}{2}Ca^{2+}\right]+\left[\frac{1}{2}Mg^{2+}\right]>[HCO_3^-]$，如图 1－4 所示。由图 1－4 可知，在非碱性水中，有 Ca^{2+} 和 Mg^{2+} 的非碳酸盐硬度，而没有过剩碱度 A_G。

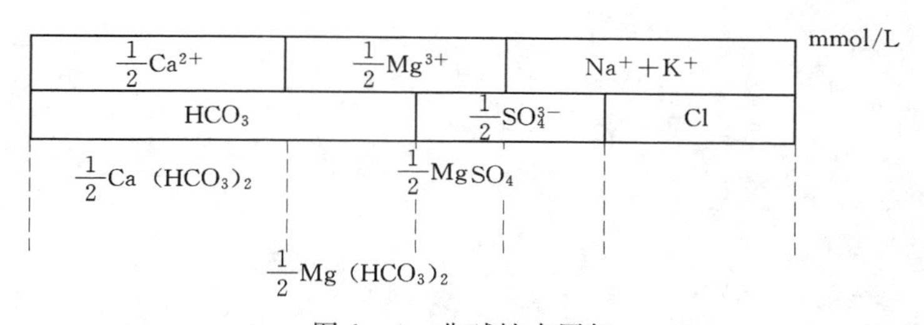

图 1－4　非碱性水图解

此外，也可将水分作碳酸盐型和非碳酸盐型，前者为 $[HCO_3^-] > \left[\frac{1}{2}SO_4^{2-}\right] + [Cl^-]$，后者是 $[HCO_3^-] < \left[\frac{1}{2}SO_4^{2-}\right] + [Cl^-]$。我国的水多数为碳酸盐型。

习题与思考题

1. 火力发电厂水处理工作的任务是什么？

2. 火力发电厂水处理系统一般流程如何？

3. 天然水中主要有哪些离子？这些离子对锅炉有什么危害性？

4. 什么是碱度？如何判断碱度的五种情况？

5. 什么是硬度？它的分类如何？它与碱度之间存在什么样的关系？通过这些关系你能判断水的性质吗？

6. 负硬水进入锅炉是否会结垢？结什么性质的水垢？

7. 某水经分析结果如下：Ca^{2+} 为 84mg/L，Mg^{2+} 为 24mg/L，试计算水中硬度各为多少 mmol/L、°G 和 ppm$CaCO_3$。

8. 哪些物质在水中同时具有硬度和碱度？哪些物质在水中只有硬度没有碱度？哪些物质在水中只有碱度没有硬度？

9. 根据下面资料推算这些阴离子、阳离子之间应该形成什么化合物？用图例表示。此水属于哪种类型，并计算水中含盐量、碳酸盐硬度、非碳酸盐硬度、负硬、总硬度各为多少？未处理有何危害？阴阳离子是否平衡？

Ca^{2+} = 72ppm　　Mg^{2+} = 14.6ppm　　Na^+ = 5.0ppm

HCO_3^- = 250ppm　　SO_4^{2-} = 38ppm　　Cl^- = 5.6ppm

10. 按下述分析结果计算水中含盐量、碳酸盐硬度、非碳酸盐硬度、总碱度和总硬度各为多少？（以 mmol/L 表示）

Ca^{2+} = 61.1mg/L　　Mg^{2+} = 13.7mg/L　　Na^+ = 3.5mg/L

HCO_3^- = 219.6mg/L　　SO_4^{2-} = 9.6mg/L　　Cl^- = 17.7mg/L

第二章　水的混凝沉淀与澄清

第一节　胶体化学基础

水中的杂质按其颗粒大小可分为三类，颗粒最大的称为悬浮物（粒径为100nm～1μm），其次是胶体（粒径为1.0～100nm），最小的是离子和分子（粒径为0.1～1.0nm）。悬浮物颗粒尺寸较大，易于在水中下沉或上浮，胶体颗粒尺寸很小，在水中长期静置也难以下沉。水中的胶体通常有黏土、某些细菌及病毒、腐殖质、蛋白质及有机高分子物质。天然水中的胶体一般带负电荷，有时也含有少量带正电荷的金属氢氧化物胶体。水中粒径较小的悬浮物及胶体须通过混凝的方法去除。由于混凝的机理、混凝剂的选用与水中胶体的性质密切相关，本节首先介绍胶体的一般知识。

一、胶体的结构

胶体颗粒由胶核、吸附层和扩散层三部分组成，如图2-1所示。胶体的中心，通常是由数十、数百甚至数千个分子聚集而成的固体颗粒，它不溶于水而成为胶体颗粒的核心，称为胶核。胶核表面吸附了一层带有电荷的离子，这些离子可以是胶核的组成物直接电离而产生的，也可以是从水中选择性的吸附离子而造成的，这层离子称为电位形成离子，它决定了胶体电荷的大小和符号。如果电位形成离子为阳离子，胶核带正电，如果电位形成离子为阴离子，胶核带负电。

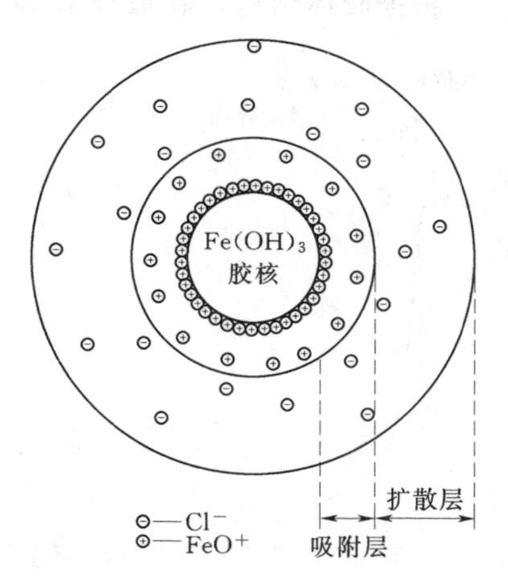

图2-1　胶团的结构

由于电位形成离子的静电引力，在其周围又吸附了大量的异号离子，被吸引的离子称反离子，这样就在胶核与周围水溶液之间的界面区域内形成一个双电层结构。双电层可以按照它们活动情况的不同分成两个层次。

（1）吸附层，包括电位形成离子和部分与电位形成离子结合紧密的反离子，吸附层的离子紧挨着胶核，跟胶核吸附得比较牢固，它跟随胶核一起运动。

（2）扩散层，即除固定反离子以外的其他反离子。扩散层跟胶核距离远一些，受热运动的影响较大，所以这些离子比较活泼，容易扩散。

自然界中的物质大都是电中性的，胶态物质也是如此，在静止状态下，胶体双电层中正负电荷的量必然相等，这种包括双电层中全部离子在内的电中性颗粒称为胶团，图2-1所示的颗粒便是指胶团。

当胶体颗粒在溶液中运动时，由于扩散层中的反离子与胶核之间的静电引力较弱，所以有部分反离子不会跟着一起移动，在扩散层中形成一个滑动界面，滑动界面内的颗粒，称为胶粒。所谓胶体带电，实际上是胶粒带电。

胶体的此种结构也可以用简单的式子来表示，如以 $FeCl_3$ 水解形成的 Fe $(OH)_3$ 胶体为例，其表达见图 2-2。

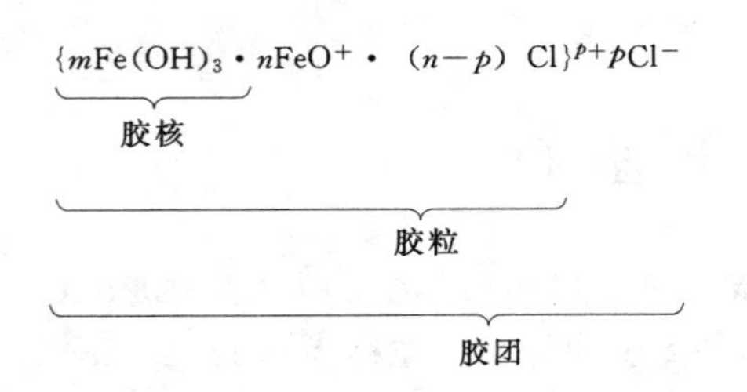

图 2-2　氢氧化铁胶体结构式

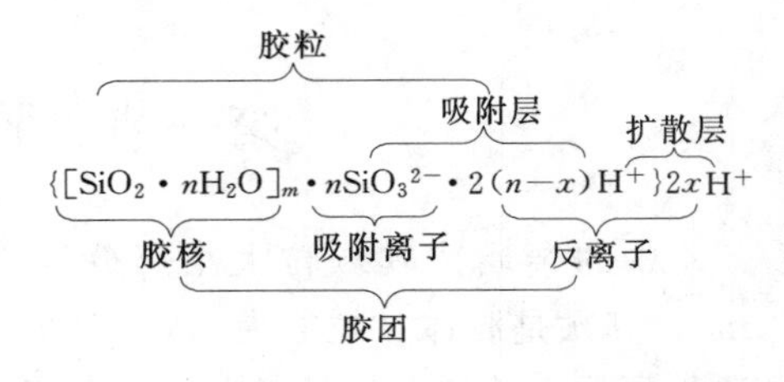

图 2-3　硅酸胶体结构式

胶粒除了像图 2-1 所示的带有正电荷以外，也可带负电荷。在天然水中，胶粒都带负电，例如胶态黏土和腐殖质等。硅酸胶体结构式如图 2-3 所示。m 个 $SiO_2 \cdot nH_2O$ 分子聚集成胶核，胶核表面的 H_2SiO_3 有微弱的电离。胶核选择吸附与其组成类似的 n 个 SiO_3^{2-} 离子；H^+ 为反离子，总数为 $2n$ 个，其中 2 $(n-x)$ 个被带负电的 SiO_3^{2-} 所吸引，共同构成胶粒中的吸附层；其余的 $2x$ 个 H^+ 则分布在扩散层中，胶粒带负电荷。

根据胶体结构，在胶体颗粒和溶液之间有以下三种特征电位：胶核表面处的电位 (φ_0)，即热力学电位；吸附层与扩散层分界处的电位 (φ_d)；滑动界面处的电位 (ξ)，此电位称为电动电位。这三种电位和胶体双电层的关系可参看图 2-4。

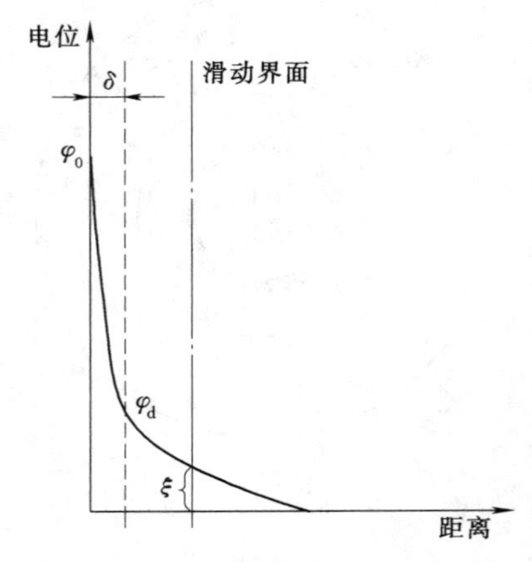

图 2-4　双电层结构和相应的电位

胶体的 ξ 电位值可以用 ξ 电位仪测定。此种仪器所测量的实质上是胶体的电泳速度，由于 ξ 电位与电泳速度之间有一定的关系，所以可以此求得 ξ 电位。

ξ 电位的大小不仅决定于胶体的本质，且与该溶液中的离子组成有关，特别是溶液中某些对 ξ 电位有特殊影响的电解质浓度。例如，水中 H^+ 的浓度（pH 值）对天然水中胶体的 ξ 电位有很大的影响，其原因是这些胶体大都由两性化合物组成，它们的带电是由于其两性基团的电离，而 pH 值的改变影响了两性基团的电离度。

一般而论，胶体的 ξ 电位都会随水溶液中盐类含量的增大而减小。此种影响主要是由于水中电解质数量增多时，它的渗透压加大，因而促使胶体扩散层中的水向溶液本体渗透，结果使扩散层压缩，ξ 电位下降。当扩散层压缩到一定程度时，ξ 电位可以降到零，这一点称为该胶体的等电点，此时，胶体实质上已不具有带电性能。

二、胶体的稳定性及脱稳

化学混凝所处理的对象，主要是水中的微小悬浮物和胶体杂质。微小粒径的悬浮物和胶体，能在水中长期保持分散悬浮状态，即使静置数十小时以上，也不会自然沉降。这是由于胶体微粒及细微悬浮颗粒具有“稳定性”。

胶粒稳定性的原因有如下几个方面：

（1）由于上述的胶粒带电现象，带相同电荷的胶粒产生静电斥力，而且ξ电位越高，胶粒间的静电斥力越大。静电斥力不仅与ξ电位有关，还与胶粒的间距有关，距离越近，斥力越大。

（2）受水分子热运动的撞击，使微粒在水中作不规则的运动，即“布朗运动”。分子不停地做布朗运动，从而克服重力引起的沉降作用。

（3）水化作用。由于胶粒带电，将极性水分子吸引到它的周围形成一层水化膜。水化膜同样能阻止胶粒间相互接触。但是，水化膜是伴随胶粒带电而产生的，如果胶粒的电位消除或减弱，水化膜也就随之消失或减弱。

胶粒之间还存在着相互引力——范德华引力。范德华引力的大小与胶粒间距的2次方成反比，而布朗运动的动能不足以将两颗胶粒推进到使范德华引力发挥作用的距离。因此，胶体微粒不能相互聚结而长期保持稳定的分散状态。

胶体的稳定性是相对的、有条件的。当胶体的稳定因素受到破坏，胶粒碰撞时会合并变大，从介质中析出而下沉，称为聚沉。使胶体聚沉的主要措施是使其胶粒带的电荷量减小或消失，也就是使ξ电位减小或等于零。促使形成上述情况的方法有以下几种。

（1）加入带相反电荷的胶体，使水中原有胶体和加入的胶体发生电中和。如果这两种胶体的量不是过大，则可降低两种胶体的ξ电位，从而发生聚沉，两者比例不适当，则聚沉不完全，甚至不发生聚沉。

（2）添加带高价反离子（和胶粒电荷符号相反的离子）的电解质。电解质聚沉能力的大小，常用临界聚沉浓度表示，即一定量溶胶在一定时间内发生聚沉所需电解质溶液的最小浓度。一般反离子的价数越高，聚沉能力越强。一价、二价、三价反离子的临界聚沉浓度之比近似与离子价数的六次方成反比，即Shulze－Hardy规则。同价离子的聚沉能力虽然接近，但也有不同。此外，一些有机物离子，特别是一些表面活性剂和聚酰胺类化合物的离子，具有非常强的聚沉能力。

（3）还可用增大溶液中盐类浓度的方法，使胶体的双电层压缩。这是因为水溶液中盐类浓度增大时，其渗透压加大，胶体双电层中水分向溶液中渗透，结果是双电层被压缩，ξ电位下降。

第二节　水的混凝处理

混凝就是水中胶体粒子以及微小悬浮物的聚集过程。影响这一过程的因素包括水中胶体粒子的性质、混凝剂在水中的水解及胶体粒子与混凝剂之间的相互作用。

一、混凝机理

化学混凝的机理至今仍未完全清楚。因为它涉及的因素很多，如水中杂质的成分和浓度、水温、水的pH值、碱度，以及混凝剂的性质和混凝条件等。但归结起来，可以认为主要是四方面的作用。

1. 压缩双电层作用

水中胶粒能维持稳定的分散悬浮状态，主要是由于胶粒的ξ电位。如能消除或降低胶粒的ξ电位，就有可能使微粒碰撞聚结，失去稳定性。当向水中投加电解质（混凝剂）后混凝剂提供的大量正离子会涌入胶体扩散层甚至吸附层。因为胶核表面的总电位不变，增加扩散层及吸附层中的正离子浓度，就使扩散层减薄，ξ电位降低。当大量正离子涌入吸附层以致扩散层完全消失时，ξ电位为零，称为等电状态。在等电状态下，胶粒间静电斥力消失，胶粒最易发生聚结。实际上，ξ电位只要降至某一程度而使胶粒间排斥的能量小于胶粒布朗运动的动能，胶粒就开始产生明显的聚结，这时的ξ电位称为临界电位。胶粒因电位降低或消除以致失去稳定性的过程，称为胶粒脱稳。脱稳的胶粒相互聚结，称为凝聚。

压缩双电层作用是阐明胶体凝聚的一个重要理论。它特别适用于无机盐混凝剂所提供的简单离子的情况。但是，如仅用双电层作用原理来解释水中的混凝现象，会产生一些矛盾。例如，三价铝盐或铁盐混凝剂投量过多时效果反而下降，水中的胶粒又会重新获得稳定。于是提出了第二种作用。

2. 吸附电中和作用

吸附电中和作用是指胶粒表面对异号离子、异号胶粒或链状高分子带异号电荷的部分有强烈的吸附作用，由于这种吸附作用中和了胶粒表面的电荷，减少了静电斥力，胶体发生脱稳和凝聚，相互吸引形成稳定的絮体沉降下来。在这种情况下若吸附过多的反离子（即投药过多），电荷变号，排斥力增加，胶体重新稳定。该机理可解释当三价铝盐或铁盐混凝剂投量过多所导致的胶体再稳现象。

3. 吸附架桥作用

三价铝盐或铁盐以及其他高分子混凝剂溶于水后，经水解和缩聚反应形成高分子聚合物，具有线性结构。这类高分子物质可被胶体微粒所强烈吸附，当它的一端吸附某一胶粒后，另一端又吸附另一胶粒，在相距较远的两胶粒间进行吸附架桥，使颗粒逐渐结大，形成肉眼可见的粗大絮凝体。这种由高分子物质吸附架桥作用而使微粒相互黏结的过程，称为絮凝。

4. 沉淀物网捕作用

带负电荷的胶粒暴露在了铝盐或铁盐水解形成水合金属氢氧化物的附近，由于这些水合金属氢氧化物是带有较高正电荷的阳离子高分子，故而会对带负电荷的胶粒产生吸附作用。当阳离子高分子继续水解形成氢氧化物沉淀时，形成絮凝状沉淀在水底。

对于不同类型的混凝剂，上述四种作用机理所起的作用程度不相同。对高分子混凝剂特别是有机高分子混凝剂，吸附架桥可能起主要作用；对于铝盐和铁盐类无机混凝剂，压缩双电层作用和吸附架桥作用以及网捕作用都具有重要作用。

二、混凝剂和助凝剂

（一）混凝剂

混凝剂的种类较多，常可分为无机盐类混凝剂和高分子混凝剂两大类。无机盐类混凝剂目前主要是铁盐和铝盐混凝剂，高分子混凝剂包括无机高分子混凝剂和有机高分子混凝剂两类。

1. 无机盐类混凝剂

目前应用最广的是铝盐和铁盐。

铝盐中主要有硫酸铝、明矾等。$Al_2(SO_4)_3$有固、液两种形态，我国常用固态硫酸铝，其产品有精制和粗制两种。精制硫酸铝是白色结晶体，价格较贵。粗制硫酸铝的Al_2O_3含量不少于14.5%～16.5%，不溶杂质含量不大于24%～30%，价格较低，但质量不稳定，因含不溶杂质较多，增加了药液配制和排除废渣等方面的困难。明矾是硫酸铝和硫酸钾的复盐，$Al_2(SO_4)_3$含量约10.6%，是天然矿物。硫酸铝混凝效果较好，使用方便，但水温低时，铝盐水解困难，形成的絮凝体较松散，不易沉降，效果不及铁盐，常需与助凝剂配合使用。

铁盐中主要有三氯化铁、硫酸亚铁和硫酸铁等。$FeCl_3 \cdot 6H_2O$是铁盐混凝剂中最常用的一种，极易溶解，形成的絮凝体较紧密，易沉淀，因此处理低温低浊水的效果优于硫酸铝；但三氧化铁腐蚀性强，易吸水潮解，不易保管。$FeSO_4 \cdot 7H_2O$俗称绿矾，是半透明绿色结晶体，离解出的二价铁离子Fe^{2+}不具有三价铁盐的良好混凝作用，同时，残留在水中的Fe^{2+}会使处理后的水带色，Fe^{2+}与水中某些有色物质作用后，会生成颜色更深的溶解物，因此使用时应将二价铁通过氯化、曝气等方式氧化成三价铁。

2. 无机高分子混凝剂

聚合铝和聚合铁是目前国内外研制和使用比较广泛的无机高分子混凝剂。

(1) 聚合铝。水处理工艺中常用的聚合铝属于聚合氯化铝（简称PAC），它是一种由碱式氯化铝聚合而成的无机高分子化合物。它的化学式可以表示成碱式盐$Al_n(OH)_mCl_{3n-m}$（称为碱式氯化铝）或聚合物$[Al_2(OH)_nCl_{6-n}]_m$（称为聚氯化铝）的形式。

聚合铝组成中的OH和$\frac{1}{3}$Al的相对含量对其性质有很大影响。此量常用碱化度B来表示。其意义为它们浓度的百分比，即

$$B=\frac{[OH]}{\left[\frac{1}{3}Al\right]}\times 100\%$$

式中　$[OH]$——聚合铝中OH^-的浓度，mol/L；

$\left[\frac{1}{3}Al\right]$——聚合铝中$\frac{1}{3}Al^{3+}$的浓度，mol/L。

碱化度是聚氯化铝的一个重要指标，它对该混凝剂的影响是：碱化度约在30%以下时，混凝剂全部由小分子构成，混凝能力低；随着碱化度的上升，胶性增大，混凝能力上升。若碱化度过大时，溶液不稳定，会生成氢氧化铝的沉淀物。一般，B值控制在50%～80%之间。

由于聚合铝加到水中时可直接形成高效能的聚合离子，不经水解和聚合反应，所以它具有以下许多优点：①适用范围广，对于低浊度水、高浊度水、有色水和某些工业废水等，都有优良的混凝效果；②用量少。按Al_2O_3计，其用量可减少到硫酸铝的$\frac{1}{2}\sim\frac{1}{3}$；③操作容易，一般pH值为7～8都可取得良好的效果，低温时效果仍稳定；④形成凝聚

快；⑤加药过多也没有害处。

（2）聚合铁。聚合铁包括聚合硫酸铁（PFS）和聚合氯化铁（PFC），其中，聚合硫酸铁已投入生产使用，它是碱式硫酸铁的聚合物，化学式可以表示为 $[Fe_2(OH)_n(SO_4)_{3-\frac{n}{2}}]_m$。

聚合铁为红褐色黏性液体，具有优良的混凝效果，除色和除有机物的效果优于铁盐，对于低温和低浊度水，也能取得良好效果，且腐蚀性远比三氯化铁小。

3. 有机高分子混凝剂

有机高分子混凝剂有天然的和人工合成的。这类混凝剂都具有巨大的线状分子。每一大分子有许多链节组成。链节间以共价键结合。我国当前使用较多的是人工合成的聚丙烯酰胺，简称PAM，其结构式为

$$\left[\begin{array}{c}-CH_2-\underset{\displaystyle CONH_2}{\underset{|}{CH}}-\end{array}\right]_n$$

聚丙烯酰胺的聚合度可多达20000～90000，相应的分子量高达150万～800万。因为它在水中不离解，因此称之为非离子型聚合物。有机高分子混凝剂由于分子上的链节与水中胶体微粒有极强的吸附作用，混凝效果优异，但制造过程复杂，价格较贵。另外，由于聚丙烯酰胺的单体——丙烯酰胺有一定的毒性，如制备饮用水时，其产品中单体残留量应严格控制。

（二）助凝剂

当单用混凝剂不能取得良好效果时，可投加某些辅助药剂以提高混凝效果，这种辅助药剂称为助凝剂。从广义上讲，凡能提高或改善混凝剂作用效果的化学药剂均可称为助凝剂。其作用原理与具体用途有关，如对于藻类过量繁殖的情况，可加入氧化剂进行预氧化提高混凝效果；对于低温低浊水处理，可加入有机或无机高分子助凝剂增大絮体尺寸、增加絮体密度，提高沉速；对于碱度较低的原水，可投加碱进行pH值调整；对于硫酸亚铁，可加氧气将 Fe^{2+} 氧化成 Fe^{3+} 等；对于有机类废水，可加入一定量的氧化剂破坏有机物对胶体的稳定作用；对于含铁、锰废水，氧化剂可使铁和锰的有机物络合物破坏，有利水中铁、锰和有机物的去除。

综上所述，助凝剂通常包括四类：有机与无机高分子，如活化硅酸、聚丙烯酰胺、骨胶等；pH值调节剂，如盐酸、硫酸和碱石灰；无机颗粒，如黏土等；氧化剂或还原剂。

三、影响混凝效果的主要因素

影响混凝剂选用及混凝效果的因素较复杂，主要有水温、水质和水力条件等，其中，水温对混凝效果的影响较大，水质因素中包括水中颗粒的性质和含量、水中荷电的溶解性有机物和离子的成分及含量、水的pH值和碱度等，水力条件主要指搅拌强度和反应时间。现就主要因素分述如下。

1. 水温

水温对混凝效果有明显的影响。无机盐类混凝剂的水解是吸热反应，水温低时，水解困难。特别是硫酸铝，当水温低于5℃时，水解速率非常缓慢；水温低，水的黏度增大，不利于脱稳胶粒的相互絮凝；水温低时还可使胶体颗粒的水化作用增强，妨碍胶体凝聚；

此外水温还与水的 pH 值有关，低温下混凝最佳 pH 值将提高。

改善低温条件混凝效果的办法是投加高分子助凝剂（如活化硅酸、PAM 等）或用气浮法代替沉淀法作为后续处理。

2. pH 值及碱度

水的 pH 值对混凝的影响程度视混凝剂的品种而异。因铝盐在水解过程中所生成的氢氧化铝胶体是典型的两性化合物，因此 pH 值对于铝盐混凝剂的影响很大，用硫酸铝去除水中浊度时，最佳 pH 值范围在 6.5～7.5 之间；当用于除色时，最佳 pH 值在 4.5～5 之间。用三价铁盐时，最佳 pH 值范围在 6.0～8.4 之间，比硫酸铝宽。如用硫酸亚铁，应首先将二价铁氧化为三价铁，当 pH＞8.5 和水中有足够溶解氧时可完成此氧化过程，这就使设备和操作较复杂。为此，常采用氯化法。高分子混凝剂尤其是有机高分子混凝剂受 pH 值的影响较小，故对水的 pH 值变化适应性较强。

当使用铝盐或铁盐等无机混凝剂时，水解过程中不断产生 H^+。当原水中碱度不足或混凝剂投量较大时，水的 pH 值将大幅度下降，影响混凝效果。为使 pH 值保持在最佳的范围内，原水中应有充足的碱度缓冲，当碱度不足时应通过投加石灰或碳酸氢钠等碱性物质使 pH 值保持在最佳范围内。

3. 水中杂质的成分性质和浓度

水中杂质的成分、性质和浓度都对混凝效果有明显的影响。例如，水中的黏土类杂质，如粒径细小而均一，则混凝效果差；颗粒浓度过低也不利于混凝；水中如存在大量的有机物质，会吸附于胶粒表面，使水中胶体微粒具备了有机物的高度稳定性，混凝效果变差。

4. 水力条件

混凝过程中的水力条件对絮凝体的形成影响极大。整个混凝过程可以分为两个阶段：混合和反应，这两个阶段对水力条件的要求有较大差异。

混合阶段的要求是使药剂迅速均匀地扩散到全部水中以创造良好的水解和聚合条件，使胶体脱稳并借颗粒的布朗运动和紊动水流进行凝聚。因此该阶段水流应产生激烈的湍流。混合宜快速剧烈，通常在 10～30s，一般不超过 2min。搅拌强度按速度梯度计，一般 G 在 700～1000s^{-1}之内。

反应阶段的要求是使混合阶段形成的微絮体通过絮凝形成大的具有良好沉淀性能的絮凝体。反应阶段的搅拌强度或水流速度应随着絮凝体的结大而逐渐降低，以免结大的絮凝体被打碎。反应阶段的平均 G 值在 20～70s^{-1}范围内。

第三节　沉淀基本理论

水中悬浮物、经混凝后形成的絮体、污泥可在重力作用下与水进行分离，这一过程称为沉淀。沉淀法适用于去除 20～100μm 及以上的颗粒。根据水中悬浮物的密度、浓度及凝聚性，沉淀可分为四种基本类型，即自由沉淀、絮凝沉淀、拥挤沉淀和压缩沉淀。

（1）自由沉淀。颗粒在沉淀过程中互不干扰，呈离散状态，其形状、尺寸、密度等均不改变，下沉速度恒定。

（2）絮凝沉淀。絮凝沉淀的条件是颗粒具有絮凝性。在沉降过程中，其尺寸、质量会随深度增加而加大，沉速亦随深度增加而加大。如混凝沉淀池及二次沉淀池的生物污泥的沉淀过程。

（3）拥挤沉淀。亦称区域沉淀、成层沉淀。颗粒在水中浓度较大时，在下沉过程中彼此干扰，在清水与浑水之间形成明显的界面，并逐渐下降。污泥浓缩过程即属拥挤沉淀。

（4）压缩沉淀。颗粒在水中的浓度增高到颗粒相互接触并部分地受到支撑，颗粒沉降面缓慢下降，并挤出颗粒间隙水。沉淀池的下部污泥区及污泥浓缩池下部属压缩沉淀。

一、自由沉淀

悬浮颗粒在层流水体中的沉降速度可用下式表示

$$u=\sqrt{\frac{4}{3}\cdot\frac{g}{C_D}\cdot\frac{\rho_s-\rho}{\rho}d} \tag{2-1}$$

式中　ρ_s、ρ——颗粒和水的密度；

g——重力加速度；

d——颗粒粒径；

C_D——阻力系数，是一个与雷诺数 Re 有关的量。

C_D值可划分为层流，过渡和紊流三个区。

（1）层流区，此时 $Re\leqslant 1$。

$$C_D=\frac{24}{Re} \tag{2-2}$$

而

$$Re=\frac{ud}{\nu} \tag{2-3}$$

式中　ν——水的运动黏度。

将式（2-2）、式（2-3）代入式（2-1），得以斯托克斯（Stokes）公式表示的沉降速度，即

$$u=\frac{g(\rho_s-\rho)d^2}{18\mu} \tag{2-4}$$

式中　μ——水的动力黏度。

由式（2-4）可知，在层流水体中影响颗粒沉降速度 u 的因素有三个，即颗粒粒径 d、颗粒与水的密度差（$\rho_s-\rho$）及水的动力黏度 μ。密度差或粒径越大则沉降速度越快，越易沉淀去除，因此对分散性颗粒及胶体颗粒如果用药剂混凝方法，使颗粒变大，则可大大改善颗粒沉降速度；密度差越大，沉降速度越快；水的动力黏度 μ 越小则沉降速度越快，因黏度与水温成反比，提高水温有利于加速沉淀。

（2）过渡区，此时 $1<Re<1000$，C_D值可近似用下式表示

$$C_D=\frac{10}{\sqrt{Re}} \tag{2-5}$$

式（2-5）代入式（2-1）得到阿兰（Allen）公式表示的沉降速度为

$$u=\left[\left(\frac{4}{225}\right)\frac{(\rho_s-\rho)^2g^2}{\mu\rho}\right]^{\frac{1}{3}}d \tag{2-6}$$

（3）紊流区，此时 $1000<Re<25000$，C_D接近于常数 0.4，代入式（2-1），得牛顿

(Newton) 公式表示的沉降速度为

$$u = 1.83\sqrt{\frac{\rho_s - \rho}{\rho}dg} \tag{2-7}$$

由以上推导过程可知，式 (2-4)、式 (2-6)、式 (2-7) 是在不同 Re 范围内的基本公式 (2-1) 特定形式。在计算具体条件下的沉降速度时需根据雷诺数选择相应的公式，而雷诺数又与沉降速度本身有关 [式 (2-3)]，计算过程通常是先假定沉降速度 u，再经试算以求得确定的 u 值。具体计算过程可参考相关书籍。

二、絮凝沉淀

絮凝沉淀的悬浮颗粒浓度不高，但沉淀过程中大颗粒会赶上小颗粒，互相碰撞凝聚，形成更大的絮凝体，沉速 u_0 在下沉过程中不断增加，而颗粒在沉淀池内向前的水平分速 v 恒定，沉淀的轨迹呈曲线（图 2-5）。沉淀过程中，颗粒的质量、形状和沉速是变化的，实际沉速很难用理论公式计算，需通过试验测定。化学混凝沉淀属絮凝沉淀。

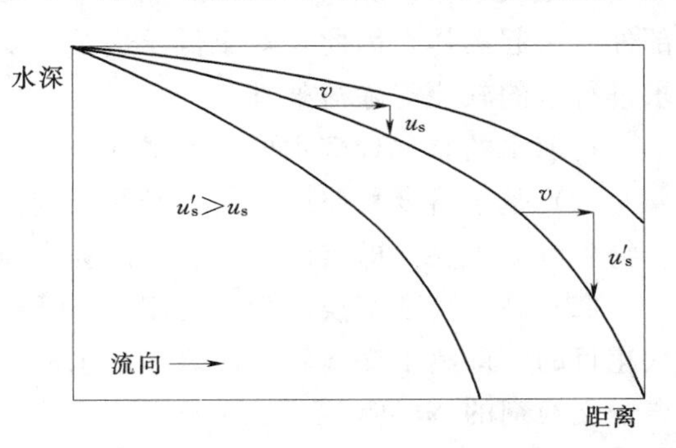

图 2-5　絮凝沉淀示意图

三、拥挤沉淀

当悬浮物浓度较高时，颗粒互相干扰，小颗粒的沉速加快，大颗粒的沉速减慢，以一种集合体形式整体下沉，颗粒间的距离保持不变，上层清液与下沉污泥间形成明显的泥水界面，界面以一定的速度下沉。以量筒试验可以看到类似图 2-6 所示的情况。开始沉淀时，筒中液体是均匀一致的。沉淀片刻后，开始出现泥、水分层现象，且泥面清晰，上层清液中虽可能仍有微细的泥花，数量较少，且不易沉降。如果取样分析，泥层 B 中固体浓度是均匀一致的。随着沉淀时间的延长，泥面逐渐下沉，量筒底部出现泥层 C。泥层 B 与 C 是不同的。泥层 B 的固体浓度不变。整个泥层以整体的形式缓缓等速下沉，即拥挤沉淀。在 C 层中，随着泥面的下降，泥花之间的距离缩小。泥层逐渐变浓，最后出现 D 层，上层泥花挤压出下层泥花中的水分，泥层得到浓缩，即压缩沉淀。图 2-6 中 A 为清水区，B 为拥挤沉淀区，C 为过渡区，D 为压缩沉淀区。

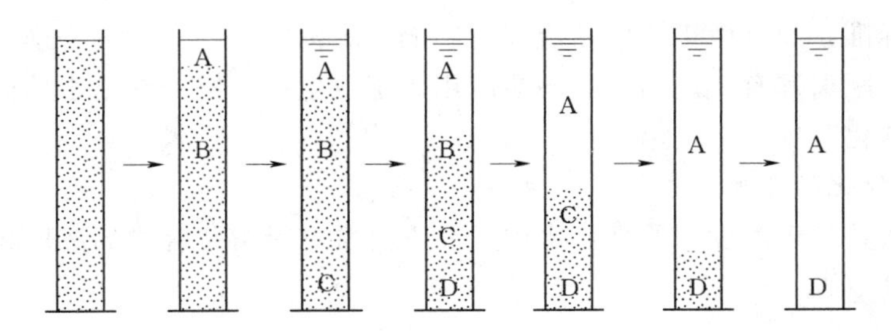

图 2-6　沉淀过程示意图

四、压缩沉淀

随着沉降的进行，水中全部颗粒都不断向底部聚集，先沉降到桶底的悬浮颗粒将承受上部颗粒的重量，在此过程中，颗粒之间的孔隙水就会由于压力增加和结构变形而被挤出，使颗粒浓度不断上升。因此，压缩沉降过程也是不断排除颗粒之间孔隙水的过程。沉淀池、澄清池积泥区及各种污泥浓缩池中的污泥浓缩，都可看成为这种沉降。

第四节　水的沉淀软化

一、水的软化

硬度是水质的一个重要指标，工业上特别是锅炉用水中若含有硬度盐类，会在锅炉受热面上生成水垢，从而降低锅炉热效率、增大燃料消耗，甚至因金属壁面局部过热而烧损部件、引起爆炸。因此，对于低压锅炉，要进行水的软化处理；对于中、高压锅炉，则要求进行水的软化与除盐处理。

目前水的软化处理主要有如下几种方法：

（1）基于溶度积原理，加入某些药剂或采用其他方法把水中钙、镁离子转变成难溶化合物后沉淀去除，即沉淀软化法。此为本节主要讨论的方法。

（2）基于离子交换原理，利用阳离子交换剂与水中的钙、镁离子进行交换反应，达到软化目的，即离子交换软化法。当硬水通过阳离子交换剂时，硬水里的 Ca^{2+} 和 Mg^{2+} 与阳离子交换剂的 Na^{+} 起离子交换作用从而被去除。这种软化硬水的方法具有质量高，设备简单，占地面积小，操作方便等优点，因此，目前使用比较普遍。详见本书第四章和第五章。

（3）基于膜分离原理，如电渗析技术、反渗透技术及纳滤技术等。电渗析技术是利用离子交换膜的选择透过性，在外加直流电场作用下，通过离子的迁移，在进行水的局部除盐的同时，达到软化的目的；纳滤与反渗透是以压力为驱动力，纳滤膜及反渗透膜均可以拦截水中的钙镁离子，从而从根本上降低水的硬度，详见本书第六章。这种方法的特点是，效果明显而稳定，处理后的水适用范围广；但是对进水压力有较高要求，设备投资、运行成本都较高。一般较少用于专门的软化处理。

（4）电磁法：目前该技术的机理并未得到真正的理论证实。与沉淀软化法相反，电磁法采用在水中加上一定的电场或磁场来改变离子的特性，从而改变 $CaCO_3$ 和 $Mg(OH)_2$ 沉积的速度及沉积时的物理特性来阻止硬水垢的形成。这种方法效果不够稳定，目前尚没有统一的衡量标准，而且由于主要功能仅是影响一定范围内的水垢的物理性能，处理后的水的使用时间、距离都有一定局限，不能应用于工业生产及锅炉补给水的处理。

二、沉淀软化

（一）沉淀软化的原理

沉淀软化法是基于溶度积原理，水中 Ca、Mg 常见难溶化合物的溶度积从小到大依次排序如表 2－1 所示。

表 2－1　水中 Ca、Mg 常见难溶盐的溶度积（25℃）

化合物	$Mg(OH)_2$	$CaCO_3$	$Ca(OH)_2$	$CaSO_4$	$MgCO_3$
溶度积	8.9×10^{-12}	4.7×10^{-9}	5.0×10^{-6}	2.5×10^{-5}	4.0×10^{-5}

沉淀软化法即将水中的Ca^{2+}、Mg^{2+}离子转化为溶度积较小的$Mg(OH)_2$和$CaCO_3$沉淀去除，具体有两种方法。

（1）热力软化法，即将水加热到100℃或100℃以上煮沸，使水中钙、镁的碳酸氢盐转变为$CaCO_3$和$Mg(OH)_2$沉淀去除，热力软化法的反应如下

$$Ca(HCO_3)_2 = CaCO_3\downarrow + H_2O + CO_2\uparrow$$

$$Mg(HCO_3)_2 = MgCO_3\downarrow + H_2O + CO_2\uparrow$$

生成的$MgCO_3$进一步与水反应生成更难溶的氢氧化镁。

$$MgCO_3 + H_2O = Mg(OH)_2\downarrow + CO_2\uparrow$$

由此可见水垢的主要成分为$CaCO_3$和$Mg(OH)_2$。

该法只能去除暂时硬度，且因$CaCO_3$和$Mg(OH)_2$还有一定的溶解度，不能除尽，出水硬度不能满足电厂对用水质量的要求，能耗也较高，出水温度高，不宜进一步作离子交换处理，采用较少。

（2）化学软化法，亦称药剂软化法，即在水中加入化学药品如石灰、纯碱、磷酸盐等使钙、镁离子沉淀，现就几种常用化学软化法分别介绍如下。

（二）石灰软化法

1．石灰软化法的原理

石灰（CaO）是由石灰石经过煅烧制取，亦称生石灰。石灰与水反应生成$Ca(OH)_2$即熟石灰或消石灰，其固态是一种微细的白色粉末，难溶解于水，具有强碱性。在空气中能渐渐吸收二氧化碳而变成碳酸钙。能与水组成乳状悬浮液（石灰乳）。其澄清的水溶液是石灰水，是无色无嗅透明的碱性液体，也能吸收空气中的二氧化碳而生成碳酸钙沉淀。石灰乳在水处理中应用广泛，如混凝pH值调节，化学沉淀及硬水软化等。

水的石灰软化即向水中加入$Ca(OH)_2$，在含暂时硬度的水中发生如下反应

$$CO_2 + Ca(OH)_2 \longrightarrow CaCO_3\downarrow + H_2O$$

$$Ca(HCO_3)_2 + Ca(OH)_2 \longrightarrow 2CaCO_3\downarrow + 2H_2O$$

$$Mg(HCO_3)_2 + Ca(OH)_2 \longrightarrow CaCO_3\downarrow + MgCO_3 + 2H_2O$$

如有过剩碱度（$NaHCO_3$或$KHCO_3$）

$$NaHCO_3 + Ca(OH)_2 \longrightarrow NaCO_3 + CaCO_3\downarrow + 2H_2O$$

碱度消耗完以后，发生反应

$$MgCO_3 + Ca(OH)_2 \longrightarrow CaCO_3\downarrow + Mg(OH)_2\downarrow$$

如不存在过剩碱度，而是有非碳酸盐硬度，则会发生如下反应

$$\begin{matrix} MgCl_2 \\ MgSO_4 \end{matrix} + Ca(OH)_2 \longrightarrow Mg(OH)_2\downarrow + \begin{matrix} CaCl_2 \\ CaSO_4 \end{matrix}$$

由以上反应式可知，每加入1mol$Ca(OH)_2$可去除水中1mol$Ca(HCO_3)_2$，并生成2mol的$CaCO_3$。每去除1mol$Mg(HCO_3)_2$，需消耗2mol$Ca(OH)_2$，1mol $Ca(OH)_2$使$Mg(HCO_3)_2$转化为$MgCO_3$，因$MgCO_3$溶度积较大，可与$Ca(OH)_2$进一步反应生成溶度积更小的$Mg(OH)_2$。对于过剩碱度，虽然也会与$Ca(OH)_2$反应，但反应的结果只是$NaHCO_3$转换成$NaCO_3$，碱度并没有改变。$Ca(OH)_2$亦可与水中的非碳酸盐的镁硬度反应生成$Mg(OH)_2$，但同时又产生了等物质的量的非碳酸盐的钙硬度。因此单纯的石灰

软化法只能降低水的碳酸盐硬度，而不能降低水的过剩碱度或者非碳酸盐硬度。

2. 石灰软化工艺

某电厂石灰软化工艺流程如图 2-7 所示。图 2-7 中石灰乳与硬水在快速反应器中进行反应沉淀，排渣煅烧再生，出水经酸中和后进入软水箱。对于碳酸盐硬度，反应过程中生成的两种主要沉淀物 $CaCO_3$ 及 Mg $(OH)_2$ 在性质上有较大差别：$CaCO_3$ 致密、比重大、沉降速度快；而 Mg $(OH)_2$ 疏松、常包含有水分、比重小、成絮状物，因此反应后的沉淀过程是关键的一个环节，应根据沉淀物的具体组成情况决定沉淀池的相关工艺参数。当沉淀物中含有较多的 Mg $(OH)_2$ 或石灰处理与混凝处理一起进行时，则生成的沉淀物呈絮状。这种处理目前常用，除可去除水的硬度外还可降低悬浮物及胶体含量；若生成的沉淀物以 Ca $(OH)_2$ 为主，镁化合物的含量不超过 3%～5%（以 MgO 计），则沉淀物成粒状，比重大、沉降快，此时沉淀池可采用较小的停留时间和较大的表面负荷，但对镁盐硬度的处理效果较差，因 Mg $(OH)_2$ 颗粒会吸附水中的硅化合物，因此该法对硅的去除效果也较差。

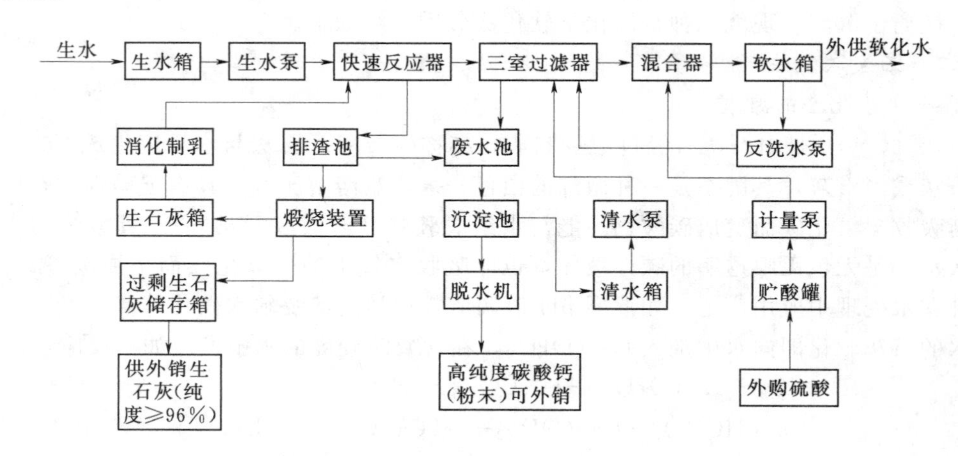

图 2-7　某电厂石灰软化流程图

从理论上讲石灰处理后水的碳酸盐硬度能降低到只有 $CaCO_3$ 及 Mg $(OH)_2$ 溶解度的量，但实际上 $CaCO_3$ 在水中的残留量常高于理论量，其原因是石灰处理时生成的沉淀物常常不能完全成为大颗粒，而是有少量呈胶体状态残留于水中，特别是当水中有有机物存在时，它们吸附在胶体颗粒上，起保护胶体的作用，使这些胶体在水中更加稳定。因此石灰处理工艺中的一个重要问题是组织好沉淀过程，促进沉淀完全，本流程图中通过三室过滤器提高出水效果，常用的措施还有两种：一种是利用先前析出的沉淀物（泥渣）作为接触介质，见本章第六节澄清工艺；另一种是在石灰处理的同时，进行混凝处理。

石灰处理中所用的混凝剂一般为铁盐，可改进石灰处理的沉淀过程，其原因有如下几个方面：混凝过程可去除水中某些对沉淀过程有害的有机物；混凝处理所形成的絮体可吸附石灰处理所形成的胶体，促进共沉淀；混凝处理还可去除水中悬浮物和减少水中胶态硅的含量，提高水的澄清效果。

3. 石灰投加量

使用石灰去除水的碳酸盐硬度，当石灰用量过低则达不到软化效果，石灰过量时又会向水中带入新的钙离子，反而会增加水的硬度。因此石灰投加量应适宜，根据 Ca、Mg 碳酸盐硬度对石灰的需要量，石灰用量可按如下两种情况进行估算。

（1）当钙硬度大于碳酸盐硬度，此时水中碳酸盐硬度仅以 $Ca(HCO_3)_2$ 形式存在。

$$D_{石灰}=\left[\frac{1}{2}CO_2\right]+\left[\frac{1}{2}Ca(HCO_3)_2\right]\ (mmol/L)$$

（2）当钙硬度小于暂时硬度，此时水中碳酸盐硬度以 $Ca(HCO_3)_2$ 和 $Mg(HCO_3)_2$ 形式出现。

$$D_{石灰}=\left[\frac{1}{2}CO_2\right]+\left[\frac{1}{2}Ca(HCO_3)_2\right]+2\left[\frac{1}{2}Mg(HCO_3)_2\right]+[NaHCO_3]+\alpha\ (mmol/L)$$

式中　α——过剩石灰量，一般为 0.1～0.2mmol/L。

前面已指出，在石灰处理时有时需要加混凝剂。此时，情况较复杂，因为原水、混凝剂和石灰三者在一起反应。为了便于计算石灰加药量，可以先按照水与混凝剂反应来估算出一种假想的中间水质，然后再按此水质估算石灰加药量。石灰投加量亦可根据经验估算，有资料表明每降低 1000L 水中暂时硬度 1°G，需加纯氧化钙约 10g。经石灰处理后，水的剩余碳酸盐硬度可降低到 0.25～0.5mmol/L，剩余碱度约 0.8～1.2mmol/L，硅化合物可去除 30%～35%，有机物可去除 25%，铁残留量约 0.1mg/L。因软化过程反应复杂，石灰用量不当会使出水水质不稳定，所以石灰实际投加量应在生产实践中加以调试。

（三）石灰-纯碱软化法

亦称石灰-苏打软化法，是在水中同时投加石灰和纯碱（Na_2CO_3），其中石灰用以降低水的暂时硬度；纯碱用于降低水的永久硬度，反应式如下

$$CaSO_4+Na_2CO_3\longrightarrow CaCO_3\downarrow+Na_2SO_4$$

$$CaCl_2+Na_2CO_3\longrightarrow CaCO_3\downarrow+2NaCl$$

$$MgSO_4+Na_2CO_3+Ca(OH)_2\longrightarrow CaCO_3\downarrow+Mg(OH)_2\downarrow+Na_2SO_4$$

$$MgCl_2+Na_2CO_3+Ca(OH)_2\longrightarrow CaCO_3\downarrow+Mg(OH)_2\downarrow+2NaCl$$

该法适用于水中同时含暂时硬度和永久硬度的水，处理后的软化水的剩余硬度可降低到 0.15～0.2mmol/L。

（四）磷酸盐处理

上述两种方法都是将 Ca^{2+} 转变成 $CaCO_3$，Mg^{2+} 转变成 $Mg(OH)_2$ 而去除，因这两种沉淀在水中仍有一定的溶解度，出水仍有一定的硬度。如要进一步降低硬度，则可以用磷酸三钠（Na_3PO_4）将经初步软化的水进行补充处理，在 98℃或 130～150℃温度条件下发生如下反应

$$3CaCO_3+2Na_3PO_4\longrightarrow Ca_3(PO_4)_2\downarrow+3Na_2CO_3$$

$$3Mg(OH)_2+2Na_3PO_4\longrightarrow Mg_3(PO_4)_2\downarrow+6NaOH$$

上述反应生成的 $Ca_3(PO_4)_2$ 及 $Mg_3(PO_4)_2$ 沉淀在 25℃的溶度积分别为 2.07×10^{-33} 和 1.04×10^{-24}，远低于 $CaCO_3$ 和 $Mg(OH)_2$，该法可使残留硬度降至 0.035mmol/L$\left(\frac{1}{2}Me^{2+}\right)$。

第五节 沉淀处理设备

一、理想沉淀池与表面负荷

实际沉淀池的沉淀过程受较多因素的影响，为分析悬浮颗粒在沉淀池内的运动规律和沉淀效果，提出了“理想沉淀池”的概念，对理想沉淀池作如下假设条件：①污水在池内沿水平方向作等速流动，水平流速为 v；②在流入区，颗粒沿截面 oy 均匀分布并处于自由沉淀状态，颗粒的水平分速等于水平流速 v；③颗粒一经沉底，即认为被去除。

在以上假设的基础上，平流式沉淀池内的沉淀过程如图 2－8 所示。

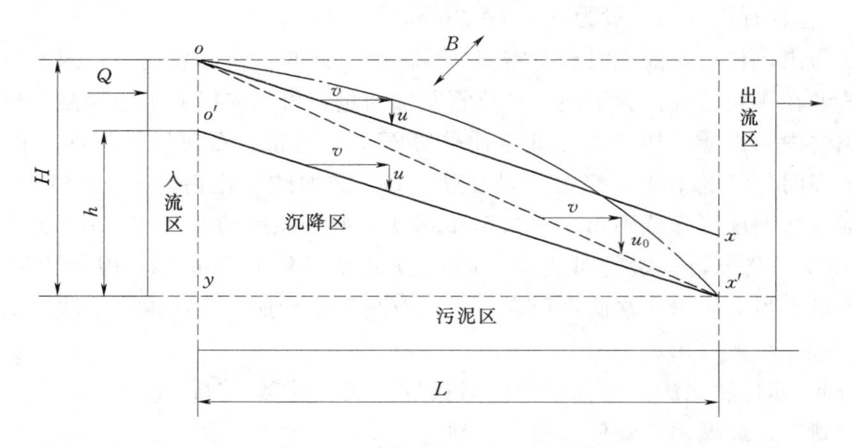

图 2－8 平流理想沉淀池示意图

平流理想沉淀池分入流区、沉降区、污泥区和出流区。水深为 H，池宽为 B，沉降区池长 L。根据假设条件，从 o 点进入的颗粒（即进入沉淀池时该颗粒确好分布于水面上）在池内下沉运动轨迹为其自由沉降速度 u 和水平分速度 v 的矢量和，即斜率为 u/v 的斜线 ox，在沉降区该颗粒未能沉到池底污泥区而去除。当颗粒粒径增加，根据斯托克斯公式，沉降速度 u 增加，斜率增加，必存在着某一粒径为 d_0 的颗粒，其沉降速度为 u_0，沉降轨迹如图 2－8 中虚线 ox' 所示，即在流出沉降区时刚好沉至池底而去除。此时有

$$\frac{u_0}{v}=\frac{H}{L} \tag{2-8}$$

对于粒径为 d_0 的颗粒，从任一水深进入的运行轨迹均与虚线 ox' 平行，由图 2－8 可知，该粒径的颗粒均可在 x' 点之前沉淀去除，因此其去除率正好为 100％。同理，对于图 2－8 中实线所示的颗粒沉降轨迹，如前所述，当其从水面上进入沉淀池时不能被去除，但当其从水面下 o' 点进入时沉降轨迹为 ox'，确好被除去，即当该颗粒分布于 oo' 段时不能去除；分布于 $o'y$ 段时可去除，根据假设条件“颗粒沿截面 oy 均匀分布”得沉降速度为 u 的颗粒去除率为 $h/H=u/v$（相似三角形）。

由以上分析可知，对沉速＝u_0 的颗粒，从 o 点进入沉淀区后，将沿着斜线 ox' 到达 x' 点而被除去；凡是具有沉速 $u \geqslant u_0$ 的颗粒在未到达 x' 点之前都能沉于池底而被除去；凡是速度 $u<u_0$ 的颗粒则不能一概而论：对于一部分靠近水面的颗粒将不能沉于池底，并被水

流带出池外；一部分靠近池底的颗粒能沉于池底而被除去，去除率为 $h/H=u/v$。

由式（2-8）可知

$$u_0=\frac{Hv}{L}=\frac{HBv}{LB}=\frac{Q}{A}=q \tag{2-9}$$

式中　q——表面负荷，$m^3/(m^2\cdot h)$；

Q——沉淀池处理水量，m^3/h；

A——沉淀池的表面积，$A=L\times B$，m^2。

由式（2-9）可知：表面负荷 q 所代表的物理意义为在单位时间内通过沉淀池单位表面积的流量，亦称溢流率。数值上等于颗粒沉速 u_0，即能100%去除的颗粒的沉降速度。对于同一污水，沉淀池的表面负荷 q 越小，则 u_0 越小，沉降速度大于 u_0 的颗粒占悬浮固体总量的百分数越大，去除率越高。

现对电厂水处理常见的平流式沉淀池及斜管（板）沉淀池进行简单介绍。

二、平流式沉淀池

平流式沉淀池池型如图2-9所示，由进水区、出水区、沉淀区、缓冲区、污泥区及排泥装置等组成。池型为长方形，废水从长方形池子的一端进入，沿长轴水平推进，污泥籍重力下沉，再通过静水压力法或泵吸法排泥，收集后的污泥作进一步处置。沉淀池末端设有溢流堰和出水槽。如水中有浮渣，堰口前需设挡板及浮渣收集设备。

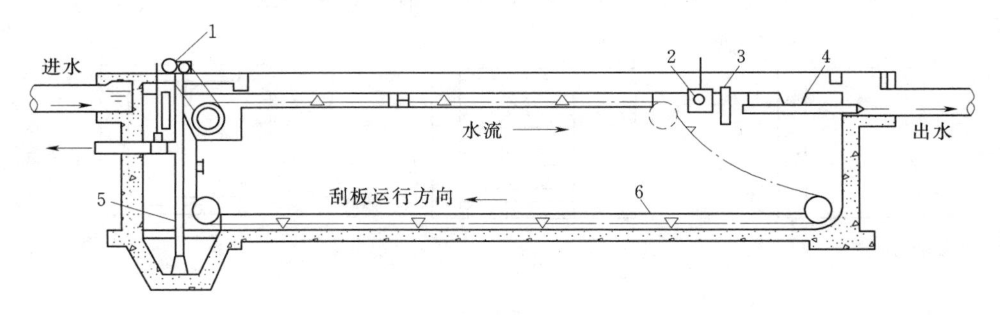

图2-9　平流式沉淀池

1—驱动装置；2—浮渣槽；3—挡板；4—出水堰；5—排泥管；6—刮板

平流式沉淀池的进水区由设有侧向或槽底潜孔的配水槽、挡流板组成，起均匀布水与消能的作用，为保证水流均匀分布，通过入口潜孔的流速一般应小于150～200mm/s，常见的入口整流措施如图2-10所示；出水区由流出槽与挡板组成，流出槽设溢流堰，常采用锯齿形堰，如图2-11所示。最大堰面负荷依据污泥沉淀性能，一般对于初沉池不宜大于2.9L/（m·s），二沉池不宜大于1.7L/（m·s）。设计上可通过多槽沿程布置的方法减少堰面负荷，常见集水槽形式如图2-12所示。

沉淀区下部的缓冲层的作用如前所述，避免平流式沉淀池中已沉污泥被水流搅起以及缓解冲击负荷，池底应有0.01～0.02的坡度以保证池底污泥能滑入污泥斗。刮泥设备一般可采用链带式刮泥机或行车式刮泥机，带链带式刮泥机的平流式沉淀池如图2-9所示，链带上有刮板，沿池底缓慢移动，速度约1m/min，把沉泥缓缓推入污泥斗，当链带刮板转到水面时又可将浮渣推向浮渣槽，其主要缺点是机件长期浸于水中，易被腐蚀，且难维

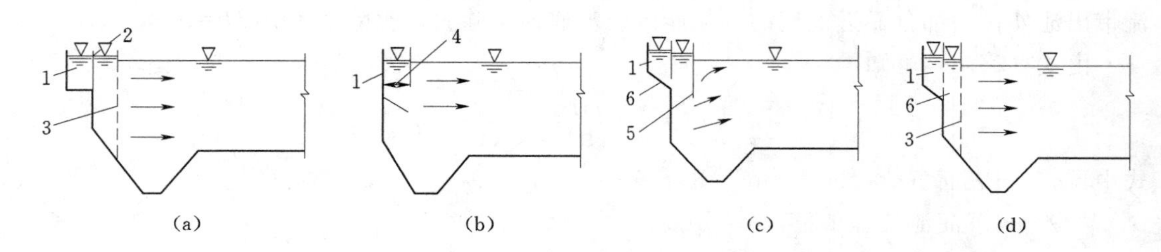

图 2-10　常见的入口整流措施

1—进水槽；2—溢流堰；3—有孔整流墙；4—底孔；5—挡流板；6—淹没孔

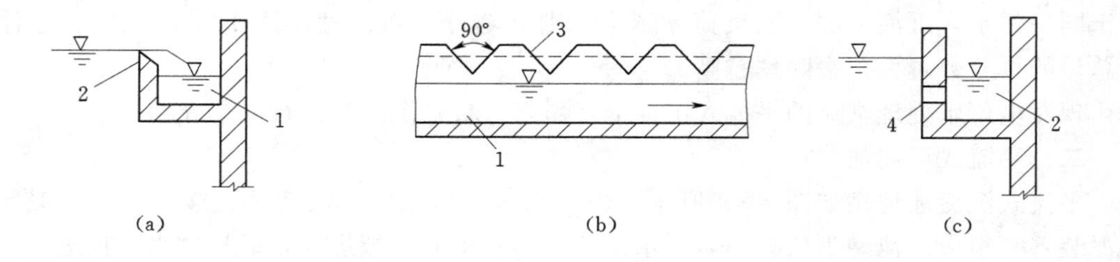

图 2-11　锯齿形出水堰形式

(a) 自由堰式的出水堰；(b) 锯齿三角堰式的出水堰；(c) 出流孔口式的出水堰

1—集水槽；2—自由堰；3—锯齿三角堰；4—淹没孔口

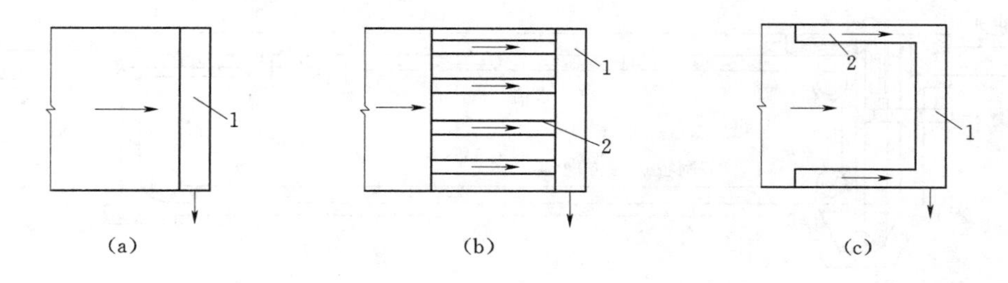

图 2-12　常见集水槽形式

(a) 沿沉淀池宽度设置的集水槽；(b) 设置平行出水支槽的集水槽；(c) 沿部分池长设置出水支槽的集水槽

1—集水槽；2—集水支渠

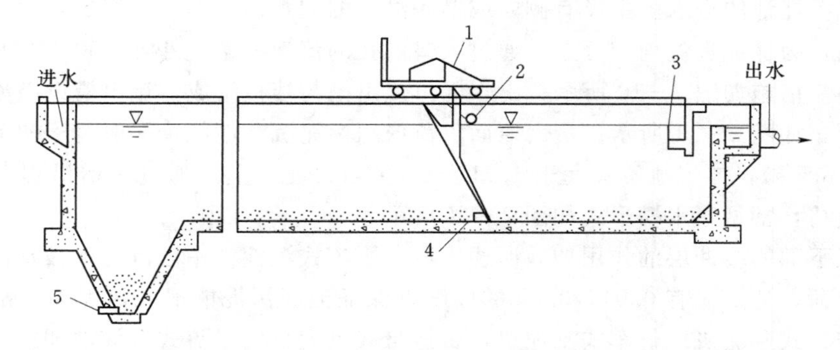

图 2-13　采用行车式刮泥机的平流式沉淀池

1—驱动装置；2—浮渣刮板；3—浮渣槽；4—刮泥板；5—排泥管

修；带行车式刮泥机的平流式沉淀池如图2-13所示，小车沿池壁顶的导轨往返行走，与小车相连的池底刮板将沉泥刮入斗中，与链带式刮泥机相比，因整套刮泥机都在水面上，不易腐蚀，易于维修。链带式刮泥机和行车式刮泥机一般用于初沉池，对于二沉池因污泥质轻、含水率高，刮泥机效果较差，可采用单口扫描泵吸式，使集泥和排泥同时完成。

污泥区起储存、浓缩和排泥的作用，可采用静水压力法或泵吸法将泥斗中的污泥排入池外。其中，静水压力法排泥是利用池内的静水位将污泥排出池外。

平流式沉淀池的设计内容包括流入流出装置、沉淀区、污泥区、排泥设备选型等方面，当有被处理水的沉降资料时，常按表面负荷或颗粒最小沉速 u_0 和沉淀时间 t_0 来计算，步骤如下。

(1) 根据沉淀试验绘制的沉淀曲线，计算设计表面负荷 q、设计沉速 u_0 和设计沉淀时间 t_0。因实际沉淀池中常存在紊流、风吹、异重流等现象，导致其与理想沉淀池产生偏差，使达到同一沉淀效率所需停留时间比理论沉降时间延长，而表面负荷比理论值低。在设计过程中可作如下修正

$$q = \left(\frac{1}{1.25} \sim \frac{1}{1.75}\right)u_0 \tag{2-10}$$

$$t = (1.5 \sim 2.0)t_0 \tag{2-11}$$

式中　q——沉淀池设计表面负荷，$m^3/(m^2 \cdot h)$；

u_0——沉降试验所得的应去除最小颗粒沉速，m/h；

t——沉淀池设计停留时间，h；

t_0——沉降试验所得的沉降时间，h。

(2) 计算沉淀池表面积 A (m^2)。

$$A = \frac{Q_{max}}{q} \tag{2-12}$$

式中　Q_{max}——最大设计流量，m^3/h。

(3) 沉淀池有效水深 h_2 (m)。

$$h_2 = \frac{Q_{max}t}{A} = \frac{Q_{max}t}{nF} \tag{2-13}$$

式中　h_2——沉淀池有效水深，m，一般 $h_2=2.5\sim3$m；

n——沉淀池个数，$n \geqslant 2$；

F——每个沉淀池表面积，m^2，$F=A/n$。

(4) 沉淀池的长宽比。为保证废水在池内均匀分布，要求 $L/B \geqslant 4$。

(5) 每天沉淀污泥量 W (m^3/d)。

$$W = \frac{24Q_{max}(C_0 - C) \times 100}{\gamma(100 - P_0)} \tag{2-14}$$

式中　C_0——进水SS浓度，kg/m^3；

C——出水SS浓度，kg/m^3；

γ——污泥容量，kg/m^3，当污泥含水率 $P_0 \geqslant 95\%$ 时，$\gamma=1000kg/m^3$。

(6) 污泥区的容积 V (m^3)。

$$V = WT \tag{2-15}$$

或根据人口资料估算

$$V=\frac{SNT}{1000} \tag{2-16}$$

式中　T——排泥周期，d，一般按1～2d设计；

S——每人每日污泥量，L/（人·d），一般采用0.3～0.8；

N——设计人口数。

三、斜管（板）沉淀池

斜管（板）沉淀池是一种新型高效的沉淀设备，在废水处理中主要用于初沉池和混凝沉淀。根据“浅池沉淀”理论，在平流式或竖流式沉淀池中设置斜向排列的板（管）即构成斜管（板）沉淀池。按水流与污泥的相对运动方向，斜板（管）沉淀池可分为异向流、同向流和侧向流三种形式；废水处理多采用上向流形式，水流从下而上通过斜板区，沉淀在斜板上的污泥靠斜板的倾斜度自上而下滑动，水流和污泥呈逆向流动，故称上向流斜板（管）沉淀池，如图2-14所示。

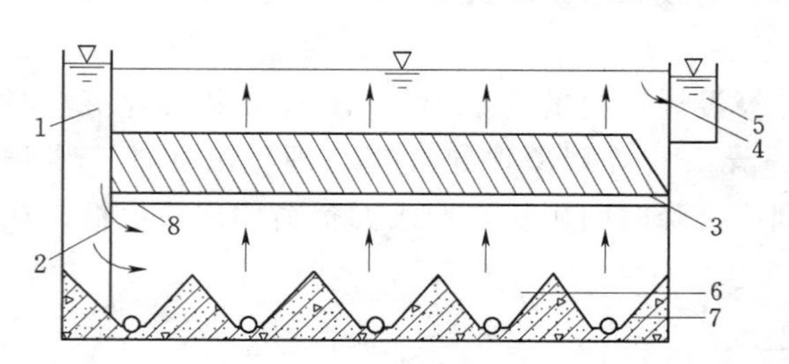

图2-14　斜板（管）沉淀池的构造

1—配水槽；2—穿孔墙；3—斜板或斜管；4—淹没孔口；5—集水槽；6—集泥斗；7—穿孔排泥管；8—阻流板

斜板（管）沉淀池应用于工业废水处理中较为普通，它具有沉淀效率高、停留时间短、占地少等优点，但在运行中常会因沉积污泥上浮而影响出水质量，此外，斜板（管）设备在一定条件下有藻类孳生等问题，给维护管理工作带来一定困难。

1. 浅池理论

设平流式沉淀池池长为L，池中水平流速为v，颗粒沉速为u_0，由式（2-8）可知，在理想状态下，$L/H=v/u_0$。可见L与v值不变时，H越小，则u_0越小，由式（2-4）可知，在该沉淀池中可被去除的悬浮物颗粒粒径越小。若用水平隔板，将H分成3层，每层层深为$H/3$，在u_0与v不变的条件下，只需$L/3$，就可以将u_0的颗粒去除，即总容积可减少到原来的1/3。如果池长不变，由于池深为$H/3$，则水平流速可增加到$3v$，仍能将沉速为u_0的颗粒除去，也即处理能力提高3倍。将沉淀池分成n层就可以把处理能力提高n倍。这就是20世纪初，哈真（Hazen）提出的浅池沉淀理论。

2. 斜板（管）沉淀池的设计

斜板（管）沉淀池一般用于对原有沉淀池的改造或需要压缩沉淀池占地等情况下。升流式异向流斜板（管）沉淀池的表面负荷，一般可比普通沉淀池的设计表面负荷提高1倍左右。对于二次沉淀池应以固体负荷核算。进水方式一般采用穿孔墙整流布水，出水方式一般采用多槽出水，在池面上增设几条平行的出水堰和集水槽，以改善出水水质，加大出水量。在池壁与斜板的间隙处应装设阻流板，以防止水流短路。斜板上缘宜向池子进水端倾斜安装，如图2-14所示。为防止堵塞、便于日常维护，斜板（管）沉淀池应设斜板（管）冲洗设施。斜板（管）沉淀池的一般性规定如下：

（1）斜板垂直净距一般采用80～120mm，斜管孔径一般采用50～80mm。

（2）斜板（管）斜长一般采用1.0～1.2m。

（3）斜板（管）倾角一般采用60°。

（4）斜板（管）区底部缓冲层高度，一般采用0.5～1.0m。

（5）斜板（管）区上部水深，一般采用0.5～1.0m。

（6）斜板（管）沉淀池一般采用重力排泥。每日排泥次数至少1～2次，或连续排泥。

（7）池内停留时间，初次沉淀池不超过30min，二次沉淀池不超过60min。

斜管沉淀池的设计可参考如下数据：

（1）上升流速取8.3～14mm/s。

（2）斜管断面多采用正六角形，一般用内切直径作为管径。用于给水处理的异向流斜管沉淀池的管径一般为25～35mm。

（3）斜管长度取决于斜管的加工和沉淀池的池深，一般不宜小于50cm。

（4）斜管安装倾角需要保持45°～60°。

（5）与平流式沉淀池相比，斜管沉淀池雷诺数（Re）明显减少，一般控制在层流条件下（$Re<500$）。

（6）与平流式沉淀池相比，斜管沉淀池弗劳德数（Fr）数一般在$10^{-3}\sim10^{-4}$的范围内，水流稳定性明显增加。

四、沉淀池的运行管理

沉淀池运行管理的基本要求是保证各项设备安全完好，及时调控各项运行控制参数，保证出水水质达到规定的指标。

1. 避免短流

进入沉淀池的水流，在池中停留的时间通常并不相同，一部分水的停留时间小于设计停留时间，很快流出池外；另一部分则停留时间大于设计停留时间，这种停留时间不相同的现象叫短流。短流使一部分水的停留时间缩短，得不到充分沉淀，降低了沉淀效率；另一部分水的停留时间可能很长，甚至出现水流基本停滞不动的死水区，减少了沉淀池的有效容积。短流是影响沉淀池出水水质的主要原因之一。形成短流现象的原因很多，如进入沉淀池的流速过高；出水堰的单位堰长流量过大；沉淀池进水区和出水区距离过近；沉淀池水面受大风影响；池水受到阳光照射引起水温的变化；进水和池内水的密度差；以及沉淀池内存在的柱子、导流壁和刮泥设施等，均可形成短流现象。

2. 及时排泥

及时排泥是沉淀池运行管理中极为重要的工作。污水处理中的沉淀池中所含污泥量较多，绝大部分为有机物，如不及时排泥，污泥厌氧发酵上浮，不仅破坏了沉淀池的正常工作，而且使出水水质恶化，如出水中溶解性BOD值上升、pH值下降等。初次沉淀池排泥周期一般不宜超过2日，二次沉淀池排泥周期一般不宜超过2h，当排泥不彻底时应停池（放空）采用人工冲洗的方法清泥。机械排泥的沉淀池要加强排泥设备的维护管理，一旦机械排泥设备发生故障，应及时修理，以避免池底积泥过度，影响出水水质。

3. 防止藻类孳生

在给水处理中的沉淀池，当原水藻类含量较高时，会导致藻类在池中孳生，尤其是在气温较高的地区，沉淀池中加装斜管时，这种现象可能更为突出。藻类孳生虽不会严重影响沉淀池的运转，但对出水的水质不利。防止措施是：在原水中加氯，以抑止藻类生长。采用三氯化铁混凝剂亦对藻类有抑制作用。

第六节　澄　清　池

澄清池是集混凝（包括水和药剂的混合阶段和反应阶段）和沉淀于一体的设备。澄清池中起截留分离杂质颗粒作用的介质是呈悬浮状态的泥渣，当脱稳杂质随水流与泥渣层接触时被阻留下来，清水在澄清池上部被收集。与沉淀池相比，澄清池的沉淀过程充分利用了悬浮泥渣层的絮凝作用。

按泥渣在澄清池中的状态可将澄清池分为两大类，即泥渣悬浮型澄清池、泥渣循环型澄清池，其中，泥渣悬浮型澄清池又称泥渣过滤型澄清池，依靠上升水流的能量在池内形成一层悬浮状态的泥渣，当原水自下而上通过这一泥渣层时，其中的絮凝体就被截留下来，新增加的泥渣不断补充排除的陈旧泥渣，达到动态平衡，在运行过程中悬浮层浓度和厚度保持不变。典型的泥渣悬浮型澄清池包括悬浮澄清池、脉冲澄清池等；泥渣循环型澄清池是让泥渣在垂直方向不断循环，在运动中捕捉原水中形成的絮凝体，并在分离区加以分离，回流量约为设计流量的3～5倍，这种形式的澄清池包括机械搅拌澄清池、水力搅拌澄清池、高密度澄清池等。

一、泥渣悬浮型澄清池

（一）ЦНИИ型澄清池

1. 结构原理

ЦНИИ型澄清池由原苏联设计，截面呈圆形，在电厂中它大都用于石灰混凝处理。其主体可采用钢板焊成，也可用钢筋混凝土构筑。主体内设有排泥系统、泥渣浓缩器等，体外设有空气分离器，结构如图2－15所示。原水首先进入空气分离器去除空气，再通过喷嘴喷入澄清器下部的混合区。石灰乳、混凝剂溶液以及其他药剂，在高于进水口100～200mm处加入，加药管（图2－15上未示出）的管头沿澄清器截面的径向插入。喷嘴喷射方向亦设计成与器壁成切线，使水流沿着水平方向发生转动，促使药剂和水混合，并使水流均匀。混合区的水流先后通过设有圆孔的一块水平隔板和几块垂直隔板进入反应区，其中水平隔板用以防止混合区中有直接向上的水流，从而保持混合区成旋转状态；垂直隔板则可消除进入反应区的水的旋转状态。

当水流进入反应区，其截面比出水区小得多，流速较快，可以阻止泥渣层上部失去了活性的泥渣下沉。反应区以上是过渡区，截面是由下向上逐渐扩大，水流速度逐渐减低，以达到泥渣和水分离的目的。分离后的清水进入出水区，出水区的截面最大，水流速度进一步降低，从而保证了水和泥渣的分离，处理后的水由水栅和集水槽排放。

在澄清器中央设有垂直圆筒形排泥系统，用以集取过剩的泥渣。沿着此排泥系统的高度开有许多层窗口，最底层的窗口位于反应区上部，以便排除聚集在这里的衰老泥渣。在排泥系统上设有一个可动罩子，它可以用来关闭最下部的一层排泥窗孔，或关闭下部倒数第二层窗孔，从而调节池内泥渣层的高度。由排泥系统集取的泥渣，流入泥渣浓缩器中，在这里依靠水流速度的减慢与水分离。分离出的澄清水由导管送至集水槽，浓缩后的泥渣

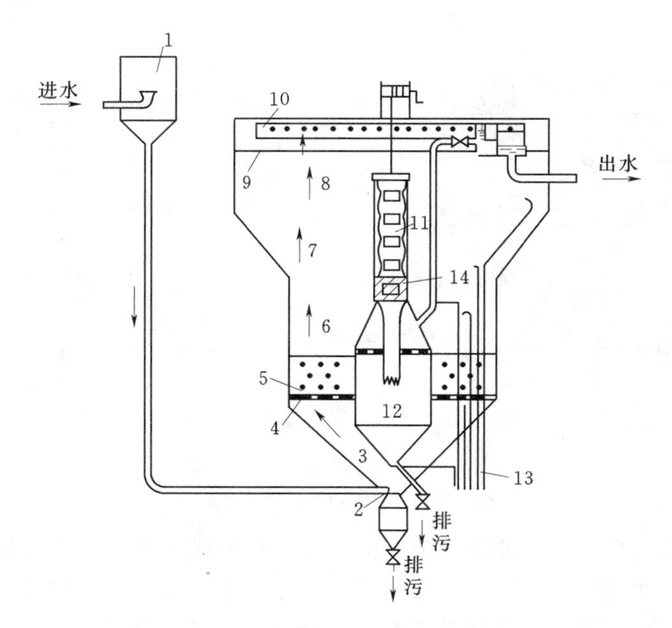

图 2-15 ЦНИИ 型澄清器

1—空气分离器；2—喷嘴；3—混合区；4—水平隔板；5—垂直隔板；6—反应区；7—过渡区；8—出水区；9—水栅；10—集水槽；11—排泥系统；12—泥渣浓缩器；13—采样管；14—可动罩子

由排污管排走。澄清器下部积存的泥渣可由底部排污处排走。

ЦНИИ 型澄清器的主要缺点是设备较高，一般约为 15m，运行操作不便，房屋建筑也要配备得很高。

2. 主要设计参数

图 2-15 所示澄清器的主要设计参数如下：当水温度为 20～25℃，只用于混凝处理时，出水区的上升水速为 1.1mm/s，流经澄清器的总时间为 1.25～1.75h。

当用石灰-纯碱处理时，出水区的上升水速和下列因素有关：析出沉淀物中 $Mg(OH)_2$ 和 $CaCO_3$ 的重量比 α_{ZH}，有无混凝处理，以及析出沉淀物的总量。当水温为 20～25℃时，出水区的上升水速为 0.9mm/s（$\alpha_{ZH}=0.3$）至 2mm/s（$\alpha_{ZH}=0.1$），此时，流经澄清器的总时间为 1～1.5h。悬浮泥渣层的高度通常为 3～4m，泥渣层以上至出水栅的高度（称保护层）为 1.4～1.6m，有时可达 2m。

喷嘴出口处水进入澄清器的流速：当进行石灰处理时，在 $\alpha_{ZH}=0.1\sim0.25$ 的情况下为 1.5～2m/s；在 $\alpha_{ZH}>0.25$ 情况下为 0.5～0.75m/s。

3. 改进情况

国内有许多电厂根据实际运行经验对原设计的 ЦНИИ 型澄清器进行改进，以提高处理效果。如在进水喷嘴的出口端加装导流装置（板或管），以防止有孤立的水流上涌，保证水流在混合区呈平稳的旋转状态；将一个中央排泥点改成三个均匀分布在澄清器中的排泥点，即有三个垂直排泥系统；加大集水槽的流水孔面积，等等。

（二）脉冲澄清池

1. 结构原理

在脉冲澄清池中泥渣层并非悬浮在一定的部位，而是进行着周期性的下沉和上升运动，即呈脉冲状态。

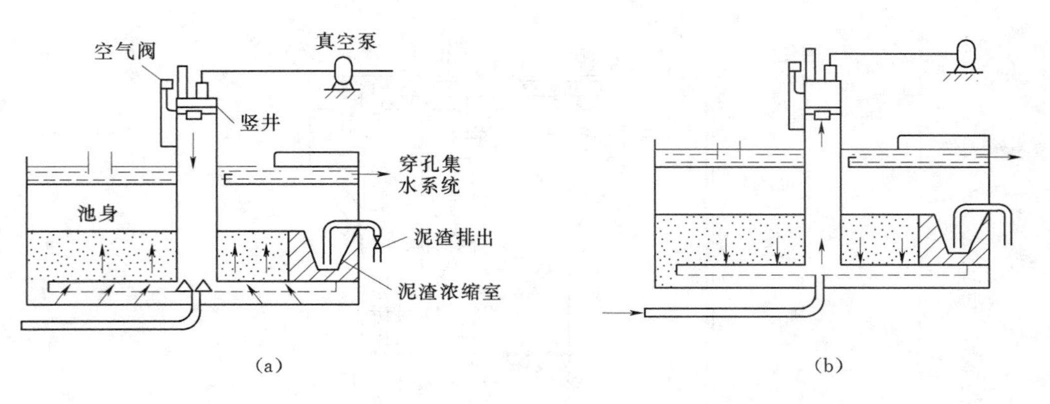

图 2-16　真空式脉冲澄清池
(a) 竖井排空期；(b) 竖井充水期

图 2-16 所示为真空式脉冲澄清池，通过抽真空和破坏真空而发生脉冲，池体通常由钢筋混凝土构成，池内设有真空室、落水井、配水系统和泥渣浓缩室等。通过配水竖井向池内脉冲式间歇进水，其中，在竖井排空期，竖井内水流向下进入澄清池，池内悬浮层膨胀；在竖井充水期，竖井内水位上升，澄清池内泥渣层收缩。在脉冲作用下，池内悬浮层一直周期性地处于膨胀和压缩状态。原水穿过泥渣层时水中的絮凝体被泥渣层截留，水得到澄清。脉冲澄清池的这种脉冲作用使悬浮层的工作稳定，断面上的浓度分布均匀，并加强颗粒的接触碰撞，改善混合絮凝的条件，提高净水效果。

脉冲澄清池的脉冲周期一般约为 30～40s。真空室中水位上升时称为充水，时间约 25～30s；真空室中水位下降时称为放水，时间约 5～10s。

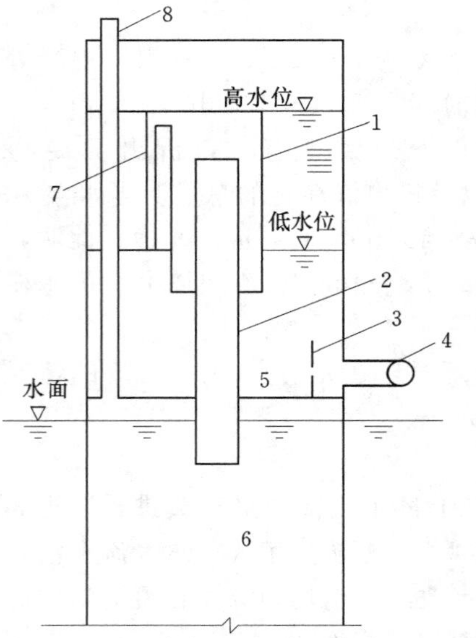

图 2-17　钟罩虹吸式脉冲发生器
1—钟罩；2—中心管；3—挡水板；4—进水管；5—进水室；6—落水井；7—虹吸破坏管；8—排气管

脉冲澄清池有以下优点：

(1) 设备费用低廉，维护方便。

(2) 真空室、集泥室和外池都可以用钢筋混凝土制成；配水管、集水槽可用石棉水泥管，挡板可用石棉水泥板或聚乙烯板制成。因设备不需用钢材制成，故没有金属腐蚀问题。

(3) 用电量比搅拌式澄清池少。

(4) 形状可因地制宜地设计，可以是圆形的、方形的或长方形的。

(5) 池身较低，一般为 4.5～5m。

脉冲澄清池中脉冲的形成，除了利用真空的时断时续外，还可应用其他方式，如钟罩虹吸式脉冲发生器，如图 2-17 所示。原水由进水管送入，经过挡水板的阻挡后，较均匀地进入进水室，室内水位逐步上升，此时，罩内空气受到压缩。当罩内水位超过中心管后，进水室内的水通过此管向落水井内溢流，同时将压缩在钟罩顶部的空气带走并通过设于落水井上部的排气管排除，这样就使得中心管和进水室之间通过钟罩形成一个虹吸体系，于是进水室内的水迅速由中心管进入下面的落水井内，放水期即开始。当进水室水位下降到虹吸破坏管的管口时，由于空气进入钟罩内，虹吸作用被破坏，放水期结束，转入充水期。

2. 主要设计参数

清水区高度：1.2～1.6m。

悬浮泥渣层高度：1.5～2.0m。

池身总高：4.5～5.0m。

高水位和低水位差：0.7～1.0m。

分离区平均上升水速：1.0～1.2mm/s。

集泥室占澄清池的面积：15%～20%。

充水期：25～30s。

放水期：5～10s。

配水管间的中心距离：0.3～0.8m。

配水管离池底的距离：0.3m。

配水管孔口水速：2～4m/s。

配水管下孔眼和垂线夹角：30°～45°。

人字形挡板顶角：60°～90°。

人字板缝隙间的水速：0.2m/s。

放水时流量 Q_1 可按下式计算

$$Q_1 = Q\left(1 + \frac{pt_1}{t_2}\right)(\mathrm{m^3/s}) \quad (2-17)$$

式中 p——到进水室的流量分率（为了减小进水室的尺寸，有时将进水分成两部分，70%～80%到进水室，余下的连续流入池中）；

Q——澄清池的设计出力，$\mathrm{m^3/s}$；

t_1，t_2——充水和放水时间，s。

二、泥渣循环澄清池

泥渣循环澄清池的特征为，设备中有若干泥渣作循环运行，即泥渣区中有部分泥渣回流到进水区，与进水混合后共同流动，待流至泥渣分离区，进行澄清分离后，这些泥渣又返回原处。这类澄清池中常见的为机械搅拌澄清池和水力循环澄清池，现分述之。

（一）机械搅拌澄清池

1. 结构原理

机械搅拌澄清池又称加速澄清池，它通常由钢筋混凝土构成，横断面呈圆形，内部有搅拌装置和各种导流隔墙，如图 2-18 所示。其运行流程如下：原水由进水管 1 进入截面为三角形的环形进水槽 2，通过槽下面的出水孔或缝隙，均匀地流入澄清池的第一反应室（又称混合室）3，在这里由于搅拌器上叶片的搅动，进水和大量回流泥渣混合均匀；第一反应室中夹带有泥渣的水流被搅拌器上的涡轮提升到第二反应室 4，在这里进行凝絮长大的过程；然后，水流经设在第二反应室上部四周的导流室5（消除水流的紊动），进入分离室6；在分离室中，由于其截面较大，故水流速度很慢，泥渣和水可分离，分离出的水流入集水槽7；集水槽安置在澄清池上部的出水处，以便均匀地集取清水。至于加药，当用作混凝处理时，混凝剂可直接加至进水管中，也可加在水泵吸水管或配水槽中，这可根据具体运行效果而定。当用混凝剂和石灰处理时，石灰可加至进水槽中，混凝剂可加至第一反应室中。

在此设备中泥渣的流动情况是，由分离室分离出来的泥渣大部分回流到第一反应室，部分进入泥渣浓缩室。进入第一反应室的泥渣，随进水流动；进入泥渣浓缩室的泥渣定期排走。澄清池底部设有排污管，供排空之用。此外，在环形进水槽上部还设有排气管，以排除进水带入的空气。

机械搅拌器的结构是上部为涡轮，下部为叶片。涡轮的结构与作用类似于泵，用来将夹带有泥渣的水提升到第二反应室。

水在池中总停留时间为1.0～1.5h，泥浆回流量为进水量的3～5倍，可通过调节叶轮开启度（图2-18中叶轮顶和第二反应区底板间的距离）来控制。为保持池内浓度稳定，要排除多余的污泥，所以在池内设有1～3个泥渣浓缩斗。当池径较大或进水含砂量较高时，需装设机械刮泥机。

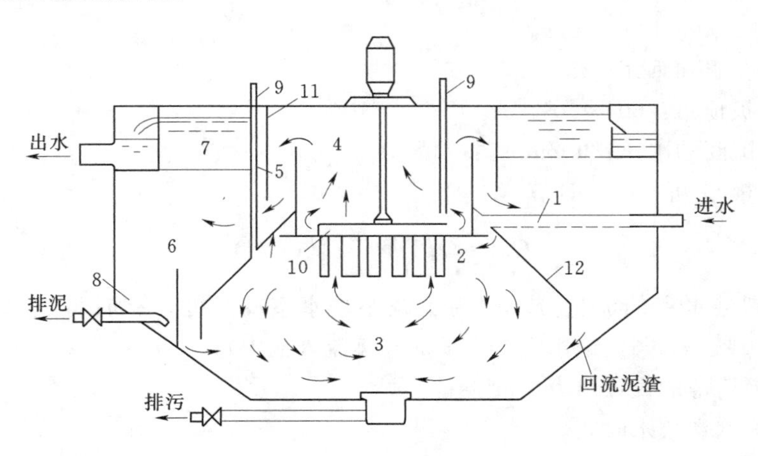

图2-18　机械搅拌加速澄清池

1—进水管；2—进水槽；3—第一反应室（混合室）；4—第二反应室；5—导流室；6—分离室；7—集水槽；8—泥渣浓缩室；9—加药管；10—机械搅拌器；11—导流板；12—伞形板

机械搅拌澄清池的优点是：效率较高且比较稳定，对原水水质（如浊度、温度）和处理水量的变化适应性较强，操作运行较方便，应用较广泛。缺点为：设备维修的工作量较大，机电设备的配备较困难。

2. 主要设计参数

澄清池在运行中，由于排泥、配制混凝剂溶液、冲洗水池等要消耗一些水，这部分水称为自用水。对于机械搅拌加速澄清池，自用水量约占出力量的5%～10%。当原水水质差和要求出水水质高时，自用水的百分率较大。

上升流速：在第二反应室和导流室中为40～60mm/s（按5倍进水量计）；在分离室

中为 0.8～1.2mm/s。

流经时间：在第二反应室中为 7～10min（按 5 倍进水量计）；
在第一反应室中为 15～20mm；
在导流室中为 2～2.5min；
在池中总的时间为 1.0～1.5h。

高　　度：清水区为 1.5～2.5m；
干舵（无水区）为 0.3m；
底部锥体为 0.5～3.0m；
总高为 3.0～8.0m。

容 积 比：第一反应室∶第二反应室∶分离室为 2∶1∶7。

搅 拌 器：涡轮提升水量为 3～5 倍进水量；
涡轮外端最大线速度为 0.5～1.5m/s；
叶片外端最大线速度为 0.4～0.6m/s。

出水系统：集水槽中流速为 0.4m/s；
孔眼中流速为 0.6m/s 左右。

其　　他：进出水管中流速为 1m/s 左右；
进水槽流出缝中流速为 0.4m/s 左右；
泥渣回流缝中流速为 0.1m/s。

为了减少机电设备，还有一种水力驱动式的加速澄清池。这种澄清池的结构大致与机械搅拌式的相似，只是其搅拌器不是用电动机带动，而是由部分进水经旋转管末端的几个喷嘴高速冲出，依靠其反作用力使旋转管转动。

（二）水力循环澄清池

1. 结构原理

图 2-19 为水力循环澄清池。原水由底部进入池内，经喷嘴喷入射流器内，高速水流把池子锥型底部含有大量絮凝体的水吸进混合室内和进水剧烈混合，在第一反应室内发生接触絮凝作用，再经第一反应室喇叭口溢流出来，进入第二反应室中，此时水力搅拌作用减弱，形成较大絮凝体。吸进去的流量称为回流，一般为进口流量的 2～4 倍。第一反应室和第二反应室构成了一个悬浮物区，第二反应室出水进入分离室，相当于进水量的清水向上流向出口，剩余流量则向下流动参与循环过程。

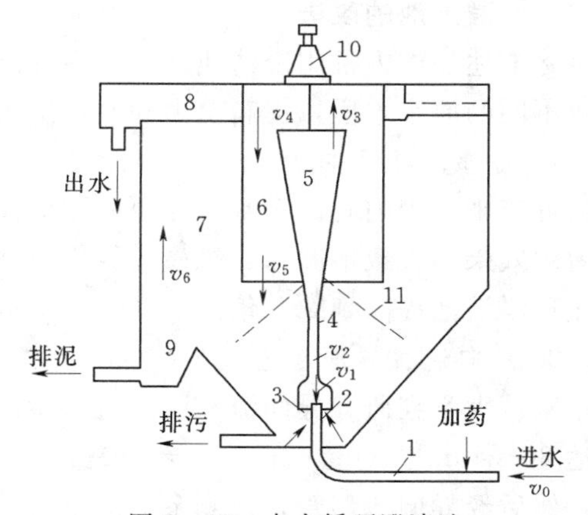

图 2-19　水力循环澄清池

1—进水管；2—喷嘴；3—混合室；4—喉管；5—第一反应室；6—第二反应室；7—分离室；8—集水槽；9—泥渣浓缩室；10—调节器；11—伞形挡板

在水力循环澄清池中，喷嘴是一个重要部分，它关系到回流的泥渣量。通常，这部分夹带有泥渣的回流水量约为进水量的 2～4 倍。运行中，最优回流水量应通过调整来确定。调整方法有两种：一是调节喷嘴和混合室喇叭口的间距，这可用升降调节器的办法来达到。调节时将连有喉管的第一反应室一起升降；也有将喉管做成套管形式单独升降的，这样虽可以减轻提升力量，但在实际使用中，这种调节装置容易失灵，因为泥渣易把两根管子的空隙填塞。另一调节法是将澄清池放空后，更换不同口径的喷嘴。

在喉管以后，水的流程和在机械搅拌澄清池中的相似，即由第一反应室→第二反应室→分离室→集水槽。水在进入第一反应室到流出第二反应室的过程中，由于沿程的过水断面逐渐扩大，流速逐渐减小，有利于凝絮的长大。当设备较大时，为使运行稳定，可在下部设伞形挡板（见图 2-19 上的虚线）。水流由第二反应室进分离室后流速大为下降，泥渣在重力作用下和水分离，大部分流回底部再循环，小部分经泥渣浓缩室后排走。

2. 改进

近年来，根据运行经验，对水力循环澄清池的某些部件提出了一些改进措施，如底部结构及喉管的改进，介绍如下。

（1）底部。为了使池底泥渣能充分循环利用而不致沉积，混合室的喇叭口离池底距离不宜太大，一般要小于 0.6m。从水力条件看，认为弧形的池底比平行的好。

（2）喉管。水力循环澄清池中，原先设计喉管的目的是起稳流和搅拌作用。事实上，所谓稳流作用在这里没有实际意义，因为喉管并不像一般喷射器那样在起提升作用后，为减弱涡流现象而要有一稳流段。关于搅拌作用，在第一反应室中约有 15～30s 的流经时间，而在喉管中不到 1s，所以它的影响不大。为此，有的设计将喉管取消，以降低池体高度，实践证明，这样改装对澄清效果没有影响。

水力循环澄清池的主要优点是无需机械搅拌设备，结构较简单，运行管理较方便；锥底角度大，排泥效果好。缺点是泥渣回流量难以控制；絮凝时间较短，造成运行上不够稳定；耗药量较大，对原水水量、水质和水温的变化适应性不及机械搅拌澄清池；因池体特点不宜过大，单池出力不宜超过 $300m^3/h$，不能适用于大水量，一般用于中、小型水厂，目前新设计的水力循环澄清池较少。

三、澄清池的改进

除上述的国内常用澄清池外，国内外还在不断地革新原有的设备和研制新的设备，以适应不同的原水水质，提高出力和改进出水水质。

1. 斜管、斜板在澄清池中的应用

近年来，国内有许多水厂在原有澄清池的基础上加装了斜管或斜板，大都取得了提高出力的效果。大致情况为：机械搅拌澄清池和脉冲澄清池的出力可提高到原有的 2 倍，水力循环澄清池提高到 2.5 倍。

2. 双向流斜管澄清池

同济大学在研究异向流和同向流斜管的基础上，提出了双向流斜管澄清池，表面负荷可达 $20\sim40m^3/(m^2\cdot h)$。该流程是先从上向下，经同向流斜管使大部分泥渣沉淀下来的，然后经异向流斜管，使剩余泥渣下沉。同向流部分的斜管孔径较小，以利于沉降。异向流部分面积较大，以利于提高水质。

3. 加砂澄清池

这是英法等国近年来开发出来的一种澄清池，在水中投加微小的砂粒以促进絮凝过程和提高絮凝颗粒的沉降速度。包括高速絮凝澄清池（Cyclo-Floc，简称C·F澄清池）和快速絮凝澄清池（Fluorapid）。前者有两个不同的回路，即原水回路和微砂回路，上升水速为2.22～2.77mm/s；后者的反应区呈倒锥形，加有药剂的原水由池底向上流动，在澄清区装有斜板，上升水速可达2.8～3.6mm/s。

4. 高速脉冲澄清池（Super-Pulsation Clarlfier）

这种澄清池是在脉冲澄清池的基础上进行改进而成的，主要是在悬浮泥渣区加装了斜板，在斜板的下侧加有许多与板面成60°角的折流板，使水流产生湍流，以加强絮凝反应。其进水部分不用人字形板，而为穿孔配水管。此种澄清池的上升流速可达2.2～2.3mm/s，操作方便，出水浊度低于2NTU。

四、澄清池的运行

澄清池的启动及运行过程需做好如下工作。

（一）准备

（1）新池或经检修后启动时，应把池内打扫干净，并检查设备本体、各阀门、管道和机电部分等是否良好，活动件动作是否灵活。

（2）估算好各种加药量，新池启动时最好先通过模拟试验确定各种药剂的最优加药量。

（3）药剂溶液的配制。按上述最优加药量及加药流量配制各种药剂溶液，例如硫酸亚铁可取300mmol/L$\left(\frac{1}{3}FeSO_4\right)$、石灰乳取1000mmol/L$\left(\frac{1}{2}CaO\right)$等。药液浓度的波动范围不应超过额定值的±5%。

（4）调节加药器的加药量使符合加药量要求。

（5）为提高澄清池启动速度可先配好泥渣。

（二）启动

当各项准备工作完成后，就可向澄清池中灌水，充水不宜太快，否则会造成反应室受力变形或损坏，同时还应考虑是否存在因浮力或应力等原因而危害到设备本身的情况，并采取适当措施。如ЦНИИ型澄清器（参看图2-15）只由下部进水，泥渣浓缩器有可能因浮力而倾斜，可将浓缩器和底部排泥管之间用连管接通，使浓缩器同时充水。

在用石灰处理的情况下，开始向澄清池送水时，应将底部排污门放开，把水引入地沟；当送入药品溶液时，应关排污门。在混合区或反应室的采样，经过滤后，测定其酚酞和甲基橙碱度。如水的碱度不合适则应改变加药量，过5～30min后，再采样试验，直至符合要求。

当澄清池由空池投入运行时，如没有其他澄清池排放出的泥渣可利用，首先需要在池内积累泥渣。在这个阶段中，应将进水速度减慢，如水流量为额定流量的1/3或1/2，并适当加大混凝剂的投加量，如投加量提高至正常情况下的3倍，以促进泥渣层的形成。也可通过投加黏土的方法帮助泥渣的形成。

（三）运行

澄清池的运行过程就是进水、加药和出水、排泥呈动态平衡的过程。运行中要控制的主要环节是排泥量和泥渣循环量。此外，运行中常遇到的情况还有：间歇运行、负荷变动、空气的混入和水温的波动等问题，也会影响正常运行。

(1) 排泥量。为了保持澄清池中泥渣的平衡，必须定期自池中排除一部分泥渣。每两次排泥时间的间隔，与形成的泥渣量有关，如排出量不够，则会出现分离室中泥渣层逐渐升高或出水变浑，反应区中泥渣含量不断升高和泥渣浓缩室中含水率较低等现象；如排泥量过多，会使反应区泥渣浓度过低，以致影响澄清效果。适当的排泥量可由运行经验决定。

(2) 泥渣循环量。泥渣循环式澄清池可通过调节泥渣循环量保持各个部分有合适的泥渣浓度。泥渣悬浮型澄清池中的ЦНИИ型澄清器有时为了提高澄清效果而附加泥渣循环泵，部分排出的泥渣通过此泵送入澄清器的空气分离器进行循环，此种类型的ЦНИИ型澄清器也应对泥渣循环量进行调节。

(3) 间歇运行。由运行经验得知，如澄清池短期停止运行（例如在3h以内），那么在其启动时无需采取任何措施，或只是经常搅动一下，以免泥渣被压实即可。但如停运时间稍长（例如3～24h），则由于泥渣被压实，有时甚至有腐败现象，因此恢复运行时，应先将池底污泥排出一些，然后增大混凝剂投入量，减少进水量，等出水水质稳定后，再逐渐调至正常状态。如停止时间较长，特别是在夏季，泥渣容易腐败发臭，故在停运后应将池内泥渣排空。

(4) 水温变动。进水水温如有改变，特别是水温升高时，则会因高温水和低温水间密度的差别，产生对流现象，因而影响出水水质。

(5) 空气混入。当水中夹带有空气时，在池内形成的气泡上浮会将泥渣带出，影响水质。进水可通过空气分离器进行气水分离，也可通过结构的设计避免该现象发生，如水力循环澄清池的水流要经过两次转折再进入分离室，一般情况下气泡不会带入泥渣层。

(四) 监督

(1) 出水水质的监督。澄清池出水水质的监督项目，根据处理方式的不同而有所不同，但要达到出水中悬浮物含量少的目的是共同的。在池中进行混凝-石灰处理时，还应监督出水的pH值、酸度等。

(2) 运行工况的监督。清水层的高度，反应室、泥渣浓缩室和池底等部位的悬浮泥渣量。此外，还应记录好进水流量、加药量、水温、排泥时间、排泥门开度等必要参数。

鉴定水中悬浮泥渣量可采用沉降比法，即将一定体积含泥渣的样品装入直径为40～60mm、高250～350mm的量筒，静置一定时间（2min，5min，20min，60min）后，观察其泥渣沉降情况，其结果可用沉降后泥渣的体积占样品总体积的百分率（沉降比）表示。水力循环澄清池的混合区或反应区取的水样静置5min后沉降比一般为10%～20%。ЦНИИ型澄清器的各段水样的沉降比及泥渣量如表2-2所示。

表2-2　ЦНИИ型澄清器中泥渣特性

采样地点	沉降后泥渣（沉降比，%）			泥渣量（g/L）
	2min	20min	60min	
反应区	60	25～35	15～25	5～10
泥渣浓缩器	95～98	90～95	85～95	50～100
底部排污	40～60	20～25	10～20	50～100

（五）调整

当澄清池投入运行后，为了摸清其最优的工况，可作调整试验。调整试验最好在它已运行了一段时间、情况稳定后进行，现以在澄清器中进行混凝-石灰处理为例，说明调整试验的概况。

1. 最优加药量（混凝剂、石灰）

（1）石灰用量。这个试验的目的是求取石灰的最优加药量。在做此试验时，将澄清器的负荷维持在额定值（变动范围不应超过±5%），水温为（20±1）℃，混凝剂（如硫酸亚铁）的加药量根据先前的经验数据或模拟试验数据，可选取几个适当的石灰加入量数值进行试验。此时，清水门、排污门和泥渣循环门（当设有泥渣循环泵时），均可按已有的经验控制。

试验中测定：原水的硬度、碱度、Mg^{2+}含量、硅含量和耗氧量；出水的硬度、碱度、pH值、Mg^{2+}、硅和铁的含量；澄清器混合区、反应区各部分的沉降比，清水区和出口水的浑浊度。此外，还应测定出水的耗氧量和稳定度。

（2）混凝剂用量。为了求取混凝剂的最优加药量，试验条件和（1）相同，当增加混凝剂量时，由于要消耗石灰，所以应适当调节石灰量，以保持一定的pH值。

（3）添加药剂的次序。如用混凝剂和碱一起进行处理时，它们的加入次序会影响其效果。最优加药次序可通过试验来决定。一般如果混凝过程在pH值较低的情况下进行，调节pH值用的碱（或酸）要先加；如混凝在高pH值下进行，因石灰与碳酸盐硬度会生成胶态$CaCO_3$，它对高pH值下铁的水解产物有分散作用，因此高pH值下宜先加混凝剂。

2. 最优运行条件

（1）水温变动。保持投药量和运行工况不变，观察水温变动速度对出水水质的影响。

（2）负荷试验。这个试验可包括两个内容：一个是在常用负荷的范围内进行负荷变动速度的试验；另一个是求出这台设备的最大容许负荷。

（3）容积利用系数。容积利用系数就是水在澄清池中的实际流经时间和理论流经时间的比值。其值越大，表明池中水流越均匀。可通过该指标判断水流在池中的流动是否均匀，池中是否有水流滞缓部分。容积利用系数一般约为35%～60%。

在各种具体条件下，由于澄清池的类型、原水的水质、投加药品等不同，澄清池的工作情况各不相同。为此，对各澄清池的运行条件不能统一规定，而应通过调整试验和积累经验，以求得最优的运行条件。

习 题 与 思 考 题

1. 胶体能在水种稳定分散的原因有哪些？
2. 混凝处理过程中有哪四大作用？混凝处理的条件是什么？举例说明。
3. 三价铝盐或铁盐混凝剂投量过多时效果反而下降，试以混凝机理解释。
4. 低温时使用硫酸铝作混凝剂的主要问题是什么？
5. 沉淀有哪四种基本类型？
6. 石灰处理后水质有什么变化？

7. 单纯的石灰软化法为何不能降低水的永久硬度？

8. 简述斜板沉淀的原理。

9. 按泥渣在澄清池中的状态可将澄清池分为哪两类，各有何特征？

10. 腈纶纤维生产中，25℃时，某回收溶液中 $[SO_4^{2-}]$ 为 6.0×10^{-4} mol/L，在 40mL 该溶液中，如加入 0.01mol/L $BaCl_2$ 溶液 10mL，是否生成 $BaSO_4$ 沉淀（已知 $K_{sp,BaSO_4}=1.1\times10^{-10}$）？

11. 某水质分析结果如下：$[CO_2]=11$mg/L，$\left[\frac{1}{2}Ca^{2+}\right]=3.6$mmol/L，$\left[\frac{1}{2}Mg^{2+}\right]=2.0$mmol/L，$[Na^+]=1.6$mmol/L，$[HCO_3^-]=6.0$mmol/L，$\left[\frac{1}{2}SO_4^{2-}\right]=0.2$mmol/L，$[Cl^-]=1.0$mmol/L，试估算石灰加药量（工业石灰纯度为50%）。

12. 原水分析结果如下：$[CO_2]=11$mg/L，$\left[\frac{1}{2}Ca^{2+}\right]=3.25$mmol/L，$\left[\frac{1}{2}Mg^{2+}\right]=2.13$mmol/L，$[Na^+]=2.36$mmol/L，$[HCO_3^-]=4.0$mmol/L，$\left[\frac{1}{2}SO_4^{2-}\right]=1.2$mmol/L，$[Cl^-]=2.54$mmol/L，$\varepsilon_{1(CaO)}=55\%$，$\varepsilon_{2(Na_2CO_3)}=90\%$，求石灰-纯碱处理时 CaO、$Na_2CO_3$ 的加药量。

第三章　水的过滤处理

第一节　过滤的基本理论

天然水经过混凝沉淀或澄清处理后，水中悬浮固体含量通常在10～20mg/L之间，这种水还不能直接送入后续除盐系统，如逆流再生离子交换器进水要求悬浮固体在2mg/L以下。进一步除去水中悬浮物的常用方法为过滤处理。

用于过滤的多孔材料称为滤料或过滤介质，滤料有粒状、粉状和纤维状等多种，本节仅介绍粒状滤料，最常用的粒状滤料为石英砂，其他还有无烟煤、活性炭、磁铁矿、石榴石、陶瓷等。

一、过滤的原理

早期，工业用滤池中放置的砂粒很细，过滤时的滤速很慢，大致为0.1～0.3m/h，这种滤池称为慢滤池。慢滤池是依靠藻类和原生动物在砂层表面繁殖而生成的一层黏膜起过滤作用的。慢滤池生产率太低，而且对于那些含有微小黏土颗粒的原水，处理效果较差，所以在工业上未能得到发展。

现在，工业上采用的都是快滤池，它的滤速常常高达8～30m/h或更大。快滤池的过滤作用并不依靠表面形成的生物黏膜，所以无需等待一个黏膜形成阶段。快滤池中装载的砂子颗粒要比慢滤池的大。在一般情况下它并不能使天然水的浊度减小很多，但对于经混凝和澄清后的水或加有混凝剂的水，的确可以起有效的过滤作用。

（一）过滤机理

快滤池分离悬浮颗粒涉及多种因素和过程，一般分为三类，即迁移机理、附着机理和脱落机理。

1. 迁移机理

过滤过程中滤层孔隙中的水流一般属层流状态，被水流挟带的颗粒将随着水流流线运动，颗粒如何脱离流线并与滤料颗粒表面接近或接触，这就涉及颗粒的迁移机理。引起颗粒迁移的原因主要有如下几种。

（1）筛滤。颗粒比滤层孔隙大的被机械筛分，截留于过滤表面上，然后这些被截留的颗粒形成孔隙更小的滤饼层，使过滤水头增加，甚至发生堵塞。这种表面筛滤没能发挥整个滤层的作用。在普通快滤池中，悬浮颗粒一般都比滤层孔隙小，因而筛滤对总去除率贡献不大。当悬浮颗粒浓度过高时，很多颗粒有可能同时到达一个孔隙，互相拱接而被机械截留。

（2）拦截。小颗粒随流线流动在流线会聚处与滤料表面接触。其去除概率与颗粒直径的平方成正比，与滤料粒径的立方成反比，也是雷诺数的函数。

(3) 惯性。当流线绕过滤料表面时，具有较大动量和密度的颗粒因惯性冲击而脱离流线碰撞到滤料表面上。

(4) 沉淀。如果悬浮物的粒径和密度较大，将存在一个沿重力方向的相对沉淀速度。在重力作用下，颗粒偏离流线沉淀到滤料表面上。沉淀效率取决于颗粒沉速和过滤水速的相对大小和方向。

(5) 布朗运动。对于微小悬浮颗粒，由于布朗运动而扩散到滤料表面。

(6) 水力作用。由于滤层中的孔隙和悬浮颗粒的形状是极不规则的，非球形颗粒由于在速度梯度作用下，会产生转动而脱离流线与颗粒表面接触。

实际过滤中，悬浮颗粒的迁移将受到上述各种机理的作用，目前只能定性描述，其相对作用大小尚无法定量估算。可能几种机理同时存在，也可能只有其中某些机理发挥作用，它们的相对重要性取决于水流状况、流速、水温、滤料尺寸、形状及颗粒本身的性质(粒度、形状、密度等)。

2. 附着机理

颗粒迁移与滤料表面接触，进而附着在滤料表面不再脱离，该过程即附着过程。附着过程是一种物理化学过程，引起颗粒附着的原因有以下几种。

(1) 接触凝聚。在原水中投加凝聚剂，压缩悬浮颗粒和滤料颗粒表面的双电层后，但尚未生成微絮凝体时，立即进行过滤。此时水中脱稳的胶体很容易与滤料表面凝聚，即发生接触凝聚作用。快滤池操作通常投加凝聚剂，因此接触凝聚是主要附着机理。

(2) 静电引力。由于颗粒表面上的电荷和由此形成的双电层产生静电引力和斥力。当悬浮颗粒和滤料颗粒带异号电荷则相吸，反之，则相斥。

(3) 吸附。悬浮颗粒细小，具有很强的吸附趋势，吸附作用也可能通过絮凝剂的架桥作用实现。絮凝物的一端附着在滤料表面，而另一端附着在悬浮颗粒上。某些聚合电解质能降低双电层的排斥力或者在两表面活性点间起键的作用而改善附着性能。

(4) 分子引力。原子、分子间的引力在颗粒附着时起重要作用。万有引力可以叠加，其作用范围有限（通常小于 $50\mu m$），与两分子的间距的 6 次方成反比。

3. 脱落机理

普通快滤池通常用水进行反冲洗，有时先用或同时用压缩空气进行辅助表面冲洗。在反冲洗时，滤层膨胀一定高度，滤料处于流化状态。截留和附着于滤料上的悬浮物受到高速反洗水的冲刷而脱落；滤料颗粒在水流中旋转，碰撞和摩擦，也使悬浮物脱落。反冲洗效果主要取决于冲洗强度和时间。当采用同向流冲洗时，还与冲洗流速的变动有关。

(二) 过滤过程中的水头损失

滤池开始工作时，即使滤层的孔眼和表面一点也没有被污染物堵塞，但由于过滤介质本身对水流的阻力也会有水头损失。这种损失，一般只有几百到几千帕。随着被滤出的悬浮物在滤料颗粒间的小孔中和滤料表面渐渐堆积，滤层孔隙率减小，滤层的水流阻力逐渐增大，过滤时的水头损失也随之加大。

如果滤池进出口的压差保持不变，则在滤池工作过程中滤速会逐渐减小，出力也就渐渐降低。如果保证出水量恒定，则必须随着滤层污染程度的加深，不断地调节阀门的开度，或用增大进水压力的办法以增大压差。

滤池运行到水头损失达到一定数值时就应停用，进行冲洗。这是因为水头损失很大时，过滤操作必须增大压力，这样易造成滤层破裂，大量水流从裂纹处穿过，破坏过滤作用，从而影响出水水质。而在实际运行中，通常将压力控制在比造成滤层破裂的压差低很多的情况，这是因为如运行到滤层污染较严重时，虽然一时还不影响出水水质，但会使反洗时不易洗净，造成滤料结块等不良后果；另外，设备是按一定压力设计的，承受过高的压力，容易造成设备的损坏。

（三）负水头

在过滤过程中，当滤层截留了大量杂质以致砂面以下某一深度处的水头损失超过该处水深时，便出现负水头现象。由于上层滤料截留杂质最多，故负水头往往出现在上层滤料中。图 3-1 表示过滤时滤层中的压力变化。直线 1 为静水压力线，曲线 2 为清洁滤料层过滤时的压力线，曲线 3 为过滤至某一时刻后的压力线，曲线 4 为滤层截留了大量悬浮颗粒时的水压线，各水压线与静水压力线之间的水平距离表示过滤时滤层中的水头损失。由曲线 4 可知，滤层 a 与滤层 c 的水头损失分别等于 a 处与 c 处的水深，a～c 之间，水头损失则大于各相应水深，a～c 的范围内出现了负水头现象。

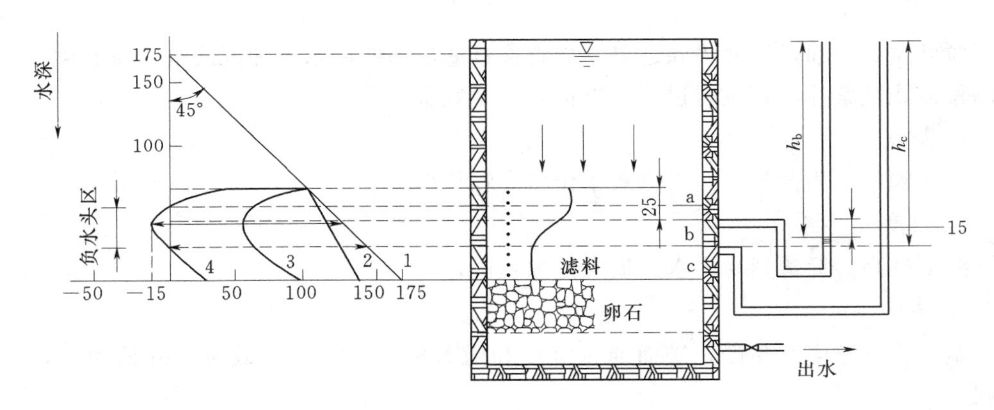

图 3-1　过滤时滤层内压力变化（单位：mm）

负水头会导致原来溶解于水里的空气不断释放出来，或者有空气自池壁裂缝中漏入而形成气囊，气囊对过滤有破坏作用：一是减少有效过滤面积，增大未堵塞部分的滤速和水头损失；二是气囊会穿过滤料层，上升到滤池表面，有可能把部分细滤料或轻质滤料带出，破坏滤层结构。反冲洗时，空气泡更容易把大量的滤料带出滤池。

避免滤池中出现负水头的方法是增加砂面上的水深，或令滤池出口位置等于或高于滤层表面，如虹吸滤池或无阀滤池。另外要限制滤池的运行时间，不让它运行到有很大的水头损失。

二、过滤的影响因素

影响过滤运行的主要因素包括滤料性质和悬浮物性质两大方面。

（一）滤料性质

1. 粒度

过滤效率与粒径 d^n（$1<n<3$）成反比，即粒度越小，颗粒物截留效率越高，但水头

损失也增加越快。

2. 形状

角形滤料的表面积比同体积的球形滤料的表面积大，因此，当孔隙率相同时，角形滤料过滤效率高。

3. 孔隙率

球形滤料的孔隙率一般在0.43左右，与粒径关系不大。角形滤料的孔隙率则随粒径及其分布的变化而变化，一般为0.48～0.55。孔隙率越小则过滤效率越高，但水头损失也越大，纳污空间越小，过滤时间缩短。

4. 厚度

滤床越厚，悬浮物截留率越高，出水水质越好，操作周期越长。

5. 表面性质

滤料表面不带电荷或者带有与悬浮颗粒表面电荷相反的电荷有利于悬浮颗粒在其表面上的附着过程，提高过滤效果。

（二）悬浮物性质

1. 粒度

粒度越大，通过筛滤去除越易，如直接过滤法即向原水投加混凝剂，待其生成适当粒度的絮体或微絮体后再进行过滤，以提高过滤效果。

2. 形状

角形颗粒比表面积大，去除效率比球形颗粒高。

3. 浓度

浓度越高，穿透越易，水头损失增加越快。

4. 温度

温度影响密度及黏度，进而通过沉淀和附着机理影响过滤效率。降低温度，对过滤不利。

5. 表面性质

悬浮物的絮凝特性，电动电位等主要取决于表面性质，因此，颗粒表面性质是影响过滤效率的重要因素。

第二节 滤料和承托层

一、滤料

（一）滤料要求

滤料的种类、性质、形状和级配等是决定滤层截留杂质能力的重要因素。滤料的选择应满足以下要求。

（1）滤料必须具有足够的机械强度，以免在反冲洗过程中很快地磨损和破碎。

（2）滤料化学稳定性要好，以免滤料与水反应恶化水质。

(3) 滤料应不含有对人体健康有害及有毒物质，不含对生产有害、影响生产的物质。

(4) 外形接近于球状，表面比较粗糙而有棱角；具有一定的颗粒级配和适当的空隙率。

(5) 滤料宜价廉、货源充足、易得，尽量就地取材。

水处理滤料可采用符合上述要求的石英砂、无烟煤、矿石粒以及人工生产的陶粒滤料、瓷料、纤维球、塑料颗粒、聚苯乙烯泡沫珠等，目前应用最为广泛的是石英砂和无烟煤。

(二) 滤料的粒度

粒度是指一堆粒状物料颗粒大小的情况。因为滤料大都是由许多大小不一的颗粒组成的，所以有关粒度的问题，很难表示清楚。现有的表示法如下。

1. 级配曲线

用一系列孔径大小不同的筛子来测定滤料在各种颗粒大小不同区域内的分布情况，称为筛分分析。按此分析结果所画的曲线称为级配曲线（参看图3-2）。用级配曲线表示滤料颗粒的大小最为合理，但此种曲线在工业上难以实用。

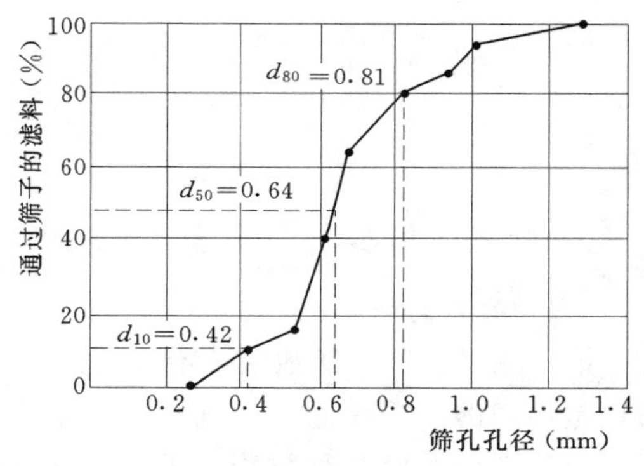

图3-2 级配曲线

2. 最大粒径、最小粒径

这是按滤料的最大和最小颗粒粒径来表示颗粒大小的范围，如最大粒径 $d_{max}=1.2mm$，最小粒径 $d_{min}=0.5mm$，意味着所有颗粒的粒径都在0.5～1.2mm之间。此种方法比较直观，是工业上常用的表示法，但它不能表示滤料中大小不同颗粒的分布情况。

3. 粒径与不均匀系数

粒径有两种表示法，平均粒径 d_{50} 是指50%重量的滤料能通过筛孔的孔径（常以mm表示）；有效粒径 d_{10} 表示10%重量的滤料能通过筛孔孔径，之所以称为有效粒径，是因为较小的颗粒才是产生水头损失的有效部分。

不同的滤料和不同的过滤工况，对滤料粒径有不同的要求，使用时应根据具体情况选取，不宜过大或过小。滤料粒径过大时，细小的悬浮物会穿过滤层，而且在反洗时不能使滤层充分松动，结果反洗不彻底，沉积物和滤料结成硬块，因此产生水流不均匀、出水水质降低和滤池很快失效的现象；粒径过小，则水流阻力大，过滤时滤层中水头损失也增加得很快，从而缩短过滤周期，反洗水的消耗量也就会相对增加。

不均匀系数常以 k_{80} 表示，是指80%重量的滤料能通过的筛孔孔径 d_{80} 与10%重量的滤料能通过的筛孔孔径 d_{10} 之比，即

$$k_{80}=\frac{d_{80}}{d_{10}} \tag{3-1}$$

式中　d_{10}——细颗粒尺寸；

d_{80}——粗颗粒尺寸。

k_{80}越大，表示粗细颗粒尺寸相差越大，颗粒越不均匀，这对过滤和反冲洗都不利。因为k_{80}较大时，过滤时滤层含污能力减小；反冲洗时，为满足粗颗粒膨胀要求，细颗粒可能被冲出滤池，若为满足细颗粒膨胀要求，粗颗粒将得不到很好的清洗。k_{80}越接近1，滤料越均匀，过滤和反冲洗效果越好，但滤料价格提高。

滤料的粒径和不均匀系数，可以用筛分分析来求得。方法是：取滤料100g，用筛孔大小不同的一系列筛子过筛，测得其通过各种筛孔的滤料量，并将这些量对其相应筛孔孔径画成曲线图，见图3-2，这便是级配曲线，由此曲线可求得粒径和不均匀系数。在这个例子中：

平均粒径

$$d_{50}=0.64\text{mm}$$

有效粒径

$$d_{10}=0.42\text{mm},\ d_{80}=0.81\text{mm}$$

不均匀系数

$$k_{80}=\frac{d_{80}}{d_{10}}=\frac{0.81}{0.42}=1.93$$

生产上也有用$k_{60}=\dfrac{d_{60}}{d_{10}}$来表示滤料的不均匀系数，$k_{60}$、$d_{60}$的涵义与$k_{80}$、$d_{80}$相同。

（三）滤料的分层

单一滤料新装入滤池时，沿滤层高度的级配是均匀的，滤料颗粒所形成的空隙率分布也是均匀的，当滤池反冲洗后，由于水力分级作用，小颗粒被反冲洗水流带入并集中分布于上层，而大颗粒跑至下层。这种分布规律对过滤过程不利：一方面，因上部滤料空隙小，纳污能力低，而下层则纳污能力高；另一方面，当下向流过滤时，水流先经过粒径小、孔隙也小的上部砂层，再到粒径大、孔隙也大的下部砂层，水中颗粒大部分截留在上部数厘米深度内，床层上部孔隙容易堵塞，床层的水头损失上升迅速，下部滤层大部分容量尚未发挥作用时过滤过程即终止。因此理想的滤层应该是，沿着过滤的水流方向，滤层中滤料的粒径从大到小排列，同时空隙率也从大到小排列。为了达到这个目的，对普通单层快滤池进行改进，形成双层滤料滤池及多层滤料滤池。

双层滤料滤池主要是无烟煤和石英砂双层滤料滤池，在国外尤其是美、日等国仍然作为主要过滤设施采用，国内也在大量使用。三层滤料滤池滤料为煤、砂、石榴石，滤速在初滤时可为一般快滤池的3倍，双层滤池的2倍。但随后滤速降低，过滤周期较短。根据有关资料报道，其总滤出水量不及双层滤池，滤层有阻塞现象，且石榴石价格较高，也有流失情况。

单层滤料滤池、双层滤料滤池及三层滤料滤池的滤料组成、常用粒径、不均匀系数、滤层厚度及相应采用的设计滤速如表3-1所示。

表 3-1　　　　　　　　　　　　**滤料级配与滤速**

类别	滤料组成			滤速（m/h）	强制滤速（m/h）
	粒径（mm）	不均匀系数 k_{80}	厚度（mm）		
单层石英砂滤料	$d_{max}=1.2$ $d_{min}=0.5$	<2.0	700	8～10	10～14
双层滤料	无烟煤 $d_{max}=1.8$ $d_{min}=0.8$	<2.0	300～400	10～14	14～18
	石英砂 $d_{max}=1.2$ $d_{min}=0.5$	<2.0	400		
三层滤料	无烟煤 $d_{max}=1.6$ $d_{min}=0.8$	<1.7	450	18～20	20～25
	石英砂 $d_{max}=0.8$ $d_{min}=0.5$	<1.5	230		
	重质矿石 $d_{max}=0.5$ $d_{min}=0.25$	<1.7	70		

二、承托层

承托层有两种作用：第一是防止滤料层从配水系统流失，第二对均匀布置反冲洗水有一定的作用。当快滤池采用大阻力配水系统时，其承托层宜按表 3-2 采用。当采用煤—砂—重质矿石组成的三层滤料滤池时，承托层上层应采用重质矿石，以免冲洗时承托层移动。三层滤料滤池承托层的组成见表 3-3。

表 3-2　　　　　　　　**快滤池大阻力配水系统承托层粒径和厚度**

层次（自上而下）	粒径（mm）	厚　　度
1	2～4	100
2	4～8	100
3	8～16	100
4	16～32	本层顶面高度至少应高于配系统孔眼 100

表 3-3　　　　　　　　**三层滤料滤池承托层材料、粒径与厚度**

层次（自上而下）	材　料	粒径（mm）	厚度（mm）
1	重质矿石（如石榴石、磁铁矿等）	0.5～1.0	50
2	重质矿石（如石榴石、磁铁矿等）	1～2	50
3	重质矿石（如石榴石、磁铁矿等）	2～4	50

续表

层次（自上而下）	材 料	粒径（mm）	厚度（mm）
4	重质矿石（如石榴石、磁铁矿等）	4～8	50
5	砾石	8～16	100
6	砾石	16～32	本层顶面高度至少应高于配水系统孔眼100

注 配水系统如用滤砖且孔径为4mm时，第6层可不设。

为了防止反冲洗时承托层移动，美国对单层和双层滤料滤池也有采用“粗—细—粗”的砾石分层方式。上层粗砾石用以防止中层细砾石在反冲洗过程中向上移动；中层细砾石用以防止砂滤料流失；下层粗砾石则用以支撑中层细砾石。具体粒径级配和厚度应根据配水系统类型和滤料级配确定。

如果采用小阻力配水系统，承托层可以不设，或者适当铺设一些粗砂或细砾石，视配水系统的具体情况而定。

第三节 滤层的冲洗和配水系统

一、滤池冲洗

冲洗的目的是使滤层在短时间内恢复工作能力。冲洗方法一般采用水流自下而上的反冲洗，包括以单水高速反冲洗、气-水联合反冲洗以及表面助冲加高速水流反冲洗。

（一）冲洗强度、滤层膨胀率和冲洗时间

1. 冲洗强度

冲洗强度是指单位面积滤层所通过的冲洗流量，单位为L/（s·m^2）。

2. 滤层膨胀率

$$e = \frac{L - L_0}{L_0} \times 100\% \tag{3-2}$$

式中 e——滤层膨胀率，%；

L_0——滤层膨胀前厚度，mm；

L——滤层膨胀后厚度，mm。

由于滤层膨胀前、后单位面积上滤料体积不变，于是

$$L(1 - m) = L_0(1 - m_0) \tag{3-3}$$

故

$$e = \frac{m - m_0}{1 - m} \tag{3-4}$$

式中 m_0——滤层膨胀前孔隙率；

m——滤层膨胀后孔隙率。

滤层膨胀率对冲洗效果影响很大。在一定的膨胀率下，悬浮于上升水流中的滤料颗粒，通过相互碰撞和摩擦洗去表面的污泥。e值过小，下层滤料不能悬浮上升；e值过大，滤料颗粒间的碰撞摩擦几率减少，严重时会造成滤料颗粒流失。生产实践表明，单层砂滤料的膨胀率以45%为宜。

3. 常用数据

表3－4列出了常用数据。

表3－4　冲洗强度、膨胀率和冲洗时间

序号	滤层类型	冲洗强度 [L/(s·m²)]	膨胀率 (%)	冲洗时间 (min)
1	石英砂滤料	12～15	45	7～5
2	双层滤料	13～16	50	8～6
3	三层滤料	16～17	55	7～5

注　1. 设计水温按20℃计，水温每增减1℃，冲洗强度相应增减速1%。
2. 由于全年水温、水质有所变化，应考虑有适当调整冲洗强度的可能。
3. 选择冲洗强度应考虑所用混凝剂品种的因素。
4. 无阀滤池冲洗时间可采用低限。
5. 膨胀率数值仅作设计计算用。

（二）气-水联合反冲洗

现代滤池反冲洗常用气-水联合冲洗方法，其原理是利用上升空气泡的振动可有效将附着于滤料表面的污物擦洗下来，然后再用水冲洗把污物排出池外。由于气泡能有效地把污物破碎、脱落，故水冲强度可降低。气-水联合冲洗有3种操作方式：①先气洗，后水洗；②先气水混合洗，再用水洗；③先气洗，再气水混合洗，最后用水洗（或漂洗）。其中最后水冲实际只起漂洗作用。由于最后水冲洗强度低，因而膨胀率较低，可小于35%。

气-水联合冲洗具有下述特点：①冲洗效果好；②节约反冲洗水量；③冲洗结束后，滤层不产生或不明显产生上细下粗的分层现象；④气-水联合冲洗操作较为麻烦，池子和设备较复杂，需增加鼓风机或空压机、储气罐等气冲设备。

二、配水系统

（一）概述

滤池由进水系统、滤料、承托层、清水（集水）系统、冲洗、配水系统、排水系统等组成。其中配水方式对滤池设计影响较大，配水系统的作用在于使冲洗水在整个滤池面积上均匀分布，反冲洗时配水不均匀可导致的危害包括：滤池中砂层厚度分布不同；过滤时产生短流现象，使出水水质下降；可能导致局部承托层发生移动，造成漏砂现象等。

滤池配水系统有大阻力、中阻力和小阻力等三种类型。要求配水系统能均匀地收集滤后水和分配反冲洗水。并要求安装维修方便，不易堵塞，经久耐用。

快滤池宜采用大阻力或中阻力配水系统；三层滤料滤池、虹吸滤池、无阀滤池和移动罩滤池等宜采用小阻力配水系统。大阻力配水系统孔眼总面积与滤池面积之比一般为0.20%～0.28%；中阻力配水系统孔眼总面积与滤池面积之比为0.6%～0.8%。小阻力配水系统孔眼总面积与滤池面积之比为1.0%～1.5%。

（二）大阻力配水系统

1. 构造

大阻力配水系统的构造如图3－3和图3－4所示。

2. 配水系统的能量的变化

在图3－3所示的大阻力配水系统中，最后一根支管末端c点与最前一根支管起端a

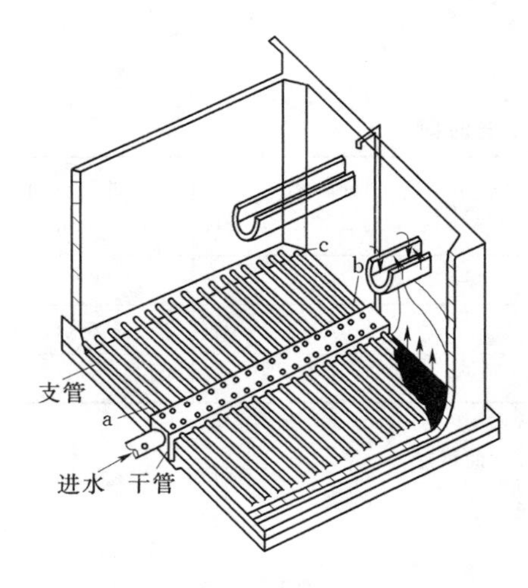

图 3-3　穿孔管大阻力配水系统

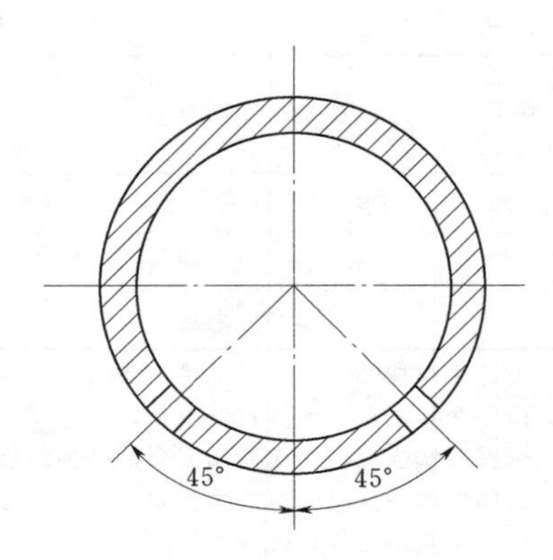

图 3-4　穿孔支管孔口位置

点之间的压力关系为

$$H_c + h_b + h_{bc} + h_{oi} = H_a + \alpha \frac{v_a^2}{2g} + \alpha \frac{v_o^2}{2g} + h_a \tag{3-5}$$

假定：①干管与支管的沿程水头损失可以忽略不计，即 $h_{ol}=0$，$h_{bc}=0$；②各支管的进口局部水头损失基本相等，即 $h_a=h_b$。并取 $\alpha=1$，则式（3-5）可简化为

$$H_c = H_a + \frac{v_a^2}{2g} + \frac{v_o^2}{2g} \tag{3-6}$$

3. 穿孔管大阻力配水系统的设计

（1）设计依据。滤池冲洗时，承托层和滤料层对布水均匀性影响较小。假设滤池中，各个竖截面的承托层与滤料层组成分布相同，在穿孔管大阻力配水系统的设计计算时，可以不考虑承托层与滤料层对反冲洗布水的影响，此时各个孔口的压力水头全部转化为水头损失，根据水力学的原理，图 3-3 中孔口 a 与孔口 c 的出流量 Q_a、Q_c 可按下式进行计算

$$Q_a = \mu \bar{\omega} \sqrt{2gH_a} \tag{3-7}$$

$$Q_c = \mu \bar{\omega} \sqrt{2gH_c} \tag{3-8}$$

将式（3-7）与式（3-8）两式相除并将式（3-6）代入整理得

$$\frac{Q_a}{Q_c} = \frac{\sqrt{H_a}}{\sqrt{H_a + \frac{1}{2g}(v_o^2 + v_a^2)}} \tag{3-9}$$

从式（3-9）可以看出，当孔口水头损失越大时，a 孔与 b 孔的出流量之比越接近于 1。

设配水系统配水均匀性要求在 95%以上时，即令 $Q_a/Q_c \geqslant 0.95$，则

$$\frac{\sqrt{H_a}}{\sqrt{H_a + \frac{1}{2g}(v_o^2 + v_a^2)}} \geqslant 0.95 \tag{3-10}$$

整理式（3－10）可得

$$H_a \geqslant \frac{1}{2g}(v_o^2 + v_a^2) \tag{3-11}$$

为了简化计算，假设每根支管的进口流量相同，v_o 和 v_a 可分别按下列两式进行计算

$$v_o = \frac{qF \times 10^{-3}}{\bar{\omega}_o} \tag{3-12}$$

$$v_a = \frac{qF \times 10^{-3}}{n\bar{\omega}_a} \tag{3-13}$$

为了简化计算，H_a以孔口平均水头损失计算，则 H_a为

$$H_a = \left(\frac{qF \times 10^{-3}}{\mu f}\right)^2 \frac{1}{2g} \tag{3-14}$$

将式（3－11）～式（3－13）代入式（3－10）得

$$\left(\frac{qF \times 10^{-3}}{\mu f}\right)^2 \frac{1}{2g} \geqslant 9 \cdot \frac{1}{2g}\left[\left(\frac{qF \times 10^{-3}}{\bar{\omega}_o}\right)^2 + \left(\frac{qF \times 10^{-3}}{n\bar{\omega}_a}\right)^2\right] \tag{3-15}$$

将 μ=0.62 代入式（3－15）并整理得

$$\left(\frac{f}{\sigma\bar{\omega}_o}\right)^2 + \left(\frac{f}{n\bar{\omega}_a}\right)^2 \leqslant 0.29 \tag{3-16}$$

式（3－16）为大阻力配水系统构造尺寸计算的依据。式（3－16）说明：大阻力配水系统配水的均匀性只与反映配水系统的构造的因素如干管截面积、支管截面积、支管个数、孔口总面积等有关，而与其他因素如反冲洗强度、滤池面积等因素无关。事实上，当滤池面积过大时，滤池中砂层和承托层的铺设、冲洗废水的排除等的不均匀度都将对冲洗效果产生影响。

（2）大阻力配水系统的设计要点。

1）干管起端流速为 0.2～1.2m/s，支管起端流速为 1.4～1.8m/s，孔眼流速为 3.5～5m/s。

2）支管中心间距为 0.2～0.3m，支管长度与其直径之比一般不应大于 60。

3）孔口直径约为 9～12mm，设于支管两侧，与垂线呈 45°角向下交错排列。

4）干管横截面与支管总横截面之比应大于 1.75～2.0。当干管直径或渠宽大于 300mm 时，顶部应装滤头、管嘴或把干管埋入池底。

5）孔口总面积与滤池面积之比称为开孔比，其值可按下式计算

$$\alpha = \frac{f}{F} \times 100\% = \frac{Q/v}{Q/q} \times \frac{1}{1000} \times 100\% = \frac{q}{v} \times 100\% \tag{3-17}$$

式中　α——配水系统的开孔比，%；

Q——冲洗流量，m^3/s；

q——滤池的反冲洗强度，L/（s·m^2）；

v——孔口流速，m/s。

对普通快滤池，若取 v 为 5～6m/s，q 为 12～15L/（s·m^2），α 则为 0.2%。

（三）小阻力配水系统

大阻力配水系统虽然配水均匀性好，但结构较复杂，管道容易结垢，孔口水头损失大，因而要求反冲洗水压较高。无阀滤池、移动冲洗罩滤池、虹吸滤池等的冲洗水头非常有限，因此通常采用小阻力配水系统。

小阻力配水系统的构造见图3－5～图3－7，铺设穿孔滤板或滤砖，开孔比一般为1.0%～1.5%，压力滤池采用的匀布尼龙滤头亦属小阻力配水系统。其特点是：①反冲洗水头小；②配水均匀性较大阻力配水系统差，当配水系统室内压力稍有不均匀，滤层阻力稍不均匀，滤板上孔口尺寸稍有差别或部分滤板受堵塞，配水均匀程度都会敏感地反映出来；③滤池面积较大时，易发生短路、沟流，宜用于小型处理厂。

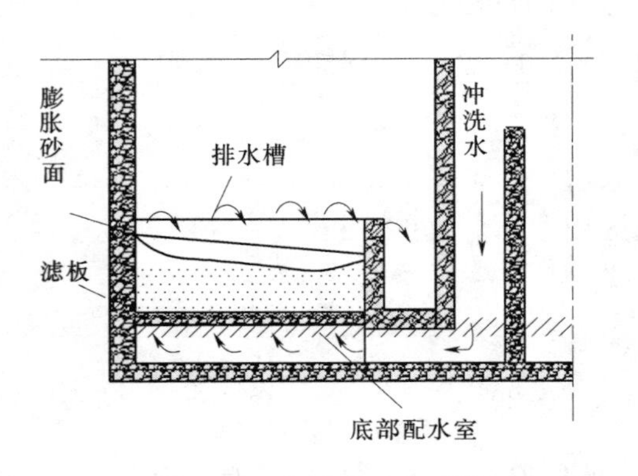

图3－5 小阻力配水系统

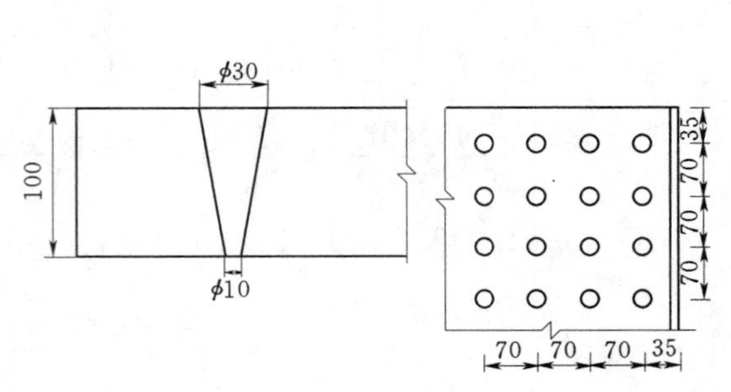

图3－6 钢筋混凝土穿孔滤板

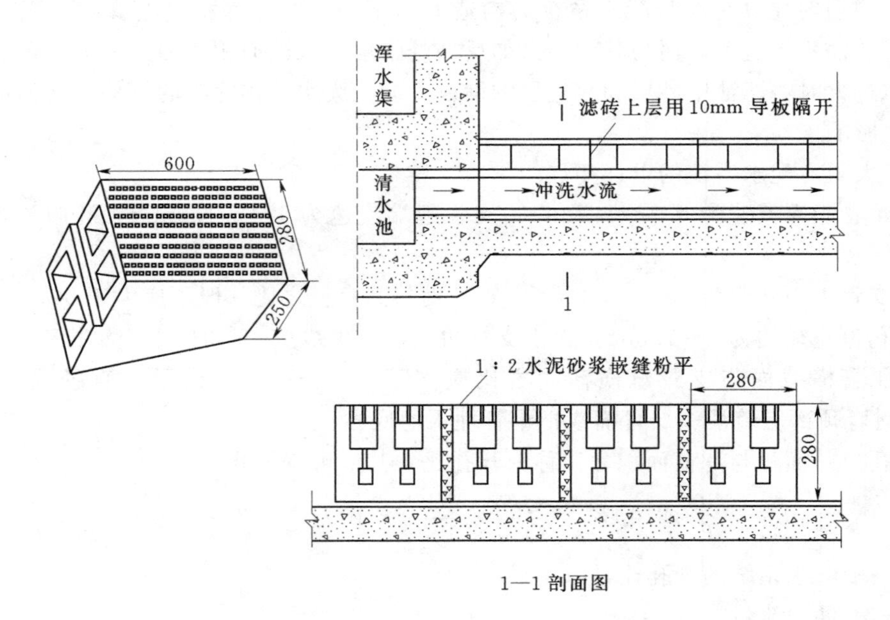

图3－7 穿孔滤砖

中阻力配水系统与小阻力配水系统类似，但其开孔比介于大阻力配水系统与小阻力配水系统之间。

第四节 过滤设备的结构和类型

过滤设备有多种类型，按照不同分类方式可对过滤设备作如下分类。

(1) 以水流方向分：下向流、上向流、双向流和辐射流（水平流）滤池。

(2) 以不同的滤料组成分：单层滤料、双层滤料、三层以及混合滤料滤池。

(3) 以药剂投量和加注点的不同分：沉淀水过滤（传统式）、微絮凝过滤和（接触）凝聚过滤。

(4) 以阀门配置分：四阀滤池、双阀滤池以及无阀滤池（虹吸滤池）。

(5) 以冲洗方式分：小阻力、中阻力和大阻力滤池。

(6) 以运行方式分：间歇过滤滤池、移动冲洗罩滤池和连续过滤滤池。

上述分类方式是不能截然分开的，在选用时通常将各种方式组合起来，形成一种特定的滤池。习惯上，把密闭的容器式过滤设备称为过滤器，通常由圆柱形钢制容器组成，在压力下运行，属于压力式过滤器；另一种是由钢筋水泥制成的池子，造价比钢制过滤器低，处理能力较大，即通常所指的滤池。现分述如下。

一、过滤器

（一）普通过滤器

普通过滤器是用钢制压力容器为外壳制成的快滤池，一般适用小型给水及临时性给水。有立式和卧式两种，立式普通过滤器如图3-8所示。

1. 结构

普通过滤器结构包括进水装置、配水系统、过滤单元及各种必要的管道、阀门和仪表等，有时还有进压缩空气的装置。

(1) 进水装置。进水装置有时兼起反洗排水的作用。在普通过滤器中，进水装置和滤层之间隔着一段空间，以保证反洗时滤层有足够的膨胀空间。在过滤运行时，此空间内一直充满着水，故称为水垫层。水垫层的存在，可以起促进水流均匀的作用，所以在普通过滤器中，进水装置往往不是影响滤层中水流分布的主要因素，结构可比较简单，如在进水管出口端设置一个口向上的漏斗。

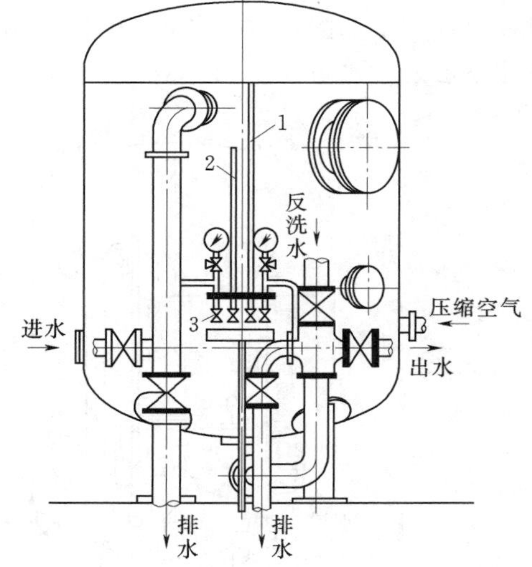

图3-8 普通过滤器

1—空气管；2—监督管；3—采样阀

(2) 配水系统。设于普通过滤器下部的配水系统是用来安置滤料，排出经过滤的水和送入反洗用水。它的作用除了保证水流在滤层中分布均匀外，还可防止滤料泄漏。

配水系统的类型较多，现在常使用的有配水帽式、滤布式和砂砾式等。

2. 运行

普通过滤器中装载的滤料颗粒（石英砂）的粒径一般为0.5～1.2mm，滤层高约0.7m。滤速约8～10m/h，水流通过洗净滤层的压力降约4.9kPa，容许压力降约为49kPa。为使滤层不至于因过度污染而冲洗不干净，应把实际的压力降控制得很低，一般为19.6～29.4kPa。当水流通过滤层的压力降达到该设定值时，则停止过滤，开始反洗。此时，将过滤器内的水排放至滤层的上缘（可由监督管中流水情况来判断），然后送入强度为18～25L/（s·m^2）的压缩空气，吹洗3～5min后，在继续供给空气的情况下向过滤器内送入反洗水，其强度应使滤层膨胀10%～15%。反洗水送入2～3min后，停止送空气，继续用水再反洗1～1.5min，此时反洗水的强度应使滤层膨胀率约达40%～50%。最后，用水正洗直至出水合格，反洗过程结束。

普通过滤器除了可以按照水流通过滤层的压力降来确定是否需要清洗外，也可按一定的运行时间来进行清洗。其容许的运行周期，应通过调整试验求得。

（二）双流式过滤器

在普通过滤器中虽然有机械筛分和接触凝聚两种作用，但由于水流是先通过小颗粒滤料，后通过大颗粒滤料，所以起主要作用的是表层滤料的截留作用，而滤层中滤料颗粒的接触凝聚能力并不能充分发挥出来。为此，出现了双流式过滤器，其结构如图3-9所示。进水分为两部分，分别从过滤器上部及下部进入，其中上部进入的水的过滤作用和普通过滤器相同，主要是表面滤层的过滤作用；下部进水由于先遇到颗粒大的滤料，随后遇到的是颗粒逐渐减小的滤层，可起接触凝聚的作用。经过过滤的出水，由中部流出。开始运行时，上部和下部的进水约各占50%；运行了一段时间后，因上层阻力增加快，其通过水量比下层通过水量要少。

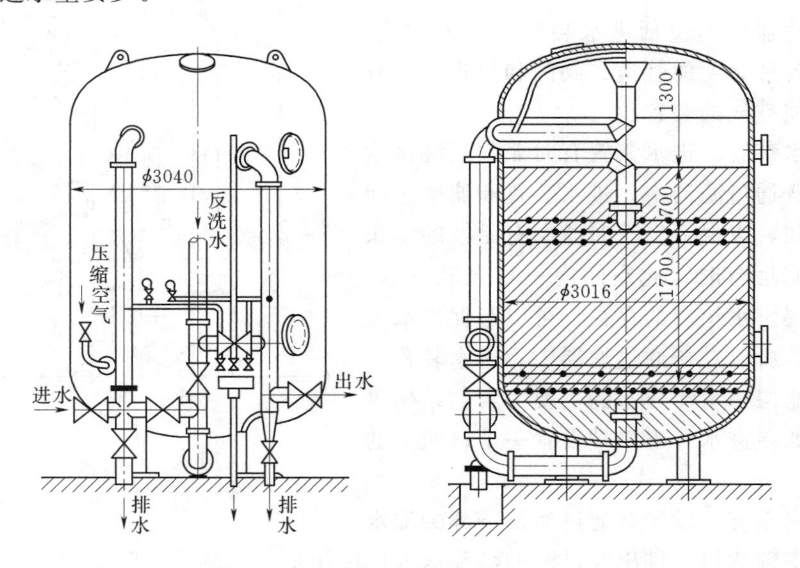

图3-9　双流式过滤器（单位：mm）

双流式过滤器在中间配水系统以上的滤层高为0.6～0.7m，以下为1.5～1.7m。所用滤料的有效粒径和不均匀系数均较普通过滤器的大。如用石英砂时，滤料的颗粒粒径为

0.4～1.5mm，平均粒径为0.8～0.9mm，不均匀系数k_{80}为2.5～3，滤速按出水量计约为12～18m/h。与普通过滤器相比，该过滤器出力较大，但对滤料粒度的要求较高，运行操作和维护等较复杂。

双流式过滤器的反冲洗过程为：先用压缩空气吹5～10min，继之用清水从中间引入，自上部排出，先反洗上部。然后，停止送入压缩空气，由中部和下部同时进水，上部排出，进行整体反洗。此反洗强度控制在16～18L/（s·m^2），反洗时间为10～15min。最后，停止反洗，进行运行清洗，待水质变清时开始过滤送水。

（三）多层滤料过滤器

多层滤料过滤器是在普通过滤器基础上为了改变普通过滤器中滤料在反冲洗后呈“上细下粗”的不利排列方式而在滤料布置上进行改进的一种过滤器。常见的有双层滤料过滤器及三层滤料过滤器。

1. 双层滤料过滤器

双层滤料过滤器的结构与普通过滤器相同，只是在滤床上分层安放着两种不同的滤料。上层为相对密度小、粒径大的滤料，下层为相对密度大、粒径小的滤料，通常采用的是上层无烟煤，下层石英砂。由于无烟煤的相对密度为1.5～1.8，而石英砂为2.65左右，它们有较大的差别，即使无烟煤颗粒的粒径较大，在反洗后，它仍能处于颗粒较小的石英砂的上面。滤料颗粒层呈上大下小的状态对过滤过程很有利。

普通的石英砂过滤器可以改为双层滤料过滤器，此时可将其上层200～300mm高度的最小颗粒滤料取走，使余下石英砂表面层的颗粒粒径为0.65～0.75mm，然后再装入粒径为1.0～1.25mm的无烟煤。

2. 三层滤料过滤器

三层滤料的原理和结构与双层滤料床相似，它相当于在双层滤料床下面加了一层相对密度更大、颗粒更小的滤料。三层床的生产率比双层滤料床要大得多。

在双层滤料过滤器中，为了避免两层滤料相混，石英砂的最小粒径通常比单层石英砂滤床的最小粒径要大。这样，就发生了滤速不能过大的问题，因为滤速过大，悬浮物易穿透床层，使出水浊度升高。在三层滤料过滤器中，由于滤层滤料的大小分成了三级，所以上层可以采用较大颗粒以发挥滤料的接触凝聚过滤作用，下层可以采用较小颗粒以去除水中残存悬浮物，此时不会有小颗粒混入上层的问题，因为中层滤料可以起减少大颗粒和小颗粒相混的作用。

三层滤料床的下层可采用石榴石、磁铁矿或钛铁矿等矿砂作滤料，其滤速可以达30m/h以上。三层床所用各种滤料的粒度和反洗强度也应通过实验求得。表3－5所示为某厂用三层滤料床的组成，供参考。

表3－5　某厂用三层滤料床的组成

名称	上层（无烟煤）	中层（石英砂）	下层（磁铁矿）
粒径（mm）	0.8～2	0.5～0.8	0.25～0.8
厚度（cm）	42	23	7

三层滤料过滤器的优点为滤速高，截污能力大，对于流量突然变动的适应性好，出水

水质较好，其水流阻力与普通过滤器的相当。

二、滤池

最早出现的滤池为下向流重力式石英砂快滤池，又称普通快滤池，进入这种滤池的水大多经过混凝沉淀处理。普通快滤池自从1840年问世以来，至今已有160多年的历史。在这期间，对过滤方式和滤池型式做了不少改进，改进的重点主要是增加滤池的含污能力，也即从改进滤料的级配组成、提高过滤的滤速以及延长运行的周期等三个方面做了很大努力。其次是从节约滤池的阀门设备以及便于操作、向着自动化和连续操作的方向上做了很多改进和革新。

现介绍电厂水处理中常见的快滤池、无阀滤池、单阀与双阀滤池及虹吸滤池基本结构及相关设计要求。

（一）快滤池

1. 快滤池的构造

快滤池（rapid filter）是利用滤层中粒状材料所提供的表面积截留水中已经过混凝处理的悬浮固体的设备，在过滤过程中，悬浮颗粒能吸附在滤料表面，即“接触絮凝”起了主要作用，而其他作用如截留和沉降处于次要地位。由于滤料表面通常带负电，要使也带负电的悬浮颗粒附着在滤料表面，必须对滤前水进行预处理，通常是化学混凝处理（如果去除对象是生物污泥絮体，则不需化学混凝），以改变悬浮颗粒所带电荷。

快滤池应用较为普遍，根据其规模大小，采用单排或双排布置，是否设中渠、反冲洗方式（水泵或水塔）、配水系统型式以及所在地区防冻要求等，可布置成许多型式。快滤池由滤料层、承托层、配水系统、集水渠和洗砂排水槽等部分组成，管廊内有原水进水、清水出水、冲洗排水等主要管道和与其相配的控制闸阀，配水系统采用大阻力或中阻力系统，反冲洗一般采用高位水塔或水泵。其构造如图3-10所示。

（1）滤料层和承托层。废水处理用的滤料多采用石英砂，粒径为1.2～2mm，不均匀系数为1.5～2。滤层厚度为0.7～0.8m。

承托层的作用是防止过滤时滤料从配水系统中流失，冲洗时起一定的均匀布水作用。承托层可用天然卵石或碎石，按颗粒大小分层铺成，其组成和厚度见表3-2。

（2）配水系统。配水系统的作用是使冲洗水在整个滤池平面上均匀分布。常用配水系统有大阻力系统和小阻力系统两种。

快滤池常用穿孔管大阻力配水系统，系统中间有一干管，干管两侧接出若干互相平行的支管，支管下方开两排小孔，与中心线成45°角交错排列。干管上方也开有小孔。大阻力配水系统的优点是配水均匀性较好，但结构复杂，孔眼水头损失较大，冲洗时动力消耗较大，管道容易结垢，增加检修的困难。

（3）排水系统。滤池冲洗废水由排水槽收集后经废水渠排出。

为满足及时而均匀地排出废水，排水槽设计就符合下列要求：①冲洗废水应自由跌入排水槽，槽内水面上应有70mm左右的超高；②排水槽废水应自由跌入废水渠，废水渠水面应低于排水槽槽底；③单位排水槽长度的溢入量应相等；④排水槽总表面积不大于滤池面积的35%；⑤两槽中心距一般为1.5～2.0m。

快滤池的运行过程主要是过滤和冲洗两个过程的交替循环。过滤时，开启进水支管和

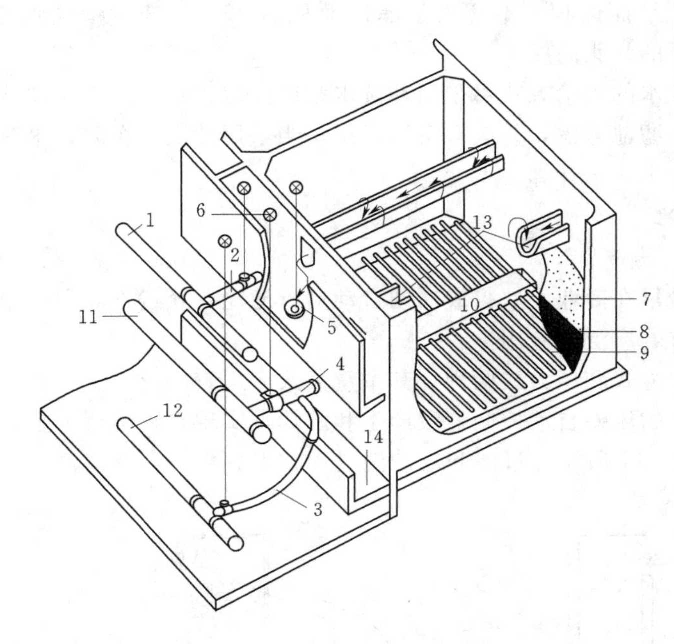

图 3-10　快滤池构造

1—进水总管；2—进水支管；3—清水支管；4—冲洗水支管；5—排水阀；6—浑水阀；
7—滤料层；8—承托层；9—配水支管；10—配水干管；11—冲洗水总管；
12—清水总管；13—冲洗排水槽；14—废水渠

清水支管的阀门。关闭冲洗水支管阀门与排水阀。浑水就经进水总管、支管从浑水渠进入滤池。经过滤料层、承托层后，由配水系统的配水支管汇集起来再经配水系统干管、清水支管、清水总管流往清水池。在过滤中，由于滤层不断截污，滤层孔隙逐渐减小，水流阻力不断增大，当滤层的水头损失达到最大允许值时，或当过滤出水水质接近超标时，则应停止滤池运行，进行反冲洗。反冲洗时，关闭进水支管和清水支管的阀门。开启排水阀与冲洗水支管阀门。冲洗水即由冲洗水总管、支管，经配水系统的干管、支管及支管上的许多孔眼流出，自下而上穿过承托层及滤料层，均匀地分布整个滤池平面上。滤料层在自下而上均匀分布的水流中处于悬浮状态，滤料得到清洗。冲洗废水流入排水槽，再经浑水渠、排水管和废水渠排入下水道。从过滤开始到冲洗结束的一段时间称为快滤池工作周期；从过滤开始至过滤结束称为过滤周期，一般滤池一个工作周期应大于 8～12h。

2. 快滤池设计

（1）滤池个数及单个滤池面积，应根据生产规模和运行维护等条件通过技术经济比较确定，但个数不得少于两个。

（2）滤池应按正常情况（水厂全部滤池进行工作）下的滤速设计，并以检修情况（全部滤池中的一个或两个停产进行检修、冲洗或翻砂）下的强制滤速校核。

（3）滤池的工作周期，宜采用 12～24h。

（4）快滤池冲洗前的水头损失，宜采用 2.0～3.0m。每个滤池应装设水头损失计。

（5）滤层表面以上的水深，宜采用 1.5～2.0m。

(6) 洗砂槽的平面面积，不应大于滤池面积的 25%，洗砂槽底到滤料表面的距离，应等于滤层冲洗时的膨胀高度。

(7) 滤池冲洗水的供给方式可采用冲洗水泵或高位水箱。当采用冲洗水泵时，水泵的能力应按冲洗单格滤池考虑，并应有备用机组；当采用冲洗水箱时，水箱有效容积应按单格滤池冲洗水量的 1.5 倍计算。

(二) 无阀滤池

1. 无阀滤池的构造

无阀滤池是最早在商业上取得成功的自动运行滤池，经过不断地应用与技术改造，其技术已经成熟，有着广泛的应用。

无阀滤池有重力式和压力式两种，其中重力式应用较广泛。其工作机理是利用水力学原理，通过进出水的压差自动控制虹吸产生和破坏，实现自动运行。重力式无阀滤池结构及过滤过程如图 3-11 所示。过滤和反冲洗过程如下。

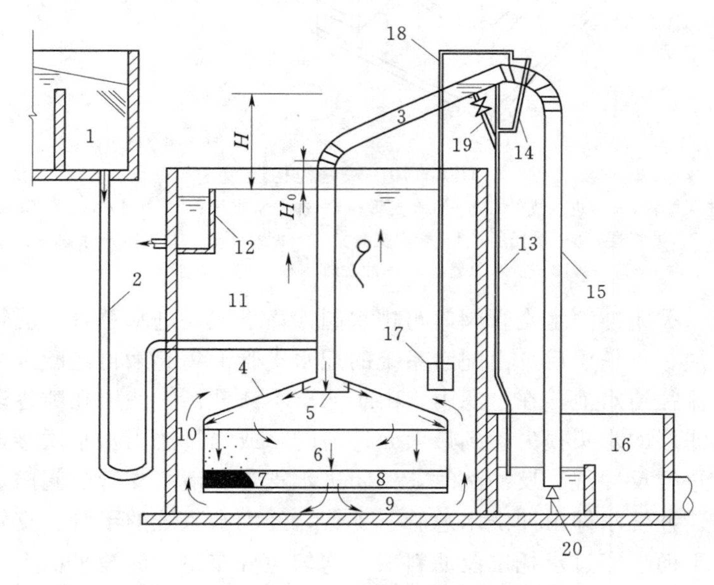

图 3-11 无阀滤池过滤过程

1—进水分配槽；2—进水管；3—虹吸上升管；4—伞形顶盖；5—挡板；6—滤料层；7—承托层；8—配水系统；9—底部配水区；10—连通渠；11—冲洗水箱；12—出水渠；13—虹吸辅助管；14—抽气管；15—虹吸下降管；16—水封井；17—虹吸破坏斗；18—虹吸破坏管；19—强制反冲洗管；20—锥形挡板

过滤时，由进水管送入的水通过滤层，汇集到下部集水室，再由连通管（设于滤池的四个角落）流至上部冲洗水箱。当水箱充满水后，便开始向外送水。开始过滤时，虹吸上升管与冲洗水箱中的水位差 H_0 为过滤起始水头损失。随着过滤时间的延续，滤料层水头损失逐渐增加，虹吸上升管中水位相应逐渐升高。管内原存空气受到压缩，一部分空气将从虹吸下降管出口端穿过水封进入大气。当水位上升到虹吸辅助管 13 的管口时，水从辅助管流下，依靠下降水流在管中形成的真空和水流的挟气作用，抽气管 14 不断将虹吸管中空气抽出，使虹吸管中真空度逐渐增大。其结果一方面虹吸上升管中水位升高，同时虹吸下降管 15 将排水水封井中的水吸上至一定高度。当此两股上升的水流会合后，便形成虹吸，这时过滤室中的水立即被虹吸管抽走，冲洗水箱中的水迅速倒流至滤层中，循着与过滤时相反的方向进入虹吸管，滤料层因而受到自动反冲洗。冲洗水由排水水封井16排出。随着反冲洗的进行，水箱内水位逐渐下降，当水位下降至虹吸破坏斗17以下时，虹吸破坏管18把小斗中的水吸完。管口与大气相通，虹吸破坏，冲洗结束，过滤重新开始。

从过滤开始至虹吸上升管中水位升至辅助管口这段时间，为无阀滤池过滤周期。因为当水从辅助管下流时仅需数分钟便进入冲洗阶段，故辅助管口至冲洗水箱最高水位差即为期终允许水头损失值 H，一般取1.5～2.0m。反冲洗时反冲洗强度随着冲洗水箱水位的下降而不断降低，这对冲洗效果颇为有利。冲洗强度的大小可以用锥形挡板20的高低来改变。

若在滤层水头损失还未达到最大允许值而因某种原因需要冲洗时，可进行人工强制反冲洗。强制反冲洗设备是在辅助管与抽气管相连接的三通上部，接一根压力水管19，称强制反冲洗管，打开强制反冲洗管阀门，在抽气管与虹吸辅助管连接三通处的高速水流便产生强烈的抽气作用，使虹吸很快形成。

无阀滤池的优点是不需大型阀门，冲洗完全自动，造价较低，操作管理较为方便，过滤过程中不会出现负水头现象。主要缺点为：①冲洗水箱位于滤池上部，出水标高较高，虹吸管和进水槽必须很高，相应抬高了滤前处理构筑物如沉淀池或澄清池的标高；②单个滤池不宜过大，因为过滤面积很大会使过滤水和反洗水的分布不易均匀，从而影响其正常运行；此外，还有装铺滤料和更换滤料的工作比较困难。无阀滤池经反洗后，不能进行正洗排水，而是把这些水积累在冲洗水箱中，这对过滤初期的出水水质有一些影响。

2. 无阀滤池的设计

（1）一般原则。

1）每个无阀滤池应设单独的进水系统，进水系统应有不使空气进入滤池的措施。

2）无阀滤池冲洗前的水头损失，一般可采用1.5m。

3）过滤室滤料表面以上的直壁高度，应等于冲洗时滤料的最大膨胀高度再加保护高。

4）无阀滤池应有辅助虹吸措施，并设调节冲洗强度和强制冲洗的装置。

（2）重力式无阀滤池的设计要点。

1）进水系统。

①进水分配槽。配槽堰顶标高按下式决定

$$Z_1 = Z_2 + h_0 \tag{3-18}$$

式中　Z_1——进水分配槽堰顶标高，m；

Z_2——虹吸辅助管和虹吸管连接处的管口标高；

h_0——保证堰顶自由跌水所需的高度，0.12～0.15m。

设计上一般将进水分配槽的槽底标高降至滤池出水渠堰顶以下约0.5m处，以防止进水挟气。

②进水管U形存水弯。进水管设置U形存水弯的目的是防止冲洗时空气通过进水管进入虹吸管而破坏虹吸管。为安装方便，同时也为了水封更加安全，常将存水弯置于水封井水面以下。

2）滤池面积与高度。重力式无阀滤池的面积由过滤面积和连通渠（管）面积组成。

滤池高度由底部集水区高度、滤板高度、承托层高度、滤料层高度、滤料层上的净空高度、顶盖高度、冲洗水箱高度组成。

3）冲洗水箱。当一格无阀滤池单独工作时，其冲洗水箱的容积 V 按冲洗一次所需水量确定

$$V = 0.06qFt \tag{3-19}$$

式中　V——冲洗水箱容积，m^3；

q——冲洗强度，L/（s·m^2）；

F——滤池面积，m^2；

t——冲洗时间，min，一般取 4～6min。

冲洗水箱的高度由下式决定

$$\Delta H = \frac{0.06qFt}{F'} \tag{3-20}$$

式中　ΔH——冲洗水箱高度，m；

F'——冲洗水箱面积，即滤池面积。

为了减小冲洗水箱的水深，无阀滤池经常 n 格滤池在一起工作，即 n 格滤池合用一个水箱，此时水箱的水深 ΔH 可用下式计算

$$\Delta H = \frac{0.06qFt}{nF'} \tag{3-21}$$

式（3-21）并未考虑一格滤池冲洗时，其余 $n-1$ 格滤池继续向水箱供给冲洗水的情况，所求水箱容积偏于安全。

当合用冲洗水箱的滤池数过多时，将会造成不正常的冲洗现象。

4）虹吸管的计算。冲洗时总水头损失为

$$H_{总} = h_1 + h_2 + h_3 + h_4 + h_5 + h_6 \tag{3-22}$$

$$h_3 = 0.022qZ \tag{3-23}$$

$$h_4 = \frac{\rho_s - \rho}{\rho}(1 - m_0)L_0 \tag{3-24}$$

式中　h_1——连通渠水头损失，m；沿程水头损失可按水力学中谢才公式 $i=\frac{Q_1^2}{A^2C^2R}$计算，进口局部阻力系数取 0.5，出口局部阻力系数为 1；

h_2——小阻力配水系统水头损失，m，视所选配水系统型式而定；

h_3——承托层水头损失，m，可按式（3-23）计算；

h_4——滤料层水头损失，m，可按式（3-24）计算；

h_5——挡板水头损失，一般取 0.05m；

h_6——虹吸管沿程和局部水头损失之和；

Z——承托层厚度，m；

ρ_s、ρ——滤料和水的密度，g/cm^3；

m_0——滤层孔隙率；

L_0——滤层厚度，cm。

在上述各项水头损失中，当滤池构造和平均冲洗强度已定时，h_1～h_5 便已确定，虹吸

管的大小则决定于平均冲洗水头 H_a。因此，在有地形可利用时，可降低排水水封堰口标高以增加可资利用的冲洗水头，从而减小虹吸管管径以节省建设费用。如果计算规格限制，管径应适当大些，以使 $H_{总}<H_a$。其差值消耗于虹吸下降管出口管端的冲洗强度调节器中。冲洗强度调节器由锥形挡板和螺杆组成，后者可使锥形挡板上、下移动以控制出口开启度。

（三）单阀和双阀滤池

单阀滤池的工作原理与无阀滤池的基本相同，不同点仅仅在于：单阀滤池虹吸管的高度比无阀滤池的低很多，它从滤池顶盖上接出后即行下弯，虹吸管上装有个闸阀 1（见图 3-12），顶盖上装有一个玻璃管作为水头损失计 2，用以观察滤层的水头损失情况。当水头损失达到预定数值时，打开虹吸管上的阀门，冲洗便开始。当水箱水位下降到预定位置（或根据冲洗时排出污水浊度而定）时，关闭阀门，冲洗结束。这种设备的冲洗，一般是用人工来操作的。如果将阀门改为电磁自动阀，并在水头损失计上装一高位触点，冲洗水箱下部装一低位触点，便可实现自动冲洗，就是当滤层水头损失增加到一定程度，水头损失计中的水位上升到高位触点时，电磁阀自动打开，反冲洗开始；当冲洗水箱中水位下降到低位触点时，电磁阀自动关闭，反冲洗告终。但采用自动冲洗装备，要增加投资和设备，而且电磁阀为常动部件，很易损坏，维护的工作量较大。

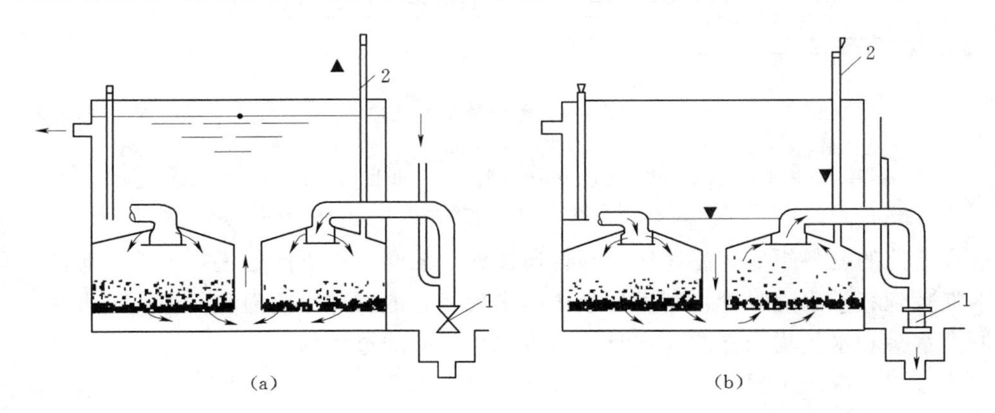

图 3-12 单阀滤池

(a) 过滤；(b) 右边反洗

1—闸阀；2—水头损失计；▼—液面下降；▲—液面上升；•—液面静止

单阀滤池同无阀滤池相比，它的优点是虹吸管高度降低后，有利于安装和维修；缺点是操作比无阀滤池稍繁。就其造价而言，当单阀滤池无自动化装备时，两者大致相同。

为了避免单阀滤池反洗时有部分进水直接排走，有人曾试图采用三通阀门，以便开排水阀的同时切断进水管，后因大口径三通转换阀不易制造，只得做成双阀滤池，即在进水管和排水管上各装一个阀门。

（四）虹吸滤池

1. 虹吸滤池的构造

从 20 世纪 60 时年代开始，突破了常规滤池设计，引进了国外的虹吸滤池，目前以建成一百余座。虹吸滤池采用真空系统控制进、排水虹吸管、以代替进、排水阀门，一般由

6～8格滤池组成一个整体，采用小阻力配水系统，利用滤池本身的出水及其水头进行冲洗，以代替高位冲洗水箱和水泵。虹吸滤池平面布置有圆形和矩形两种，也可做成其他形式。在我国北方寒冷地区虹吸滤池需加设保温房屋。在南方非保温地区，为了排水的方便，也有将进水、排水虹吸管布置在虹吸滤池外侧。典型的虹吸滤池构造如图3-13所示。

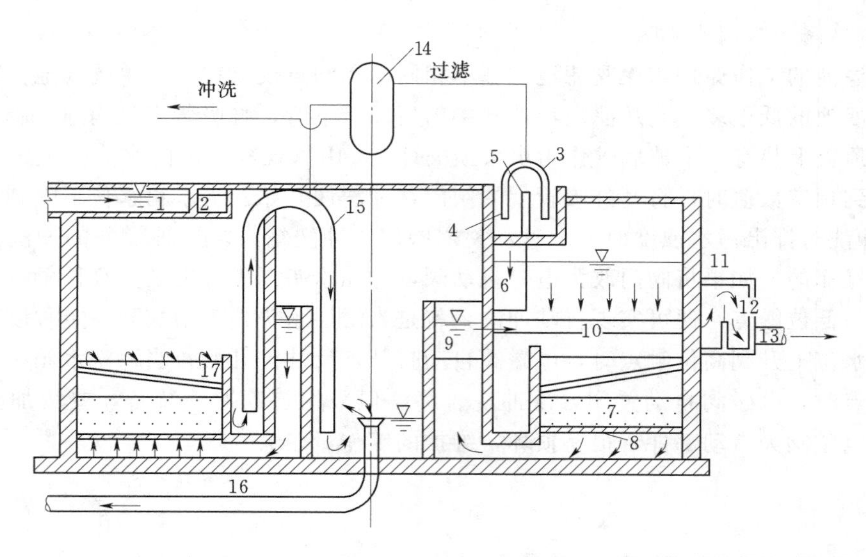

图3-13　虹吸滤池的构造

1—进水槽；2—配水槽；3—进水虹吸管；4—单格滤池进水槽；5—进水堰；6—布水管；7—滤层；8—配水系统；9—集水槽；10—出水管；11—出水井；12—出水堰；13—清水管；14—真空系统；15—冲洗虹吸管；16—冲洗排水管；17—冲洗排水槽

虹吸滤池的滤料组成和滤速选定与普通快滤池相同，所不同的是每个单元滤池都配置了进水虹吸管和排水虹吸管，利用虹吸作用来代替滤池的进水阀门和反冲洗排水阀门。反冲洗所需水头和水量均来自滤池本身。其过滤与反冲洗过程如下。

过滤过程：待滤水通过进水槽1进入环形配水槽2，经进水虹吸管3进入单格滤池进水槽4，再从进水堰5溢流进入布水管6进入滤池。进水堰5起调节单格滤池流量作用。进入滤池的水顺次通过滤层7、配水系统8进入环形集水槽9，再由出水管10流到出水井11，最后经出水堰12、清水管13流入清水池。随着过滤水头损失逐渐增大，由于各格滤池进、出水量不变，滤池内水位将不断上升。当某格滤池水位上升到最高设计水位时，停止过滤进行反冲洗。滤池内最高水位与出水堰12堰顶高差即为最大过滤水头，一般采用1.5～2.0m。

反冲洗过程：先破坏该格滤池进水虹吸管3的真空使该格滤池停止进水，滤池水位逐渐下降，滤速逐渐降低。当滤池内水位下降速度明显变慢时，利用真空罐14抽出冲洗虹吸管15的空气使之形成虹吸。开始阶段，滤池内的剩余水通过冲洗虹吸管15抽入池中心下部，再由冲洗排水管16排出。当滤池水位低于集水槽9的水位时，反冲洗开始。当滤池内水面降至冲洗排水槽17顶端时，反冲洗强度达到最大值。此时，其他5格滤池的全部过滤水量都通过集水槽9源源不断地供给被冲洗滤格。冲洗水头一般采用1.0～1.2m，冲洗强度和历时与普通快滤池相同。由于冲洗水头较小，故虹吸滤池一般采用小阻力配水系统。

当滤料冲洗干净后，破坏冲洗虹吸管15的真空，冲洗停止，然后再用真空系统使进水虹吸管3恢复工作，过滤重新开始，进行下一周期的运行。

虹吸滤池的优点如下：进水和排水采用虹吸管，不需要大型阀门及相应的启闭控制设备，也无管廊，容易实现自动化；可以利用滤池本身的出水量、水头进行冲洗，不需要设置冲洗高位水箱或水泵；可以在一定的范围内，根据来水量的变化自动均衡地调节各格滤池的滤速，不需要滤速控制设施；滤出水水位永远高于滤层，不会发生负水头现象。

虹吸滤池的主要缺点是：为保证反冲洗水头，池深较大，比普通滤池高2m左右；不能排放初滤水；冲洗强度受其他几格滤池出水量的影响，故虹吸滤池的反冲洗效果不像普通快滤池那样稳定。

2. 虹吸滤池的设计

（1）一般原则。

1）虹吸滤池的分格数，应按滤池在低负荷运行时，仍能满足一格滤池冲洗水量的要求确定。

2）虹吸滤池冲洗前的水头损失，一般可采用1.5m。

3）虹吸滤池冲洗水头应通过计算确定，一般宜采用1.0～1.2m，并应有调整冲洗水头的措施。

4）虹吸进水管的流速，宜采用0.6～1.0m/s；虹吸排水管的流速，宜采用1.4～1.6m/s。

（2）主要参数。

1）滤池分格数。无冲洗时、单格滤池的过滤水量与1格滤池冲洗时、单格滤池的过滤水量之间的关系为

$$nQ = (1-n)Q' \tag{3-25}$$

式中 n——某组滤池的分格数；

Q——无冲洗时、每格滤池的过滤水量，L/s；

Q'——1格滤池冲洗时、单格滤池的过滤水量，L/s。

一组滤池的分格数必须满足：当1格滤池冲洗时，其余数格滤池总水量必须满足该格滤池冲洗强度要求，即

$$q \leqslant \frac{nQ}{F} \tag{3-26}$$

式中 q——冲洗强度，L/（s·m^2）；

F——单格滤池面积，m^2。

式（3-26）也可以改用滤速表示为

$$n \geqslant \frac{3.6q}{v} \tag{3-27}$$

2）滤池的总深度。虹吸滤池比普通快滤池深，可达4.5～5m。

第五节 其他过滤方式

一、混凝过滤

混凝过滤亦称直接过滤，其原理参见本章第一节。混凝过滤工艺按水流方向的不同可分为直流式和接触式两种，此外，近年来开发的高速双流过滤是一种新型的过滤装置。

1. 直流混凝过滤

直流混凝过滤有时简称为直流混凝，它就是将混凝剂投加到一般滤池的进水管道内。为促进混凝剂在进入滤池前能很好地和水混合，加药地点应设在水进入滤池前的一定距离处。当水进入滤池时，流速大减，于是在水层中开始生成微小絮体并与池内滤料颗粒发生接触凝聚，大大地加速了混凝过程，其原理和澄清池中以泥渣作为接触介质相同。用这种混凝方法时，其加药量可以比用澄清池的少，因为它只是用来减小水中杂质的稳定性，使它们易于黏附在滤料颗粒的表面。

因采用下向流形式，单层滤料的过滤作用主要发生在滤层表面，滤层的截污能力比较小，一般用于悬浮物含量不大于 100mg/L 的水；若采用双层滤料，截污能力有所提高，可处理水中悬浮物含量可提高至 150mg/L。

2. 接触混凝过滤

接触混凝过滤简称接触混凝，水流由下向上进行过滤，可使悬浮物和混凝过程都深入到滤层中，从而提高滤池的截污能力，减缓水头损失的增长速度。接触混凝所用滤池的滤层较高，一般为 2m，滤料较粗，用石英砂时粒径为 0.5～2.0mm。上向流滤速一般为 5～6m/h，过快则滤料会被带出。接触混凝适用于悬浮物含量不超过 150mg/L 的水。

为了提高流速，又不使滤层浮动，可在滤层上部设置一多孔隔板。武汉水利电力大学设计的反粒度过滤器也是一种上流式接触混凝过滤设备。

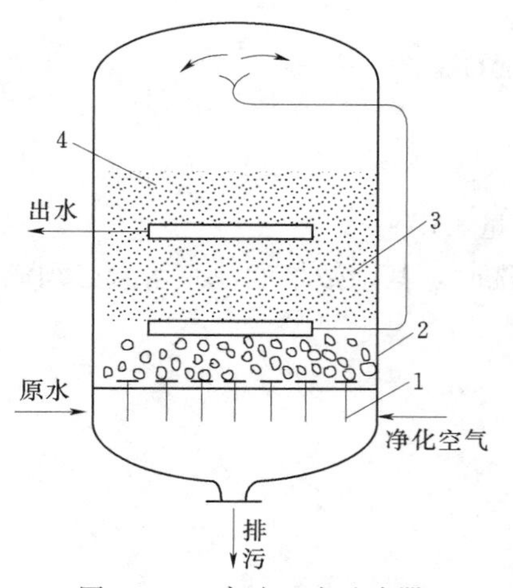

图 3-14 高速双流过滤器

1—长柄水帽；2—碎石层，$d=12\sim25$mm，层厚 200mm；3—集水管下部砂粒层厚（800mm，$d=0.9\sim1.35$mm）；4—集水管上部砂粒（层厚 700mm，$d=0.9\sim1.35$mm）

3. 高速双流过滤

高速双流过滤是一种新型的过滤。图 3-14 所示为压力式高速双流过滤器的结构。原水中加入混凝剂后先在压力式混合器中混合，然后送入过滤器的底部，此时池底水流的旋转分离作用，可使原水中比较重的悬浮物沉淀在此过滤器的下部，以便当底部排污时排走。送入的水向上通过碎石层，过滤出粒径较大、但尚未沉淀的悬浮物，进行初步过滤。由于此初滤过程也有搅拌作用，可使微小的絮状物长大成易于过滤截留的颗粒。通过此初滤的水大部分继续由下向上流经砂层，进行二次过滤。另外大约有 1/4～2/5 的一次过滤水自下部集水管引出，经外部管道，从上部漏斗送到砂层上面，按向下流方式进行二次过滤。这两部分二次过滤水均由中间集水管送出。

截留污染物的下部碎石层较重，不易膨胀，为提高清洗效果，高速双流过滤需采用水、气联合反洗。该方法是在用水反洗（5～7m/h）的同时，以脉冲方式通入压缩空气1min［$80m^3/(m^2 \cdot h)$］，停30s（反洗水不停），如此反复约10次。随后用30～40m/h的水流速反洗滤层。

由于此种设备用的是双流方式，即有一部分水从上向下将床层压紧，与上向流接触混凝过滤相比，以较高的流速运行时也不会使床层中滤料浮动，流速可达20～40m/h，同时高速双流过滤器有初步清除悬浮物的碎石层以及有双流过滤的特征，截污能力较大。

二、纤维过滤

1. 纤维球滤料

日本尤尼切卡公司首先研制了纤维球滤料，系由松散短纤维制成，具有孔隙率高、比表面积大、吸附能力强等优点，能够有效而稳定地过滤二沉池的出水，继而我国也研制成国产纤维球过滤技术。纤维球过滤是近几年来研究并发展起来的一种高效、经济的过滤技术，已广泛应用于污水处理。

纤维丝是很好的过滤材料，其主要特点如下：

（1）滤速高。纤维球滤速可以高达40m/h，而砂滤速只有8～10m/h。

（2）适应性强。纤维球滤层空隙率高、不易堵塞，不仅能过滤沉淀池出水，而且能够直接过滤氧化池出水。

（3）截污量大。过滤沉淀池出水时，其滤层截污量达3～4.7kg/m^2，为砂滤层的1.6～2.4倍，过滤氧化池出水时，截污量上升到4.42～10.8kg/m^2，是砂滤的6.5～15.9倍。

（4）周期产水量大。过滤沉淀池出水时，纤维球过滤的周期产水量（通水倍数）为360～700m^3/m^2，是砂滤的3.6～7倍。

（5）反冲洗水量少。纤维球滤层的反冲洗水量为3～6m^3/m^2，不超过滤水量的1%；砂滤反冲水量为7.2m^3/m^2左右，约占过滤水量的5%，如果用气水同时反冲，反冲洗水耗仍为过滤水量的2.5%左右。

（6）反冲洗气强度较大。只有改进反冲洗方式，降低反冲气用量，才能更加有利于纤维球过滤的推广应用。

2. 束状纤维滤料

20世纪90年代中期，东北电力学院在总结多年来过滤经验的基础上研制成功纤维束状滤料过滤器，被命名为LLY高效过滤器。纤维滤料直径为几十微米甚至几微米，具有比表面积大、过滤阻力小等优点，解决了粒状滤料的过滤精度受滤料粒径的限制等问题。微小的滤料直径，极大地增加了滤料的比表面积和表面自由能，增加了水中杂质颗粒与滤料的接触机会和滤料的吸附能力，从而提高了过滤效率和截污容量。

滤池为充分发挥纤维滤料的特长，在滤池内设有纤维密度调节装置。设备运行时，通过纤维密度调节装置向滤层加压，使滤层孔隙度沿水流动方向逐渐缩小，密度逐渐增大，相应滤层孔隙直径逐渐减小实现了理想的深层过滤。当滤层被污染需清洗再生时，纤维密度调节装置将滤层放松，使滤料恢复自由状态，即可用水方便地进行清洗。对滤料的清洗采用气一水混合擦洗的工艺，可有效地恢复滤元的过滤性能，且气、水用量少，清洗时间短。

束状纤维滤池过滤精度高，水中悬浮物的去除率可接近100%，对细菌、病毒、大分子有机物、胶体、铁等杂质有明显的去除作用；过滤速度快，一般为20～25m/h，最高可达30m/h；截污容量一般为10～15kg/m^3，是传统过滤池的2倍以上；滤元被污染后可方便地进行清洗，恢复过滤性能。对纤维束滤料过滤进行的大量实验研究表明，纤维束滤料可用于反渗透法脱盐等对水质要求较严格的预处理。在原水浊度为3.8～4.6NTU，滤速30～40m/h，出水浊度小于1NTU，淤塞指数SDI（15min）<2，完全可满足反渗透膜分离过程对进水水质的要求，且水层阻力小，截污容量大。

3. D型滤池

20世纪90年代末，李振瑜等研制成功彗星式纤维过滤材料，并申请了专利，将这种过滤材料命名为“彗星式纤维过滤材料”。彗星式纤维过滤材料构成的过滤层其孔隙率沿滤层高度呈梯度分布，下部过滤材料压实程度高，孔隙率相对较小，易于保证过滤精度，整个滤床孔隙率由下至上逐渐增大，滤层孔隙率的分布特性有助于实现高速和高精度过滤。

D型滤池在结构和运行方式上借鉴了法国的得利满公司V型石英砂滤池的结构，滤料采用了清华大学研制的“彗星式纤维过滤材料”，D型滤池的控制可采用手动控制和自动控制两种方式，可根据用户需要制定，灵活、先进；特有的拦截技术，可保证滤料在反冲洗时不会流失；反冲洗耗水率低（约1%～2%），运行费用省；具有钢板和混凝土两种结构型式，根据用户和实际需要选择，最大程度地节约投资费用；抗冲击性能强。

三、变孔径过滤

变孔径过滤器是一种特殊设计的过滤器，滤层高度一般为1.5～2m，具有滤层阻力小、截污能力大和滤速大等优点。滤料是两种颗粒大小不同的砂子混合物。一般采用1.2～2.8mm粗砂，加入4%左右0.5～1.0mm细砂，其特征是细砂处于粗砂所形成的孔隙内，此种结构会使水流通道很曲折，从而使孔内各部分的水流速度差别较大。过滤过程中微小的悬浮颗粒和胶体很容易在速度变动大的部分进行碰撞和絮凝，直至它们长大到足以被滤层截留下来。

变孔径过滤的反冲洗过程一般是：先用水反洗2min；然后用空气擦洗，同时配以水反洗，时间为2min；最后用水反冲洗2min，反洗强度控制在15～16L/（s·m^2）。反洗完后，还需通压缩空气，使大小滤料充分混合，方能投入运行。运行经验表明，反冲洗是变孔径过滤器运行是否良好的关键。

四、吸附过滤

过滤运行方式有操作简单和适应负荷波动等优点，所以有许多工艺都采用过滤运行方式，例如离子交换、反渗透及吸附过滤。

水处理中采用的吸附剂有活性炭、硅胶、活性铝和硅藻土等。其中，最常用的吸附剂为活性炭，其比表面积很大，达500～1500m^2/g。活性炭的表面和内部有许多相互连通的毛细孔道，孔径由1nm到100nm以上，每克活性炭的细孔总容积可达0.6～1.8mL。用于吸附过滤的活性炭都是制成颗粒状的，其粒径通常为1～4mm，可以随需要选取。

活性炭是非极性吸附剂，所以它对于某些有机物有较强的吸附力。活性炭的吸附力以物理吸附为主，一般是可逆的。由于天然水中有机物种类繁多，分子的大小也不统一，所以在不同条件下活性炭除去有机物的效率相差较大，吸附率一般为20%～80%。此外，有研究表明用活性炭过滤法还可除去水中游离氯，其原理是由于在活性炭表面起了催化作用，促使游离 Cl_2 的水解和产生新生态氧的过程加速，新生态氧可以和活性炭中的碳或其他易氧化的组分反应分解。

如活性炭在运行中因沾染有悬浮物或胶体而影响其正常工作，则可以用冲洗的办法来清洗。活性炭吸附饱和后需进行再生，常用的再生方法有：①用蒸汽吹洗；②高温焙烧，使吸附的有机物分解与挥发；③用适当的溶液把吸附的杂质解吸下来，例如用NaOH或NaCl溶液等；④用有机溶剂萃取。

习 题 与 思 考 题

1. 对过滤材料有什么要求？它们的适用场合？
2. 什么是负水头？危害有哪些？
3. 什么是直接过滤？其机理是什么？
4. 双层滤料为何比单层滤料纳污能力强？
5. 过滤的影响因素有哪些？
6. 影响滤池反冲洗效果的因素有哪些？
7. 无阀滤池的工作原理及其分类如何？
8. 从出力方面论述双流机械过滤器优越于单流机械过滤器。
9. 滤料的筛分实验结果如下：

孔径（mm）	0.2	0.4	0.6	0.8	1.0	1.2	1.4
滤料重（g）	5	8	32	24	12	10	9

试求滤料的有效粒径、平均粒径、不均匀系数。

10. 某厂原水经混凝处理后水中悬浮物含量为20mg/L，此水流经单流机械过滤器 ϕ2000mm，内装石英砂1.2m厚，若每小时向外供20t水，出水浊度为2mg/L，试问此过滤器能运行多长时间？

第四章　离子交换的基本知识

为了除去水中离子态杂质，现在采用最普遍的方法是离子交换。离子交换法可制取软水、纯水与超纯水，因而在水处理领域中广泛应用。

第一节　离子交换树脂的基本知识

离子交换法是指某些物质遇水时，能将本身具有的离子与水中带同类电荷的离子进行交换反应的方法。具有离子交换性能的物质称为离子交换剂。如

$$\underset{\text{Na型离子交换剂}}{2RNa} + Ca^{2+} = \underset{\text{Ca型离子交换剂}}{R_2Ca} + 2Na^+$$

反应式中R不是化学符号，只用于表示离子交换剂母体。反应后Na型离子交换剂因吸附水中的Ca^{2+}而转变为Ca型离子交换剂，原含Ca^{2+}的水因其同Na型离子交换剂上的Na^+发生交换而得到软化。Na离子交换剂失去交换能力后可用食盐溶液再生。

离子交换剂的种类很多，大致分类如图4-1所示。

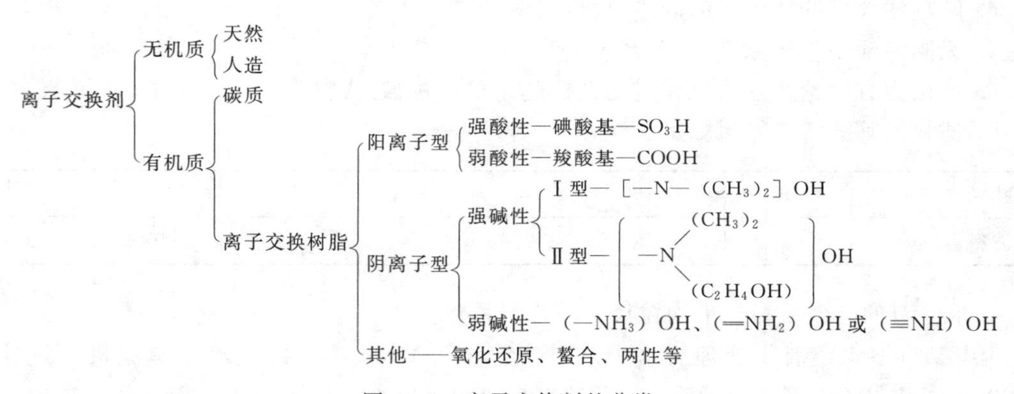

图4-1　离子交换剂的分类

最早使用的离子交换剂是无机质的天然海绿砂和天然沸石，以后又用合成的人造沸石。这几种离子交换剂由于颗粒核心结构致密，应用时只有颗粒表层交换，故交换能力很小，而且机械强度和化学稳定性较差，目前在水处理中已不再使用。

磺化煤的价格较便宜，某些小型的水处理工艺中仍有采用，但由于磺化煤有交换能力小、机械强度低、化学稳定性差等缺点，已逐渐被离子交换树脂所代替。

离子交换树脂的种类也很多，有凝胶型、大孔型和等孔型等。根据它们交换基团（也称活性基团）的性质，可分为强酸性、弱酸性、强碱性和弱碱性四种，前两种带有酸性交换基团，称为阳离子交换树脂，后两种带有碱性交换基团，称为阴离子交换树脂。

一、离子交换树脂的结构

离子交换树脂表观上是一些具有某种颜色的小球，里面有无数四通八达的孔隙，在孔隙的一定部位有可提供可交换离子的活性基团。在离子交换树脂的分子结构中，可以人为地分为两个部分：一部分称为离子交换树脂的骨架，它是高分子化合物的基体，具有庞大的空间结构，支撑着整个化合物；另一部分是带有可交换离子的活性基团，它化合在高分子骨架上，起提供可交换离子的作用。活性基团也是由两部分组成：一是固定部分，与母体牢固结合，不能自由移动，称为固定离子；二是活动部分，遇水可以离解，并能在一定范围内自由移动，可与其周围水中的其他符号相同的离子进行交换反应，称为可交换离子。

二、离子交换树脂的合成

离子交换树脂的合成一般分为两个阶段：高分子聚合物骨架的制备和在高分子聚合物骨架上引入活性基团。高分子聚合物是由许多低分子化合物头尾相接、连成一大串而形成。这些低分子化合物通常称为单体，此化合过程称为聚合反应或缩合反应。离子交换树脂，根据其单体的种类，可分为苯乙烯系、丙烯酸系、酚醛系等。

1. 苯乙烯系离子交换树脂

苯乙烯系离子交换树脂是现在我国用得最广泛的一种离子交换剂，它是以苯乙烯做单体原料，以二乙烯苯为交联剂，经共聚反应而得到树脂母体的，其反应见图 4-2。

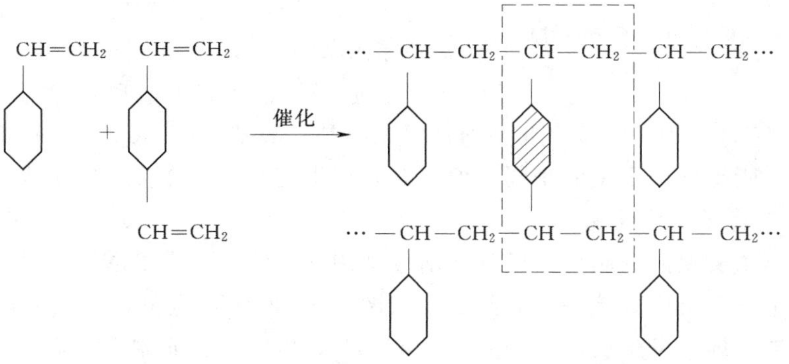

苯乙烯　　二乙烯苯　　聚苯乙烯树脂

图 4-2　聚苯乙烯的共聚反应

图 4-2 中虚线框表示一个二乙烯苯的交联作用，由于在一个二乙烯苯的分子上有两个可以聚合的乙烯基，它可以将两个苯乙烯聚合交联起来，所以二乙烯苯称为架桥物质。在市场上买到的离子交换树脂上所标称的交联度（简写为 DVB），就是树脂中交联剂重量占树脂总重量的百分数，在苯乙烯树脂中，就是指聚合时所用二乙烯苯的重量占苯乙烯和二乙烯苯总重量的百分数。交联度的大小对聚合体的性能的影响很大，树脂的机械强度和密度都随交联度的增大而加大。聚合物中有了交联剂便成了体型高分子化合物，成为不溶于水的固体。由于离子交换工艺方面的需要，一般都是直接将离子交换树脂聚合成小球状，其方法是将聚合用单体和交联剂等放在水溶液中，使其在悬浮状态下聚合即成球状物。由于二乙烯苯的交联作用，使许多聚苯乙烯链形成立体网状结构，这就是苯乙烯系树

脂的母体。

树脂母体并不具有离子交换性能，此时的球状物称为白球或惰性树脂。只有在母体上引入交换基团，它才具有离子交换性能。根据引入活性基团种类的不同，由聚苯乙烯可以制成阳离子交换树脂，也可制成阴离子交换树脂。

如对聚苯乙烯树脂母体进行磺化，即用浓硫酸处理上述白球，在催化剂的作用下，就能将一些苯环上的 H 转换成磺酸基团（$—SO_3H$），得到如图 4-3 所示的结构。

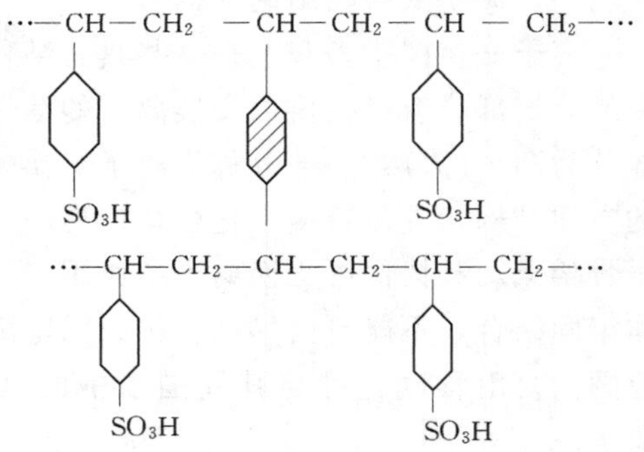

图 4-3　强酸性阳离子交换树脂结构

这就是苯乙烯系强酸性阳离子交换树脂。

由苯乙烯系树脂母体也可以制得阴离子交换树脂，只是引入交换基团的过程比磺化过程复杂一些，需先用氯甲醚（CH_3OCH_2Cl）对母体进行氯甲基化，制取中间产物再对中间产物进行胺化即得阴离子交换树脂。如用叔胺（$R\equiv N$）胺化中间产物即得到季铵型（$R\equiv NCl$）强碱性阴离子交换树脂（如图 4-4 所示）；如用仲胺（$R=NH$）或伯胺（$R—NH_2$）胺化中间产物，则得到弱碱性阴离子交换树脂。强碱阴树脂有Ⅰ型和Ⅱ型两种，Ⅰ型是用三甲胺胺化｛$(CH_3)_3N$｝所得，Ⅱ型则是用二甲基乙醇基胺｛$(CH_3)_2NC_2H_4OH$｝胺化所得。Ⅱ型阴树脂碱性比Ⅰ型的稍弱，但它具有再生容易、工作交换容量大等特点。

图 4-4　强碱性阴离子交换树脂

(a) 阴树脂中间体；；(b) 阴离子交换树脂

2. 丙烯酸系离子交换树脂

丙烯酸系离子交换阳树脂可由已具备活性基团的单体——丙烯酸或甲基丙烯酸和交联剂二乙烯苯发生共聚反应直接一步而制成，如图 4-5 所示，也可以由丙烯酸甲酯或甲基丙烯酸甲酯和二乙烯苯发生反应先制成 $RCOOCH_3$，再经水解而制得。羧酸型树脂是弱酸性阳离子交换树脂。

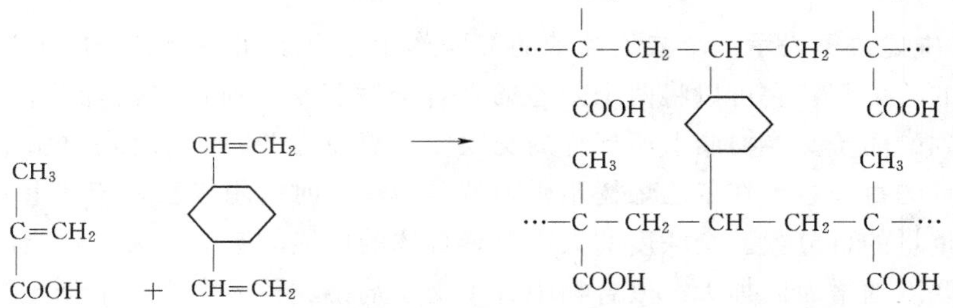

图 4-5　丙烯酸系离子交换树脂

如要制得丙烯酸系阴离子交换树脂，可将 $RCOOCH_3$ 用多胺进行胺化，例如，用二乙撑三胺进行胺化，其反应为

$$RCOOCH_3 + H_2N-C_2H_4-NH-C_2H_4-NH_2 \longrightarrow RCONH-C_2H_4-NH-C_2H_4-NH_2$$

此反应制得的是弱碱性阴树脂。它的每一个活性基团中都有一个仲胺基和一个伯胺基，故其交换容量很大。

由以上介绍可以看出，交换基团也是由两部分组成的：一为固定部分，与母体牢固结合，不能自由移动，称为固定离子；二是活动部分，遇水可以离解，并能在一定范围内自由移动，可与周围水中的其他同性离子进行交换反应，称为可交换离子。如强酸性阳离子交换树脂的可交换离子为 H^+，固定离子为—SO_3^-。刚制得的强碱性阴树脂的可交换离子为 Cl^-，在水处理中一般要换型成 OH^-。为了写反应式的方便，常把树脂母体和固定离子用 R 表示，酸性树脂表示成 RH，碱性树脂表示成 ROH。但这种表示方法不能反映树脂酸碱性的强弱，所以有时把固定离子也表示出来，如强酸性阳树脂表示为 RSO_3H，弱酸性阳树脂表示为 RCOOH，强碱性阴树脂表示为 R $\equiv$ NOH，弱碱性阴树脂表示为 R $\equiv$NHOH（叔胺型）、R$=NH_2OH$（仲胺型）和 R—NH_3OH（伯胺型）。

根据上述分析，可以得出如图 4-6 所示的离子交换树脂结构模型示意图（以阳树脂为例）。

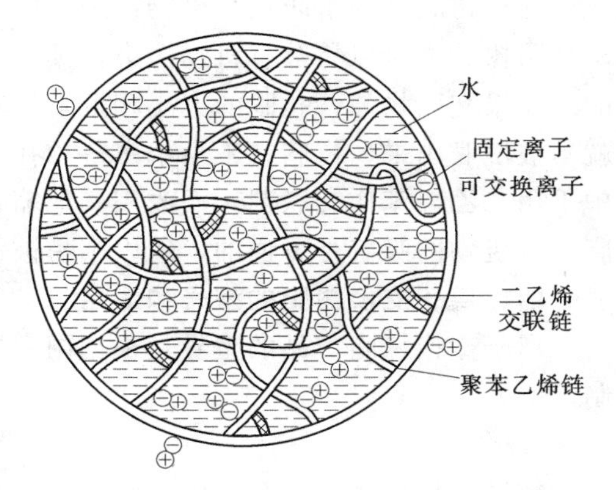

图 4-6　阳离子交换树脂结构模型示意图

三、离子交换树脂的结构类型

根据结构的不同，离子交换树脂可分为凝胶型、大孔型和均孔型等类型，其结构比较见图 4-7。

1. 凝胶型树脂

用普通聚合法制成的离子交换树脂，具有不规则的网状多孔结构，因与均相高分子凝胶的结构相似，故称为凝胶型树脂，在水的净化处理中使用较普遍。

凝胶型树脂的孔径很小，一般只有 1～2nm，因此它的抗污染能力和抗氧化性较差，易受有机物和胶体硅等的污染。另外，由于孔径过小，使得它的交联度不能过大，通常只有 1%～7%，因此其机械强度也较低。为了克服这些缺点，已开发了不少改进型树脂。

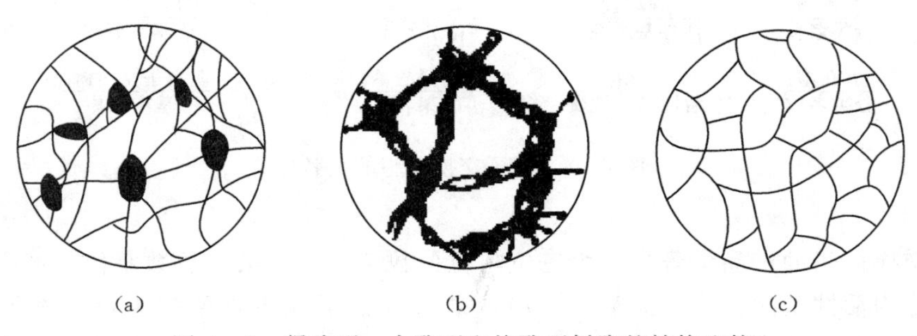

图 4-7　凝胶型、大孔型和均孔型树脂的结构比较

(a) 凝胶型树脂；(b) 大孔型树脂；(c) 均孔型树脂

2. 大孔型树脂

这种树脂由于在制造过程中加入了一定量的致孔剂，因此其孔径比凝胶型树脂大得多，一般在 20～200nm 以上，故称为大孔型树脂。

大孔型树脂实际上由许多小块凝胶型树脂所构成，孔眼存在于这些小块凝胶之间，所以它的交联度可以比凝胶型树脂大得多，一般可达 16%～20%，从而使其机械强度也大得多，且不易降解。由于孔径大，有机物、胶体硅等虽然易被树脂截留，但也易从孔中清洗出来，所以它的抗污染能力和抗氧化性均较强。

大孔型树脂的缺点是交换容量较低，再生剂耗量较大，价格较贵等。近年来开发了第二代大孔树脂，主要是在制造过程中，对孔眼的大小和孔隙度进行了控制，使其更加符合实际应用的需要。这种新树脂的优点是：其交换容量与凝胶型树脂相近，离子交换的反应速度较快，且有比第一代大孔型树脂更好的物理性能和抗污染性能。

3. 均孔型树脂

这种树脂是为了防止有机物污染（中毒）而研制的一种强碱性阴树脂。研究认为，强碱性阴树脂之所以易被有机物污染，其主要原因是由于苯乙烯与二乙烯苯交联不均匀造成的。如果交联均匀，孔眼的大小相近，树脂内部不存在紧密区，那么孔眼中截留的有机物就易被洗脱出来，树脂就不易中毒。均孔树脂就是根据这一原理而制取的，它在制造过程中不用二乙烯苯作交联剂，而改用其他缩合反应，使制得的树脂网孔较均匀。这种均孔树脂对有机物的吸着是可逆的，所以不易被污染。

四、离子交换树脂的型号和命名

离子交换树脂产品的型号是根据国家标准《离子交换树脂产品分类、命名及型号》而制定的。

1. 名称

离子交换树脂的全名称由分类名称、骨架（或基团）名称、基本名称依次排列组成，见图 4－8。基本名称为离子交换树脂。大孔型树脂在全名称前加“大孔”两字。分类属酸性的在基本名称前加“阳”字；分类属碱性的，在基本名称前加“阴”字。离子交换树脂全名称举例：如微孔为“凝胶型”，骨架材料为“苯乙烯-二乙烯苯共聚体”，活性基团为“—SO_3H”的阳离子交换树脂，全名称为“凝胶型强酸性苯乙烯系阳离子交换树脂”。在习惯上将“凝胶型”省去，只称“强酸性苯乙烯系阳离子交换树脂”。

凝胶型	强酸性	苯乙烯系	阳离子交换树脂
分类名称	活性基团性质	骨架名称	基本名称
大孔型	弱碱性	丙烯酸系	阴离子交换树脂
分类名称	活性基团性质	骨架名称	基本名称

图 4－8　离子交换树脂的全名称

2. 型号

离子交换树脂的产品型号主要由三位阿拉伯数字构成。第一位数字代表产品的交换基团性质，称为活性基团代号（见表 4－1）；第二位数字代表骨架的组成，称为骨架代号（见表 4－2），第三位数字为顺序号，用以区别活性基因或交联剂的差异。凝胶型树脂的交联度是在顺序号后面用“×”连接的阿拉伯数字表示；大孔型树脂则在分类代号前面冠以符号“D”（“大孔”的第一个字母）加以区别，而不需标明交联度。其型号表达见图4-9。

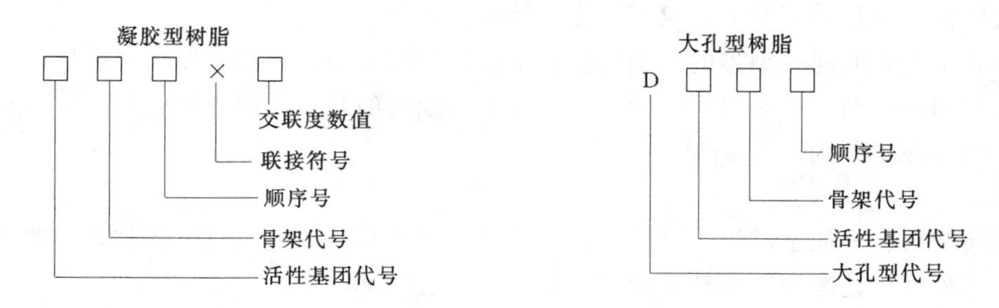

图4-9　离子交换树脂产品型号

表4-1　第一位数字活性基团代号

代号	0	1	2	3	4	5	6
活性基团	强酸性	弱酸性	强碱性	弱碱性	螯合性	两性	氧化还原性

表4-2　第二位数字骨架代号

代号	0	1	2	3	4	5	6
骨架类别	苯乙烯系	丙烯酸系	酚醛系	环氧系	乙烯吡啶系	脲醛系	氯乙烯系

根据以上原则，水处理中常用的几种离子交换树脂全名称及型号分别为：001×7——（凝胶型）强酸性苯乙烯系阳离子交换树脂；201×7——（凝胶型）强碱性苯乙烯系阴离子交换树脂；D111——大孔型弱酸性丙烯酸系阳离子交换树脂；D301——大孔型弱碱性苯乙烯系阴离子交换树脂。

第二节　离子交换树脂的物理和化学性能

离子交换树脂是高分子化合物，它们的物理性质和化学性质因其制造工艺（如原料的配方、聚合温度等）的不同而有很大差别，即使是同一工厂、同一类产品，各批次生产的树脂性能往往也有差异，因此，对于商品离子交换树脂的性能，必须用一系列的指标加以说明。

一、离子交换树脂的物理性能

（一）外观

1. 颜色

离子交换树脂因其组成的成分、基团、结构等不同，而呈现出不同的颜色。如苯乙烯系树脂大都呈黄色，也有些树脂呈白色、黑色或棕褐色等。一般，交联剂加入量较多或原料中杂质较多时，制出的树脂颜色稍深。通常凝胶型树脂呈半透明状，而大孔树脂则不透明。

树脂生产的本身颜色一般与其物理性能和化学性能并无大的关系。在使用中，因可交换离子的转换，树脂颜色也会发生一些变化，这一般是正常现象。但如果树脂受铁离子或有机物等杂质的污染，颜色明显变深、变暗，就很可能会影响树脂的性能，尤其是交换能力会大大降低，在这种情况下，应对树脂进行复苏处理。

另外，虽然有时同一型号的树脂，各批生产的颜色会略有不同，但同一批生产的树脂颜色应是均匀一致的。如果树脂中明显混杂有不同颜色的颗粒，则该树脂的质量就很难保证，购买时应注意鉴别。

2. 形状

离子交换树脂一般呈球形。呈球状颗粒的树脂占树脂总量的质量分数称为圆球率。对于交换柱水处理工艺来说，圆球率越大越好，一般应达90%以上。

树脂圆球率的测定方法：先将树脂在60℃温度下烘干后称重（m_1），然后慢慢地倒在倾斜10°的玻璃板上端，让树脂分散地向下自由滚动，将滚动下来的树脂再称重（m_2），后者占前者的质量分数为圆球率，即：圆球率＝（m_2/m_1）×100%。

3. 粒度

树脂颗粒的大小，对离子交换水处理的工艺过程有较大的影响。颗粒大，离子交换速度慢，树脂交换容量小；颗粒小，水流通过树脂层的压力损失就大，且树脂易跑失。如果颗粒大小相差很大，对交换器的运行和再生也很不利，首先是因为小颗粒堵塞了大颗粒间的空隙，会造成水流分布不匀，阻力增大；其次在反洗时，若流速过大易冲走小颗粒树脂，流速过小则不能松动大颗粒树脂。对一般交换器来说，树脂粒度以选用20～50目（0.84～0.3mm）为好。树脂粒度的表示法和过滤介质的粒度表示法一样，可以用有效粒径和不均匀系数表示。

（二）密度

离子交换树脂的密度是指单位体积树脂所具有的质量，单位常用g/mL表示。因为离子交换树脂是多孔的粒状物质，所以有真密度和视密度之分。所谓真密度是相对树脂的真体积而言，视密度是相对树脂的堆积体积而言。

1. 干真密度

干真密度是在干燥状态下树脂本身的密度。

$$\text{干真密度}\ \rho=\frac{\text{干树脂质量}}{\text{树脂的真体积}}(\text{g/mL})$$

干真密度一般在1.6左右，由于在水处理工艺中，树脂都是在湿状态下使用的，所以此值意义不大，主要用在研究树脂性能方面。

2. 湿真密度

是指树脂在水中经充分膨胀后的真密度。

$$\text{湿真密度}\ \rho_L=\frac{\text{湿树脂质量}}{\text{湿树脂的真体积}}(\text{g/mL})$$

湿树脂的真体积是指树脂在湿润状态下的颗粒体积，此体积包括颗粒内网孔的体积，但颗粒和颗粒间的空隙体积不计入。

树脂的湿真密度与其在水中的水力学特性有密切关系，它直接影响到树脂在水中的沉降速度和反洗膨胀率，是树脂的一项重要的实用性能。其值一般在1.04～1.30g/mL之间，阳树脂的湿真密度常比阴树脂的大。交换器反洗强度的确定、混合床树脂的选择等都要利用树脂的湿真密度。树脂的湿真密度随其交换基团的离子型不同而改变，但对于同一批树脂，其湿真密度与树脂的粒径大小无关。这说明同一批树脂中，不同粒径树脂的内在结构是相同的。

3. 湿视密度

湿视密度指树脂在水中充分膨胀后的堆积密度。

$$湿视密度\ \rho_s = \frac{湿树脂质量}{湿树脂的堆积体积}(g/mL)$$

这里湿树脂堆积体积包括了树脂颗粒之间的孔隙体积。树脂的湿视密度一般为0.6～0.85g/mL。阴树脂较轻，偏于下限；阳树脂较重，偏于上限。在设计交换器时，常用它来计算树脂的用量。

【例4-1】　一台直径为2.0m，树脂装载高度1.5m的交换器，如所用阳离子交换树脂的湿视密度为0.82g/mL，则需该树脂多少千克？

解：

$$\begin{aligned} m &= \pi R^2 h\rho_s \times 1000 \\ &= 3.14 \times (2.0/2)^2 \times 1.5 \times 0.82 \times 1000 \\ &= 3862.2(kg) \end{aligned}$$

式中　R——交换器半径，m；

h——树脂层高度，m；

ρ_s——树脂的湿视密度，g/mL。

（三）含水率

为了使离子在树脂颗粒内部能够自由运动，树脂颗粒内必须含有一定的水分。它包括树脂结构中亲水活性基团的水合水分和交联网孔中的游离水分。树脂的含水率是指单位质量的湿树脂（除去表面水分后）所含水量的百分数。

$$含水率\ W = \frac{湿树脂质量 - 干树脂质量}{湿树脂质量} \times 100\%$$

树脂的含水率主要取决于树脂的交联度、交换基团的类型和数量等。树脂的交联度低，则树脂的孔隙率大，其含水率就高；交换基团中可交换离子的水合力小，其含水率就低。测定树脂含水率的关键是如何除去表面水分，而又能保持内部水分不损失。除去颗粒表面水分的方法有吸干法、抽滤法和离心法等。树脂的含水率一般在50%左右。

（四）溶胀性和转型体积改变率

干树脂浸入水中体积变大的现象称为树脂的溶胀性。树脂的溶胀程度，常用溶胀率表示。影响树脂的溶胀率大小的因素主要有以下几种。

（1）树脂的交联度。交联度越小，其溶胀率越大。

（2）树脂的交换基团。交换基团越易离解，其溶胀率越大。

（3）树脂周围溶液中离子浓度。树脂周围溶液电解质浓度越高，由于渗透压加大，双电层被压缩，其溶胀率就越小。

（4）可交换离子。可交换离子水合半径越大，其溶胀率越大。

树脂在失效时和再生后，由一种离子型转为另一种离子型时，其体积也会发生改变，此时树脂体积改变的百分数称树脂转型体积改变率。一般，强酸性阳离子交换树脂由 Na 型变成 H 型，体积大约增大 5%～8%；由 Ca 型转为 H 型时，体积大约增大 12%～13%。强碱性阴离子交换树脂由 Cl 型变成 OH 型，其体积大约增加 15%～20%。

弱型树脂转型体积改变更为明显，尤其是弱酸树脂，由 H 型转为 Na 型时，体积一般可增大 70%～80%；由 H 型转为 Ca、Mg 型时，可增大 10%～30%。

树脂的溶胀性对它的使用工艺有很大影响，例如，干树脂直接浸泡于纯水中时，由于颗粒的强烈溶胀，而会发生颗粒破裂的现象。又如，在交换器制水和再生过程中，由于树脂型态变化，会发生胀缩现象，多次的膨胀、收缩容易促使树脂颗粒产生裂纹、机械强度降低和碎裂。

（五）溶解性

离子交换树脂是一种不溶于水的高分子化合物。但在产品中免不了会含有少量低聚合物。这些低聚合物较易溶解，因此有些新树脂在使用初期，往往会因低聚合物逐渐溶解，而使出水带有颜色。

离子交换树脂在使用中，有时也会发生某些高分子转变成胶体渐渐溶入水中的现象，此即称为“胶溶”现象。促使“胶溶”发生的因素有：树脂的交联度小、电离能力大、离子的水合半径大，以及树脂受高温或被氧化的影响等，特别是强碱性阴树脂，易受这些影响而产生胶溶现象。另外，离子交换树脂处于纯水中要比在盐溶液中易胶溶。再生后备用的离子交换器刚投入运行时，有时会产生出水带黄色的现象，就是树脂发生胶溶的原因。

（六）耐磨性

树脂的耐磨性即树脂的机械强度，是关系到树脂使用寿命的一项经济指标。离子交换树脂颗粒在运行和再生时，常会因水流的冲刷、相互间的摩擦及胀缩作用，而发生碎裂现象。树脂的耐磨性主要表现在树脂的年损耗上，一般要求树脂的机械强度，应能保证树脂的年损耗量不超过 3%～7%。

树脂产品的耐磨性与其交联度有关，交联度大的树脂，耐磨性好。但树脂的不当使用，如树脂经常干燥失水，或受游离氯氧化等，都会严重影响其耐磨性。

（七）耐热性

各种离子交换树脂所能承受的温度都是有限度的，超过此温度，树脂就会发生热分解，这对树脂的强度和交换容量都会有很大影响。通常阳离子交换树脂比阴离子交换树脂耐热性能好，盐型树脂比酸型或碱型树脂耐热性能好。

一般阳离子交换树脂在 100℃以下，阴离子交换树脂在 60℃以下使用都是安全的。生产中如有条件，可适当提高系统的温度，以利于树脂的交换和再生过程。

二、离子交换树脂的化学性能

1. 交换反应的可逆性

离子交换反应是可逆的，例如用含 Na^+ 的水通过 H 型树脂时，其交换反应为

$$RH + Na^+ \longrightarrow RNa + H^+$$

当此反应进行到离子交换树脂大都转化为 Na 型，以致它已不能继续使水中 Na^+ 交换成 H^+ 时，可以用 HCl 溶液通过此 Na 型树脂，利用上式的逆反应，使树脂重新恢复成 H 型。其反应为

$$RNa + H^+ \longrightarrow RH + Na^+$$

离子交换反应的可逆性是离子交换树脂可以反复使用的重要原因。

2. 酸、碱性

H型阳离子交换树脂和OH型阴离子交换树脂，如同酸和碱那样，在水中可以电离出H^+和OH^-，这种性质被称之为树脂的酸、碱性。根据电离出H^+和OH^-能力的大小，它们又有强、弱之分。强酸H型阳树脂在水中电离出H^+的能力较大，所以它很容易和水中其他阳离子进行交换反应；而弱酸性H型阳树脂在水中电离出H^+的能力小，故当水中存在一定量H^+时，交换反应就难以进行。水处理工艺中，常用的强、弱型树脂及其能够使用的pH值范围如下。

磺酸型强酸性阳离子交换树脂：$R—SO_3H$，工作范围为pH=1～14；

羧酸型弱酸性阳离子交换树脂：R—COOH，工作范围为pH=5～14；

季铵型强碱性阴离子交换树脂：$R \equiv NOH$，工作范围为pH=1～12；

叔胺、仲胺、伯胺型弱碱性阴离子交换树脂：$R \equiv NH$、$R = NH_2OH$、$R—NH_3OH$，工作范围为pH=1～9。

3. 中性盐分解能力

离子交换树脂酸性或碱性的强弱，在水处理应用中还决定了树脂分解中性盐的能力。当强酸H型阳树脂（或强碱性OH型阴树脂）在与中性盐如NaCl交换时，其反应容易进行，可用反应式表示为

$$RSO_3H + NaCl \longrightarrow RSO_3Na + HCl$$

$$R \equiv NOH + NaCl \longrightarrow R \equiv NCl + NaOH$$

弱酸性H型阳树脂（或弱碱性OH型阴树脂）在与中性盐交换时，情况则相反，上述反应无法发生。因为反应中产生的强酸（或强碱）会抑制弱型树脂的电离。即强酸性阳树脂和强碱性阴树脂具有中性盐分解能力，而弱酸性阳树脂和弱碱性阴树脂基本无中性盐分解能力。

4. 离子交换树脂的选择性

离子交换树脂吸着各种离子的能力不同，有些离子易被树脂吸着，吸着后较难把它置换下来；而另一些离子较难被吸着，但却比较容易被置换下来，这种性能就是离子交换树脂的选择性。在离子交换水处理工艺中，离子交换树脂的选择性影响着树脂的运行和再生过程，是树脂应用中的一项重要性能。

在运行中，水中离子被树脂交换的顺序即为选择性顺序。选择性顺序关系到各种离子在树脂层中的排列情况，根据这个顺序，可以判断水通过交换器时何种离子最容易泄漏出去。

树脂的选择性顺序主要取决于被交换离子的结构。可总结为两个规律：①离子带的电荷越多，则越易被树脂吸着，这是因为离子带电荷越多，与树脂活性基团固定离子的静电引力越大，因而亲合力也越大；②对于带有相同电荷的离子，原子序数大的较易被吸着。这是因为原子序数大，形成的水合离子半径小，因此与活性基团固定离子的静电引力大。此外，离子交换树脂的选择性还与溶液浓度有关。

强酸性阳树脂在稀溶液中对常见阳离子的选择性顺序为

$$Fe^{3+} > Al^{3+} > Ca^{2+} > Mg^{2+} > K^{+} \approx NH_4^{+} > Na^{+} > H^{+}$$

对于弱酸性阳树脂，例如羧酸型阳树脂，对 H^{+} 有特别强的亲合力，对 H^{+} 的选择性比 Fe^{3+} 还强，其选择性顺序为

$$H^{+} > Fe^{3+} > Al^{3+} > Ca^{2+} > Mg^{2+} > K^{+} \approx NH_4^{+} > Na^{+}$$

强碱性阴树脂在稀溶液中，对常见阴离子的选择性顺序为

$$SO_4^{2-} > NO_3^{-} > Cl^{-} > OH^{-} > F^{-} > HCO_3^{-} > HSiO_3^{-}$$

而弱碱性阴树脂的选择性顺序为

$$OH^{-} > SO_4^{2-} > NO_3^{-} > Cl^{-} > HCO_3^{-}$$

对 HCO_3^{-} 交换能力很差，对 $HSiO_3^{-}$ 甚至不交换。

在浓溶液中离子间的干扰较大，且水合半径的大小顺序与在稀溶液中有些差别，其结果使得在浓溶液中各离子间的选择性差别较小，有时甚至出现有相反的顺序。

5. 离子交换树脂的交换特性

离子交换树脂的交换特性不但与其本身的性能有关，还与其在水处理流程中的位置有关，即与其进水中的离子组成有关。火电厂水处理中常用的四种离子交换树脂在制水过程中主要表现为如下的交换特性。

(1) 弱酸性阳离子交换树脂。弱酸性阳树脂的活性基团是羧酸基—COOH，参与交换反应的可交换离子是 H^{+}。弱酸性阳树脂的—COOH 基团对水中碳酸盐硬度有较强的交换能力，其交换反应为

$$2RCOOH + \left.\begin{matrix}Ca\\Mg\end{matrix}\right\}(HCO_3)_2 \longrightarrow (RCOO)_2\left\{\begin{matrix}Ca\\Mg\end{matrix}\right. + 2H_2O + 2CO_2$$

反应中产生了 H_2O 并伴有 CO_2 气体逸出，从而促使了树脂上可交换的 H^{+} 继续离解，和水中 Ca^{2+}、Mg^{2+} 继续进行交换反应。

弱酸性阳树脂对水中的 $NaHCO_3$ 交换能力较差。对水中非碳酸盐硬度和中性盐基本上无交换能力，这是因为交换反应产生的强酸抑制了树脂上可交换离子的电离。但某些酸性稍强的弱酸性阳树脂也具有少量中性盐分解能力。

经弱酸性阳树脂 H 离子交换可以在除去水中碳酸盐硬度的同时降低水中的碱度，含盐量也相应降低。含盐量降低程度与进水水质组成有关，进水碳酸盐硬度高者，含盐量降低的比例也大些；残留硬度与进水非碳酸盐硬度有关，进水非碳酸盐硬度大者，交换反应后残留硬度也大。

弱酸性阳树脂的交换能力与强酸性阳树脂比较虽有局限性，但其交换容量比强酸性树脂高得多；此外，由于它与 H^{+} 的亲合力特别强，因而很容易再生，不论再生方式如何，都能得到较好的再生效果。

(2) 强酸性阳离子交换树脂。H 型强酸性阳树脂的—SO_3H 基团对水中所有阳离子均有较强的交换能力，与天然水中主要阳离子 Ca^{2+}、Mg^{2+}、Na^{+} 的交换反应为

$$2RH + \left.\begin{matrix}Ca\\Mg\\Na_2\end{matrix}\right\}\left\{\begin{matrix}(HCO_3)_2\\Cl_2\\SO_4\end{matrix}\right. \longrightarrow R_2\left\{\begin{matrix}Ca\\Mg\\Na_2\end{matrix}\right. + \left\{\begin{matrix}2H_2CO_3\\2HCl\\H_2SO_4\end{matrix}\right.$$

由于该类树脂上的H^+很活泼，所以水中各种阳离子都会被交换成H^+。碳酸盐转变成弱电解质H_2CO_3和游离CO_2，因此该交换过程中水的碱度降低。由于水中游离CO_2可用除碳器脱除，从而将水中碳酸化合物总量降低。至于水中强酸盐类，如硫酸盐和氯化物，在通过H型树脂后变成相应的强酸H_2SO_4和HCl，因此出水呈强酸性。

由于出水呈强酸性，因此在水处理工艺中，强酸阳树脂的H^+交换不单独自成系统，总是与Na^+交换或OH^-交换配合使用。

(3) 弱碱性阴离子交换树脂。OH型弱碱树脂只能与强酸阴离子起交换作用，对弱酸阴离子如HCO_3^-交换能力很弱，对更弱的$HSiO_3^-$则无交换能力。而且由于树脂上的功能基团在水中离解能力很低，若水的pH值较高，则水中OH^-会抑制交换反应的进行，所以弱碱树脂对强酸阴离子的交换反应也只能在酸性溶液中进行，或者说只有这些阴离子呈酸的形态时才能被交换，其交换反应如下

$$R—NH_3OH + HCl \longrightarrow R—NH_3Cl + H_2O$$

$$2R—NH_3OH + H_2SO_4 \longrightarrow (R—NH_3)_2SO_4 + 2H_2O$$

至于在中性溶液中，弱碱性阴树脂不与强酸阴离子交换，即不具有分解中性盐的能力。所以，用弱碱树脂处理水时，一般都是在pH值较低的条件下进行的。

弱碱树脂具有较高的交换容量，但交换容量发挥的程度与运行流速及水温有密切的关系，流速过高或水温过低都会使工作交换容量明显降低。

由于弱碱树脂在对阴离子的选择性顺序中，OH^-居于首位，所以这种树脂极容易用碱再生成OH型。另外，大孔型弱碱树脂具有抗有机物污染的能力，运行中吸着的有机物可以在再生时被洗脱下来。所以，若在强碱阴树脂之前设置大孔弱碱树脂，既可减轻强碱阴树脂的负担，又能减轻强碱树脂的有机物污染。

(4) 强碱性阴离子交换树脂。OH型强碱性阴树脂可以与水中各种阴离子进行交换。为了有效地除去水中各种阴离子，通常将水先经H^+离子交换，此时水中阴离子转为相应的酸，然后再进行OH^-交换，所以OH型强碱性阴树脂进行的交换反应主要是酸碱中和，例如

$$ROH + HCl \longrightarrow RCl + H_2O$$

$$ROH + H_2SO_4 \longrightarrow RHSO_4 + H_2O$$

$$2ROH + H_2SO_4 \longrightarrow R_2SO_4 + 2H_2O$$

$$ROH + H_2CO_3 \longrightarrow RHCO_3 + H_2O$$

$$ROH + H_2SiO_3 \longrightarrow RHSiO_3 + H_2O$$

6. 树脂的交换容量

交换容量是表示离子交换树脂交换能力大小的一项性能指标。

按树脂计量方式的不同，其单位有两种表示方法：一是质量表示方法，即单位质量离子交换树脂中可交换的离子量，通常用mmol/g表示；另一种是体积表示法，即单位体积树脂中可交换的离子量，这里的体积是指湿润状态下树脂的堆积体积，通常用mol/m^3或mmol/L表示。

由于离子交换剂在不同形态时，其质量和体积有所不同，因此在表示交换容量时，为

统一起见，应规定树脂的基准离子型，强酸阳树脂规定的基准离子型为 Na 型，弱酸阳树脂为 H 型，强碱阴树脂为 Cl 型，弱碱阴树脂为 OH 型。在实际应用中，交换容量常用以下两种方法表示。

（1）总交换容量（又称全交换容量）。总交换容量是指单位质量或体积的离子交换树脂中所有可交换离子的总量。离子交换树脂全交换容量的大小与树脂的种类和交联度有关。对于同一种交换树脂来说，交联度一定时，它是一个常数，其数值一般用滴定法测定，由树脂制造厂给出。市售商品树脂所标的交换容量就是总交换容量。例如：国产 001×7 型强酸性阳离子交换树脂的全交换容量为 4.5mmol/g，这里的克是指干树脂的质量，即在 (105±2)℃烘干后，使交换剂孔隙中没有水分时的树脂质量。如树脂湿视密度为 0.8g/mL，含水率为 50%，则其体积树脂全交换容量为

$$4.5\times(1-50\%)\times0.8=1.8(\text{mmol/mL})$$

（2）工作交换容量。树脂工作交换容量是指树脂在动态工作状态下的交换容量，即树脂在给定工作条件下实际的交换能力，一般用体积单位来表示。不同类型的树脂工作交换容量相差很大，强酸阳树脂工作交换容量一般为 800～1000mol/m^3，Ⅰ型强碱阴树脂则通常只有 250～350mol/m^3。

在实际工作中，工作交换容量是一项十分重要而又实用的指标。其数值随树脂工作条件的不同而不同，影响树脂工作交换容量的因素较多，其影响因素主要有以下几方面：

1）原水水质和出水控制指标。在同样的流速下，原水中悬浮物含量越高，工作交换容量越低；含盐量增高，工作交换容量将提高。另外，交换器交换终点的控制指标越严格，工作交换容量越低。

2）交换剂的粒度。同种离子交换剂颗粒越小，其比表面积就越大，交换容量也就越大。但颗粒过小，水流通过交换剂层的压力损失较大，将影响交换器出力。

3）交换剂层高度。交换剂层越高，交换剂的利用率越高，工作交换容量越大。因此交换器的交换剂层高一般不能低于 0.8m。

4）离子交换器的构造。交换器的布水分配是否均匀、交换器直径与交换剂层高的比例、再生的方式等都对工作交换容量有一定的影响。一般直径与高度之比值小，工作交换容量大：逆流再生比顺流再生工作交换容量大。

5）运行条件。运行时的流速和温度对工作交换容量影响很大。如交换剂层高度为 1.5m 的交换器，当运行流速由 10m/h 上升至 30m/h 时，工作交换容量将降低 10%～15%；提高温度，能加快离子交换速度，从而提高工作交换容量。因此，在产水和再生过程中，适当地控制流速和提高温度，都将是有利的。

6）再生程度。交换剂的再生程度，对其工作交换容量有很大的影响。如经充分再生，可得到最大的工作交换容量。但在实际应用中，若为了使交换剂充分再生，而耗费过多的再生剂，也是不经济的。一般应选择合适的再生比耗，既能使交换剂得到较好的再生，又不消耗过多的再生剂，这时的交换容量称为实用工作交换容量。

7）交换剂质量。交换剂本身质量差，如运行中受悬浮物或有机物污染、由于 Fe^{3+} 中毒或被游离氯氧化等都会大大降低树脂的工作交换容量。

第三节　离子交换原理、交换平衡和交换速度

一、离子交换树脂的交换原理

离子交换过程的机理有许多说法，现在还不能统一。现在被较多学者公认的，认为最适用于水处理工艺的，是双电层理论，即将离子交换树脂看作类似具有胶体型结构的物质。这个观点认为，在离子交换树脂的高分子表面上和胶体表面相似，具有双电层结构，见图4-10。也就是说这里有两层离子，紧邻高分子表面的一层离子（如图4-10中的—SO_3^-），称为内层离子，在其外面是一层符号相反的离子层（见图4-10中的H^+）。与胶体的命名法相似，我们常把和内层离子符号相同的离子称作同离子，符号相反的称反离子。所以离子交换就是树脂中原有反离子和溶液中其他反离子相互交换位置的过程。

根据胶体结构的概念，双电层中的离子按其活动性的大小可划分为吸附层和扩散层。那些活动性较差，紧紧地被吸附在高分子表面的离子层，称为吸附层或固定层，它包括内层离子和部分和内层离子结合紧密的反离子。在其外侧，那些活动性较大，向溶液中逐渐扩散的反离子层，称为扩散层或可活动层。这些反离子像地球上的大气一样，笼罩在高分子表面的四周，故又称为离子氛。

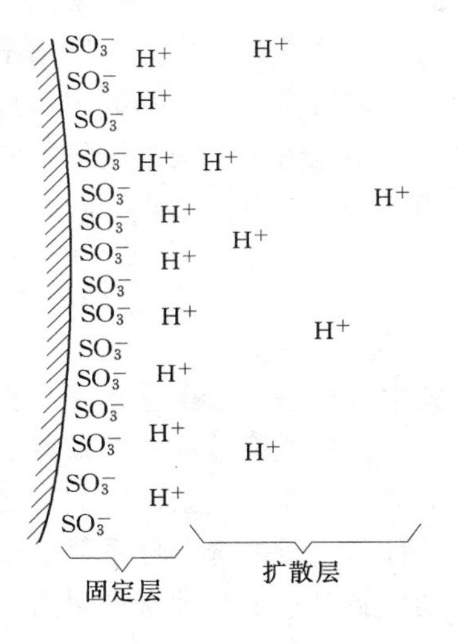

图4-10　离子交换树脂的双电层结构

内层离子依靠化学键结合在高分子的骨架上，固定层中的反离子依靠异电荷的吸引力被固定着。而在扩散层中的反离子，出于受到异电荷的吸引力较小，热运动比较显著，所以这些反离子有自高分子表面向溶液中逐渐扩散的现象。

当离子交换剂遇到含有电解质的水溶液时，电解质对其双电层有以下两种作用。

（1）交换作用。扩散层中反离子在溶液中的活动较自由，离子交换作用主要就是扩散层中的反离子和溶液中其他反离子之间互换位置。在扩散层中处于不同位置离子的能量是不相等的，那些和内层离得最远的反离子能量最大，因此它们最活泼，最易和其他反离子交换；和内层离得越近的反离子能量越小，活动性也越差。

但离子交换过程并不局限于扩散层，因动平衡的关系，溶液中的反离子会先交换至扩散层，然后再与固定层中的反离子互换位置。

（2）压缩作用。当溶液中盐类浓度增大时，可以使扩散层压缩，从而使扩散层中部分反离子变成固定层中的反离子，扩散层的活动范围变小。这就说明了为什么当再生溶液的浓度太大时，不仅不能提高再生效果，有时反而使再生效果降低。

二、离子交换平衡

离子交换反应与一般的化学反应一样，符合质量守恒定律，存在平衡关系，但由于离子交换反应是在非均相（固相—液相）介质中进行的，并且离子交换时树脂有溶胀性和吸附溶质等特点，所以离子交换平衡和一般的化学平衡不完全相同。

以 H 型阳树脂与水中 Na^+ 进行交换为例，其反应式为

$$RH + Na^+ \longrightarrow RNa + H^+$$

如果反应不伴有反应物的吸附或解吸过程，则可得

$$\frac{f_{RNa}[RNa]f_{H^+}[H^+]}{f_{RH}[RH]f_{Na^+}[Na^+]} = K \tag{4-1}$$

式中　$[RNa]$，$[RH]$，$[Na^+]$，$[H^+]$ ——相应物质的浓度；

f_{RNa}，f_{H^+}，f_{RH}，f_{Na^+} ——相应物质在水中的活度系数。

实际上，K 值要受吸附和解吸过程的影响，而活度系数也无法测定，故式（4-1）不能在实际中应用。因而改写成

$$\frac{[RNa][H^+]}{[RH][Na^+]} = K\frac{f_{RH}f_{Na^+}}{f_{RNa}f_{H^+}} = K_H^{Na} \tag{4-2}$$

式中　K_H^{Na}——H 型阳树脂对 Na^+ 的选择性系数。

选择性系数越大，则离子交换反应越容易向右进行，即树脂上的活性离子越易与水中离子进行交换。该系数表示离子交换平衡时，各种离子间的量的关系。

当进行交换的离子价不同时，例如二价 Ca^{2+} 和一价 Na^+ 进行交换时，选择性系数的表示法见式（4-3）。

$$2RNa + Ca^{2+} \longrightarrow R_2Ca + 2Na^+$$

$$\frac{[R_2Ca][Na^+]^2}{[RNa]^2[Ca^{2+}]} = K_{Na}^{Ca} \tag{4-3}$$

式中　K_{Na}^{Ca}——Na 型离子交换树脂对 Ca^{2+} 的选择性系数。

选择性系数的值会随溶液的浓度、组成以及离子交换树脂的结构等因素而变化，所以只能得出在一定条件下的值或近似值。表 4-3 中所示的是强酸性 H 离子交换树脂对水中几种阳离子的选择性系数近似值（在稀溶液中），表 4-4 中所示的是Ⅰ型强碱性阴离子交换树脂对水中几种常见阴离子的选择性系数。

表 4-3　强酸性 H 离子交换树脂的选择性系数

离子种类	Li^+	H^+	Na^+	NH_4^+	K^+	Mg^{2+}	Ca^{2+}
选择性系数	0.8	1.0	1.6	2.0	2.3	2.6	4.1

表 4-4　Ⅰ型强碱性 OH 离子交换树脂的选择性系数

离子种类	OH^-	HCO_3^-	Cl^-	NO_3^-	HSO_4^-
选择性系数	1.0	6.0	22	65	85

三、离子交换速度

离子交换平衡，是在某种具体条件下离子交换能达到的极限情况。在实际使用中，总是希望离子交换设备能在水的高流速下运行，所以反应的时间是有限的，不可能让离子交换达到平衡状态。离子交换过程，是在水中离子和离子交换树脂的可交换基团间进行的。树脂的可交换基团不规则地分布在每一颗粒中，它不仅处于树脂颗粒的表面，而且大量处在树脂颗粒的内部，所以离子交换的进行过程是比较复杂的，因为它不单是离子间交换位

置的问题，还有离子在水中扩散到颗粒内部的过程。至于离子交换化学反应本身的速度，属于离子间的反应，一般是很快的。所以通常说的离子交换速度，不单指此种化学反应，而是表示水溶液中离子浓度改变的速度（即其动力学过程）。

1. 离子交换动力学过程

离子交换的动力学过程一般可分为五步，现以 H 型强酸性阳离子交换树脂对水中 Na^+ 进行交换为例（见图 4－11）来说明。

$$RH + Na^+ \longrightarrow RNa + H^+$$

（1）水中 Na^+ 首先在水中扩散，到达树脂颗粒表面的边界水膜，逐渐扩散通过此膜，如图 4－11①所示。

（2）Na^+ 进入树脂颗粒内部的交联网孔，并进行扩散，如图 4－11②所示。

（3）Na^+ 与树脂内交换基团接触，并与交换基团上可交换的 H^+ 进行交换，如图 4－11③所示。

（4）被交换下来的 H^+ 在树脂颗粒内部交联网孔中向树脂表面扩散，如图 4－11④所示。

（5）被交换下来的 H^+ 扩散通过树脂颗粒表面的边界水膜，进入水溶液中，如图 4－11⑤所示。

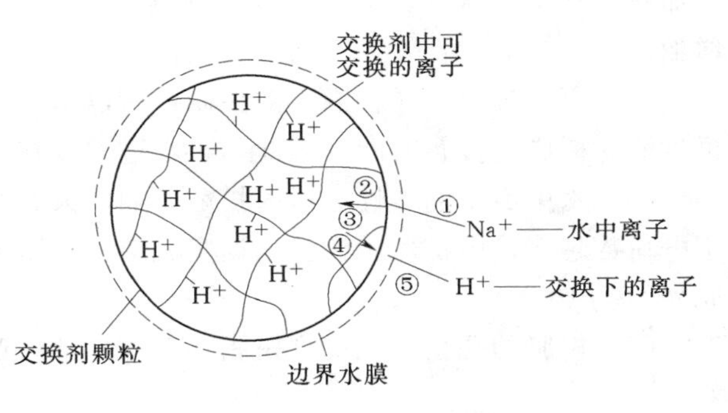

图 4－11　离子交换过程示意

上述第（3）步属于离子间的化学反应，是很快的。所以整个离子交换过程主要决定于扩散过程。第（1）步和第（5）步是离子在水溶液中的扩散（主要是在水膜中的扩散），性质相同，而且交换是以等物质的量进行的，可以将它们看作同一问题，称为膜扩散。同理，第（2）步和第（4）步也可看作同一问题，这是在树脂颗粒内部交联网孔中的扩散，称为颗粒内扩散或简称内扩散。

在某种具体条件下，这些步骤的速度是不相同的，而往往其中某一步的速度特别慢，以致进行离子交换的整个时间中的大部分是消耗在这一步骤上，这个步骤称为速度控制步骤。离子交换的速度控制步骤通常是膜扩散或内扩散。

2. 影响离子交换速度的因素

各种运行条件如何影响交换速度的问题，虽然已进行了许多研究，但还是没有完全弄清楚。下面简要地叙述影响离子交换速度的一些因素。

（1）树脂的交联度。树脂的交联度越大，网孔越小，则其颗粒内扩散越慢，交换速度就越慢。当水中有粒径较大的离子存在时，对交换速度的影响就更为显著。

（2）树脂颗粒大小。树脂颗粒越小，交换速度越快。这是因为树脂的颗粒越小，内扩散的距离越短，同时颗粒越小，也等于扩大了膜扩散的表面积，从而加快交换速度。但树脂颗粒也不宜太小，因为太小会增大水流通过树脂层的阻力，且在反洗运行时容易流失。

(3) 水中离子浓度。溶液浓度是影响扩散速度的重要因素，浓度越大，扩散速度越快。水溶液中离子浓度对内扩散和膜扩散有不同程度的影响。当水溶液中离子浓度较大，例如在 0.1mol/L$\left(\frac{1}{n}I^{n}\right)$以上时，膜扩散的速度已较快，此时交换速度主要受内扩散的支配，即内扩散是决定性阶段，这相当于水处理工艺中树脂再生时的情况。若水中离子浓度较小，如在 0.003mol/L$\left(\frac{1}{n}I^{n}\right)$以下时，膜扩散的速度就变得相当慢，支配着交换速度，成为控制步骤，这相当于交换器运行时的情况。

(4) 水温。提高水温能提高离子的热运动速度和降低水的黏度，同时加快膜扩散速度和内扩散速度，因此提高水温对提高离子交换速度是有利的。但水温也不宜过高，因为水温过高会影响树脂的热稳定性，尤其是强碱性阴树脂。

(5) 流速与搅拌速度。树脂颗粒表面的水膜厚度，与水的搅动或流动状况有关。水搅动越激烈，水膜就越薄。因此，交换过程中提高水的流速或加强搅拌，可以加快膜扩散速度，但不影响内扩散，在离子交换器运行中，提高水的流速不仅可以提高设备出力，还可以加快离子交换速度。但是，水的流速不是越高越好，流速太大时，水流阻力也会迅速增加。

由于再生过程由颗粒内扩散控制，所以增加再生流速并不能加快交换速度，却减少了再生液与树脂的接触时间。因此，再生过程多在较低的流速下进行。

(6) 水中离子的本性。对内扩散影响较大。水中离子水合半径越大，内扩散越慢；离子电荷数越多，内扩散越慢。根据实验结果，阳离子增加一个电荷，其内扩散速度约减为原来的 1/10。

(7) 树脂的孔型。大孔型树脂，其内扩散的速度要比普通树脂快得多。

第四节　动态离子交换过程

工业上常用的是动态离子交换，即水在流动的状态下完成离子交换过程。动态离子交换是在离子交换器（柱）中进行的。用动态离子交换处理水，不但可以连续制水，而且由于交换反应的生成物不断被排除，因此离子交换反应进行得较为完全。下面以阳离子交换为例，讨论动态离子交换过程。

为了简便起见，先研究水中阳离子只有 Ca^{2+} 时通过 Na 型离子交换剂进行交换的情况。

一、水中阳离子只含 Ca^{2+} 时和 RNa 交换剂的交换

水通过交换器初期，水中 Ca^{2+} 首先与表层树脂中 Na^{+} 进行交换，水中一部分 Ca^{2+} 转入树脂中，树脂中一部分 Na^{+} 转入水中。当水继续向下流动时，这种交换继续进行，因此水中 Ca^{2+} 不断减少，Na^{+} 不断增加。在流经一定距离后，水中原有的 Ca^{2+} 全部交换成 Na^{+}。之后，继续向下流的水及其流过的树脂组成都不再发生变化，交换器出水中全为 Na^{+}，而 Ca^{2+} 含量等于零，如图 4－12（a）所示。

随着水不断地流过，因上部进水端的树脂很快全部转为 R_2Ca，失去了继续交换的能

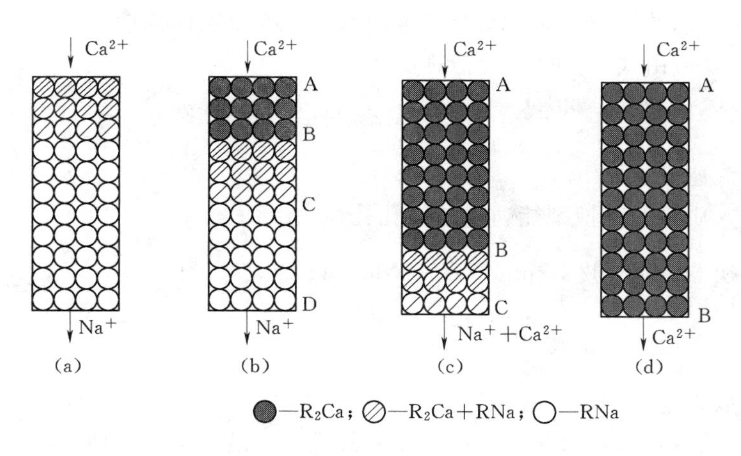

图 4-12　动态离子交换过程中树脂层态的变化

力，交换进入下一层。这时在柱中形成三个层区，如图 4-12（b）所示：上部 AB 层区为失效层，树脂全为 Ca 型，水流经这一层区时，Ca^{2+} 含量不变；中部 BC 层区为工作层（或称交换带），在这一层区中，从 B 到 C，Ca 型树脂逐渐减少至零，Na 型树脂则逐渐增加到 100%，交换反应在这一层区中进行，水流过工作层以后，其中的 Ca^{2+} 全部被交换除去；下部 CD 层区为未工作层，树脂仍全为 Na 型。

由此可知，交换器的运行，实质上其中交换剂工作层自上而下不断移动的过程。交换器运行中出水水质变化的情况如图 4-13 所示。当工作层还处于离子交换剂层的中间时，出水水质一直是良好的。当工作层的下缘移动到和交换器中交换剂层的下缘相重合时（相当于图 4-13 中的 B 点），如再继续运行，势必交换不完全而使出水中 Ca^{2+} 的残留量较快地上升。在实际运行中，为了保证出水水质，当运行到残留 Ca^{2+} 浓度增加到 B 这一点时，通常即停止运行。所以在离子交换器的最下部，有一层不能发挥其全部交换能力的交换剂层，它只起保护出水水质的作用，这部分交换剂层称为保护层。

如果交换剂在投入运行时是再生完全的，则图 4-13 上面积 ABCDE 恰好表示其平衡交换容量的大小，面积 ABDE 表示工作交换容量。

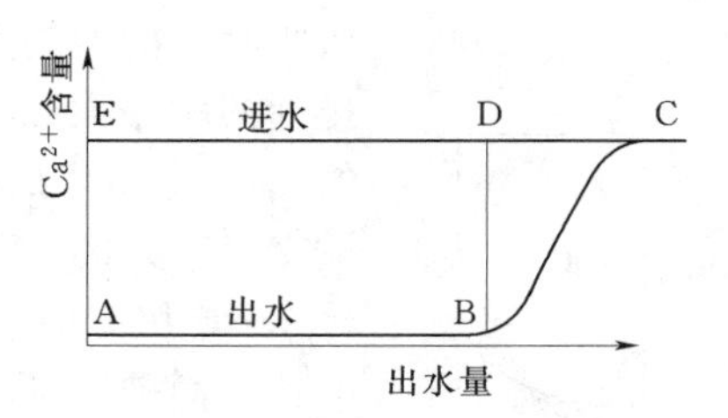

图 4-13　只含 Ca^{2+} 的水通过 Na 交换剂时，出水中残留 Ca^{2+} 含量变化曲线

通过以上分析可知，在运行中交换剂保护层的厚度是一个对实际运行有影响的数据。如果此厚度大，则图 4-12（c）中开始增加的 B 点提前，交换剂的工作交换容量就小；反之，保护层薄，工作交换容量就大。B 点至 C 点的通过水量，实质上体现了保护层的厚度。由此可知，增加离子交换剂层高度，全部离子交换剂交换能力的平均利用率就会提高。

影响保护层厚度的因素很多，主要有：

（1）运行流速。水通过交换剂层的流速越快，保护层越厚。

（2）原水水质。出水质量标准一定时，原水中要除去的离子浓度越大（对钠离子交换而言，即原水硬度越高），保护层越厚。

(3) 离子交换剂的颗粒越大，水流温度越低，交换反应的速度越慢，保护层越厚。

保护层厚度，可由式 (4-4) 近似算出。

$$\delta_B = 0.015 v d_{80}^2 \lg \frac{H}{H_C} (\text{m}) \quad (4-4)$$

式中　v——水流速度，m/h；

d_{80}——80%质量的交换剂能通过的筛孔孔径，mm；

H——交换器进水硬度，mmol/L$\left(\frac{1}{2}Me^{2+}\right)$；

H_C——交换器出水残留硬度，mmol/L$\left(\frac{1}{2}Me^{2+}\right)$；

0.015——系数。

需要说明，式 (4-4) 只是一个近似计算公式，它是根据扩散理论，以磺化煤为交换剂推算出来的（在推算中经过了简化）。在水流速度在 20m/h 以下时，用它算出的结果误差较小；当水流速度较高时，误差较大。目前有些部门设计离子交换装置时，保护层的厚度直接取经验数据 0.2m。

在实际运行中当原水硬度增大，冬季温度降低时，可适当降低运行流速，以使保护层不致变厚，从而保持其工作交换容量和出水质量。

所以，为了提高树脂的交换容量，交换器中树脂层的高度，一般最低不小于 0.8m，有的高达 3.5m 以上。交换剂层过高的缺点是水通过交换剂层的压降太大，给运行带来困难。

二、水中含有 Ca^{2+}、Mg^{2+}、Na^+ 时和 RH 交换剂的交换

天然水中通常含有 Ca^{2+}、Mg^{2+}、Na^+ 等多种阳离子及 HCO_3^-、$HSiO_3^-$、SO_4^{2-}、Cl^- 等多种阴离子，因此离子交换过程就不像只含一种离子那么简单。下面讨论同时含有上述多种阳离子的水，由上而下通过装有 RH 树脂交换器的离子交换过程。

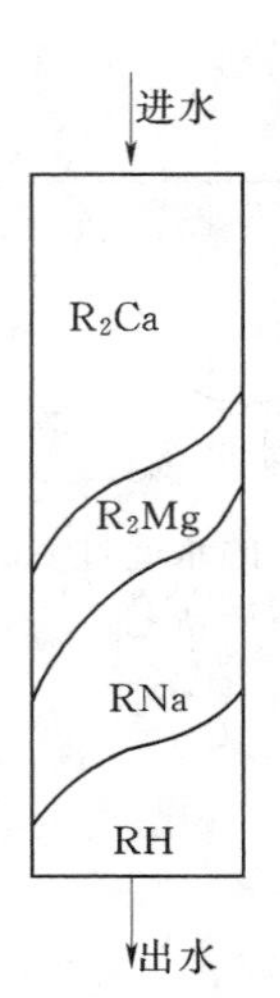

图 4-14　树脂层态分布

通水初期，水中各种阳离子都与树脂中 H^+ 进行交换，依据它们被树脂吸着能力的大小，最上层以最易被吸着的 Ca^{2+} 为主，自上而下依次排列的顺序大致为 Ca^{2+}、Mg^{2+}、Na^+。随着通过水量的增加，进水中的 Ca^{2+} 也与生成的 Mg 型树脂进行交换，使 Ca 型树脂层不断扩大；当被交换下来的 Mg^{2+} 连同进水中的 Mg^{2+} 一起进入 Na 型树脂层时，又会将 Na 型树脂中的 Na^+ 交换出来，结果 Mg 型树脂层也会不断地扩大和下移；同理，Na 型树脂层也会不断地扩大和下移，图 4-14 中纵向代表树脂层高度，横向代表不同离子型树脂的相对量。当 RH—Na 交换区域移至最下端再继续通水时，则进水中选择性顺序居于末位的 Na^+ 首先穿透，泄漏于出水中，但树脂对 Ca^{2+}、Mg^{2+} 的交换仍是完全的。之后，RNa—Mg 交换区域移至最下端，Mg^{2+} 泄漏于出水中，最后泄漏的是 Ca^{2+}。

出水水质的变化如图 4-15 所示。通水初期阶段，进水中所有阳离子均被交换成 H^+，其中一部分 H 与进水中的 HCO_3^- 反应生成 CO_2 和 H_2O，其余以强酸酸度形式存在于水中，其值与进水中强酸阴离子总浓

度相等；运行至 Na^+ 穿透时（a 点），出水中强酸酸度开始下降，之后随 Na^+ 泄漏量的增加，出水强酸酸度相应等量降低；当出水 Na^+ 浓度增加到与进水中强酸阴离子总浓度相等时（b 点），出水中既无强酸酸度，也无碱度。再之后开始出现碱度；当 Na^+ 增加到与进水阳离子总浓度相等时（c 点），碱度也增加到与进水碱度相等，至此，H 离子交换结束，相继开始进行 Na 离子交换；当运行至硬度穿透时（d 点），出水 Na^+ 浓度又开始下降，最后进出水 Na^+ 浓度相等（e 点），硬度也相等，树脂的交换能力消耗殆尽。由图 4－15 可知，在 H 离子交换阶段，出水呈酸性；在 Na 离子交换阶段，水中的碱度不变。

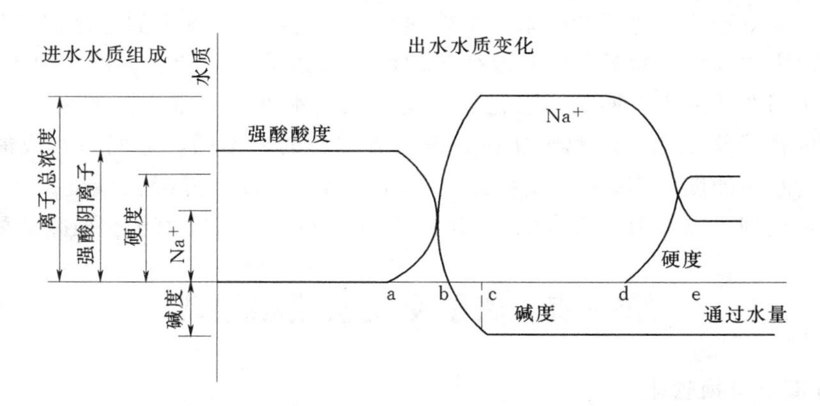

图 4－15　RH 树脂与水中 Ca^{2+}、Mg^{2+}、Na^+ 交换时的出水水质变化

这里需指出的是，由于工业再生剂的不纯，如工业盐酸中含有 NaCl，况且生产实际中再生剂用量也不是无限度的，所以树脂的再生度不可能达到 100%。因此 a 点前的出水中仍含有微量的 Na^+，出水强酸酸度小于强酸阴离子总浓度，其差值与出水 Na^+ 浓度相等。

习 题 与 思 考 题

1. 简述离子交换树脂的组成结构。

2. 某厂新装一台直径 1000mm 软化器，要求 001×7 树脂层高为 1.5m，问应装入多少树脂？树脂的视密度取 0.8，如每箱树脂重 25kg，则需装入多少箱？

3. 什么叫全交换容量？工作交换容量（工作交换能力）？

4. 影响工作交换容量的因素有哪些？

5. 强酸性树脂对水中离子的选择性次序如何？

6. 强碱性树脂对水中离子的选择性次序如何？

7. 离子交换的速度控制步骤通常是哪些过程？影响离子交换速度的因素有哪些？

8. 什么叫保护层？保护层是不是越厚越好？

第五章　水的离子交换处理

天然水经混凝澄清、过滤和吸附等预处理后，虽然除去了其中的悬浮物、胶体和大部分有机物，但水中的溶解盐类并没有改变，因此作为锅炉的补给水，还必须进一步处理。除去水中离子态杂质最为普遍的方法是离子交换法，水处理中常用到的离子交换有：Na 离子交换、H 离子交换和 OH 离子文换。根据应用目的的不同，它们组合成的水处理工艺有：为除去水中硬度的 Na 离子交换软化处理，为除去硬度并降低碱度的 H—Na 离子交换软化降碱处理，以及为除去水中全部阴、阳离子的 H—OH 离子交换除盐处理。

第一节　离子交换软化和除碱

一、Na 离子交换软化

除去水中硬度离子的处理工艺称软化。强酸性阳树脂的 H 离子交换，尽管在除去水中全部阳离子的同时也除去了水中的 Ca^{2+}、Mg^{2+} 硬度离子，但 H 离子交换的结果产生了强酸酸度，出水呈酸性，无法使用。因此，如果离子交换水处理的目的只是为了软化，即除去水中 Ca^{2+}、Mg^{2+}，那么只需用 Na 型树脂进行 Na 离子交换即可，无需从 H 型树脂开始；这样，既能使水得到软化，又不会产生酸性水，且工艺简单。

1. 一级 Na 离子交换系统

其交换反应如下

$$2RNa + Ca^{2+}(Mg^{2+}) \longrightarrow R_2Ca(R_2Mg) + 2Na^+$$

原水经一级钠离子交换处理后，水中的硬度被除去，碱度保持不变，溶解固形物稍有增加，这是因为 Ca^{2+}、Mg^{2+} 被 Na^+ 交换后，Na 的摩尔质量比 1/2Ca 和 1/2Mg 的摩尔质量略高。水经一级 Na 离子交换后，硬度可以降至 30μmol/L 以下，可用作低压锅炉的给水。

当钠离子交换剂失效后，为了恢复其软化能力，必须用含 Na^+ 的再生剂进行再生，常用的再生剂为食盐（NaCl）溶液。再生过程如下式所示

$$R_2Ca(R_2Mg) + 2Na^+ \longrightarrow 2RNa + Ca^{2+}(Mg^{2+})$$

再生是离子交换器使用过程中十分重要的一个环节。掌握和了解再生的有关理论，对离子交换器的正确应用和经济运行很有实际意义。

使交换剂恢复 1mol 的交换能力，所消耗再生剂的量（g），称为再生剂的耗量，用食盐再生时，也称为盐耗。由于离子交换是按等物质的量进行的，所以从理论上计算，使交换剂每恢复 1mol 的软化能力，需 58.5gNaCl。但实际再生时，所需的盐耗往往要大于理论值，通常将再生剂的实际耗量与再生剂的摩尔质量（即理论量）的比值称为再生剂的比

耗。钠离子交换器的再生盐耗和比耗可按下式计算

$$盐耗 = \frac{G}{V(H - H_C)}(g/mol) \tag{5-1}$$

$$比耗 = \frac{盐耗}{58.5} \tag{5-2}$$

式中　G——再生一次所需纯再生剂用量，g；

V——运行时通过的总水量，m^3；

H——制水周期中原水的平均硬度，mmol/L；

H_C——软化水的残留硬度，当原水硬度比它大很多时，可忽略不计；

58.5——NaCl 的摩尔质量，g/mol。

再生剂的耗量或比耗是很重要的一项经济指标，常和工作交换容量一起作为离子交换器运行时经济性好坏的衡量指标。

一般固定床离子交换器再生一次所需的再生剂用量 G 可按（5－3）式估算

$$G = \frac{V_{树脂} E_G n N}{\varepsilon \cdot 1000}(kg) \tag{5-3}$$

$$V_{树脂} = Fh = \frac{1}{4}\pi D^2 h$$

式中　$V_{树脂}$——树脂的装填量，m^3；

F——交换器的横截面积，m^2；

D——交换器的直径，m；

h——树脂的装填高度，m；

E_G——树脂的工作交换容量，mol/m^3；

n——再生剂比耗，对于强型离子交换树脂一般逆流再生时取 1.2～1.8，顺流再生时取 2～3.5，对于弱型离子交换树脂一般只需取 1.1～1.2；

N——理论用量，即再生剂的摩尔质量，g/mol；

ε——再生剂的纯度。

【例 5－1】　有一台直径为 1m 的顺流再生钠离子交换器，内装高度为 1.8m 的 001×7 型树脂，若该树脂的工作交换容量为 $1000mol/m^3$，再生剂比耗取 3.0，问该交换器再生一次约需纯度为 96%的工业盐多少？

解： 该交换器中树脂体积为

$$V_{树脂} = Fh = \frac{1}{4}\pi D^2 h = 1/4 \times 3.14 \times 1^2 \times 1.8 = 1.4(m^3)$$

$$G = \frac{V_{树脂} E_G n N}{\varepsilon \times 1000} = \frac{1.4 \times 1000 \times 3.0 \times 58.5}{0.96 \times 1000} = 256(kg)$$

2. 二级钠离子交换系统

对于中、高压锅炉，补给水的硬度一般应在 5μmol/L 以下，这样，单级 Na 离子交换就达不到这个要求了，或者当原水硬度较高（约为 10mmol/L）时，如果采用单级钠离子交换时，其交换后出水硬度往往较高，难以达到水质标准，此时可以采用二级 Na 离子交换软化系统，即在一级 Na 离子交换器后，再设置一个二级 Na 离子交换器，如图 5－1

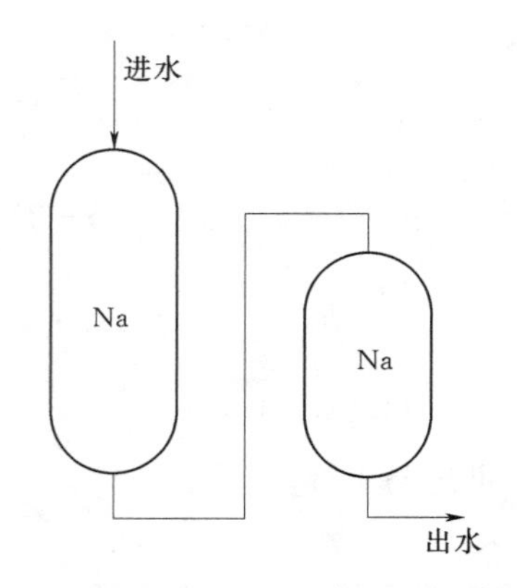

图 5-1 二级 Na 离子交换系统

所示。

采用双级钠离子交换工艺有以下特点：

(1) 节省再生剂用量。对于顺流再生离子交换器，通常第一级钠离子交换器的盐耗为 100～110g/mol；为了充分提高第二级钠离子交换器的再生效果，常采用盐耗为 250～350g/mol，虽然第二级盐耗较高，但第二级 Na 离子交换器运行周期很长，有时运行几个月才再生一次，还可以利用第二级交换器的再生盐液去再生第一级交换器，所以盐耗比单级钠离子交换还要低些。

(2) 提高了第一级钠离子交换器的利用率。由于第二级钠离子交换器的保护作用，所以在运行中可以降低第一级钠离子交换器的出水标准，来充分发挥它的交换能力。双级钠离子交换系统可达到的出水标准如下：第一级出水残留硬度小于 0.05～0.1mmol/L；第二级出水残留硬度小于 0.003mmol/L。

(3) 提高了出水水质的可靠性。第一级钠离子交换器偶尔有出水硬度超过标准的，第二级钠离子交换器可起到保护作用，所以出水质量稳定可靠，第二级 Na 离子交换器有时也称为缓冲交换器。

(4) 一级钠离子交换器的运行流速一般为 15～20m/h，二级钠离子交换器的运行流速为 40～60m/h，所以在双级钠离子交换系统中，可以两台一级钠离子交换器共用一台二级钠离子交换器组合运行；如果一台一级交换器对一台二级交换器串联时，则可以选用直径小的二级钠离子交换器。

二、离子交换软化除碱

钠离子交换法只能除去水中的硬度离子（Ca^{2+}、Mg^{2+}等），不能除去水中的碱度离子（如 HCO_3^-等）。碱度离子进入锅炉后，会在高温下发生如下的分解和水解反应。

$$2NaHCO_3 \xrightarrow{\Delta} NaCO_3 + CO_2\uparrow + H_2O$$

$$Na_2CO_3 + H_2O \xrightarrow{\Delta} 2NaOH + CO_2\uparrow$$

致使锅炉水中游离 OH^- 含量增加，蒸汽中 CO_2浓度增加，会产生如下危害：①增高炉水的相对碱度，从而造成锅炉水系统的碱腐蚀；②污染蒸汽；③增大排污率；④由于大量 CO_2进入蒸汽系统，造成蒸汽和冷凝水系统的酸腐蚀。所以，对于碱度较高（$>$2mmol/L）的原水，就要进行降低碱度的软化处理，这种处理称之为软化除碱。

为了降低经 Na 离子交换处理过的水中的碱度，最简单的方法是加酸（一般用硫酸）。加酸的反应如下式所示

$$2NaHCO_3 + H_2SO_4 \longrightarrow Na_2SO_4 + 2CO_2 + 2H_2O$$

此反应中产生的 CO_2可用除二氧化碳器去除。在实际运行中，为了保证去除 CO_2后水中的 pH 值不要过低，需要控制加入 H_2SO_4的量，使处理后的水中仍保持一定的碱度，这个碱度称为残留碱度，一般控制在 0.3～0.5mmol/L 的范围内。但加酸的结果使水中的溶解固形物含量增加，这对锅炉补给水是不利的。因此，为了达到去除硬度、降低碱度、又

不增加水中溶解固形物的目的，常采用 H—Na 离子交换法来处理。在这种水处理系统中有 H 离子交换和 Na 离子交换两个过程，它有多种运行方式，现分述如下。

1. 采用强酸性 H 离子交换剂的 H—Na 离子交换

强酸性 H 离子交换剂可以将水中各种阳离子转变成 H^+，故它的出水是酸性的。因此，和加酸法相似，可以利用它的出水中和掉另一部分水中的碱度。由于它不是外加药剂到水中，所以不会增大水的含盐量，而是有所降低。

(1) 并列 H—Na 离子交换。图 5-2 就是这种方法的处理系统。在这个系统中进水分成两路，分别通过 H、Na 离子交换器，然后在两种交换器的出口进行混合。此时，就发生经 H 离子交换后的酸性水和经 Na 离子交换后的碱性水的中和作用。

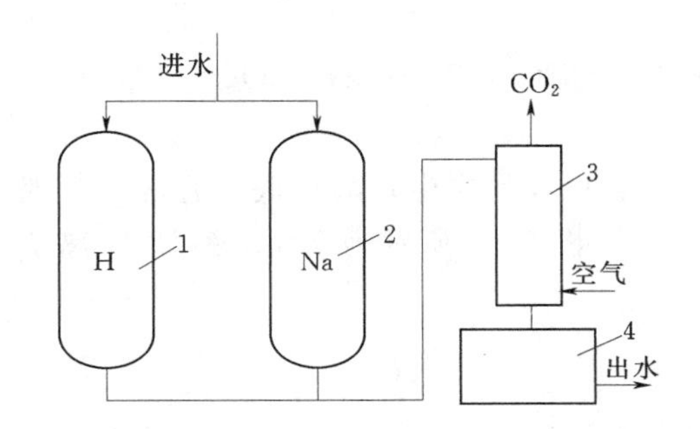

图 5-2　并列 H—Na 离子交换
1—H 型离子交换器；2—Na 型离子交换器；
3—除碳器；4—水箱

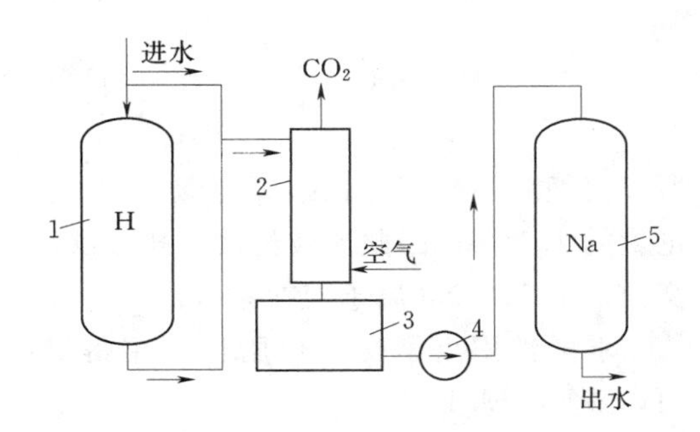

图 5-3　串联 H—Na 离子交换
1—H 型离子交换器；2—除碳器；3—水箱；
4—泵；5—Na 型离子交换器

为了保证中和后不产生酸性水，应使两种交换器处理的水量有一定的比例关系。实践证明，要使 H—Na 离子交换系统始终不出酸性水，不能使酸和碱正好达到中和的终点，而要使中和后的水质还保持有 0.3～0.5mmol/L 的残留碱度。

(2) 串联 H—Na 离子交换。这种交换过程是将进水分成两部分，一部分送到 H 型交换器中，另一部分直接送到 H 型交换器后面，使其和 H 型交换器出水混合。此时，经 H 离子交换后水的酸度和另一部分进水碱度发生中和反应。反应产生的 CO_2 由除碳器除去，除 CO_2 后的水经过水箱由泵打入 Na 离子交换器，如图 5-3 所示。在这个系统中，除碳器应安置在 Na 型交换器之前，否则如使含 CO_2 的水先通过 Na 型交换器，则会因反应

$$RNa + H_2CO_3 \longrightarrow RH + NaHCO_3$$

使出水碱度重新增高。

比较并列和串联两种系统，其不同点在于并列系统中只有一部分原水引入 Na 离子交换器，而在串联系统中，全部原水最后都要通过 Na 离子交换器。所以，在出力相同时，并列系统中 Na 离子交换器所需的容量较小，而串联系统的较大。从运行来看，串联系统不但控制较容易，而且 H 离子交换器的交换能力可以充分得到利用；并列系统中的 H 离子交换器通常都是运行到漏硬度时进行再生，因此在运行中必须经常调整水量分配。设计中究竟选择哪种系统，应由技术经济比较确定。

为了保证出水水质，不论是采用并列或串联方式，在系统的最后可增添一个缓冲 Na

型交换器。增添缓冲 Na 型交换器后，还可以改进 H 型交换器的运行条件，即容许它的出水中有些阳离子漏过，从而提高其工作交换容量，降低酸耗。

当设有缓冲 Na 型交换器时，不论其前面是并列的还是串联的 H—Na 离子交换系统，出水的残留碱度均可保持为 0.3～0.5mmol/L（H^+）。这是因为当进水的 pH 值偏低时，此缓冲交换器可吸去进水中的若干 H^+，而当 pH 值偏高时，它会放出 H^+。

2. 采用弱酸性 H 离子交换剂的 H—Na 离子交换

用弱酸 H 离子交换剂来除去水中碱度是一种很好的方法，因为这种交换剂分解中性盐的能力较弱（即与 SO_4^{2-}、Cl^- 等强酸阴离子的盐类难以反应），它仅与弱酸盐类反应，它和碳酸氢盐的反应如下式所示。

$$R(-COOH)_2 + \left.\begin{matrix}Ca\\Mg\\Na_2\end{matrix}\right\}(HCO_3)_2 \longrightarrow R(-COO)_2\left\{\begin{matrix}Ca\\Mg\\Na_2\end{matrix}\right. + 2H_2CO_3$$

所以交换后不会产生强酸。弱酸 H 型交换剂失效后，很容易再生，酸耗低，通常约为理论量的 1.1 倍，因此比较经济，排废酸问题也比较少。图 5-4 所示为采用弱酸性 H 离子交换剂的 H—Na 离子交换系统。

弱酸性阳离子交换树脂目前用得最广的是丙烯酸型，如 D113。

3. H 型交换剂采用贫再生方式的 H—Na 离子交换

如果没有合适的弱酸性阳离子交换剂，则可以采用贫再生（或称不足量酸再生）的 H 离子交换剂来代替。所谓“贫再生”，是指交换器运行到失效后，不像通常的交换器那样用过量的再生剂进行再生，而是用理论量的再生剂进行再生。这样，再生时使用的酸量就不足以使 H 型交换剂充分再生，只是上层的交换剂转变成 H 型，下层仍留有多量交换剂为 Ca、Mg 或 Na 型。用这种方法时，其设备系统和用弱酸性树脂的 H—Na 离子交换相同，但 H 型交换器要采用混合型阳离子交换剂，如磺化煤。当进水流过上层 H 型磺化煤时，就会产生大量的强酸和碳酸，但当水流到下层时，水中与强酸量相当的 H^+ 又和磺化煤中弱酸性交换基团（主要是羧基）上的 Ca^{2+}、Mg^{2+}、Na^+ 进行交换，碳酸不进行交换。所以水经过这种贫再生的 H 型交换器后，只是降低了其中的碳酸盐硬度（尚有一定残留量），而非碳酸盐硬度基本上不发生变化。由于贫再生 H 型交换器的出水中含有碳酸，故在它的后面应设置除碳器。

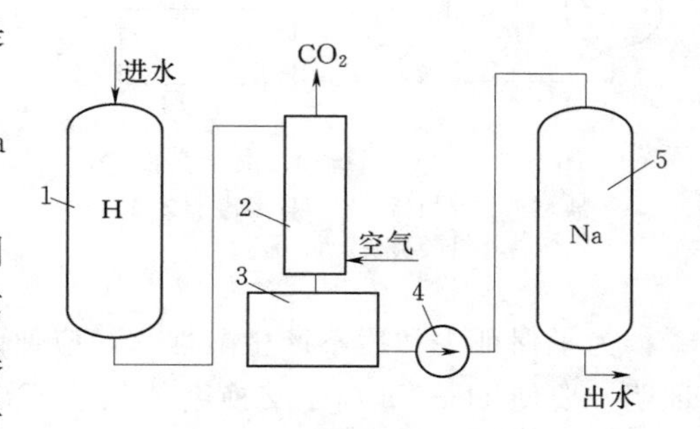

图 5-4　采用弱酸 H 型交换剂的 H—Na 离子交换

1—H 型离子交换器；2—除碳器；3—水箱；4—泵；5—Na 型离子交换器

采用贫再生 H 型交换器时，常用硫酸作再生剂，再生用的纯硫酸量 G 可按式（5-4）估算

$$G = \frac{49E_A V}{1000}(g) \tag{5-4}$$

式中　49——$1/2H_2SO_4$的摩尔质量，g/mol；

V——交换器中磺化煤的体积，m^3；

E_A——H型磺化煤只用来消除碱度时的工作交换容量，$mol/m^3\left(\frac{1}{n}I^n\right)$。

E_A可由式（5－5）算出

$$E_A=\frac{(A-A_C)Q}{V}\quad(mol/m^3)\qquad(5-5)$$

式中　A——原水碱度，mmol/L（H^+）；

A_C——处理后水中的残留碱度，mmol/L（H^+）；

Q——一个周期中处理的总水量，m^3。

此交换器运行到出水碱度超过允许平均碱度30％～40％时，应停下来进行再生。再生后，用水正洗至出水的硬度等于清洗水的硬度时再投入运行。

采用贫再生H离子交换的优点是，可以节省再生用酸和部分耐酸设备，因为在贫再生的H离子交换器中，当再生液流经下部排水系统时已不带酸性，故它不排酸性水。但是采用这种系统时，由于H型交换器出水硬度较高，其后往往还要用二级Na离子交换来处理。

另一种贫再生方式的H—Na离子交换，是将强酸性阳离子交换树脂和弱酸性阳离子交换树脂均匀混合后，放在同一个阳离子交换器中进行H—Na离子交换。交换器中的交换剂失效后，可用酸和食盐的混合溶液进行再生。经再生后的树脂，强酸性的主要是Na型，弱酸性的主要是H型，这就可使运行时水中碳酸盐硬度和非碳酸盐硬度均能除去。

这种方法，也可以推广到用磺化煤，即采用酸和食盐的混合液来再生磺化煤。这种方法，也有称为综合型H—Na离子交换的。

第二节　一级复床除盐

除去水中各种溶解盐类的处理工艺称除盐，原水只一次相继通过强酸H离子交换器和强碱OH离子交换器进行除盐称一级复床除盐。

图5－5所示为典型的一级复床，它由一个强酸H离子交换器、一个除碳器和一个强碱OH离子交换器串联而成。

一、原理

进入除盐系统的原水中，常含有Ca^{2+}、Mg^{2+}、Na^+等阳离子和SO_4^{2-}、Cl^-、HCO_3^-等阴离子，以及弱酸H_2CO_3和H_2SiO_3。在复床除盐系统中，强酸H交换器总是放在最前面，当此水通过强酸H型树脂层时，水中各种阳离子均被树脂吸着，树脂上的H^+被置换到水中。其反应可综合表示为

$$R(SO_3H)_2+\left.\begin{matrix}Ca\\Mg\\Na_2\end{matrix}\right\}\left\{\begin{matrix}(HCO_3)_2\\SO_4\\Cl_2\end{matrix}\right.\longrightarrow R(SO_3)_2\left\{\begin{matrix}Ca\\Mg\\Na_2\end{matrix}\right.+H_2\left\{\begin{matrix}(HCO_3)_2\\SO_4\\Cl_2\end{matrix}\right.$$

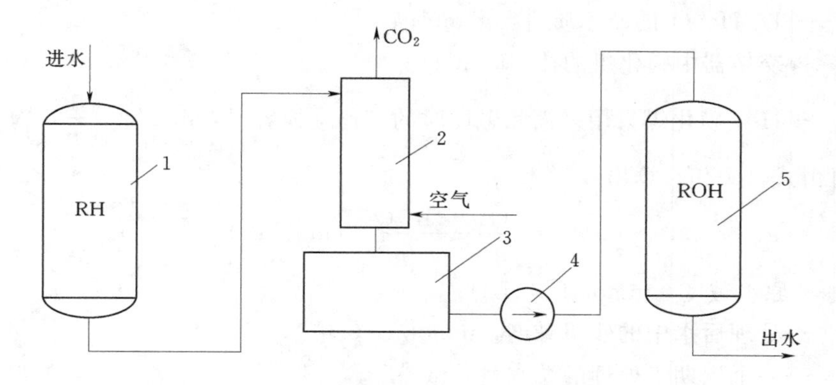

图 5-5　一级复床除盐系统

1—强酸 H 型交换器；2—除碳器；3—中间水箱；

4—中间水泵；5—强碱 OH 型交换器

所以，此 H 型交换器的出水呈酸性，其中含有和进水中阴离子相应的 H_2SO_4 和 HCl 等强酸，以及 H_2CO_3 和 H_2SiO_3 等弱酸。这种含有 CO_2 和其他无机酸的水，先经除碳器除去 CO_2（其残留量可达 5mg/L 以下），之后，通过强碱性 OH 型树脂时，水中各种阴离子均被树脂吸着，树脂上的 OH^- 被置换到水中，与水中的 H^+ 结合成水，反应式可表示为

$$R(\equiv NOH)_2 + H_2SO_4 \longrightarrow R(\equiv N)_2SO_4 + 2H_2O$$

$$R\equiv NOH + HCl \longrightarrow R\equiv NCl + H_2O$$

$$R\equiv NOH + H_2CO_3 \longrightarrow R\equiv NHCO_3 + H_2O$$

$$R\equiv NOH + H_2SiO_3 \longrightarrow R\equiv NHSiO_3 + H_2O$$

从而使水中溶解盐类全部除去制得除盐水。

二、复床除盐系统的组合方式

复床除盐系统的组合方式一般分为单元制和母管制。

1. 单元制

单元制除盐系统一般由两个或两个以上系列组成，每个系列由一台 H 离子交换器、一台除碳器和一台 OH 离子交换器串联构成，又叫串联制。图 5-6（a）为组合方式是单元制的一级复床除盐工艺流程图，图中符号 H 表示强酸 H 交换器，C 表示除碳器，OH

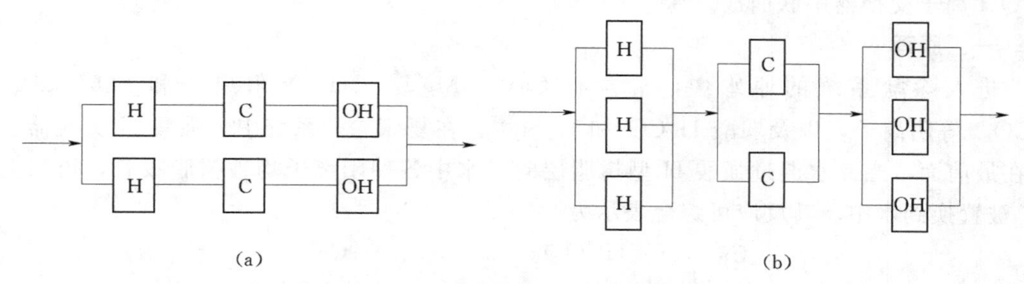

图 5-6　复床系统的组合方式

（a）单元制；（b）母管制

表示强碱 OH 交换器。

该组合方式适用于进水中离子比值稳定、交换器台数不多的情况。单元制系统中，通常 OH 交换器中树脂的装入体积富裕 10%～15%，其目的是让 H 交换器先失效，泄漏的 Na^+ 经过 OH 交换器后，在其出水中生成 NaOH，导致出水电导率发生显著升高，便于运行监督。此时，只需监督复床除盐系统中 OH 交换器出水的电导率和 SiO_2 即可，当电导率或 SiO_2 显示失效时，H 交换器和 OH 交换器同时停止运行，分别进行再生后，再同时投入运行。

此组合方式易自动控制，但系统中 OH 交换器中树脂的交换容量往往未能充分利用，故碱耗较高。

2. 母管制

母管制除盐系统中，多台 H 离子交换器、除碳器、OH 离子交换器各自母管并联，并按先后次序组成系统，母管制通常又称为并联制。图 5-6（b）所示为组合方式是母管制的一级复床除盐工艺流程图。

在此组合方式中，阴、阳离子交换器的运行、再生都是独立进行的，失效者从系统中解列出来并进行再生，与此同时将已再生好的备用交换器投入运行。该组合方式适用于进水水质不稳定，强、弱酸阴离子比值变化较大，交换器台数较多的情况。

此组合方式运行的灵活性较大，树脂交换容量的利用率高，但需对每台交换器的出水水质进行监督，自动控制较单元制麻烦。

三、运行

1. 强酸性 H 型交换器

经 H 离子交换剂后，水中各种阳离子都被交换成 H^+，其中的碳酸盐转变成弱酸 H_2CO_3，中性盐转变成相应的强酸，如 H_2SO_4、HCl 等，水的 pH 值小于 4.2。

在生产实践中，树脂并未完全被再生成 H 型，因此运行时出水中总还残留有少量阳离子。由于树脂对 Na^+ 的选择性最小，所以出水中残留的主要是 Na^+。图 5-7 所示的是强酸 H 交换器从正洗开始到运行失效之后的出水水质变化情况。在稳定工况下，制水阶段（ab）出水水质稳定，运行末期 Na^+ 穿透（b 点）后，随出水 Na^+ 浓度升高，强酸酸度相应降低，电导率先略下降之后又上升。

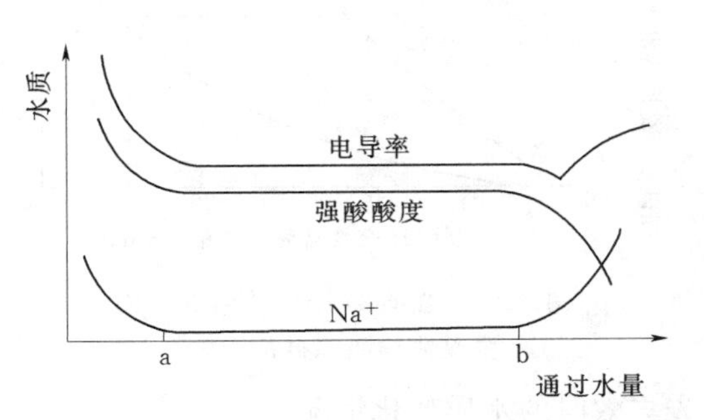

图 5-7　强酸 H 交换器出水水质变化

电导率的这种变化是因为尽管随 Na^+ 的升高，H^+ 等量下降。但由于 Na^+ 的导电能力低于 H^+，所以共同作用的结果是水的电导率下降。当 H^+ 降至与进水中 HCO_3^- 等量时，出水电导率最低。之后，由于交换产生的 H^+ 不足以中和水中的 HCO_3^-，所以随 Na^+ 和 HCO_3^- 的升高，电导率又升高。

因此，为了要除去水中 H^+ 以外的所有阳离子，除盐系统中强酸 H 交换器必须在 Na^+ 穿透时，即停止运行，然后用酸溶液进行再生。

2. 强碱性 OH 型交换器

强碱 OH 型树脂对水中常见阴离子的选择性顺序为

$$SO_4^{2-} > Cl^- > HCO_3^- > HSiO_3^-$$

由此可知，强碱 OH 型树脂对水中强酸阴离子（SO_4^{2-}、Cl^-）的交换强于对弱酸阴离子的交换，对 $HSiO_3^-$ 的交换能力最差。而且由于存在对 Na_2SiO_3 的可逆交换，因此出水中有少量 $HSiO_3^-$，并呈微碱性。

要提高强碱 OH 交换器的出水水质，就必须创造条件提高除硅效果，以减少出水中硅的泄漏，这些条件包括进水水质方面和再生方面的。如果水中硅化合物呈 $NaHSiO_3$ 形式，则用强碱 OH 型树脂是不能将其去除完全的，因为交换反应的生成物是强碱 NaOH，逆反应很强；如果进水中阳离子只有 H^+，交换反应则为中和反应，生成电离度很小的水，故除硅较完全。因此，组织好强酸 H 交换器的运行，减少出水中 Na^+ 泄漏量，即减少强碱 OH 交换器进水 Na^+ 含量，就可提高除硅效果。

图 5-8 表示强酸 H 交换器的漏 Na^+ 量对强碱 OH 交换器除硅效果的影响。由图 5-8 中可以看出，随 H 交换器漏 Na^+ 量的增加，OH 交换器出水中 SiO_2 的含量也增加，而且对Ⅱ型树脂除硅的影响比对Ⅰ型树脂的大。这是因为Ⅰ型树脂比Ⅱ型树脂碱性强，除硅能力也强的原因。

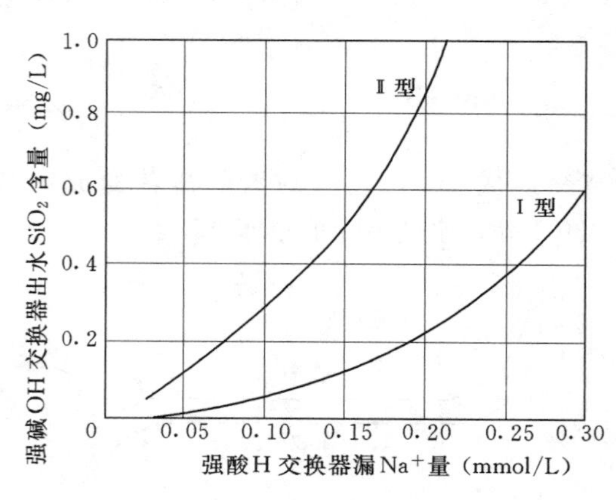

图 5-8　强酸 H 交换器漏 Na^+ 对强碱阴树脂除硅的影响

此外，由于树脂对 HCO_3^- 和 $HSiO_3^-$ 的交换能力相近，失效时它们都集中在出水端的树脂层中，所以进水中 HCO_3^- 的含量会影响 $HSiO_3^-$ 的去除效果。因此，在除盐系统中，一般都将经 H 离子交换后的水先用除碳器脱除其中的 CO_2，再进入强碱 OH 交换器。

一级复床除盐系统中，强碱 OH 交换器运行末期出水水质变化有两种不同的情况，一种是因 H 交换器先失效，另一种是 OH 交换器先失效。这两种情况都可以在强碱 OH 交换器出水水质变化曲线上反映出来，图 5-9（a）表示强酸 H 交换器先失效时的水质变化情况，图 5-9（b）表示强碱 OH 交换器先失效时的水质变化情况。

当 H 交换器先失效时，相当于 OH 交换器进水中 Na^+ 含量增大，于是 OH 交换器的出水中 NaOH 含量上升，其结果是出水的 pH 值、电导率、SiO_2 和 Na^+ 含量均增大。

当 OH 交换器先失效时，表现出的现象通常是出水中 SiO_2 含量增大。因 H_2SiO_3 是很弱的酸，所以在失效的初期，对出水 pH 值的影响不很明显，但紧接着随着 H_2CO_3 或 HCl 漏出，pH 值就会明显下降。至于出水的电导率往往会在失效点处先呈微小的下降，然后急剧上升，这是因为 OH 交换器未失效时，其出水 pH 值通常为 7～8，而当其失效时，交换产生的 OH^- 减少，所以电导率有微小下降。当 OH^- 减少到与进水 H^+ 正好等量时电导率最低，之后，出于出水中 H^+ 的增加而使电导率急剧增大。

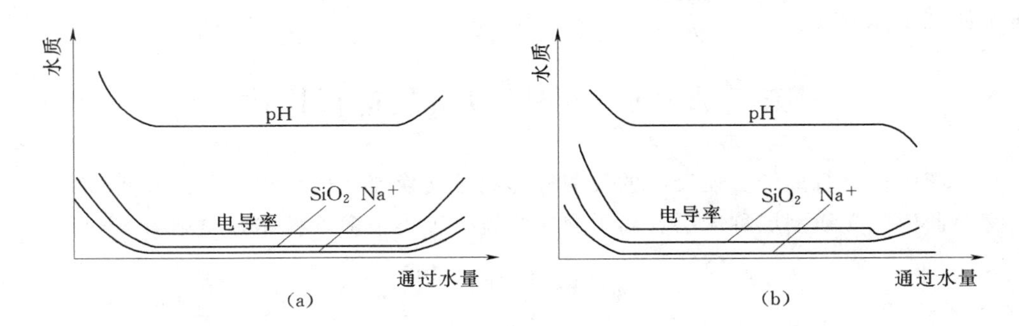

图 5-9　强碱 OH 交换器的出水水质变化

(a) 强酸 H 交换器先失效；(b) 强碱 OH 交换器先失效

四、运行中的水质监督

运行中的水质监督的项目主要有流量、交换器进出口压力差、进水水质和出水水质等。

1. 流量和进出口压力差

交换器应在规定的流量范围内运行，流量大意味着流速高。交换器进出口压力差主要是由水通过树脂层的压力损失所决定的，水流速度越高、水温越低或树脂层越厚，则水通过树脂层的压力损失越大。在正常情况下，进出口压力差是有一定规律的。当进出口压力差有不正常升高时，则往往是树脂层积污过多、有气泡或析出沉淀等不正常情况发生。

2. 进水水质

进水中悬浮物应尽可能在水的预处理中清除干净，进入除盐系统的水，其浊度应小于5mg/L（当 H 交换器为顺流再生时）或小于 2mg/L（当 H 交换器为对流再生时）。此外，为了防止离子交换树脂氧化变质和被污染，进入除盐系统的水还应满足以下一些条件：游离氯含量应在 0.1mg/L 以下，铁含量应在 0.3mg/L 以下，高锰酸钾耗氧量应在 2mg/L 以下。

3. 出水水质

一般情况下强酸 H 交换器的出水中不会有硬度，仅有微量 Na^+。当交换器近失效时，出水中 Na^+ 浓度增加，同时 H^+ 浓度降低，并因此出现出水酸度和电导率下降以及 pH 值上升。但用后三个指标来确定交换器是否失效是很不可靠的，因为当进水水质或混凝剂加入量变化时，这三个指标的值也将相应发生变化。可靠的方法还是测定出水 Na^+ 浓度，对出水 Na^+ 进行监督。出水 Na^+ 浓度主要取决于树脂的再生度，对流再生 H 交换器出水 Na^+ 浓度都很低，一般小于 100μg/L。H 交换器失效 Na^+ 浓度最大不得超过 400μg/L，一般控制在 100～300μg/L。

强碱 OH 交换器一般用测定出水电导率和 SiO_2 含量的方法对其出水水质进行监督。GB12145—1999《火力发电机组及蒸气动力设备水汽质量标准》规定一级复床出水水质为：电导率不大于 5μs/cm、SiO_2 含量不大于 100μg/L。一级复床除盐系统中强碱 OH 交换器出水水质一般电导率为 1～3μs/cm，SiO_2 为 10～30μg/L，pH 值在 7～8 之间。当出水电导率大于 5μs/cm，或 SiO_2 大于 100μg/L 时交换器停止运行。对流再生离子交换器的出水水质优于顺流再生。

第三节　离子交换设备及运行操作

在生产中，进行离子交换反应的设备称为离子交换器，也有将装有交换剂的交换器称床，交换器内的交换剂层称床层。离子交换装置的种类很多，具体分类见图5-10。

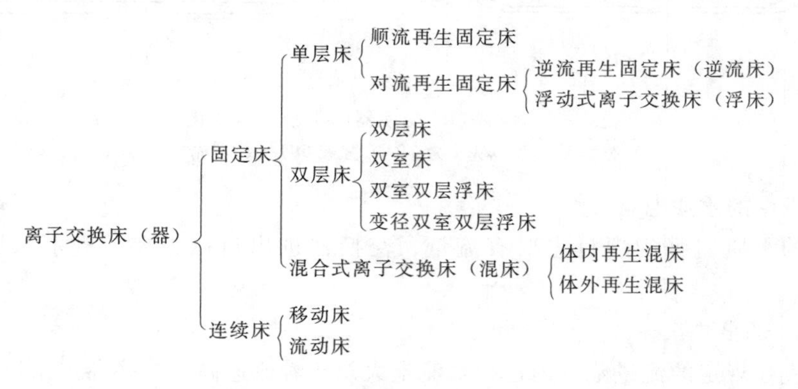

图5-10　离子交换装置分类

固定床是离子交换器中最基本的一种装置，它是指运行中离子交换剂固定在一个交换器内，水的制备和交换剂的再生是在同一装置内不同时间里分别进行的，一般不将交换剂转移到床体外部进行再生，所以称为固定床。

连续床是离子交换树脂在动态下运行的一种装置，并且水的制备和交换剂的再生是在不同装置内同时进行的，连续床是与固定床相对而言的，并且在固定床基础上改进和发展起来的。

在实际生产中，固定床应用得较多，也是本节介绍的主要设备类型。

固定床离子交换器按水和再生液的流动方向分为：顺流再生式、对流再生式（包括逆流再生离子交换器和浮床式离子交换器）和分流再生式。按交换器内树脂的状态又分为：单层床、双层床、双室双层床、双室双层浮动床、满室床以及混合床。按设备的功能又分为：阳离子交换器（包括钠离子交换器和氢离子交换器）、阴离子交换器和混合离子交换器。

本节主要介绍常用离子交换器的结构、工作过程和工艺特点，混合离子交换器在第四节中叙述。

一、顺流再生式离子交换器

顺流再生式就是指运行时水流的方向和再生时再生液流动的方向是一致的，通常都是由上向下流动。因为用这种方法的设备和运行都较简单，所以从前用得比较多。现在，只在进水水质较好时或弱床上应用。

1. 交换器的结构

按用途不同，交换器可分为阳离子交换器（包括Na型和H型等）和阴离子交换器（OH型等）。这些交换器在结构上并没有很大区别，只是在H型和OH型交换器的内表面上衬有良好的防酸、碱腐蚀的保护层。

交换器壳体上装有有机玻璃观察孔，是用来观察交换剂反洗情况的。

交换器的主体是一个密闭的圆柱形壳体，其直径按制水出力大小而有多种规格。器体上设有人孔、树脂装卸孔和用以观察树脂状态的有机玻璃观察孔。体内设有进水装置、排水装置和再生液分配装置。交换器中装有一定高度的树脂，树脂层上面留有一定的反洗空间，如图 5-11 所示。外部管路系统如图 5-12 所示。

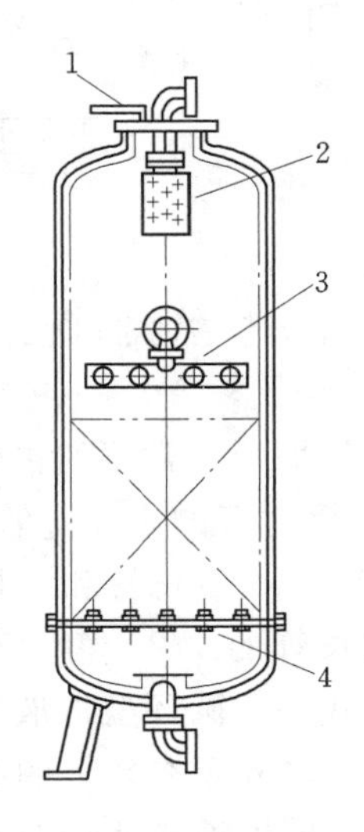

图 5-11　顺流再生式离子交换器的结构
1—放空气管；2—进水装置；
3—进再生液装置；4—出水装置

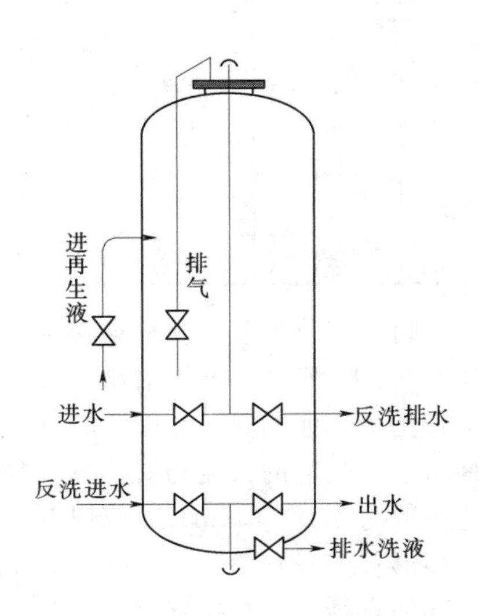

图 5-12　交换器管路系统

（1）进水装置。进水装置设在交换器上部。它的作用是均匀分布进水于交换器的过水断面上，也称布水装置，它的另一个作用是均匀收集反洗排水。在进水装置至树脂层上方之间留有一定的空间，其高度一般相当于树脂层高度的 50%～80%，这是为了在反洗时使树脂层有充分的膨胀空间，并防止细小颗粒被反洗水带走。运行时这一空间充满水，称水垫层。水垫层可以使水流在交换器断面上均匀分布，并防止进水直冲树脂层面造成凸凹不平，因而进水装置的要求不高，常用的进水装置有多孔管式、挡板式、漏斗式、十字穿孔管式、圆筒式等，见图 5-13。

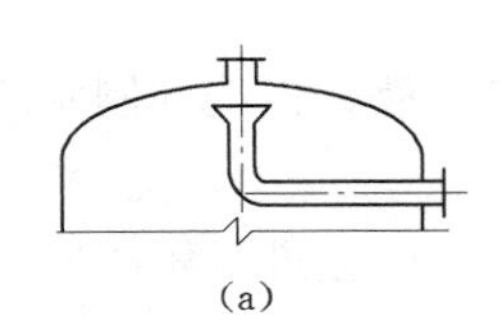

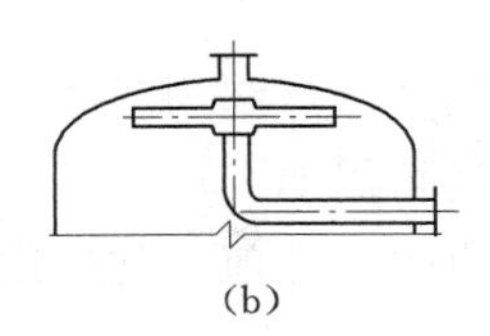

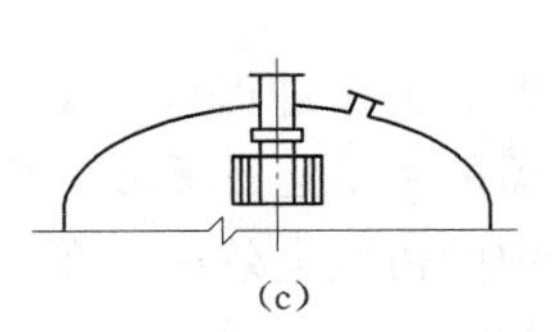

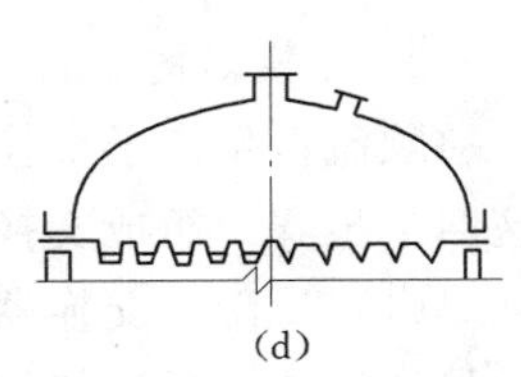

图 5-13　进水装置
(a) 漏斗式；(b) 十字穿孔管式；(c) 圆筒式；(d) 多孔板水帽式

（2）排水装置。排水装置的作用是均匀收集处理好的水，也起均匀分配反洗进水的作用，所以也称配水装置。一般对分配水的均匀性要求较高，离子交换器的排水装置常用两种：一种是穹形多孔板加石英砂垫层；另一种是多孔板上拧排水帽（图 5-14)。前一种排水装置结构简单、制作方便，且布水更均匀，并不易损坏，但和用排水帽相比要增加交换器的高度，故一般适用于大直径的离子交换器。石英砂垫层的级配和厚度见表 5-1。

表 5-1　石英砂垫层的级配和厚度

粒径 (mm)	设备直径 (mm)		
	≤1600	1600～2500	2500～3200
1～2	200	200	200
2～4	100	150	150
4～8	100	100	100
8～16	100	150	200
16～32	250	250	300
总厚度	750	850	950

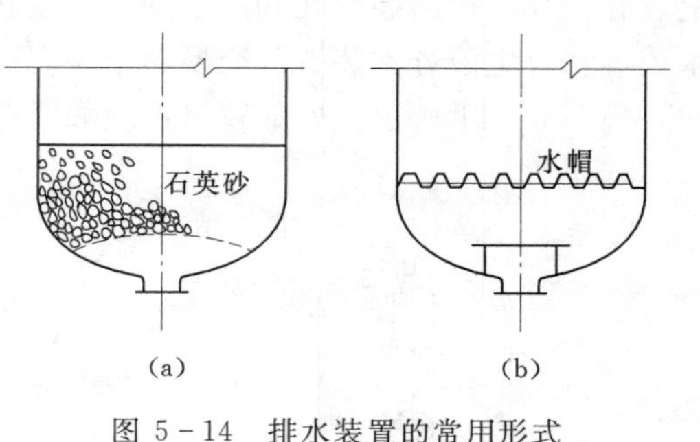

图 5-14　排水装置的常用形式
(a) 穹形孔板石英砂垫层式；(b) 多孔板加水帽式

(3) 再生液分配装置。应能保证再生液均匀地分布在树脂层面上，常用的再生液分配装置如图 5-15 所示。在辐射型进液装置中，再生液是从 8 根辐射管的末端 [管端压扁，焊上圆形挡板，如图 5-15 中 (a) 所示] 流出来的，这 8 根管由 4 根长管和 4 根短管相间排列组成。长管的长度为交换器半径的 3/4，短管的长度为长管的 1/2，再生液在管中的流速一般为 1.0～1.5m/s。辐射型进液装置也可以做成开孔式的。圆环型进液装置结构简单，环形管上开有小孔，其孔径为 10～20mm，再生液是由均匀分布在环上的孔中流出来的，环的直径约为交换器直径的 2/3。在支管型进液装置中，再生液是从分布在支管上的孔中流出来的，再生液分布较均匀，其在小孔的流速为 0.5～1.0m/s。

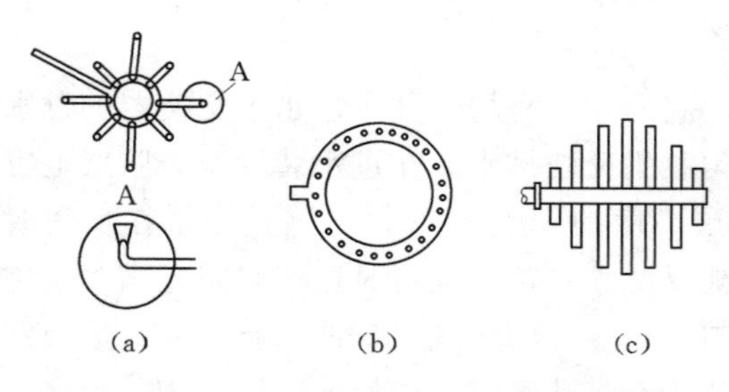

图 5-15　顺流再生离子交换器的再生装置
(a) 辐射型；(b) 圆环型；(c) 支管型

此外，一般交换器壳体上都设置有有机玻璃观察孔，以便观察交换剂的反洗、再生情况；小型交换器的上下封头一般可用法兰连接，以便于检修，大型交换器的上下封头往往与筒体焊成一体，为了便于检修，必须装设人孔。

在交换器的外部还装有各种管道、阀门、取样监视管以及进出口压力表等，有的还装有流量计。

2. 交换器的运行

顺流再生离子交换器的工作过程从交换器失效后算起为反洗、进再生液、正洗和制水这四个步骤，组成交换器的一个运行循环，称运行周期。

(1) 反洗：交换器中的树脂失效后，在进再生液之前，常先用水自下而上进行短时间的强烈反洗。反洗的目的是：

1) 松动树脂层。在交换过程中带有一定压力的水持续地自上而下通过树脂层，因此树脂层被压紧。为了使再生液在树脂层中均匀分布，需在再生前进行反洗，使树脂层充分松动。

2）清除树脂层中的悬浮物、碎粒和气泡。这一步骤对处于最前级的阳离子交换器尤为重要。在交换过程中树脂还起着过滤作用，水中的悬浮物被截留下来，使水通过时的阻力增大。此外，在运行中产生的树脂碎屑，也会影响水流通过。除了清除这些悬浮物和碎屑，反洗还有排除床层中空气的作用。

反洗水的水质应不污染树脂，所以应澄清。对于阳离子交换器可用清水，阴离子交换器则用阳离子交换器的出水，或者采用该交换器上次再生时收集起来的正洗水。

对于不同种类的树脂，反洗强度可由实验求得，一般应控制在既能使污染树脂层表面的杂质和树脂碎屑被带走，又不使完好的树脂颗粒跑掉，而且树脂层又能得到充分松动。经验表明，反洗时使树脂层膨胀50%～60%效果较好。反洗要一直进行到排水不浑为止，一般需10～15min。

对于系统中后级离子交换器，反洗也可以依据具体情况在运行几个周期后，定期进行。这是因为，悬浮物颗粒在交换器中的累积有时并不很快，而且树脂层也并不是一下压得很紧，所以有时没有必要每次再生前都要进行反洗。

(2) 进再生液：进再生液前，先将交换器内的水放至树脂层以上约100～200mm处，然后使一定浓度的再生液以一定流速自上而下流过树脂层。再生是离子交换器运行操作中很重要的一环。树脂再生的好坏，不仅对其工作交换容量和交换器出水水质有直接影响，而且再生剂的用量在很大程度上决定着制水成本。

当全部再生液送完后，树脂层中仍有正在反应的再生液，而树脂层面至计量箱之间的再生液则尚未进入树脂层。为了使这些再生液全部通过树脂层，须用水按再生液流过树脂的流程及流速通过交换器，这一过程称为置换。它实际上是再生过程的继续。置换水一般用配再生液的水，水量约为树脂层体积的1.5～2倍，以排出液离子总浓度下降到再生液浓度的10%～20%以下为宜。

(3) 正洗：置换结束后，为了清除交换器内残留的再生产物，应用运行时的进水自上而下清洗树脂层，流速约10～15m/h。正洗一直进行到出水水质合格为止。正洗水量一般为树脂层体积的3～10倍，因设备和树脂不同而有所差别。

(4) 制水：正洗合格后即可投入制水。离子交换器的运行流速一般控制在20～30m/h。此流速与进水水质、交换剂的性质有关，如进水中要除去的离子浓度越大，则流速应控制得越小。各交换器最优运行条件可通过调整试验进行确定。

在交换器进水和出水管上接有压力表和取样管，如压差太大或出水水质超过指标，则交换器停止运行，转入下一轮的再生步骤。

3. 工艺特点

顺流再生固定床离子交换是最早采用的离子交换工艺，已有数十年的历史，直到现在国内外仍有为数不少的顺流再生离子交换器在运行。这种离子交换水处理工艺具有以下优点：设备简单，造价较低；操作方便，容易掌握；由于每周期都进行反洗，所以适应悬浮物含量较高的水质。但这种设备也有如下一些主要的缺点：由于树脂再生效率低，出水水质较差；而为了保证一定的出水水质，必须使用过量的再生剂，造成运行费用提高；由于流速受限制，设备出力小。

顺流再生离子交换器通常适用于下述情况：①对经济性要求不高的小容量除盐装置；

②原水水质较好的情况，以及 Na^+ 比值较低的水质；③采用弱酸树脂或弱碱树脂时。

二、逆流再生离子交换器

为了克服顺流再生工艺底层交换剂（和出水最后接触的那部分）再生度低的缺点，现在广泛采用对流再生工艺，即运行时水流方向和再生时再生液流动方向相对进行的水处理工艺。习惯上将运行时水向下流动、再生时再生液向上流动的对流水处理工艺称逆流再生工艺，采用逆流再生工艺的装置称逆流再生离子交换器；将运行时水向上流动、再生时再生液向下流动的对流水处理工艺称浮动床水处理工艺。这里先介绍逆流再生离子交换器。

1. 逆流再生效果好的原因

不管顺流再生还是逆流再生，失效后离子在交换剂层中的分布规律都差不多，以 H 型阳离子交换器为例，上层是完全失效层，依次分布着 R_2Ca 型、R_2Mg 型和 RNa 型树脂，下层是含有 RH 型树脂的部分失效的交换剂层（见图 5－16）。顺流再生时，再生液由上部进入，由于新鲜的再生剂首先接触失效程度最高的树脂层，开始具有最大的再生程度，随着再生剂向下流动，再生剂中 H^+ 浓度逐渐减少，Ca^{2+}，Mg^{2+}，Na^+ 浓度逐渐升高，这样，使离子交换平衡向再生方向移动越来越困难。所以，底部树脂的再生程度最低（见图 5－17）。再生后投入运行时，含硬度高的水首先接触再生程度最高的树脂层，开始得到了较好的处理效果，但水越往下流，接触的树脂再生程度越差，反应推动力越来越小，所以出水水质不高。

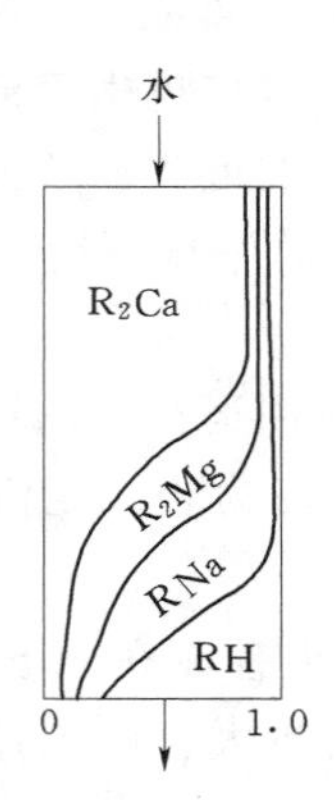

图 5－16　H 交换器失效后树脂层分布情况

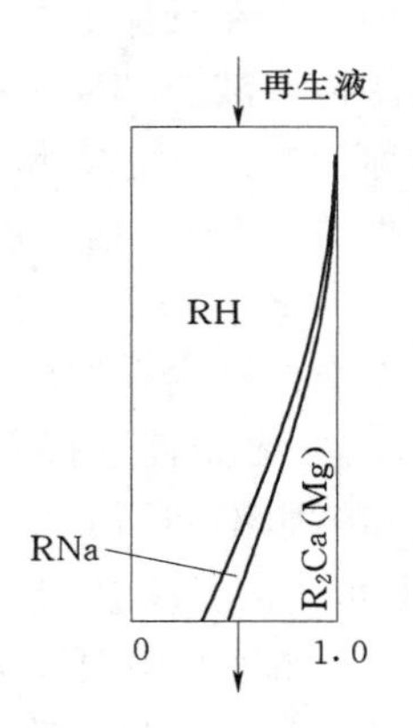

图 5－17　H 交换器顺流再生后树脂层分布情况

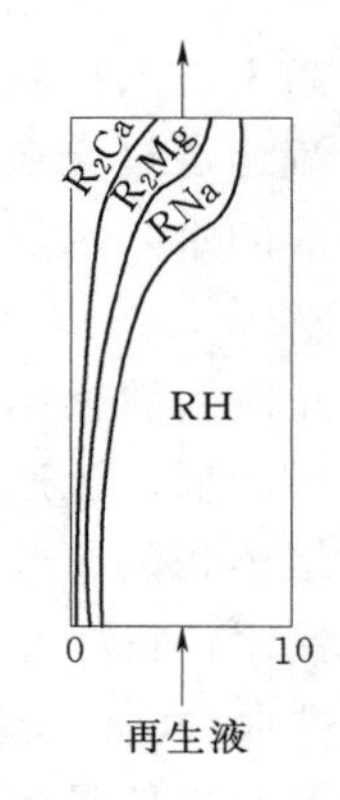

图 5－18　H 交换器逆流再生后树脂层分布情况

而逆流再生时，下层部分失效的交换剂总是和新鲜的再生液接触，故可得到很高的再生度，越往上交换剂的再生度越低，见图 5－18。这种分布情况对交换很有利。上层交换剂虽然再生不彻底，但运行时它首先与进水相接触，此时水中反离子浓度很小，这部分交换剂仍能进行交换，其交换容量可得到充分的发挥。而出水最后接触的是下层再生最彻底的交换剂，因此出水水质很好。

2. 交换器的结构

由于逆流再生工艺中再生液及置换水都是从下而上流动的，如果不采取措施，流速稍大时，就会发生和反洗那样使树脂层扰动的现象，有利于再生的层态会被打乱，这通常称乱层。若再生后期发生乱层，那么会将上层再生差的树脂或多或少地翻到底部，这样就必然失去逆流再生工艺的优点。为此，在采用逆流再生工艺时，必须从设备结构和运行操作采取措施，以防止溶液向上流动时发生树脂乱层。

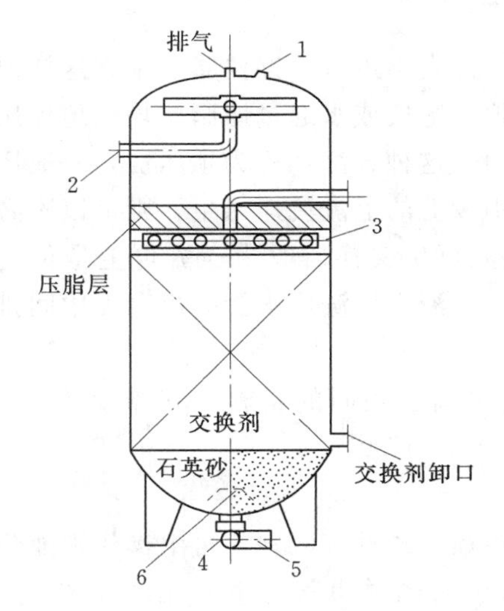

图 5-19　逆流再生式离子交换器的结构

1—进气管；2—进水管；3—中排装置；4—出水管；5—进再生液管；6—穹形多孔板

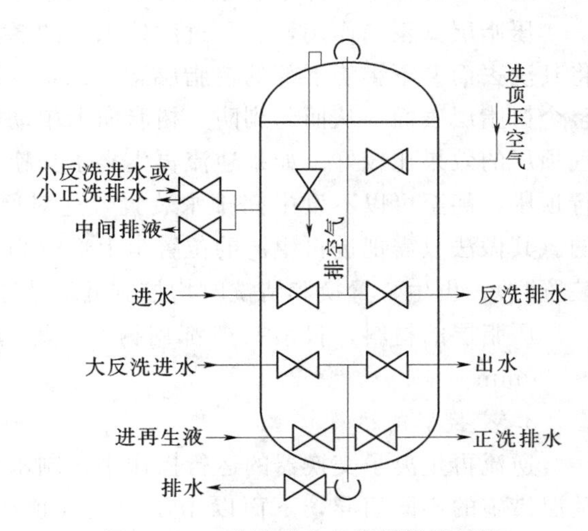

图 5-20　逆流再生交换器管路系统

逆流再生离子交换器的结构和管路系统如图 5-19 和图 5-20 所示。与顺流再生式离子交换器相比，它们的主体、进水装置、底部排水装置等基本相同，其区别主要有：①再生液改为由下部进入交换器，不另设进再生液的装置，利用底部排水装置进再生液；②大直径离子交换器，为了防止再生时乱层，需在顶部设进气管，以便用压缩空气顶压；③设置中间排液装置和压脂层。

(1) 中间排液装置（简称中排）：该装置的作用主要是再生时收集、排出废液和顶压介质（压缩空气或顶压水），也作为小反洗时配水或小正洗的排水装置。所以中排装置的要求是配水要均匀，排水通畅并有足够的强度和固定支架。目前常用的形式是母管支管式，其结构如图 5-21 (a) 所示。支管用法兰与母管连接，支管距离一般为 150～250mm，支管上开孔或开缝隙并加装网套。网套一般内层采用 0.5mm×0.5mm 聚氯乙烯塑料窗纱，外层用 60～70 目的不锈钢丝网、涤纶丝网（有良好的耐酸性能，适用于 HCl 再生的 H 离子交换器）或锦纶丝网（有良好的耐碱性能，适用于 NaOH 再生的 OH 离子交换器）等，也有在支管上设置排水帽的。此外，常用的中间排液装

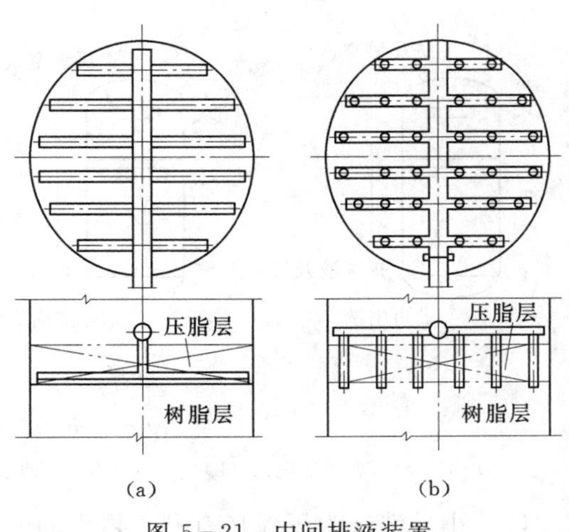

图 5-21　中间排液装置

(a) 母管支管式；(b) 插入管式

冒还有插入管式，如图5-21（b）所示，插入树脂层的支管长度一般与压脂层厚度相同。这种中排装置能承受树脂层上、下移动时较大的推力，不易弯曲、断裂。

（2）压脂层。设置压脂层的目的是为了在溶液向上流时树脂不乱层，但实际上压脂层所产生的压力很小，并不能靠自身起到压脂作用。

压脂层真正的作用，一是过滤掉水中的悬浮物，使它不进入下部树脂层中，这样便于将其洗去而又不影响下部的树脂层态；二是可以使顶压空气或水通过压脂层均匀地作用于整个树脂层表面，从而起到防止树脂向上串动的作用。这种方法，称为顶压法，一般用空气顶压的效果比较好。如果逆流再生离子交换器采用较低的上流流速再生，则可以不必进行顶压，甚至可以不设中间排水装置，这对原有顺流再生交换器改为逆流再生是很适宜的。其做法只需把进再生液的位置由上部改为下部，废液由反洗排水管排出（无中间排水装置时），再生、置换和清洗时均控制低流速。

压脂层的材料，目前一般都用树脂，即与下面树脂层相同的材料。其厚度约为150～200mm。

3. 交换器的运行

逆流再生离子交换器的运行操作中，制水过程和顺流式没有区别。再生操作则随防止乱层措施的不同而异，下面以用压缩空气顶压的方法为例说明其再生操作，如图5-22所示。

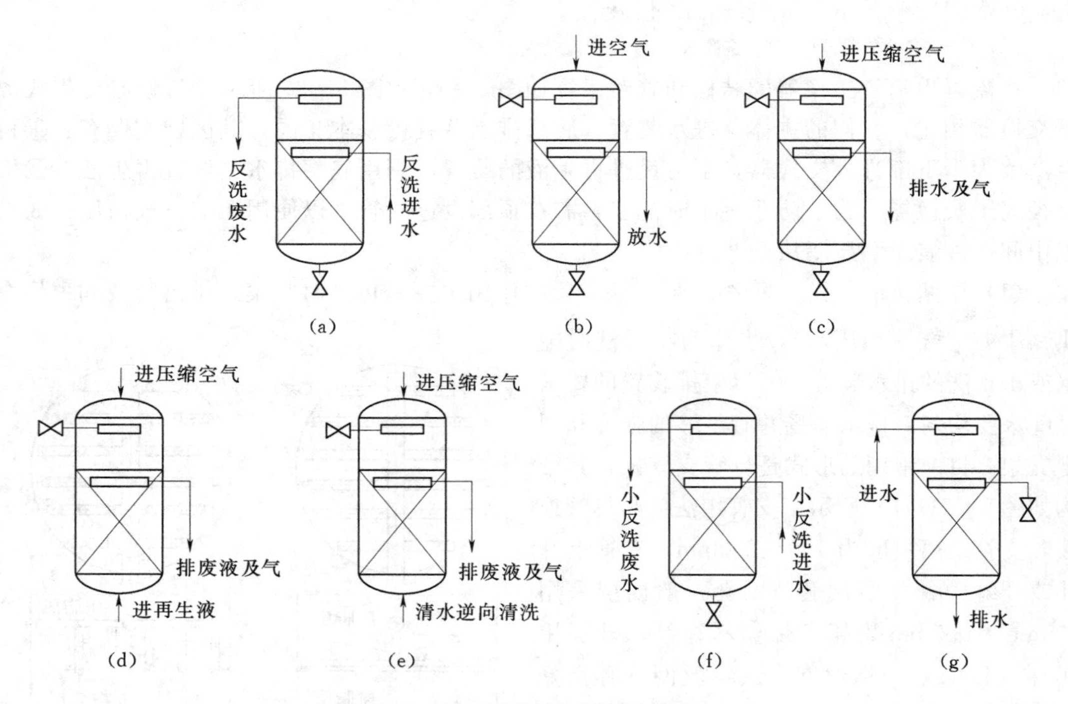

图5-22　气顶压法的再生过程

（a）小反洗（表层反洗）；（b）放水；（c）气顶压；（d）进再生液；（e）置换；（f）小反洗；（g）正洗

（1）小反洗：为了保持有利于再生的失效树脂层不乱，不能像顺流再生那样，每次再生前都对整个树脂层进行反洗，而只对中间排液管上面的压脂层进行反洗，以冲洗掉运行时积聚在压脂层中的污物。小反洗用水为该级交换器的进水，流速按压脂层膨胀50%～60%控制，反洗一直到排水澄清为止。系统中的第一个交换器，一般小反洗时间为15～20min，串联其后的交换器一般为10～15min。

(2) 放水：小反洗后，待树脂沉降下来以后，打开中排放水门，放掉中间排液装置以上的水，使压脂层处于无水状态。

(3) 气顶压：从交换器顶部送入压缩空气，使气压维持在0.03～0.05MPa，进气量控制在0.2～0.3m^3/(m^2·min)，用来顶压的空气应经除油净化。气顶压稳定性较好，但需设净化压缩风系统。

水顶压法就是用压力水代替压缩空气，使树脂层处于压实状态。再生时将压力0.05MPa的水以再生流量的0.4～1倍引入交换器顶部，通过压脂层后，与再生废液一起由中间排液管排出。水顶压法的操作与气顶压法基本相同，但无需进行放水这一步骤。

(4) 进再生液：在顶压的情况下，将再生液送入交换器内，控制再生液浓度和再生流速，进行再生。

(5) 置换（或称逆流清洗）：当再生液进完后，关闭再生液计量器出口门，按再生液的流速和流程继续用稀释再生剂的水进行清洗。清洗时间一般为30～40min，清洗水量约为树脂体积的1.5～2倍。

逆流清洗结束后，应先关闭下部阀门停止进水，然后再停止顶压，防止乱层。在逆流清洗过程中，应使气压稳定。

(6) 小反洗：停止逆流冲洗和顶压，放尽交换器内剩余空气，然后如(1)的操作程序进行二次小反洗，直至剩余再生液除尽为止。这一步操作也可以用小正洗的方法进行，有人认为小正洗比小反洗效果更好，因为反洗时易使交换剂颗粒浮起，不易将残留的再生液洗净。小正洗用水为运行时进水，水从上部进入，从中间排液管排出。用小反洗通常需进行20～30min，小正洗约需10～15min。

(7) 正洗：最后按一般运行方式用进水自上而下进行正洗，至出水水质合格，即可投入运行。

交换器经过很多周期运行后，下部树脂层也会受到一定程度的污染，因此必须定期地对整个树脂层进行大反洗。由于大反洗扰乱了树脂层，所以大反洗后再生时，再生剂用量应比平时增加50%～100%。大反洗的周期应视进水的浊度而定，一般10～20个周期进行一次。大反洗用水为运行时的进水。

大反洗前应一般要进行小反洗，松动压脂层和去除其中的悬浮物。进行大反洗的流量应由小到大，逐步增加，以防中间排液装置损坏。

4. 无顶压逆流再生

采用压缩空气或水顶压，不仅需要增加顶压设备或管道，而且操作也比较麻烦。在实际运行中，也有不少电厂采用无顶压逆流再生工艺。对于阳离子交换器来说，通常只要将中排装置的小孔（或缝隙）的流速控制在0.1～0.15m/s，压脂层厚度保持在100～200mm，就可使再生液的流速为7m/h时不需要顶压，树脂层也能够稳定，并能达到顶压时的逆流再生效果。若增加压脂层的高度，还可以适当提高再生液流速。对于阴离子交换器来说，因阴树脂的湿真密度比阳树脂小，故应适当降低再生液的上升流速，一般以4m/h左右为宜。无顶压逆流再生的操作步骤与顶压逆流再生操作基本相同，只是不进行顶压。

逆流再生工艺的优越性是很明显的，目前广泛应用于强型（强酸性和强碱性）离子交换。

与顺流再生相比，逆流再生工艺具有以下优点：

(1) 对水质适应性强。当进水含盐量较高或 Na^+ 比值较大而顺流工艺达不到水质要求时，可采用逆流再生工艺。

(2) 出水水质好。由逆流再生离子交换器组成的除盐系统，强酸 H 交换器出水 Na^+ 含量低于 100μg/L，一般在 20～30μg/L；强碱 OH 交换器出水 SiO_2 低于 100μg/L，一般在 10～20μg/L，电导率通常低于 2μs/cm。

(3) 再生剂比耗低。一般为 1.3～1.8 左右。视水质条件的不同，再生剂用量比顺流再生节约 50%～100%，因而排废酸、废碱量也少。

(4) 自用水率低。一般比顺流的低 30%～40%。

三、分流再生离子交换器

1. 交换器的结构

分流再生离子交换器的结构和逆流再生离子交换器基本相似，只是将中间排液装置设置在树脂层表面下约 400～600mm 处，不设压脂层，无顶压装置，其结构如图 5－23 所示。

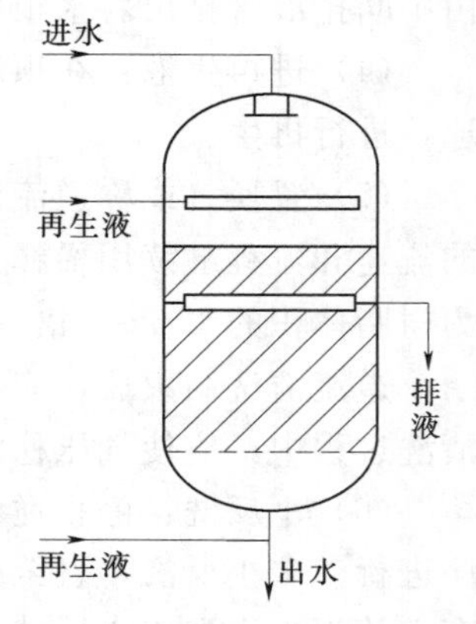

图 5－23　分流再生交换器结构示意图

2. 工作过程

交换器失效后，先进行上部反洗，水从中间排液装置进入，由交换器顶部排出，使中排管以上的树脂得以反洗。然后进行再生，再生液分两股，小部分自上部、大部分自下部同时进入交换器，废液均从中间排液装置排出。置换的流程与进再生液相同。运行时水自上而下流过整个树脂层。在这种交换器中，下部树脂层为对流再生，上部树脂层为顺流再生。

3. 工艺特点

(1) 分流再生流过上部的再生液可以起到顶压作用，所以无需另外用水或空气顶压；中排管以上的树脂起到压脂层的作用，并且也获得了再生，所以交换器中树脂的交换容量利用率较高。

(2) 分流再生离子交换器尽管每周期对中排管以上的树脂进行反洗，但中排管以下树脂层仍保持着逆流再生的有利层态，再生效果较好，且最下端树脂的再生程度最高，所以运行时出水水质较好。

(3) 当用硫酸进行再生时，这种再生方式可以有效地防止 $CaSO_4$ 沉淀在树脂层中。因为分流再生时，可以用两种不同浓度的再生液同时对上、下树脂层进行再生。由于上部树脂层中主要是 Ca 型树脂，可用较低浓度的 H_2SO_4 溶液以较高的流速进行再生，且水流经树脂层的距离短，所以可防止 $CaSO_4$ 沉淀的析出；而下部树脂层中主要是 Mg 型和 Na 型树脂，故可以用较高浓度的 H_2SO_4 溶液和较低的流速进行再生，保证再生效果。

四、浮床式离子交换器

1. 工作原理

浮动式离子交换器，简称浮动床，或浮床。它的运行方式比较独特，运行时水由底部进入浮床，利用水流的动能，使树脂层像一个活塞一样整体上移（俗称“成床”），此时树脂层仍保持着密实状态，如果水流速度控制得当，则可以做到成床时和成床后不乱层，离子交换反应即在此水向上流的过程中完成。当床层失效时，利用停止进水（或排水）的方法使床内树脂下落（俗称“落床”），于是便可以进行浮床的再生工作。

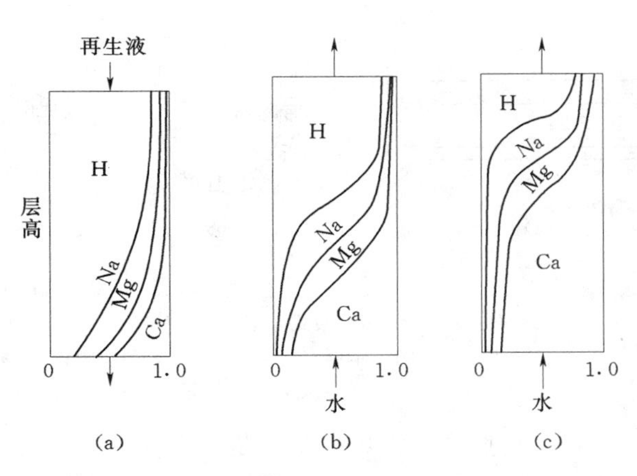

图 5-24　浮动床交换剂层中离子变动过程

(a) 再生后；(b) 运行中；(c) 失效时

由于浮床和逆流床在运行和再生时液流方向相反，所以浮床树脂层中的离子变动过程也恰好与逆流床相反。图 5-24 表示了 H 型浮床交换树脂层中的形态变动过程。失效时，下层是近于完全失效时交换剂层。上层是部分失效的交换剂层；而再生时，上层交换剂层始终接触新鲜的再生液，因此可以获得很高的再生度。

2. 浮床的设备构造

浮床的本体结构和管路系统如图 5-25 和图 5-26 所示。

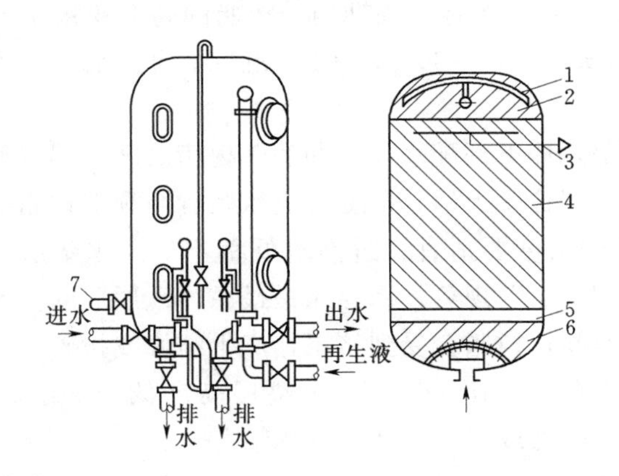

图 5-25　浮动床本体结构

1—上部分配置；2—惰性树脂；3—体内取样器；4—树脂；5—水垫层；6—下部分配置；7—树脂装卸管

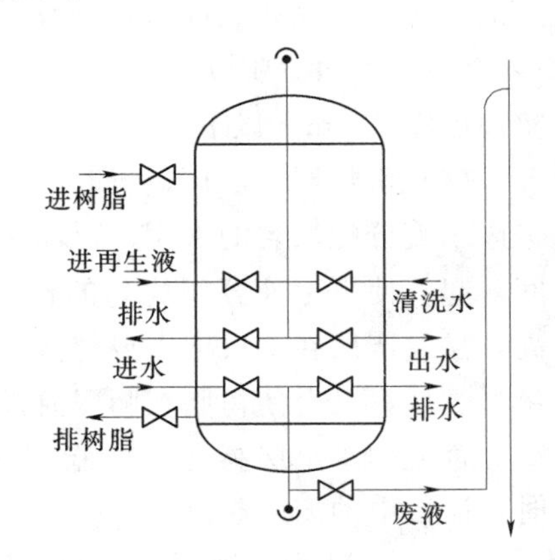

图 5-26　浮动床管路系统

(1) 上部配水装置。上部配水装置有收集处理好的水、分配再生液和清洗水的作用。

目前使用比较广泛的配水装置有多孔板式、多孔管式和弧型母管支管式等，一般浮床直径在 1.5m 以下的，多用多孔板式和多孔管式；直径在 1.5m 以上的多用弧型母管支管式，见图 5-27。

(2) 下部分配装置。下部分配装置起分配进水和收集废再生液的作用，有石英砂垫层式、多孔板式（板上开孔或拧水帽）和环形管式等，中型和大型床（>2.5m）多用石英砂垫层式。

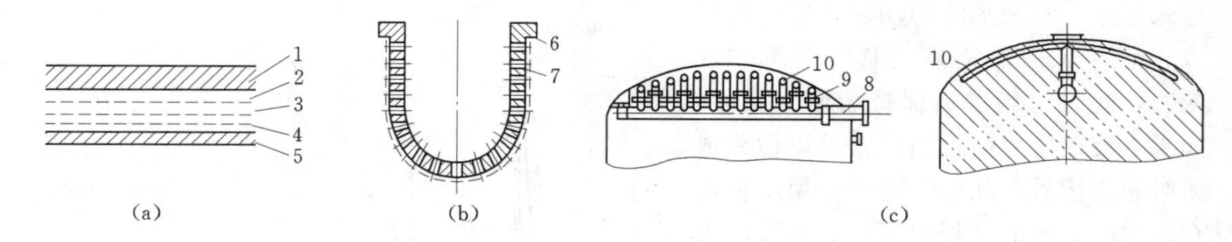

图 5-27　配水装置

(a) 多孔板式分配装置；(b) 多孔管式分配装置；(c) 弧形管式分配装置

1—钢制多孔板；2、4—塑料窗纱；3—滤布；5—金属或塑料多孔板；

6—多孔管；7—滤网；8—母管；9—支撑管；10—弧形支管

(3) 树脂层。浮床树脂的装填高度不但与入口水质、树脂的工作交换容量、预计的运行周期长短等因素有关，还与浮床的水垫层高度有关。一般可采用湿法将失效的树脂装至距上封头 200～300mm 处较为适宜。这是因为，树脂在转型时体积会发生变化：树脂用再生剂再生后，体积会膨胀；在运行时，随着交换进行的进程，体积又会缩小。例如，001×7 型强酸树脂由 Na 型转变为 H 型时，体积约膨胀 7%；而 201×7 型强碱树脂由 Cl 型转为 OH 型时，其体积约膨胀 15%。所以树脂的装填高度要考虑树脂在再生后失效时的体积变化。

一般讲，当树脂的装填高度为 3m 以上时，在一个运行周期内，树脂的高度变化在 50～200mm 之间。所以用湿法将树脂装至上封头下 200～300mm 时，相当于再生后，其水垫高度在 200mm 以下。

(4) 水垫层。浮床运行时，水垫层在下部，即下部配水装置和底部树脂之间，起着使进床水流分配均匀的作用；浮床再生时，水垫层位于上部，即上部进水装置与顶部树脂之间，起着使再生液分配均匀的作用。水垫层的高度要适宜，过高过低都不好。水垫层过高，易使床层在“成床”或“落床”时发生“乱层”现象，而浮床是最忌“乱层”的；水垫层过低，又会使树脂在膨胀时没有足够的空间，树脂会受到挤压，产生结块或挤碎。

合适的水垫层高度与树脂的装填高度有关。一般认为，当水垫层高度低于 200mm 时，运行中的床层起落不会发生浮床出水水质降低或再生比耗上升的情况。

(5) 倒 U 形排液管。浮动床再生时，如废液直接由底部排出容易造成交换器内负压而进入空气。由于交换器内树脂层以上空间很小，空气进入上部树脂层会在那里积聚，使这里的树脂不能与再生液充分接触。为解决这一问题，常在再生排液管上加装如图 5-24 所示的倒 U 形管，并在倒 U 形管顶开孔通大气，以破坏可能造成的虹吸，倒 U 形管顶应高出交换器上封头。

3. 运行

浮动床的运行过程为：制水→落床→进再生液→置换→下向流清洗→成床、上向流清洗再转入制水。上述过程构成一个运行周期。

(1) 落床。当运行至出水水质达到失效标准时，停止制水，转入落床。落床有两种方式：一为重力落床，即停运后，关闭入、出口门，树脂靠自身重力落床。此种方法适用于水垫层较低的情况。二压力落床（或称排水落床），即浮床失效后，关闭入口门，开下部排水门，树脂层靠出口水的压力迫使床层整齐下落。此种方法适用于水垫层较高的情况。

(2) 再生。落床后，从上部进再生液，底部经倒U形管排液。调整再生液的浓度和流速进行再生。因为再生液的流动方向是自上而下，树脂处于自然压实状态，不需采用特殊操作即可使床层保持稳定。

(3) 置换。待再生液进完后，关闭计量箱出口门，继续按再生时流速和流向进行置换，置换水量约为树脂体积的1.5～2倍。

(4) 下向流清洗。置换结束后，开清洗水门，调整流速至10～15m/h进行下向流清洗，一般需15～30min。

(5) 成床、上向流清洗。用进水以20～30m/h的较高流速将树脂层托起，并进行上向流清洗，直至出水水质达到标准时，即可转入制水。

4. 树脂的体外清洗

浮床在运行一段时间后，树脂层内部截留了大量的悬浮物和碎树脂。为此，树脂需要定期进行反洗。由于浮动床内充满了树脂，没有反洗空间，故无法进行体内反洗。必须将部分或全部树脂移至专用的体外反洗罐内进行清洗。经清洗后的树脂送回交换器后再进行下一个周期的运行。清洗周期取决于进水中悬浮物含量的多少和设备在工艺流程中的位置，一般是10～30个周期清洗一次。清洗方法有下述两种。

(1) 气—水清洗法。是将树脂全部送到体外清洗罐中，先用经净化的压缩空气擦洗5～10min，然后再用水以7～10m/h流速反洗至排水透明为止。该法清洗效果好，但清洗罐容积要比交换器大一倍左右。

(2) 水力清洗法。是将约一半的树脂输送到体外清洗罐中，然后在清洗罐和交换器串联的情况下进行水反洗，反洗时间通常为40～60min。

清洗后的再生，也应像逆流再生离子交换器那样增加50%～100%的再生剂用量。

5. 工艺特点

由于运行方式的特殊性，浮动床主要有以下特点。

(1) 优点：

1) 运行流速高。浮动床允许在7～60m/h流速下运行，一般均在20m/h以上。浮动床成床时，其流速应突然增大，不宜缓慢上升，以便成床状态良好。在制水过程中，应保持足够的水流速度，不得过低，以避免出现树脂层下落的现象。为了防止低流速时树脂层下落，可在交换器出口设回流管，当系统出力较低时，可将部分出水回流到该级之前的水箱中。此外，浮动床制水周期中不宜停床，尤其是后半周期，否则会导致交换器提前失效。

2) 出水水质好，再生剂比耗低。浮动床制水时和再生时的液流方向相反，与逆流再生离子交换器一样，可以获得较好的再生效果。再生后树脂层中的离子分布，对保证运行时出水水质是非常有利的。再生剂比耗一般为1.1～1.4，再生剂利用率高，排废问题少。

3) 本体设备结构简单。浮动床与逆流再生离子交换器相比，无需设中间排液装置，设备结构简单，不易损坏。

4) 水流流过树脂层时压头损失小。这是因为它的水流方向和重力方向相反，在相同流速条件下，与水流从上至下的流向相比，树脂层的压实程度较小，因而水流阻力也小，这也是浮动床可以高流速运行和树脂层可以较高的原因。

（2）缺点：

1）进水浊度要求严格。因为浮动床树脂不能进行体内反洗，要求进水浊度一般应小于 2mg/L。

2）需要增设专门的体外反洗装置，增加了设备和操作的复杂性。

3）运行终点控制严格。因浮动床运行流速高和工作层薄，快达到运行终点时，离子漏过量增加快，如不及时停床，将使出水水质恶化。

五、树脂的再生

树脂的再生是离子交换水处理中极为重要的环节。树脂再生的情况对其工作交换容量和交换器的出水质量有直接影响，而且再生剂的消耗还在很大程度上决定着离子交换系统运行的经济性。影响再生效果的因素很多，下面就影响再生效果的几个因素进行讨论。

1. 再生方式

顺流式再生的优点是，装置简单、操作方便；缺点是再生效果不理想。因为再生液在流动过程中，首先接触到的是上部完全失效的交换剂，所以这一部分可得到较好的再生。再生液继续往下流，当与交换器底部交换剂接触时，再生液中已积累了相当数量的反离子，即被置换出来的离子，将严重地影响离子交换剂的再生，也就是说这一部分交换剂得到的再生程度较低。而这部分交换剂再生得不好，又直接影响到出水水质。如果要提高这一部分交换剂的再生程度，就要增加再生剂的用量，那么再生的经济性就要下降。

对流再生制水时水流方向和再生时再生液流动方向相反，因而可使出水端树脂层再生度最高，交换器出水水质好，它可扩大进水硬度或含盐量的适用范围，并可以节省再生剂。

除了逆流再生固定床、浮动床以外，双层床、双室双层浮动床也都属于对流再生的床型，都具有对流再生的技术经济效果。

2. 再生剂的种类与纯度

再生剂种类直接影响再生效果与再生成本。以强酸阳离子交换树脂为例：盐酸的再生效果优于硫酸，但盐酸的单价高于硫酸。如能很好地掌握硫酸再生时的操作条件（浓度、流速），也可以取得满意的再生效果及较低的再生成本。盐酸与硫酸作为再生剂的比较如表 5-2 所示。

表 5-2　盐酸与硫酸作再生剂比较

盐　　酸	硫　　酸
1. 价格高	1. 价格便宜
2. 再生效果好	2. 再生效果差，有生成 $CaSO_4$ 沉淀的可能，用于对流再生较为困难
3. 腐蚀性强	3. 较易采取防腐措施
4. 具有挥发性，运输和储存比较困难	4. 不能清除树脂的铁污染，需定期用盐酸清洗树脂

再生剂的纯度对离子交换树脂的再生效果及再生后出水水质有较大的影响。再生剂的纯度高、杂质含量少，则树脂的再生度高，再生后树脂层出水水质好。在对流再生方式中，再生剂纯度对再生效果的影响更为显著，再生剂纯度对阴树脂的影响大于对阳树脂的影响。

在钠离子交换水处理中，如工业食盐中硬度盐类含量太高，使用前可用Na_2CO_3软化。

3. 再生剂用量

再生剂的用量影响再生效果，它与树脂交换容量恢复的程度和经济性有直接关系。实际上只用理论的再生剂量去再生树脂时，是不能使树脂的交换容量完全恢复的。因此在生产上再生剂的用量总要超过理论值。

提高再生剂用量，可以提高树脂的再生程度，但当再生剂比耗增加到一定程度后，再继续增加，再生程度则提高很少，所以用过高的比耗来再生是不经济的。实际应用时，应根据水质的要求及水处理系统等的具体情况，通过调整试验确定最优比耗。图 5-28 所示为顺流再生 Na 型交换器时，食盐比耗与再生程度的关系。

再生剂用量与离子交换树脂的性质和再生方式有关，一般强型树脂所需的再生剂用量高于弱型树脂，顺流再生所需的再生剂用量大于逆流再生所需的再生剂用量。对于 H 离子交换剂来说，如为弱酸性的，则再生剂用量稍大于理论量；如为强酸性的，那么顺流再生时再生剂用量一般为理论量的 2～3 倍，逆流再生时一般为理论量的 1.3～1.5 倍。

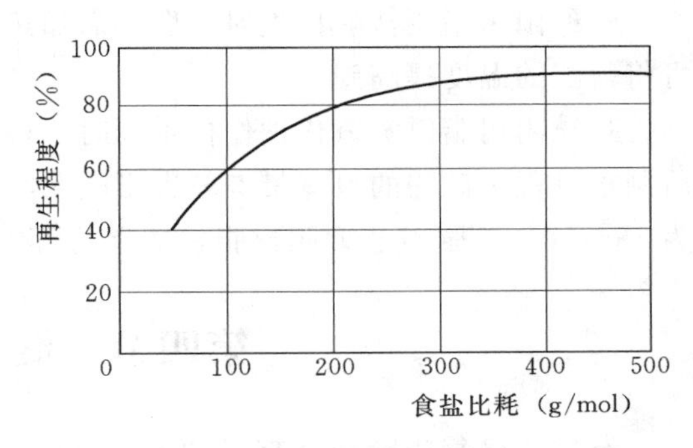

图 5-28　食盐比耗与再生程度的关系

4. 再生液的浓度

再生液的浓度对再生程度也有较大影响。当再生剂用量一定时，在一定范围内，再生液浓度越大，再生程度越高；再生液浓度过高也是不合适的，因为浓度过高再生液的体积小，不能均匀地和交换剂反应，而且常常会因交换基团受到严重压缩再生效果下降。

为了合理地控制再生液浓度，生产上可用先稀后浓的再生液进行再生，如用食盐再生时，可先将每次再生用食盐总量的 30%配成浓度为 4%～5%的溶液送入交换器，以驱走大部分交换下来的Ca^{2+}和Mg^{2+}；而后再将其余 70%的食盐配成较浓（6%～7%）的溶液进行再生。实践证明，这样处理的效果较好。

再生强酸性阳离子交换剂时，若用盐酸作再生剂，则可采用较高的浓度（5%～10%）来再生。如用硫酸再生，则由于再生产物$CaSO_4$在水中的溶解度较小，有沉淀在交换剂层中的危险，所以不能直接用浓度大的硫酸再生。此时，可用低浓度（0.5%～2.0%）的H_2SO_4溶液再生，或采用分步再生的方法，先用低浓度、高流速硫酸再生液进行再生，然后逐步增加浓度、降低流速，可取得比较满意的再生效果。表 5-3 推荐的是用硫酸再生强酸阳树脂的三步再生法，也可设计成硫酸浓度是连续缓慢增大的再生方式。

表 5-3　　硫酸三步再生法

再生步骤	酸量（占总量的）	浓度（%）	流速（m/h）
1	1/3	1.0	8～10
2	1/3	2.0～4.0	5～7
3	1/3	4.0～6.0	4～6

5. 再生液流速

再生液的流速是指再生溶液通过交换剂层的速度。维持适当的流速，实质上就是使再生液与交换剂之间有适当的接触时间，以保证再生反应的进行。阳离子交换树脂再生液流速可高于阴离子交换树脂。逆流再生的再生液流速应以不导致树脂层扰乱为前提。一般再生液流速为 4～8m/h。

6. 再生液温度

再生时适当提高再生液温度，能提高树脂的再生程度，因为再生液温度提高，能同时加快内扩散和膜扩散。但再生液温度不能高于树脂允许的最高使用温度，否则将影响树脂的使用寿命。

强酸阳树脂用盐酸再生时一般不需加热，当需要清除树脂中的铁离子及其氧化物时，可将盐酸的温度提高到 40℃。

强碱阴树脂以氢氧化钠作再生剂时，再生液的温度对吸着硅酸的树脂再生效率及再生后制水过程中硅酸的泄漏量有较大影响。实践表明，强碱Ⅰ型阴树脂，适宜的再生液温度为 35～50℃；强碱Ⅱ型阴树脂，适宜的再生液温度为 (35±3)℃。

第四节　混合床除盐

经过一级复床除盐处理过的水，虽然水质已经很好，但仍达不到非常纯的程度，主要原因是位于系统首位的 H 离子交换器的出水中残留少量的 Na^+，而 Na^+ 又会影响其后 OH 离子交换器的出水水质。当对水质要求更高时，尽管可采取二级复床甚至三级复床除盐，但增加了设备的台数和系统的复杂性，为了解决这个问题，可采用混合床除盐。

所谓混合床就是将阴、阳树脂按一定比例均匀混合装在同一个交换器中，水通过混合床就能完成许多级阴、阳离子交换过程。

对水质要求很高时，混合床中所用树脂都必须是强型的，弱酸弱碱树脂的混合床出水水质很差，一般不采用。

混合床按再生方式分体内再生和体外再生两种。体外再生混合床主要用于凝结水处理。

一、除盐原理

混合床离子交换除盐，就是把阴、阳离子交换树脂放在同一个交换器中，在运行前，先把它们分别再生成 OH 型和 H 型，然后混合均匀。所以，混合床可以看作是由许许多多阴、阳树脂交错排列而组成的多级式复床。

在混合床中，由于运行时阴、阳树脂是相互混匀的，所以其阴、阳离子的交换反应几乎是同时进行的。或者说，水中阳离子交换和阴离子交换是多次交错进行的，因此经 H 离子交换所产生的 H^+ 和经 OH 离子交换所产生的 OH^- 都不会累积起来，而是马上互相中和生成 H_2O，这就使交换反应进行得十分彻底，出水水质很好。其交换反应可用下式表示。为了以示区别，式中将阴树脂的骨架用 R' 表示。

$$2RH + 2R'OH + \left.\begin{matrix} Ca \\ Mg \\ Na_2 \end{matrix}\right\} \left\{\begin{matrix} SO_4 \\ Cl_2 \\ (HCO_3)_2 \\ (HSiO_3)_2 \end{matrix}\right. \longrightarrow R_2\left\{\begin{matrix} Ca \\ Mg \\ Na_2 \end{matrix}\right. + R'_2\left\{\begin{matrix} SO_4 \\ Cl_2 \\ (HCO_3)_2 \\ (HSiO_3)_2 \end{matrix}\right. + 2H_2O$$

混合床中树脂失效后，应先将两种树脂分离，然后分别进行再生和清洗。再生清洗后，再将两种树脂混合均匀，又投入运行。

在高参数、大容量机组的火力发电厂中，由于锅炉补给水的用量较大以及原水含盐量较高，如单独使用混床，再生将过于频繁，所以混合床都是串联在复床除盐或反渗透等除盐系统之后使用的。只有在处理凝结水时，由于被处理水的离子浓度低，才单独使用混合床。此外，在一些用水量小的行业，如半导体、集成电路、医药等部门常常单独使用混合床制取超纯水。

二、设备结构

混合床离子交换器是个圆柱形压力容器，有内部装置和外部管路系统。

交换器内主要装置有：上部进水装置、下部配水装量、进碱装置、进酸装置及压缩空气装置，在体内再生混合床中部阴、阳树脂分界处设有中间排液装置。混合床结构如图5－29所示。管路系统如图5－30所示。

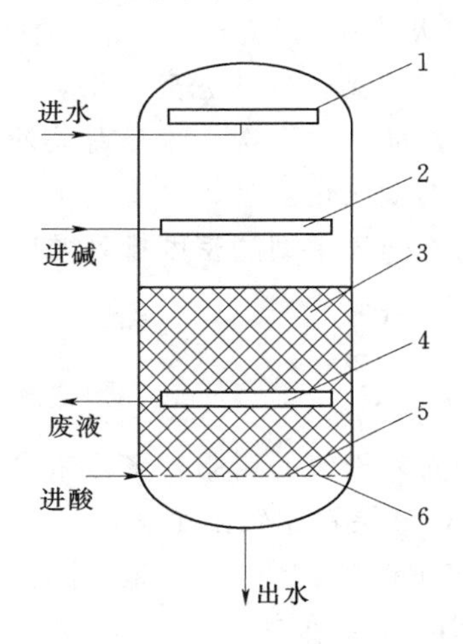

图5－29　混合床结构示意图

1—进水装置；2—进碱装置；3—树脂层；4—中间排液装置；5—下部配水装置；6—进酸装置

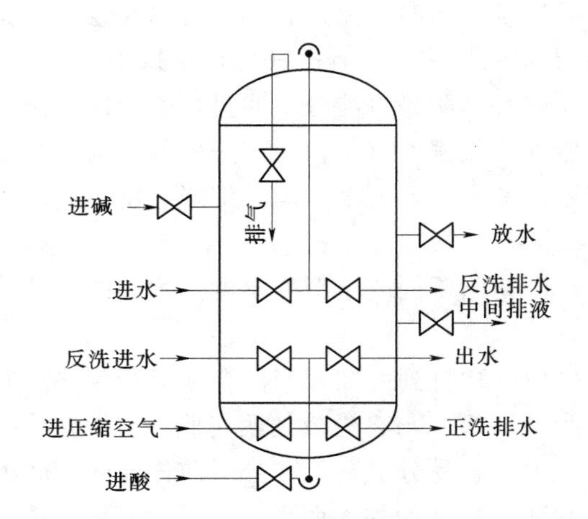

图5－30　混合床管路系统

三、混合床中的树脂

为了便于混合床中阴、阳树脂分离，两种树脂的湿真密度差应大于15%，为了适应高流速运行的需要，混合床使用的应该是机械强度高、颗粒大小均匀的树脂。

确定混合床中阴、阳树脂比例的原则是使两种树脂同时失效，以获得树脂交换容量的最大利用率。阴阳树脂的体积比，可由式（5－6）计算求得

$$\frac{V_{阴}}{V_{阳}} = \frac{E_{G阳}C_{阴}}{E_{G阴}C_{阳}} \tag{5-6}$$

式中　$V_{阴}$、$V_{阳}$——阴树脂和阳树脂的体积，m^3；

$E_{G阴}$、$E_{G阳}$——阴树脂和阳树脂的工作交换容量，mol/m^3；

$C_{阴}$、$C_{阳}$——需除去的阴离子浓度和阳离子浓度，mmol/L。

一般来说，混合床中阳树脂的工作交换容量为阴树脂的2～3倍。因此，如果单独采用混合床除盐，则阴、阳树脂的体积比应为（2～3）：1；若用于一级复床之后，因其进水pH值在7～8之间，所以阳树脂的比例应比单独混床时高些。目前国内采用的强碱阴树脂与强酸阳树脂的体积比通常为2：1。

四、混床的运行

由于混床是将阴、阳树脂装在同一个交换器中运行的，所以在运行上有许多特殊的地方。下面讨论混床一个运行周期中的各步操作。

1. 反洗分层

混合床除盐装置运行操作中的关键问题之一，就是如何将失效的阴阳树脂分开，以便分别通入再生液进行再生。在火力发电厂水处理中，目前都是用水力筛分法对阴阳树脂进行分层。这种方法就是借反洗的水力将树脂悬浮起来，使树脂层达到一定的膨胀率，利用阴、阳树脂的湿真密度差，达到分层的目的。阴树脂的密度较阳树脂的小，分层后阴树脂在上，阳树脂在下。所以只要控制适当，可以做到两层树脂之间有一明显的分界面。

反洗开始时，流速宜小，待树脂层松动后，逐渐加大流速到10m/h左右，使整个树脂层的膨胀率在50%～70%，维持10～15min，一般即可达到较好的分离效果。

两种树脂是否能分层明显，除与阴、阳树脂的湿真密度差、反洗水流速有关外，还与树脂的失效程度有关，树脂失效程度大的容易分层，否则就比较困难，这是由于树脂在吸着不同离子后，密度不同，沉降速度不同所致。阳树脂不同离子型的密度排列顺序为

$$\rho_{H} < \rho_{NH_4} < \rho_{Ca} < \rho_{Na} < \rho_{K} < \rho_{Ba}$$

阴树脂不同离子型的密度排列顺序为

$$\rho_{OH} < \rho_{Cl} < \rho_{CO_3} < \rho_{HCO_3} < \rho_{NO_3} < \rho_{SO_4}$$

由上述排列可知，当混合床运行到终点时，如底层尚未失效的树脂较多，未失效的阳树脂（H型）与已失效的阴树脂（SO_4型）密度差较小，分层就比较困难。

为了容易分层，可在分层前先通入NaOH溶液，将阳树脂转变为Na型，阴树脂再生成OH型，从而加大两者之间的湿真密度差，提高树脂的分层效果。

反洗分层结束待树脂自然沉降后进行再生。

2. 再生

这里只介绍体内再生法。体内再生法就是树脂在交换器内进行再生的方法，根据进酸、进碱和清洗步骤的不同，又可分为两步法和同时再生法。

（1）两步法。指再生时酸、碱再生液不是同时进入交换器，而是分先后进入，它又分为碱液流过阴、阳树脂的两步法和碱、酸先后分别通过阴、阳树脂的两步法。在大型装置中，一般采用后者，其操作过程如图5-31所示。

这种方法，是在反洗分层完毕之后，将交换器中的水放至树脂表面上约10cm处，从上部送入NaOH溶液再生阴树脂，废液从阴、阳树脂分界处的中排管排出，并按同样的流程进行阴树脂的清洗，清洗至排出水的OH碱度至0.5mmol/L以下。在此再生和清洗

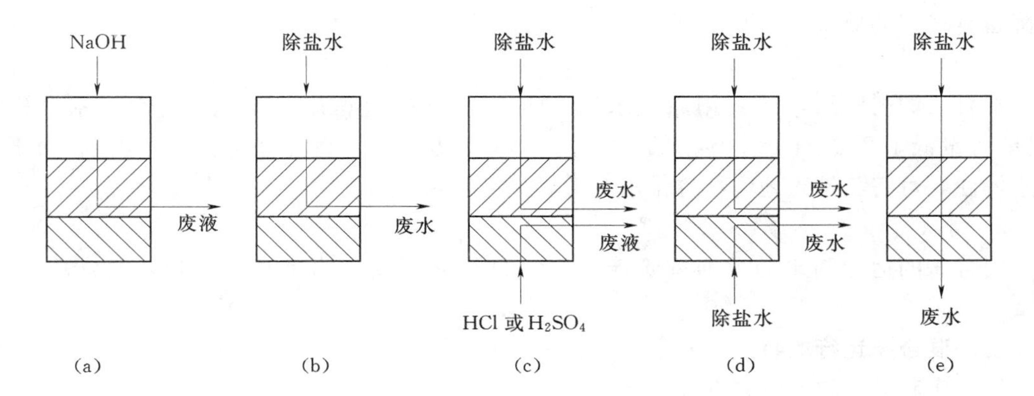

图 5-31　碱、酸先后分别通过阴、阳树脂的两步法

(a) 阴树脂再生；(b) 阴树脂清洗；(c) 阳树脂再生、阴树脂清洗；(d) 阴、阳树脂各自清洗；(e) 正洗

时，可用水自下部通入阳树脂层，以减轻碱液污染阳树脂。然后，由底部进酸再生阳树脂，废液也由阴、阳树脂分界处的中排管中排出。此时，为防止酸液进入已再生好的阴树脂层，需继续自上部通以小流量的水清洗阴树脂。阳树脂的清洗流程也和再生时相同，清洗至排出水的酸度降到 0.5mmol/L 以下为止。最后进行整体串洗，即从上部进水底部排水，直至出水电导率小于 1.5μs/cm 为止。在串洗过程中，有时为了提高串洗效果，可以进行一次 2～3min 的短时间反洗，以消除死角残液。

（2）同时再生法。再生时，由混床上、下同时送入碱液和酸液，并接着进清洗水，使之分别经阴、阳树脂层后由中排管同时排出。同时再生法的操作过程如图 5-32 所示。此法再生时间的长短取决于阴树脂的再生时间，若酸液进完后，碱液还未进完时，下部仍应以同样流速通清洗水，以防碱液串入下部污染已再生好的阳树脂。实践证明，若使这种再生方法得到满意的结果，必须有精心设计的再生系统。

3. 阴、阳树脂的混合

树脂经再生和清洗后，在投入运行前必须将分层的树脂重新混合均匀。通常采用从底部通入压缩空气的办法搅拌混合。这里所用的压缩空气应经过净化处理，以防止其中有油类等杂质污染树脂。压缩空气压力一般采用 0.1～0.15MPa，流量为 2.0～3.0m^3/（m^2·min）。混合时间，主要视树脂是否混合均匀为准，一般为 0.5～1.0min，时间过长易磨损树脂。

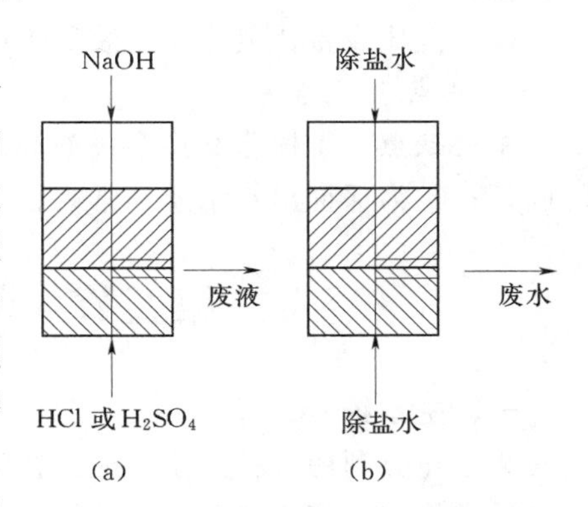

图 5-32　混合床同时再生法示意图

(a) 阴、阳树脂同时分别再生；(b) 阴、阳树脂同时分别清洗

为了获得较好的混合效果，混合前应把交换器中的水面下降到树脂层表面上 100～150mm 处。此外，为防止树脂在沉降过程中又重新分离而影响其混合程度，除了混合前树脂面上水位不能过高以外，树脂沉降过程中还需有足够大的排水速度，迫使树脂迅速降落，避免树脂重新分离。若树脂下降时，采用顶部进水，对加速其

沉降也有一定的效果。

4. 正洗

混合后的树脂层，还要用除盐水以 10～20m/h 的流速进行正洗，直至出水合格后（硅酸含量低于 20μg/L，电导率低于 0.2μs/cm)，方可投入制水运行。正洗初期，由于排出水浑浊，可将其排入地沟，待排水变清后，可回收利用。

5. 制水

混合床的运行制水与普通固定床相同，只是它可以采用更高的流速，通常取 40～60m/h。

五、混合床运行的特点

混合床和复床相比主要有以下特点。

1. 优点

(1) 出水水质优良。用强酸性和强碱性树脂组成的混床，其出水残留的含盐量在 1.0mg/L 以下，电导率在 0.2μs/cm 以下，残留硅酸含量（以 SiO_2 表示）在 20μg/L 以下，pH 值接近中性。

(2) 出水水质稳定。进水含盐量和树脂的再生程度。树脂层高度和滤速在一定范围内时，对出水电导率的影响一般不大，而与交换器的制水量和运行周期有关。混合床出水电导率的最低值，通常可达到 0.1μs/cm 以下。混合床在运行工况有变化时，一般对出水水质影响不大。

(3) 间断运行对出水水质影响较小。无论是混床还是复床，当交换器停止工作后再投入运行时，开始出水的水质都会下降，要经短时间运行后才能恢复正常。这可能是由于离子交换设备及管道材料对水质污染的结果。但恢复到正常所需的时间，混合床比复床短，混合床只要 3～5min，而复床则需要 10min 以上。

(4) 终点明显。混床在运行末期失效时，出水电导率上升很快，这更有利于运行监督和实现自动控制。

(5) 混床设备比复床少、装置集中。

2. 缺点

主要缺点：①树脂交换容量的利用率低；②树脂损耗率大；③再生操作复杂，需要的时间长；④为保证出水水质，常需投入较多的再生剂。

第五节 离子交换除盐系统

一、主系统

为了充分利用各种离子交换工艺的特点和各种离子交换设备的功能，在除盐水制备过程中，常将它们组成各种除盐系统。

1. 组成除盐系统的原则

(1) 系统的第一个交换器通常是 H 交换器。这是为了提高系统中强碱 OH 交换器的除硅效果或使弱碱 OH 交换能顺利进行交换反应。更主要的是，如果第一个是 OH 交换器，运行时会在交换器中析出 $CaCO_3$、$Mg(OH)_2$ 沉淀物，沉积在树脂颗粒表面，阻碍水与树脂接触，影响交换器的正常运行。同时，这样设置也比较经济，因为第一个交换器由于交换过程中反离子的影响，其交换能力不能得到充分发挥，而阳树脂交换容量大，且价格比阴树脂便宜，所以它放在前面比较合适。另外可以通过设置除碳器，减轻阴床负担。

（2）要除硅必须用强碱阴树脂。

（3）对水质要求很高时，应在一级复床后设混合床。

（4）除碳器应设在 H 交换器之后、强碱 OH 交换器之前。这样可以有效地将水中 HCO_3^- 以 CO_2 形式除去，以减轻强碱 OH 交换器的负担和降低碱耗。

（5）当原水中强酸阴离子含量较高时，在系统中增设弱碱 OH 交换器。利用弱碱树脂交换容量大、容易再生等特点，提高系统的经济性。弱碱 OH 交换器应放在强碱 OH 交换器之前，由于弱碱性阴树脂对水中 CO_2 基本上不起交换作用，因此它可置于除碳器之后，也可置于除碳器之前。

（6）当原水碳酸盐硬度比较高时，在除盐系统中可增设弱酸 H 交换器，弱酸 H 交换器应置于强酸 H 交换器之前。

（7）强、弱型树脂联合应用时，再生顺序是先强后弱，视情况可采用双层床、双室双层床、双室双层浮动床或复床串联等形式。

2. 常用的离子交换除盐系统

表 5－4 列出了常用的离子交换除盐系统及适用情况，并对表中各系统的特点作出分析。

表 5－4　　常用的离子交换除盐系统

序号	系统组成	出水水质		适用情况
		电导率（25℃，μS/cm）	SiO_2（mg/L）	
1	H—C—OH	＜10（5）	＜0.1	补给水率高的中压锅炉
2	H—C—OH—H/OH	＜0.2	＜0.02	高压及以上汽包炉、直流炉
3	H_W—H—C—OH	＜10（5）	＜0.1	1. 同本表系统 1 2. 进水碳酸盐硬度＞3mmol/L
4	H_W—H—C—OH—H/OH	＜0.2	＜0.02	1. 同本表系统 2 2. 进水碳酸盐硬度＞3mmol/L
5	H—C—OH—H—OH	＜1	＜0.02	高含盐量水，前级阴床可用强碱Ⅱ型树脂
6	H—C—OH—H—OH—H/OH	＜0.2	＜0.02	同本表系统 2、5
7	H—OH_W—C—OH 或 H—C—OH_W—OH	＜10（5）	＜0.1	1. 同本表系统 1 2. 进水强酸阴离子＞2mmol/L 或进水有机物较高
8	H—C—OH_W—H/OH 或 H—OH_W—C—H/OH	＜0.2	＜0.05	进水强酸阴离子含量较高，但 SiO_2 含量低
9	H—C—OH_W—OH—H/OH 或 H—OH_W—C—OH—H/OH	＜1.0	＜0.02	1. 同本表系统 2 2. 进水强酸阴离子＞2mmol/L 或进水有机物较高

续表

序号	系统组成	出水水质		适用情况
		电导率（25℃，$\mu S/cm$）	SiO_2（mg/L）	
10	H_W—H—OH_W—C—OH 或 H_W—H—C—OH_W—OH	＜10（5）	＜0.1	1. 同本表系统 1 2. 进水碳酸盐硬度、强酸阴离子都高
11	H_W—H—OH_W—C—OH—H/OH H_W—H—C—OH_W—OH—H/OH	＜0.2	＜0.02	1. 高压及以上汽包炉，直流炉 2. 进水碳酸盐硬度、强酸阴离子都高
12	RO—H/OH	＜0.1	＜0.02	较高含盐量水
13	RO 或 ED—H—C—OH—H/OH	＜0.1	＜0.02	高含盐量水和苦咸水

注　1. 表中符号：H—强酸 H 离子交换器；H_W—弱酸 H 离子交换器；OH—强碱 OH 离子交换器；OH_W—弱碱 OH 离子交换器；H/OH—混合离子交换器；C—除碳器；RO—反渗透器；ED—电渗析器。
2. 凡有括号内、外者，括号外为顺流再生工艺的出水电导率，括号内为对流再生工艺的出水电导率。

表 5-4 中系统 1、3、7、10 属一级复床除盐系统，其中系统 1 是由一个强酸 H 交换器、除碳器和一个强碱 OH 交换器组成的典型一级复床除盐系统。系统 3、7、10 是在系统 1 的基础上增设了弱酸或（和）弱碱离子交换器，如系统 3 和系统 1 相比，增设了弱酸 H 交换器，故系统 3 适用于处理碳酸盐硬度较高的水；系统 7 是在系统 1 上增设了弱碱 OH 交换器，故系统 7 适用处理强酸阴离子及有机物含量较高的水；系统 10 是系统 1 上同时增设了弱酸 H 交换器和弱碱 OH 交换器，因而它适用处理碳酸盐硬度以及强酸阴离子都高的水。

系统 2、4、6、8、9、11 都设有混床，所以其出水质量高。系统 2 是典型的一级复床加混床系统，系统 4、9、11 分别是在系统 3、7、10 基础上加了混床，因此它们除了适用处理系统 3、7、10 所适用的水质之外，还具有出水水质优的特点。系统 5、6 的特点是适用于处理高含盐量水，系统 6 由于加了混床，所以水质会更好些。系统 8 的前级中仅有弱碱 OH 交换器，所以此系统适用处理强酸阴离子含量高，而 SiO_2 含量低的水。系统 12、13 设置了电渗析或反渗透装置，起预脱盐的作用，所以适用处理含盐量高的水，系统 13 的后续处理采用了一级复床加混床系统，所以该系统适用处理含盐量更高的水，如苦咸水，而且还可制得高质量的水。

二、再生系统

离子交换除盐装置的再生剂是酸和碱，所以，在用离子交换法除盐时，必须有一套用来储存、配制、输送和投加酸、碱的再生系统。由于酸和碱对于设备和人身有侵蚀性，因此，对酸、碱系统的选取要考虑到防腐和安全问题。

发电厂中对酸、碱的用量比较大，桶装固体碱一般干式储存，液态的酸、碱常用储存罐储存。储存罐有高位布置和低位（地下）布置，当低位布置时，运输槽车中的酸、碱靠其自身的重力卸入储存罐中；当高位布置时，槽车中酸、碱用酸碱泵送入储存罐中。酸、碱在厂内的输送方式有多种，常用的是有压力法、真空法、泵、喷射器等。下面介绍几种酸、碱再生系统。

(1) 泵输送系统。图 5 - 33 为泵输送系统之一，储存罐高位布置，在此系统中用泵将槽车中或低位储酸（储碱）池中的酸、碱液送至布置于高位的酸、碱罐中，然后，再生剂靠储存罐与计量箱之高度差，将一次再生所用的酸碱量依靠重力卸入计量箱。再生时，首先打开水射器压力水门，调节再生流速，再开计量箱出口门，调节再生液浓度，将再生液送入交换器中。用泵输送是比较简易的方法，但泵必须能耐酸或耐碱。

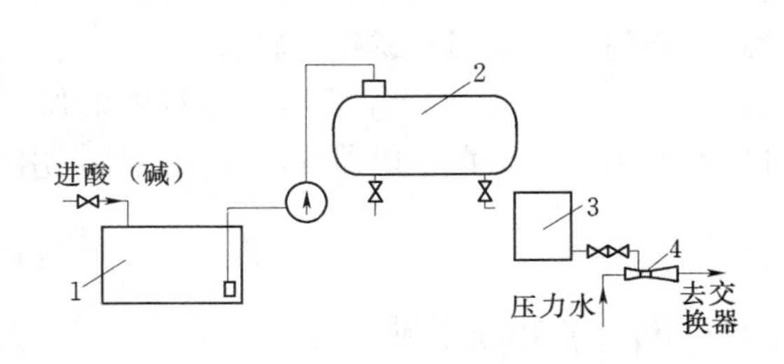

图 5 - 33　泵输送酸碱系统

1—储酸（碱）池；2—高位酸（碱）罐；3—计量箱；4—喷射器

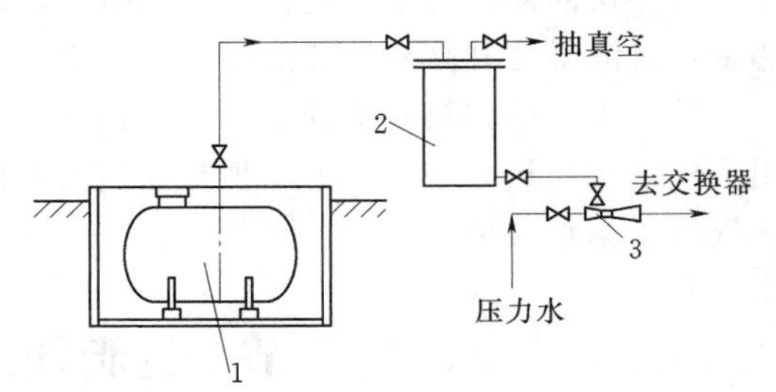

图 5 - 34　真空法输送系统

1—低位酸（碱）罐；2—计量箱；3—喷射器

(2) 真空法输送系统。图 5 - 34 为用真空法的输送系统。在此系统中将接受酸或碱的计量箱抽成真空，使酸或液体碱在大气压力下自动流入。抽真空的办法可以用真空泵或喷射器，喷射器的动力可用压缩空气或压力水。之后再用喷射器将酸、碱送至离子交换器中。真空法可以避免用压力设备，这在安全方面比压力法要好，但仍需将设备密闭，而且因受大气压的限制，输送高度不能太高。

(3) 压力法。压力法就是将压缩空气通到密闭的酸、碱储存罐中，使其中的酸液或碱液借压力输送出去。这种方式，由于储存罐要在压力下运行，所以，万一设备发生漏损，就有溢出酸、碱的危险。

(4) 硫酸配制、输送系统。浓硫酸在稀释过程中会释放出大量热能，若直接由浓硫酸配制成再生所用的稀硫酸，会给配制设备的材料选择带来困难；同时误操作等不可预计因素可能导致严重事故，因此，硫酸一般采用二级配制的方法，如图 5 - 35 所示，先将浓硫酸稀释成 20%左右的硫酸，再用水射器稀释成所需浓度送入交换器中。

(5) 固体碱再生系统。用于再生阴离子交换器的碱有液体的，也可用固体的。液体碱

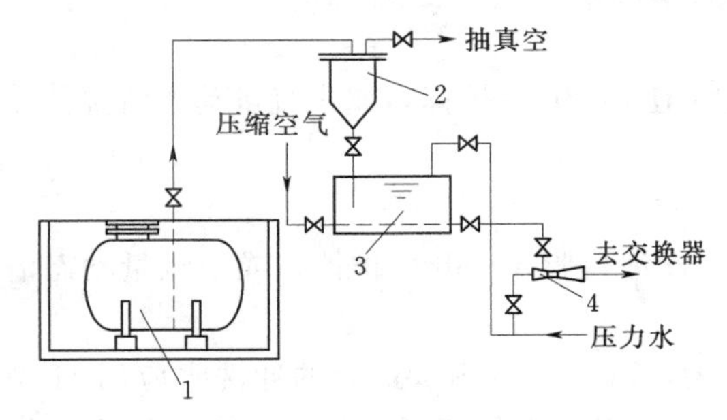

图 5 - 35　硫酸配制、输送系统

1—低位酸罐；2—计量箱；3—稀释箱；4—喷射器

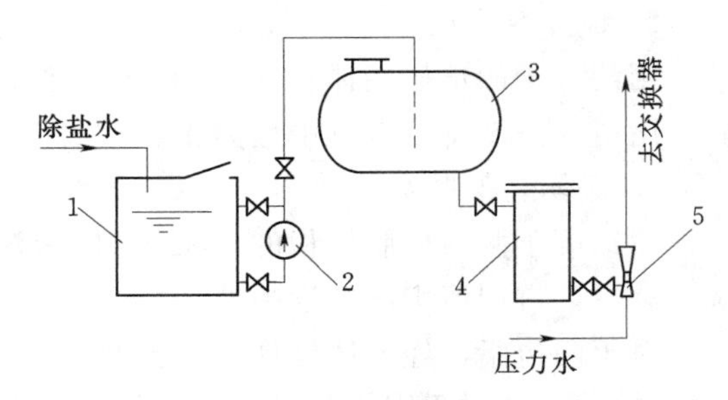

图 5 - 36　固体碱配制系统

1—溶解槽；2—泵；3—高位储存罐；4—计量箱；5—水射器

浓度一般为30%～42%，其配制、输送与盐酸再生系统相同。

固体碱通常含NaOH在95%以上，如果再生阴离子交换树脂的碱是固体碱，使用时一般先将其用化液槽溶解成30%～40%的浓碱液，存入碱液储存罐，使用时再配制成所需浓度的再生液，图5-36为这种类型的系统。也可先将其溶解成30%～40%的浓碱液后，再按图5-33或图5-34所示的系统配制和输送。

为加快固体碱的溶解过程，溶解槽需设搅拌装置。由于固体碱在溶解过程中放出大量热量，溶液温度升高，为此溶解槽及其附设管路、阀门一般采用不锈钢材料。

碱再生液的加热有两种方式：一种是加热再生液，它是在水射器后增设蒸汽喷射器，用蒸汽直接加热再生液；另一种是加热配制再生液的水，它是在水射器前增设加热器，用蒸汽将压力水加热。

第六节　树脂使用中应注意的问题

一、新树脂使用前的预处理

新树脂中，常含有少量低聚合物和未参与聚合或缩合反应的单体。除了这些有机物外，树脂中还往往含有铁、铅、铜等无机杂质。因此，新树脂在使用前必须进行预处理，以除去树脂中的可溶性杂质。

新树脂在用药剂处理前，必须首先用水使树脂充分膨胀。但如果树脂在运输或储存过程中脱了水，则不能将其直接放入水中，以防止树脂因急剧膨胀而破裂，应先把树脂放在10%食盐水中浸泡一定时间后，再用水稀释使树脂缓慢膨胀到最大体积。然后，对其中的无机杂质（主要为铁的化合物）可用稀盐酸除去，有机杂质可用稀氢氧化钠溶液除去。

火力发电厂中用作水处理的树脂量都比较大，所以宜在离子交换器中进行新树脂的处理。具体处理方法如下。

1. 水洗

将树脂装入交换器中，用清水反冲洗，以除去混在树脂中的机械杂质、细碎树脂粉末，以及溶解于水的物质。反冲洗时控制树脂层膨胀率50%左右，直至排水不呈黄色为止。阳树脂和阴树脂在酸、碱处理前都需先进行水洗。

2. 稀盐酸处理

用约等于两倍树脂体积的5%的HCl溶液浸泡4～8h后排掉，或小流量动态清洗。然后，用清水洗至排出液近中性为止。

3. 稀氢氧化钠处理

用约等于两倍树脂体积的2%NaOH溶液，浸泡树脂4～8h后排掉，或小流量动态清洗。然后，再用清水洗至近中性。

对于阴树脂，经上述处理后，已变成OH型，可直接应用（最后的冲洗水应用H型交换器出水）；对于阳树脂，经上述处理是Na型，用于水的离子交换除盐时，还需将树脂转为H型的，但如果阳树脂中含铁量不大，也可以先用2%NaOH处理，再用稀盐酸处理，而省去最后的转型处理。

预处理后的新树脂经过一个周期运行失效后，第一次再生时酸、碱用量应为正常再生时的1～2倍。

二、树脂的储存

树脂在储存期间应采取妥善措施，以防止树脂失水、受冻、受热以及变霉，否则会影响树脂的稳定性，减少其使用寿命，降低其交换容量。

（1）防止树脂失水。树脂如失水风干会大大影响其强度和使用寿命，因此必须注意保持树脂的水分。储存时，可将树脂浸泡在清水中或食盐水中。如果是包装未拆封的新树脂、应注意包装的密封和完整，防止因包装破损而使树脂失水。

（2）转为盐型存放。交换器如停用时间较长，一般应将已使用过的树脂转成出厂时的盐型，而不要以失效态存放。通常阴、阳树脂都可用10％NaCl溶液处理，使阳树脂转成Na型，阴树脂转成Cl型。

（3）防止树脂受热、受冻。树脂在储存过程中，温度不宜过高或过低，其环境温度一般宜在5～40℃。温度过高，则容易引起树脂变质、交换基团分解和滋长微生物；若在0℃以下，会因树脂网孔中水分冰冻使树脂体积膨大，造成树脂胀裂。所以树脂不宜放在高温设备附近，夏季不要放在阳光直接照射的地方；冬季应注意保温，如温度低于5℃，又无保温条件，可将树脂浸泡在一定浓度的食盐水中，以免冻裂。NaCl溶液的冰点见表5－5。

表5－5　NaCl溶液的浓度与冰点的关系

NaCl的百分含量（％）	10℃时的相对密度	冰点（℃）	NaCl的百分含量（％）	10℃时的相对密度	冰点（℃）
5	1.034	－3.1	20	1.153	－16.3
10	1.074	－7.0	33.5	1.180	－21.2
15	1.113	－10.8			

（4）防止污染和霉变。树脂储存时，应避免和铁容器、氧化剂、油类及有机溶剂等接触，以防树脂污染。交换器长期停用时，为防止交换器内壁及树脂表面因微生物繁殖而长青苔等藻类或发霉，应定期更换交换器内的清水，尤其在温度较高的条件下，更应注意。必要时可作灭菌处理：用1％～2％的过乙酸或0.5％～1％甲醛灭菌溶液浸泡数小时，然后用水冲洗至不含灭菌剂为止。

此外，树脂在储存时还应防止重物的挤压，以免破碎。如使用多种型号交换剂的，要分别存放，并保护好包装上的标识。装卸树脂时，要各用各的管线，不要混用；装完树脂后树脂管线及树脂抽子要用除盐水冲洗干净。

三、树脂的氧化变质

在离子交换水处理系统的运行过程中，各种离子交换树脂常常会渐渐改变其性能。其主要原因之一是树脂的化学结构受到破坏，即其本质改变了；二是受到外来杂质的污染。由前一种情况所造成的树脂性能的改变，是无法恢复的；由后一种情况所造成的树脂性能的改变，则可以采取适当的措施，清除这些污物，从而使树脂性能复原或有所改进。

树脂在应用中变质的主要原因是受氧化剂的氧化作用，如水中的游离氯、硝酸根以及溶于水中的氧。当温度高时，树脂受氧化剂的作用更为严重，若水中有重金属离子，因其能起催化作用致使树脂氧化加剧。氧化结果是使树脂交换基团降解和交联骨架断裂。

总的来说，阴树脂的稳定性比阳树脂差，所以它对氧化剂和高温的抵抗能力也差，但由于它们在除盐系统中位置不同，所以受氧化的程度也不同。

1. 阳树脂

在除盐系统中，H 交换器处于首位，所以阳离子交换树脂受氧化剂侵害的程度最为强烈。

关于树脂的氧化过程，一般认为阳树脂的氧化结果，使苯环间的碳链断裂。其中有一种反应如下式

CH_2—CH—CH_2—CH—（苯环上 SO_3H；—CH—） $\xrightarrow{Cl_2}$ CH_2—CH—C(Cl)(Cl)—CH—（苯环上 SO_3H；—CH—） $\xrightarrow{H_2O}$

CH_2—CH—C(OH)(OH)—CH—（苯环上 SO_3H；—CH—） $\xrightarrow{Cl_2}$ CH_2—CH—COOH（苯环上 SO_3H） + CH_2（苯环上 —CH—）

阳树脂氧化后，颜色变淡，树脂体积变大，因此容易破碎且体积交换容量降低，但质量交换容量变化不大。

阳树脂的碳链氧化断裂产物由树脂上脱落下来以后，变为可溶性物质，这些可溶性物质中有弱酸基，因此当它随水流进入阴离子交换器时，首先被阴树脂吸着，吸着不完全时，就留在阴离子交换器的出水中，使水的质量降低。

树脂氧化后是不能恢复的。为了防止氧化，在以自来水为阳离子交换器进水、或预处理加氯时，应设法控制阳离子交换器进水游离氯低于 0.1mg/L。除去水中游离氯常采用的方法是在阳离子交换器之前设置活性碳过滤器，另外还可在水中投加一定量还原剂（如 Na_2SO_3）进行脱氯。

2. 阴树脂

因阴离子交换器在除盐系统中都是布置在阳离子交换器之后，水中强氧化剂都消耗在氧化阳树脂上了，所以一般只是溶于水中的氧和再生过程中碱中所含的氧化剂（如 ClO_3^-、FeO_4^{2-}）对阴树脂起氧化作用。

阴树脂的氧化常发生在胺基上，而不是像阳树脂那样在碳链上，最易遭受侵害的部位是其分子中的氮。当季铵型强碱阴树脂受到氧化剂侵害时，树脂上的季铵基团逐渐转变为叔、仲、伯胺基团，碱性逐渐减弱，最后降为非碱性物质。

所以，强碱阴树脂在氧化变质过程中，表现出来的是交换基团的总量和强碱性交换基团的数量逐渐减少，且后者的速度大于前者。这是因为阴树脂氧化的初期，季铵基团在大多数情况下变成能进行阴离子交换的弱碱性基团。由于弱碱件基团易于再生，所以在氧化初期一般没有交换容量下降的情况。

运行水温过高会使树脂的氧化速度加快。Ⅱ型强碱性阴树脂比Ⅰ型易受氧化。图5－37所示为Ⅰ型和Ⅱ型强碱性阴树脂经长时间运行后，交换容量的变化情况。

防止强碱性阴树脂氧化的方法有：在除盐系统中使用真空除气器，减少阴离子交换器进水中的氧含量；选用纯度高的碱，降低碱液中 Fe 和 $NaClO_3$的含量。

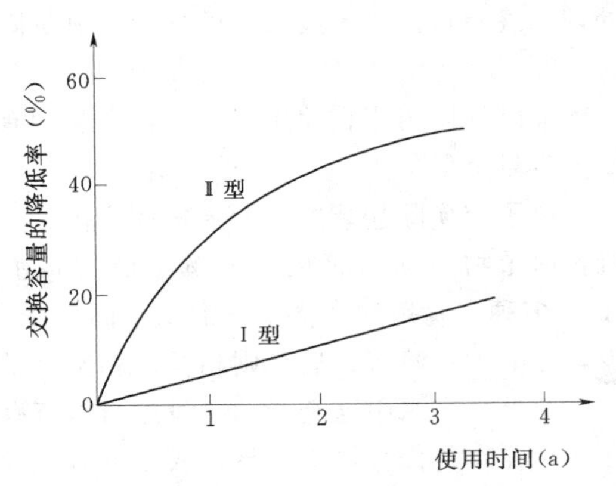

图 5－37 强碱性阴树脂使用时间与交换器容量的变化情况

四、树脂的污染

1. 阳树脂

阳树脂会受到进水中的悬浮物、铁、铝、$CaSO_4$、油脂类等物质的污染。在除盐系统中用的阳树脂受铁、铝污染的可能性很少，因为以酸作再生剂能很好地溶解和清除掉铁、铝的沉积物。在软化水系统中的阳树脂，会在相当短的时间内被这类物质所污染，因为用食盐作再生剂不能从树脂表面有效地清除铁、铝沉积物。采用硫酸作再生剂时，可能会有硫酸钙沉积在树脂表面。

运行中应尽量采取措施防止上述物质对阳树脂的污染。万一受到污染，可针对污染物种类用下述方法处理树脂。

（1）空气擦洗法。从显微镜下能看出树脂表面有沉积物时，可采用空气擦洗法除去。由于交换器树脂层底部通常都没有设置压缩空气分配系统，压缩空气擦洗可用内径为20～25mm的塑料硬管做成空气枪，以软管连接到压缩空气气源上进行。具体做法是：先将交换器的水位降到树脂层表面上300～400mm处，将空气枪插到树脂层底部，控制一定的空气压力和气量，使树脂强烈搅动；10～15min后停气用水反洗，以除去擦下来的污染杂质。这样反复进行擦洗和反洗，直到反洗排水清晰为止。

擦洗用的压缩空气需经净化处理。

（2）酸洗法。对那些不能用空气擦洗法除去的物质，如 Fe^{3+}、Al^{3+}、$CaCO_3$、$Mg(OH)_2$，可用盐酸进行清洗。酸洗前应通过实验室试验，确定酸液浓度（常用2%、5%、10%、20%的浓度）和酸洗时间。对于除盐系统中所用的阳树脂，可用原有的再生系统，配制所需浓度的酸液进行酸洗；对于软化系统中所用的树脂，必须将树脂转移到能耐盐酸的设备中进行酸洗。为防止酸液被稀释影响酸洗效果，酸洗前应将交换器或设备中的水位降到树脂层表面上200～300mm处，然后进酸浸泡或低流速循环，也可以两者交替进行。

采用酸液浸泡方式酸洗时，可以通压缩空气搅拌。受 $CaSO_4$ 沉淀污染的阳树脂可用EDTA稀溶液清洗。

（3）碱洗法。润滑油、脂类及蛋白质等有机物质，经常存在于地面水中，当进入阳离子交换树脂层时，在树脂表面形成一层油膜，严重影响树脂的工艺性能，出现树脂层结块，树脂密度减小等不正常现象。此类受污染树脂的特征主要是树脂颜色变黑，极易与阳树脂受铁污染后变黑相混淆，可将少量受污染树脂放入小试管中加少量水摇动，受此类污染的树脂会在水面看到“彩虹”现象。受此类污染的阳树脂，可用加热到50～60℃的5%NaOH进行碱洗。碱洗可分3～4次进行，每次持续时间为4～6h，中间用水冲洗。复苏处理的终点可按排出废碱液的化学耗氧量降至100～150mgO_2/L控制。

2. 阴树脂

强碱性阴树脂在使用中，常常会受到有机物、胶体硅、铁的化合物等杂质的污染，使交换容量降低。

离子交换除盐装置中的强碱性阴树脂，污染来源可能性最大的是原水中的有机物。有机物以植物和动物腐烂后分解生成的腐殖酸和富维酸为主，但种类很多，至今已发现6000多种。腐殖酸和富维酸都属于高分子聚羧酸，前者相对分子质量大、含羧酸基团较少，在酸中不溶解；后者则相反。相对分子质量越大，越难解吸。

此外，在水中这类酸的含量还与季节有关，秋季植物叶落腐烂分解，雨水浸淋，流入江河，在十月份含量就升高，入冬以后达到最高值；春季植物开始生长，水中其含量开始下降，夏季达到最低值。显然这还与气温、湿度有关。有人发现，在仲夏河水中的污染比冬季轻得多。

凝胶型强碱性阴树脂之所以易受腐殖酸或富维酸污染，是由于其高分子骨架属于苯乙烯系，是憎水性的，而腐殖酸或富维酸也是憎水性的，两者之间的分子吸引力很强，难以在用碱液再生树脂时解吸出来。由于腐殖酸或富维酸的分子很大，加之凝胶型树脂网孔的不均匀性，因此一旦大分子有机物进入树脂中后，容易被卡在树脂凝胶结构的许多缠结部位。随着时间的增长，被卡在树脂中的有机物越来越多，这些有机物一方面占据了阴树脂的交换位置，另一方面，有机物分子上的弱酸基团—COOH又起了阳离子交换树脂的作用。

强碱性阴树脂被污染的特征是交换容量下降，再生后正洗所需时间延长，树脂颜色常变深，除盐系统的出水水质变坏，pH值降低。

防止有机物污染的基本措施是在除盐系统之前将水中有机物除去，例如进入离子交换除盐系统的进水限定$COD_{Mn}<2$mg/L。但有机物的种类甚多，现在还没有可将它们全部除去的方法。因此，还需要合理地选择树脂，并在运行中采取适当的防止措施。

（1）加强水的预处理。胶态有机物可用混凝、沉淀的办法除去，也可以用超滤法滤去，或加氯破坏有机物，然后再用活性碳吸附去除残留的氯和有机物。

（2）采用抗有机物污染的树脂。丙烯酸系强碱性阴树脂的高分子骨架是亲水性的，和有机物之间的分子引力比较弱，进入树脂中的有机物在用碱再生时，能较顺利地被解吸出来。它能更有效地克服有机物被树脂吸着的不可逆倾向，提高了有机物在树脂中的扩散性，因此具有良好的抗有机物污染能力。

（3）设弱碱阴离子交换器。弱碱性阴树脂对有机物的亲合力比强碱阴树脂小，而且大孔弱碱性阴树脂在运行时吸附的有机物在再生时容易被洗脱下来。为了防止有机物污染，可以在除盐系统中的强碱性阴树脂前设大孔型弱碱阴树脂交换器，也可将它与强碱性阴树脂做成双层床或双室床。

离子交换树脂被有机物污染后，可以用适当的方法处理，使它恢复原有的性能，这称为复苏处理。阴树脂的复苏以采用碱性氯化钠溶液为好。对于不同水质污染的阴树脂，复苏液的配比略有不同，常用两倍以上树脂体积的5%～12%NaCl和1%～2%NaOH溶液，浸泡16～48h，对于Ⅰ型强碱性阴树脂，溶液温度可取40～50℃，Ⅱ型强碱性阴树脂应不超过40℃。最适宜的处理条件应通过试验确定。采用动态循环法复苏效果更好些。

五、离子交换树脂的鉴别

1. 强酸树脂和强碱性树脂的鉴别

取2mL树脂，置于20mL试管中，用纯水冲洗2～3次，加入10%NaCl溶液，摇动2～3min，弃去树脂上层废液，再用纯水充分清洗，然后加2mol/L HCl溶液约5mL，摇动2～3min，取上部溶液测定其酸度，如酸度有明显降低则为强酸性树脂；如酸度无明显变化则为强碱性树脂。也可以取经NaCl溶液处理后的树脂，加入2mol/L NaOH溶液，按上述操作，测定上部溶液的碱度，如有明显变化的为强碱性阴树脂；测定碱度无变化的，则为强酸性树脂。

2. 强型树脂和弱型树脂的鉴别

取2mL树脂，置于30mL试管中，加入1mol/L HCl溶液5mL，摇动1～2min，用吸管吸去上部清液。重复操作2～3次，用纯水清洗2～3次；再加入10%$CuSO_4$溶液4～5mL，摇动1min，弃去上部残液，再用纯水清洗2～3次。

如果树脂变为浅绿色，再加入5mol/L$NH_3 \cdot H_2O$溶液2mL，摇动1min，若树脂变为深蓝色则为强酸性树脂，若仍保持浅绿色则为弱酸性树脂。

如果树脂不变色，再加入1mol/LNaOH溶液5mL，摇动1min，用纯水清洗2～3次、再加入酚酞试液摇动1min，若树脂呈红色则为强碱性树脂；如树脂仍不变色，则加入1mol/L HCl溶液5mL，摇动1min，用纯水清洗2～3次，再加入5滴甲基红试液，摇动1min，若树脂呈桃红色则为弱碱性阴树脂。

习 题 与 思 考 题

1. 氢型与钠型交换器出水有什么共同点和不同点？

2. 为什么经钠离子软化后的水含盐量略有增加？

3. 某厂由于交通不方便需用一个盐库，考虑三个月的储量。请告诉土建技术人员该厂105T/h锅炉三个月需用盐多少吨？（该厂水处理采用简单Na离子处理）此种情况还需要分析工厂提供的条件，才能计算出。

4. 某厂有两台锅炉，各为4T/h与2T/h采用ϕ1000mm的钠离子交换器内装树脂1.5m高，已知条件：原水硬度2.03mmol/L，出水硬度0.03mmol/L，锅炉房自用水量及损失为5%，E_G=800～1000mol/m^3。试问：

（1）该交换器能运行多长时间？

（2）半年食盐用量为多少吨？

5. 某厂 ϕ500mm 软化器连续运行 36h，交换器内水的流速为 20m/h，原水硬度为 1.92mmol/L，内装树脂 1.28m 高，试问：

(1) 该软化器的软化能力为多少吨水？

(2) 该交换剂的实际工作交换能力为多少 mol/m^3？

6. 山东淄博胜利一厂除盐系统中，每次再生 H 型离子交换器需用 31%HCl100kg，试问操作工人应该如何将 31%HCl 稀释成 5%HCl，且再生一次 H 型离子交换器需用多少 5%HCl？

7. 某厂阳床运行周期为 60h，每小时产水 70t，机械过滤器出口总阳离子浓度为 2.5mmol/L，再生用酸 $2.04m^3$，酸的浓度为 30%，比重 1.1，问该床的酸耗为多少 g/mol？

8. 某地区水质分析结果如下：

$\frac{1}{2}Ca^{2+}$：2.5mmol/L　　$\frac{1}{2}Mg^{2+}$：0.8mmol/L　　Na^+：1.2mmol/L

HCO_3^-：2.3mmol/L　　$\frac{1}{2}SO_4^{2-}$：1.2mmol/L　　Cl^-：1.0mmol/L

依次通过弱酸树脂、强酸树脂、弱碱树脂、强碱树脂，写出每一步的水溶液的组成和含量变化。

9. 离子交换器的直径为 1500mm，高度 2000mm，进水硬度为 4mmol/L，每周期制水量 $800m^3$，再生一次用盐量为 300kg，计算 E_G、盐耗和再生水平 a（$a=G/FH$，kg/m^3）。

10. 某钠离子交换器进水硬度为 2.03mmol/L，出水硬度为 0.03mmol/L，甲操作时每次再生用 NaCl 为 100kg，处理 320t 水；乙操作每次再生用 NaCl 为 120kg，处理 350t 水，试问谁操作最经济？

11. 影响离子交换树脂的再生效果的因素有哪些？

12. 阳床再生时若用 H_2SO_4 作为再生剂时，为什么再生液的浓度不能太高？

13. 除盐设备对进水有哪些要求？其原因是什么？

14. 除盐系统中阳床与阴床各自的作用如何？

15. 为什么阴床要设在阳床后面，又为什么要在系统中设置除碳器？一般情况下除碳器的风水比是多少？

16. 混合床中装填的树脂是什么？其比例如何？

17. 混合床主要有哪些优缺点？

18. 新树脂的预处理方法及步骤如何？

19. 离子交换剂的保存有些什么要求？

20. 在除盐系统中阳床漏钠对深度除硅有什么影响？

21. 某工厂锅炉水处理采用阳、阴双层床除盐方式，原水资料如下：

$\left[\frac{1}{2}Ca^{2+}\right]=3.0mmol/L$，　$\left[\frac{1}{2}Mg^{2+}\right]=1.2mmol/L$，　$[Na^+]=2.8mmol/L$，

$[HCO_3^-]=3.8mmol/L$，　$\left[\frac{1}{2}SO_4^{2-}\right]=0.8mmol/L$，　$[Cl^-]=2.0mmol/L$，

$\left[\frac{1}{2}SiO_2\right]$=0.4mmol/L

选用树脂的工作交换容量：强型阳树脂为1200mol/m^3，弱型阳树脂为2000mol/m^3，强型阴树脂为400mol/m^3，弱型阴树脂为800mol/m^3，阴床进水［CO_2］=5mg/L。试计算阳、阴双层床强弱型树脂体积比。

22. 为了深度除硅，必须注意些什么？

第六章 膜分离技术

第一节 概 述

一、膜的定义

膜分离是在20世纪初出现，20世纪60年代后迅速崛起的一门分离新技术。膜分离技术既有分离、浓缩、纯化和精制的功能，又有高效、节能、环保、分子级过滤及过滤过程简单、易于控制等特征，因此，目前已广泛应用于食品、医药、生物、环保、化工、冶金、能源、石油、水处理、电子、仿生等领域，产生了巨大的经济效益和社会效益，已成为当今分离科学中最重要的手段之一。

一直以来，膜的概念都没有明确的定义，从事不同领域研究的专家们对于膜的定义理解并不完全相同，不过表达的基本意思是一样的。广义地讲，膜可定义为"起栅栏作用，阻止块体移动而允许一个或几个物类有序通过的相"。膜从广义上可定义为两相之间的一个不连续区间。这个区间的三维量度中的一度和其余两度相比要小得多。

微滤、超滤、反渗透和电渗析是目前水处理领域最为常用的膜分离技术，与传统的混凝、澄清、过滤及离子交换除盐等相比，这四种膜分离技术可称为新的水处理技术。

二、膜的结构与分类

膜可以是固相、液相、甚至是气相的。用各种天然或人工材料制造出来的膜品种繁多，在物理、化学、生物性质上呈现出各种各样的特性。

(1) 按分离机理进行分类，主要有反应膜、离子交换膜、渗透膜等。

(2) 按膜的形态分类，有均质膜和非对称膜两种类型。均质膜是指各向性质相同的致密膜或多孔膜，通量一般较小，主要用于电渗析和气体分离。非对称膜一般由两层组成，表层非常薄，从几十纳米到几十微米，起分离作用，可以是致密的，也可以是多孔的，下面一层较厚，约100μm，起支撑作用，是多孔的。非对称膜是使用最广泛的一种分离膜。

(3) 按膜的结构型式分类，主要有平板型、管型、螺旋型及中空纤维型等。

(4) 按膜的材料性质分类，主要有生物膜（天然膜）和合成膜（有机膜和无机膜）。生物膜是地球上不可缺少的天然膜，然而，不仅在结构和功能方面，而且在传质机理方面，生物膜都与可用于工程技术目的的合成固体膜有很大的差别。合成膜又分为气态膜、液态膜和固态膜，其中固态膜可以由有机的和无机的材料构成。目前，有机合成膜的应用比无机合成膜的应用要广泛得多。

(5) 按膜孔径的不同分类，主要有微滤膜、超滤膜、纳滤膜和反渗透膜。

膜的分类如图6-1所示。

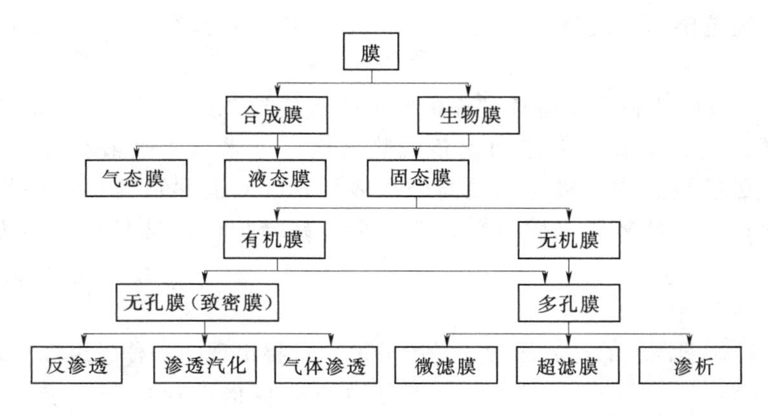

图 6-1　膜分类示意图

三、膜材料

可用于生产膜的材料是多种多样的：有机膜材料有聚砜类（PS）、聚丙烯腈（PAN）、聚酰胺（PA）、聚偏氟乙烯（PVDF）、聚乙烯（PE）、聚丙烯（PP）等；无机膜有陶瓷膜等。

有机膜膜组件形式多，孔径范围广，制造成本相对便宜，目前应用最广。无机膜耐高温、耐腐蚀、机械强度高，但制造成本及运行能耗较高，目前很少应用。下面介绍几种常见的膜材料。

1. 聚砜膜（PS）

聚砜膜具有机械强度高、耐热性好、耐酸碱范围宽、耐细菌腐蚀等优点，是被广泛采用的膜材料之一。但这种材料亲水性较差，特别是在制备截留分子量为1000或以下的超滤膜时，透水速度太低，影响其分离效率；聚砜的疏水性能及亲油性能使得聚砜膜用于含油污水处理时，会造成膜通量低和易污染等问题。

2. 聚偏氟乙烯膜（PVDF）

聚偏氟乙烯是一种结晶型聚合物，相对密度为1.75～1.78，玻璃化温度约39℃，结晶熔点为170℃，热分解温度在316℃以上，机械性能良好，具有良好的耐冲击性、耐磨性。

3. 聚丙烯腈膜（PAN）

聚丙烯腈是一种聚合高分子材料，具有强度高、弹性好、耐化学腐蚀和化学稳定性好等优点，是良好的制膜材料。它来源广泛，价格便宜，且具有良好的亲水性和耐污染性、耐霉菌性，可用于食品、医药、发酵工业、油水分离、乳化浓缩等方面。

四、膜组件

为了便于工业化生产和安装，提高膜的工作效率，在单位体积内实现最大的膜面积，通常将膜以某种形式组装在一个基本单元设备内，在一定的驱动力的作用下，完成混合液中各组分的分离，这类装置称为膜组件或简称组件（Module）。工业上常用的膜组件形式主要有板框式、螺旋卷式、圆管式、毛细管式和中空纤维式五种。前两者使用平板膜，后三者均使用管式膜。后三种膜组件的差别主要在于所使用的管式膜的规格不同，其大致直径范围为：圆管式大于10.0mm；毛细管式为0.5～10.0mm；中空纤维式小于0.5mm。

一般来说，在设计和实际运行过程中要求膜组件具备以下条件：①对膜可以提供足够的机械支撑，流道通畅，无流动死角或静水区，进水与透过液分开；②能耗较小，其流态设计应尽量减少浓差极化，提高分离效果；③具有尽可能高的装填密度，膜安装和更换方便；④组件装置牢固可靠，造价低，易维护；⑤具有良好的机械、化学和热稳定性。

1. 板框式膜组件

这种设计起源于常规的过滤概念，是膜分离中最早出现的一种膜组件形式，外形类似于普通的板框式压滤机。它是按隔板、膜、支撑板、膜的顺序多层交替重叠压紧，组装在一起制成的，如图6-2所示。板框式组件的膜填充密度较低，一般为100～400m^2/m^3。

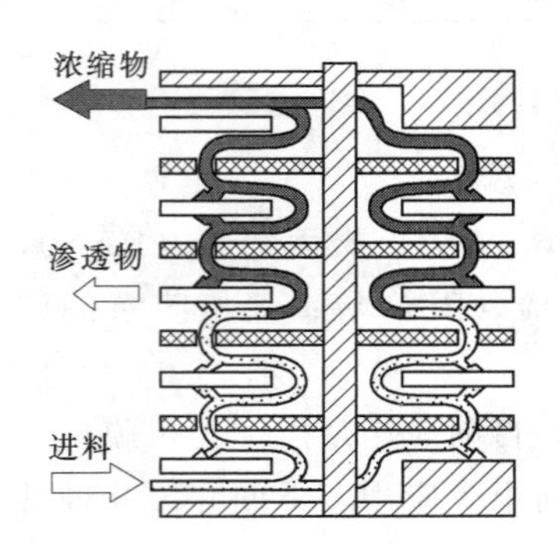

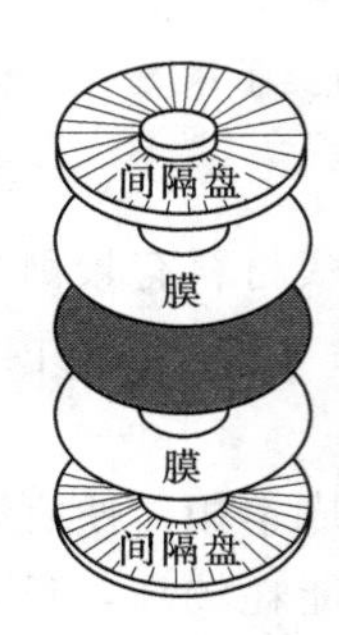

图6-2 板框式膜组件构造示意图

板框式膜组件的优点是：制造组装简单，操作方便，膜的维护、清洗、更换比较容易。

缺点是：密封较复杂，压力损失较大，装填密度较小（<400m^2/m^3）。这种组件与管式组件相比控制浓差极化较困难，特别是溶液中含有大量悬浮固体时，可能会使料液流道堵塞，在板框式组件中通常要拆开或机械清洗膜，而且比管式组件需要更多的次数，但是板框式组件的投资费用和运行费用都比管式组件低。

目前，板框式膜组件应用的领域为超滤、微滤、反渗透、渗透蒸发、电渗析。

2. 螺旋卷式膜组件

螺旋卷式膜组件是用平板膜密封成信封状膜袋，在两个膜袋之间衬以网状间隔材料，然后紧密地卷绕在一根多孔管上而形成膜卷，再装入圆柱状压力容器中，构成膜组件，见图6-3。料液从一端进入组件，沿轴向流动，在驱动力的作用下，透过物沿径向渗透通过膜并由中心管导出。为了减少透过侧的阻力降，膜袋不宜太长。当需增加组件的膜面积时，可将多个膜袋同时卷在中心管上，这样形成的单元可多个串联装于一压力容器内。

目前其应用领域为反渗透、渗透蒸发、纳滤、气体分离。

3. 管式膜组件

管式膜组件是由圆管式膜和膜的支撑体构成。管式膜组件有内压型和外压型两种运行方式。实际中多采用内压型，即进水从管内流入，透过液从管外流出。管式膜直径在6～24mm之间，其结构如图6-4、图6-5所示。

管式组件明显的优势是可以控制浓差极化和结垢。但是其投资和运行费用都较高，故在反渗透系统中其已在很大程度上被中空纤维式所取代。但在超滤系统中管式组件一直在使用，这是由于管式系统对料液中的悬浮物具有一定的承受能力，很容易用海绵球清洗而无需拆开设备。管式膜的适用领域为微滤、超滤、反渗透。

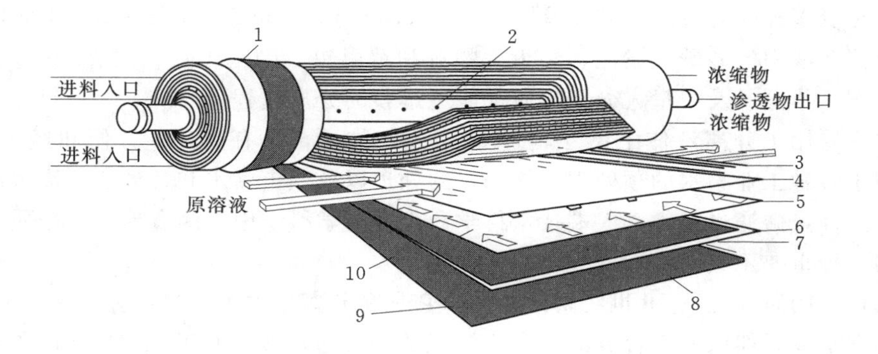

图 6-3　螺旋卷式膜组件构造示意图

1—密封圈；2—渗透物收集管；3，7—进料分割板；4，6—膜
5—渗透物分割板；8—膜袋黏合；9—外壳；10—渗透物

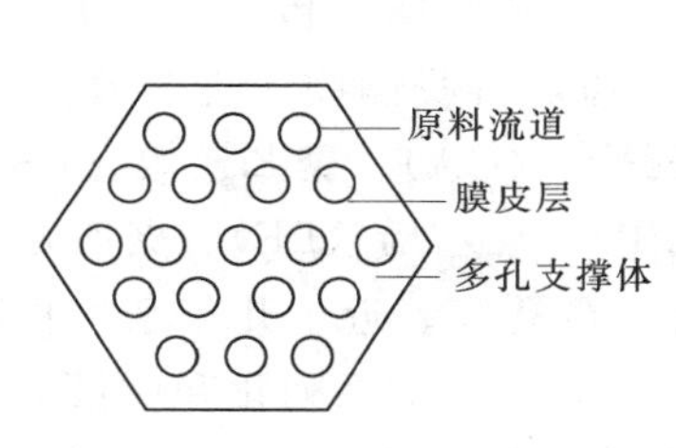

图 6-4　管式膜蜂窝结构截面图

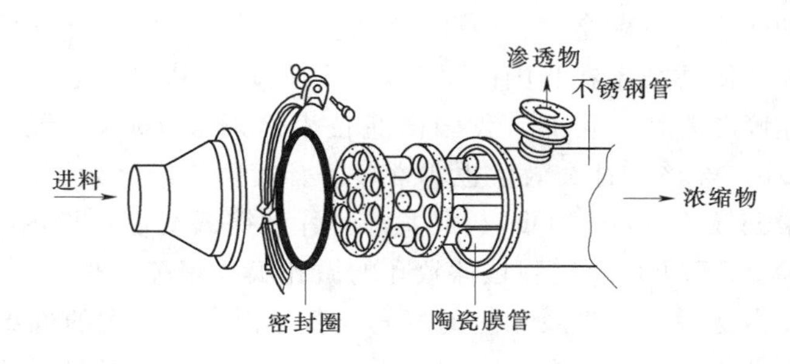

图 6-5　管式膜结构示意图

4. 毛细管膜组件及中空纤维膜组件

毛细管式膜组件由具有直径 0.5～1.5mm 的大量毛细管膜组成，具有一定的承压性能，所以不用支撑管。膜管一般平行排列并在两端用环氧树脂等材料封装起来。毛细管式膜组件的运行方式有两种：料液流经管外，透过液从毛细管内流出；料液流经毛细管内，透过液从管外排走。

毛细管式膜组件的应用领域为超滤、气体分离、渗透蒸发。

中空纤维膜组件与毛细管式膜组件的形式相同，只是中空纤维的外径较细，为 40～250μm，内径为 25～42μm。其耐压强度很高，在高压下不发生形变。中空纤维膜组件常把几十万根或更多根中空纤维弯成 U 形，纤维束的一端或两端用环氧树脂封头，再装入耐压容器内而成。

中空纤维膜组件已经广泛应用于微滤、超滤、气体分离、反渗透等领域。

第二节　微　滤　技　术

一、微滤技术概述

微滤（microfiltration，简写为 MF）是利用微滤膜为过滤介质，以压力差为驱动力，达到浓缩和分离目的的一种精密过滤技术。

微滤是以多孔膜为过滤介质，滤膜孔径为0.1～10.0μm，在0.1～0.3MPa压力的推动下，截留溶液中的砂砾、淤泥、黏土等颗粒和贾第虫、隐孢子虫、藻类和一些细菌等，而大量溶剂、小分子及少量大分子溶质都能透过膜的分离过程。

微滤主要用于分离液体中尺寸超过0.1μm的物质，具有高效、方便和经济的优点，广泛应用于各种工业给水的预处理、饮用水的处理以及城市污水和各种工业废水的处理与回用等。另外，微滤也是精密尖端技术科学和生物医学科学中检测有形微细杂质、进行科学实验的一种重要工具。

微滤技术的研究是从19世纪初开始的，它是膜分离技术中最早产业化的一种，19世纪中叶出现了以天然或人工合成的聚合物制成的微孔过滤膜。1907年Bechhold发表了第一篇系统研究微孔滤膜性质的报告。1918年Zsigmondy等首先提出了商品规模生产硝化纤维素微孔过滤膜的方法，并于1921年获得专利。第二次世界大战后，美国和英国也对微孔滤膜的制造技术和应用进行了广泛的研究，这些研究对微滤技术的迅速发展起到了推动作用。目前全世界微孔滤膜的销售量，在所有合成膜中居第一位。

微滤技术在我国的研究开发则较晚，基本上是20世纪80年代初期才起步，但其发展速度非常快。目前，我国微滤技术已形成7000万元的年产值，占我国膜工业年产值的1/5，经济、社会效益也非常显著。我国相继开发了醋酸纤维素（CA）、聚苯乙烯（PS）、聚偏氟乙烯（PVDF）、尼龙等膜片和筒式滤芯，聚丙烯（PP）、聚乙烯（PE）、聚四氟乙烯（PTFE）等控制拉伸致孔的微孔膜和聚酯、聚碳酸酯等的微孔膜。近十几年来，我国在微滤膜、组件及相应的配套设备方面有了较大的进步，虽然在品种的系列化和质量上与国外先进技术存在一定的差距，但国内产品已经具备了替代进口同类产品的水平。目前，微孔滤膜已在饮料、食品、电子、石油化工、医药、分析检测和环保等领域获得广泛应用，取得了很好的经济、社会和环境效益。

二、微滤原理

根据微粒在膜中截留位置，可分为表面截留和内部截留两种，如图6-6所示，截留机理主要有以下3种。

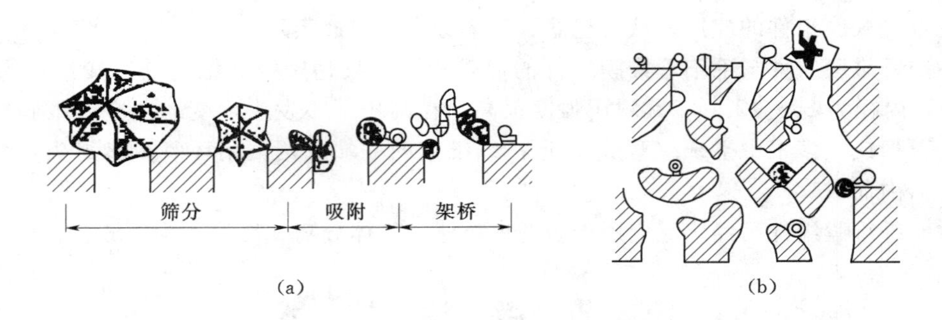

图6-6　微滤截留位置

(a) 膜表面的截留；(b) 膜内部的截留

(1) 筛分作用机理。微滤膜拦截比其孔径大或与其孔径相当的微粒，也称机械截留作用。

(2) 吸附作用机理。微粒通过物理化学吸附而被微滤膜截获。这一机理解释了虽然有些微粒尺寸小于微滤膜孔径也能被微滤膜截留的原因。

（3）架桥作用机理。微粒相互推挤，导致微粒都不能进入微滤膜孔或卡在孔中不能动弹。

筛分、吸附和架桥既可以发生在膜表面，也可以发生在膜内部。

三、微滤操作模式

1. 死端过滤

料液流动方向与微滤膜表面垂直的过滤方式称为死端过滤。在这种过滤方式下，滤饼层随着过滤时间的增加迅速增厚，溶液透过量也迅速下降，但死端过滤的能耗低，因而回收率较高。随着周期性气水反冲技术的成熟以及自动化程度的提高，死端过滤也成为了许多大型水处理系统的选择。

2. 错流过滤

料液流动方向与微滤膜表面平行的过滤方式称为错流过滤。料液沿膜面流动时，对膜表面截留物产生剪切力，使其部分返回主体流中，从而减轻了膜的污染，膜透过速度能在相对长的一段时间内保持在较高的水平。

在错流微滤中，随着过滤的不断进行，主体溶液中的粒子不断在膜表面堆积，形成浓差极化层。在过滤过程中，一方面颗粒随透过液被带到膜表面使浓差极化加剧；另一方面粒子之间相互碰撞导致的颗粒分散、水力剪切作用导致的分散，以及流道中速度梯度导致的径向迁移，使部分粒子又能离开膜表面。当粒子向膜表面传递的速率与膜表面极化层中粒子向主体溶液中运动的速率相等时，过滤过程达到稳态。

四、微滤膜及组件

（一）微滤膜

微滤膜的孔径一般在 0.1～10.0μm 之间，且孔径的分布范围窄，孔隙率可高达 80%，厚度在 150μm 左右。微滤膜的这些特征决定了微滤过程具有较高的分离精度和较大的通量。

微滤膜按形态结构可大致分为两种：一种是筛网膜，如核孔膜，其孔呈毛细管状，不均匀地分布并垂直于膜表面；另一种是曲孔膜，也叫深层膜，这种膜的微观结构与开孔型的泡沫海绵相似。这两种形态的膜在扫描电子显微镜下的微观形态见图 6-7。

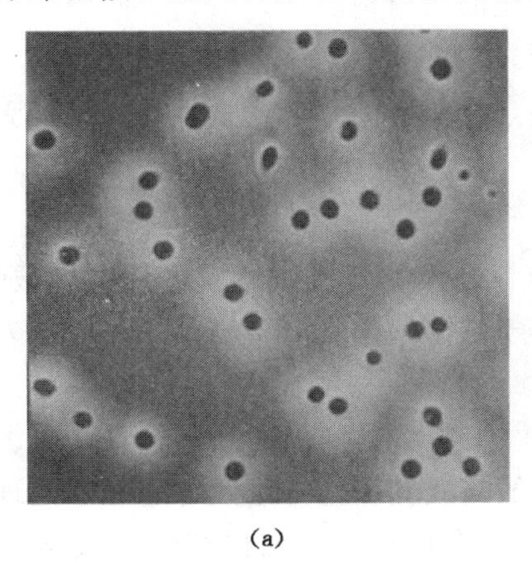

(a)

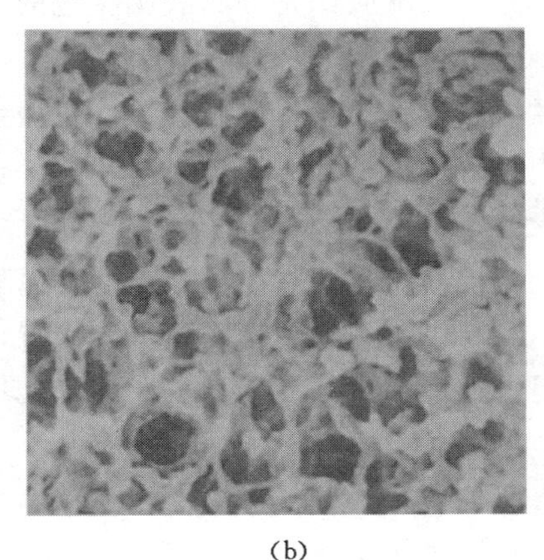

(b)

图 6-7 微孔滤膜的形态

(a) 筛网膜；(b) 曲孔膜

（二）微滤膜材料

可用作微滤膜的材料有很多，常用的是聚丙烯（PP）、聚四氟乙烯（PTFE）和聚偏氟乙烯（PVDF）等。纤维素酯、聚酰胺、聚砜、聚碳酸酯等有机聚合物和一些无机材料也是制备微滤膜的材料。

1. 聚烯烃

用来制备微滤膜的烯烃主要为聚丙烯（PP）和聚氯乙烯（PVC）。（PP）具有良好的化学稳定性，可耐酸、碱和各种有机溶剂，但孔径分布较宽，不适用于精确过滤。（PVC）膜强度和韧性好，适用于中等强度的酸和碱溶液，但不耐热，不便于消毒。

2. 含氟材料

常见的含氟材料是聚四氟乙烯（PTFE）和聚偏氟乙烯（PVDF）。PTFE 俗称“塑料王”，具有很好的化学稳定性、热稳定性和耐有机溶剂性，可在－40～260℃、强酸、强碱和各种有机溶剂中使用，也能用于过滤蒸汽。PVDF 也具有很好的耐热、耐腐蚀、耐溶剂性，已成功地用于膜蒸馏、气体净化、有机溶剂精制等工业领域。

3. 纤维素酯

其中最常见的是由醋酸纤维素和硝酸纤维素混合制备的混合纤维素（CA－CN）。它是一种标准的常用微滤膜，孔径在 0.05～8μm 范围内有多种规格。该材料成孔性能好，生产成本低，亲水性好，使用温度范围广（最高使用温度为 75℃），可耐稀酸和稀碱，但不适用于酮类、酯类、强酸和强碱等溶液。

4. 聚碳酸酯

该类膜材料主要用于制备核孔膜，即用核径迹法制造膜孔。核孔聚碳酸酯膜孔径分布均匀，过滤精确，但孔隙率较低，制膜工艺复杂，价格高，因而限制了它的应用。

5. 聚酰胺

该类膜材料耐碱但不耐酸，在酮、酚、醚及高分子量的醇类中不易被侵蚀。用于制备微滤膜的有脂肪族聚酰胺和聚砜酰胺。超细尼龙纤维的不织布平均孔径可小于 1μm，直接用于微滤。聚酰胺则是颇具我国特色的超滤和微滤膜材料。

6. 聚砜

聚砜原料价廉易得，制膜简单，机械强度高，抗压密性好，化学性能稳定，无毒，能抗微生物降解，也是常见微滤膜材料之一。

7. 无机材料

用氧化铝或氧化锆陶瓷、玻璃、金属氧化物等制得的无机微滤膜，具有机械强度好、耐高温、耐有机溶剂和耐生物降解等优点，除用于高温气体分离、膜催化反应器外，也适用于饮用水处理和成分复杂的工业废水处理。

（三）微滤膜组件

从膜形状上看，有板框式、管式、卷式、褶皱筒式和中空纤维式等。在水处理中，中空纤维式和管式使用较广泛，板框式和褶皱筒式也有应用。下面以褶皱筒式微滤组件为例，简单介绍微滤膜组件的组成。

褶皱筒式滤芯的结构如图 6－8 所示。垫圈和 O 形环起密封的作用；微滤膜则由内、外层材来支撑，并一起被固定在轴芯周围；外部护罩和网起保护和分布水流的作用。原水由外部进入，杂质颗粒被微滤膜截留，透过的水通过轴芯内部管中流出。通常由多个滤芯组成一台筒式过滤器。这种过滤器具有过滤面积大、操作方便的优点，滤芯堵塞后即可抛弃更换。

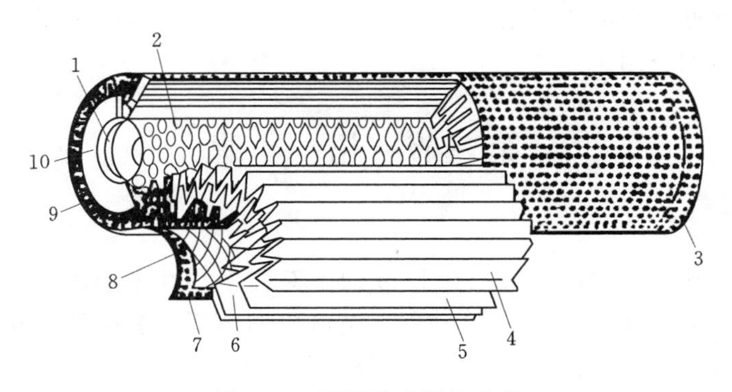

图 6－8　褶皱筒式微滤滤芯

1—O 形环；2—轴心；3—固定材；4—内层材；5—滤膜；6—外层材；7—护罩；8—网；9—固定材；10—垫圈

五、微滤在水处理中的应用

（一）在饮用水净化中的应用

微滤对水中病原微生物、浊度、铁和锰等截留率高，可以在饮用水净化中发挥重要作用。

1. 直接微滤

直接微滤能够去除水中的贾第虫胞囊和隐孢子虫卵囊。这是两种目前最被关注的直接威胁人类健康的病原微生物。贾第虫胞囊的直径为 12～20μm，隐孢子虫卵囊的直径为 4～6μm，所以通常使用的 0.2μm 微滤膜能够将它们去除干净。

2. 混凝微滤

许多地表水色度较高，含有大量以腐殖质形式存在的溶解有机物。这些有机物相对分子比较大，具有一定的极性，使水的外观呈现黄色或褐色。虽然他们并不一定对人类健康造成直接威胁，但是含有此类物质的水经过消毒后，会转化成致癌、至畸和致突变的三卤甲烷（THM）等消毒副产物（DBP）。因此，必须除去水源中的有机物。直接微滤不能有效降低表征水中有机物含量的色度和总有机碳（TOC），如果与混凝结合，则可以提高微滤膜除去有机物效果。通过优化工艺，可以使 TOC 和色度的去除率分别达到 85％和 95％。

（二）在纯净水制备中的应用

微滤装置常常作为某些纯水设备的保安过滤设备，通常用于反渗透、电除盐和电渗析的进水前处理，以除去微小颗粒，保障这些设备的安全运行。再有为了满足某些行业，例如电子行业对超纯水颗粒物的要求，常在纯水制备系统的末端设置过滤精度为 0.1μm 的微滤装置，作为纯水终端过滤设备。

（三）在污水处理及回用中的应用

在城市污水及工厂废水回用中，微滤膜可以发挥重要的作用，主要用来去除一些微小的颗粒状物质，例如：天津市经济开发区利用“CMF－RO”处理工艺，对城市污水处理厂二级处理出水进行深度处理，系统处理污水能力为 25000m^3/d，其中 1000m^3/d 处理后供给热源厂的工业锅炉作为生产工艺用水，15000m^3/d 作为城市杂用水和景观用水。

除了在污废水回用中的应用以外，在造纸废水处理、印钞废水处理以及含油废水处理等方面都有着一定的应用。

第三节 超 滤

一、概述

超滤（UF）是以孔径为 0.002～0.1μm 的不对称多孔性半透膜——超滤膜作为过滤介质，在 0.1～1.0MPa 的静压力的推动下，溶液中的溶剂、溶解盐类和小分子溶质透过膜，而各种悬浮颗粒、胶体、蛋白质、微生物和大分子物质等被截留，以达到分离纯化目的的一种膜分离技术。其原理示意图见图 6－9。表 6－1 是某超滤膜的过滤效果。

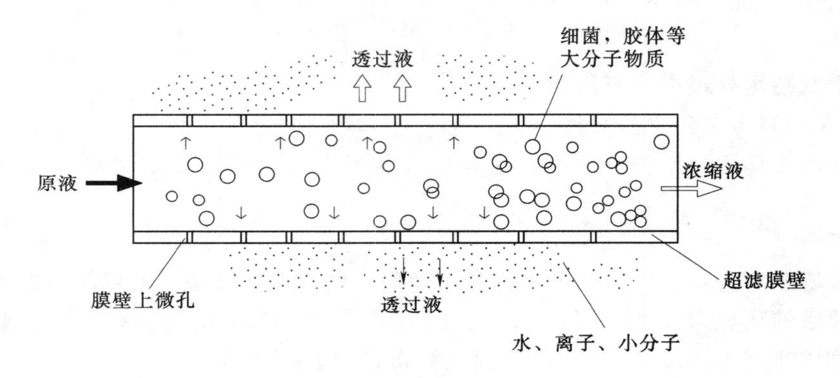

图 6－9 超滤原理示意图

表 6－1 某超滤膜过滤效果

水中杂质	滤除效果	水中杂质	滤除效果
悬浮物，微粒大于 2μm	100%	溶解性总固体	>30%
污染密度指数（SDI）	出水小于 1	胶体硅、胶体铁	>99.0%
病原体	>99.99%	微生物	>99.99%
浊度	出水小于 0.5NTU		

由表 6－1 可见，超滤能够去除全部微粒大于 2μm 的悬浮物和绝大部分微生物、病原体，并对水中的胶体硅、胶体铁等有很好的去除，出水浊度能够降到 0.5NTU 以下。

超滤现象的发现源于 1861 年 A. Schmidt 用天然的动物器官——牛心胞薄膜，在一定压力下截留了胶体的实验，其过滤精度远远超过滤纸。20 世纪 60 年代，随着 Loeb－Sourirajan 制成第一张非对称醋酸纤维素膜，超滤技术开始进入快速发展和应用阶段，特别是聚砜材料用于超滤膜的制备，促使了超滤在工业上的大规模应用。目前，超滤已经在饮用水制备、高纯水生产、海水淡化、城市污水处理和工业废水处理等领域获得了广泛的应用。

二、超滤膜材料

1. 纤维素酯

制作超滤膜的纤维素酯主要有醋酸纤维素（CA）、三醋酸纤维素（CTA）和醋酸硝酸混合纤维素（CA－CN）等。

纤维素原材料来源广，价格便宜，是目前广泛应用的膜材料。它具有选择性高、透水量大、耐氯性好和制膜工艺简单等优点。由于纤维素分子中的羟基被乙酸基所取代，削弱了氢键的作用力，使分子间距离增大，可以制得具有泡沫结构的中空纤维膜。作为超滤膜，CTA 分子结构类似于 CA，但在乙酸化程度以及分子链排列的规整性方面有一定的差异。CTA 的机械强度和耐酸性能比 CA 要好，所以将其与 CA 共混有可能改善它的性能。纤维素膜的缺点是热稳定性差、易压密、易降解、适应的 pH 值范围窄。

2. 聚砜

聚砜是继纤维素之后主要发展的膜材料，也是目前产量最大的膜材料。它可用作超滤膜和微滤膜，也可以作为复合膜的支撑层。聚砜（PSF）化学结构如下

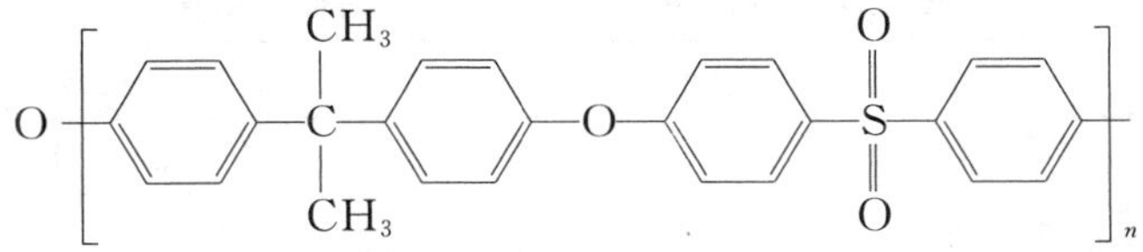

PSF 是一种非结晶性聚合物（玻璃化温度 $T_g=195℃$），因具有高度的化学、热及抗氧化稳定性，优异的强度和柔韧性及高温下的低蠕变性，而成为一种较为理想的膜材料。聚砜类膜疏水性或亲油性强，故水通量低和抗污染能力差。因此，对聚砜类膜材料的改性工作多集中在提高其亲水性上。通过“合金化”，即将聚合物共混，利用不同聚合物间性质的互补性与协同效应来改善膜材料的性质，在 PSF 中引入亲水性物质，是改善聚砜类膜材料亲水性的有效方法。

3. 聚烯烃

聚丙烯腈（PAN）的化学结构如下

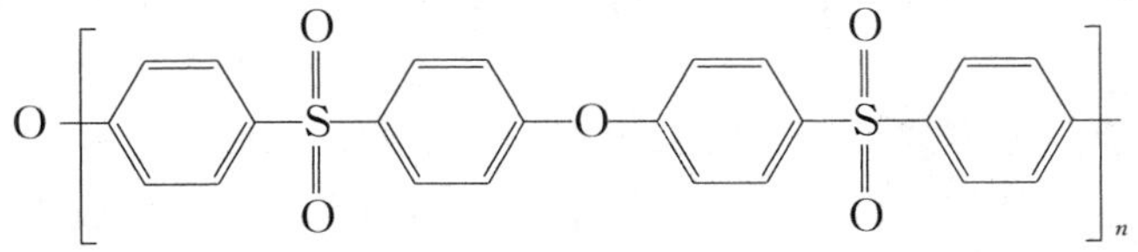

PAN 材料来源广泛，价格便宜。由于分子中暗基团的强极性，内聚能大，故具有较好的热稳定性，同时具有耐有机溶剂（如丙酮、乙醇等）的化学稳定性。此外它的耐光性、耐气候性和耐霉菌性较强，拓宽了它的应用领域，可以用于食品、医药、发酵工业、油水分离、乳液浓缩等方面，是国际上主要商业化的中空纤维超滤膜的制造材料之一。

除上述用于超滤膜制备的材料外，还有含氟聚合物、聚砜酰胺及无机类等。

三、超滤膜的性能评价

1. 纯水通量

纯水通量是指单位时间单位膜面积透过的纯水体积，商品膜通常用25℃、0.1MPa下所测得的数据表示。

2. 截留率

截留率是指一定分子量的溶质被超滤膜所截留的百分比。

$$R=\frac{c_b-c_p}{c_b}\times 100\% \qquad (6-1)$$

式中 R——截留率，%；

c_b、c_p——料液主体浓度和透过液浓度，常用质量分数表示，也可用mg/L表示。

式（6-1）计算的是表观截留率，实际运行时，由于浓差极化，$c_m>c_b$，c_m是膜表面溶质浓度，所以实际截留率要低。

3. 截留分子量

截留分子量指能被超滤膜截留住90%以上的溶质最小分子量，又称切割分子量。

4. 适用pH值及最高使用温度

适用pH值及最高使用温度取决于膜材料，如表6-2所示。

表6-2 常见超滤膜的适用pH值范围和最高使用温度

超滤膜材料	纤维素	聚砜	聚醚砜	聚丙烯腈	聚偏氟乙烯
适用pH值范围	3～7	1～13	1～14	2～10	2～11
最高使用温度（℃）	30	90	95	45	70

四、超滤组件

1. 中空纤维组件

中空纤维实际上是很细的管状膜，一般外径0.5～2.0mm，内径0.3～1.4mm。中空纤维组件是用几千甚至上万根中空纤维膜捆扎而成的。它有内压式和外压式两种：内压式的进水在纤维管内流动，从管外壁收集透过水；外压式组件则相反，进水在管外壁流动，透过水从管内收集。优点是填装密度高，单位膜面积价格低；缺点是容易堵塞，抗污染能力差。

相对于反渗透中空纤维膜，超滤中空纤维膜要粗得多，故有人称超滤中空纤维组件为毛细管组件。

超滤一般按错流过滤方式运行，常采用外压式结构，如图6-10所示，原水进入组件外壳后，在中空纤维的外部流动，水透过管壁进入到中空纤维内部成为产水，杂质则被截留在膜丝的外部。反洗时则正好相反，反洗水从膜丝内部流向外部，将附着在膜丝外表面的杂质松动。

2. 平板式组件

膜堆由多个平板膜单元（如图6-11所示）叠加而成，膜与膜之间用隔网支撑，以形成水流通道。将膜堆装入耐压容器中，就构成了平板式膜组件。这种组件结构简单，安装、拆卸和更换方便，但膜的填装密度小、产水量低。

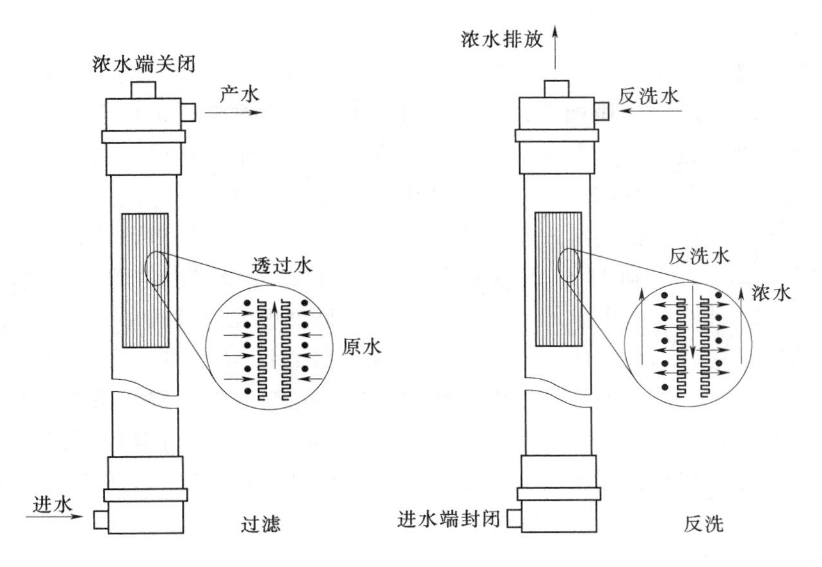

图 6-10 外压式组件

3. 螺旋卷式组件

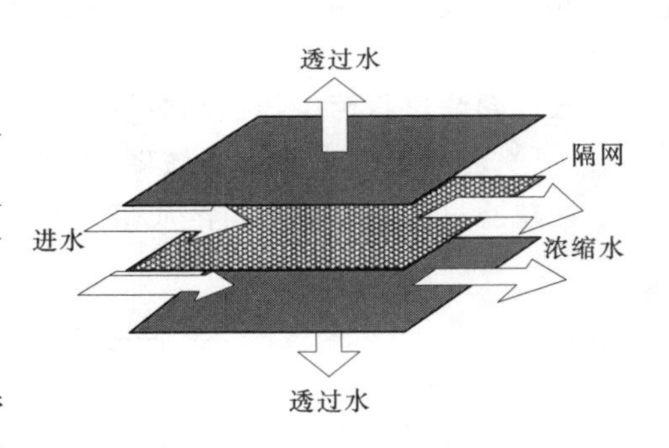

图 6-11 平板式超滤组件示意

如图 6-15 所示，它是用平板膜卷制而成的。先将两张超滤膜透过面相向地叠在一起，中间插入一层多孔收水网，将三边密封，形成内装收水网的信封式膜袋。用壁面有许多小孔，两端具有连接件的管子作为中心管。将从“信封”中伸出的收水隔网先绕中心管一圈，然后将“信封”口黏合，在上面置一层给水隔网，一起绕在中心管上，就构成了螺旋卷式组件，如图 6-12（a）所示。进水沿着给水隔网的缝隙沿中心管轴向流动，透过膜的水由多孔收水网收集，呈螺旋状流向中心管，最后从中心管一端或两端流出。通常，几个卷式组件的中心管对接成串，然后封装在一个耐压容器内，如图 6-12（b）所示。

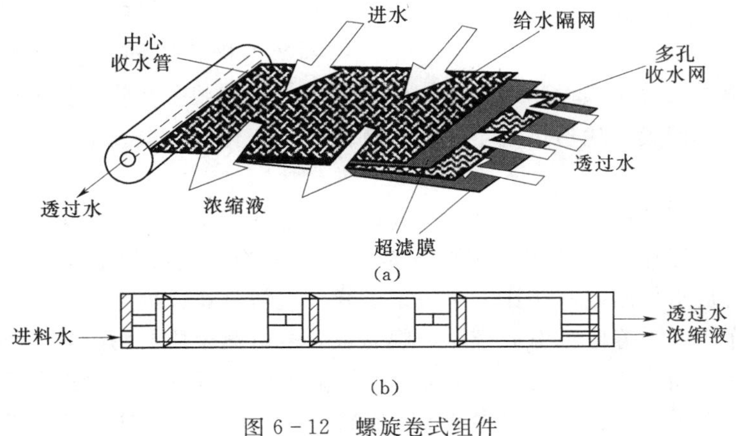

图 6-12 螺旋卷式组件

4. 浸没式组件

浸没式膜组件是一种没有外壳的外压式中空纤维组件，纤维两端安装集水管，组件直接放入被处理水中，既可以用抽吸透过水的方式实现真空过滤，也可增加进水压头实现重力过滤。多个组件连接在一起组成一体，安装在一个框架中，再放进处理池。膜组件底部通常装有曝气装置，利用气泡上升过程中产生的紊流对纤维进行擦洗。另外，采用了间歇抽吸或用透过水频繁反冲洗的脉冲运行方式，避免了污物过多堆积，防止污物在膜面形成稳固层。加拿大 Zenon 公司的 ZeeWeed 浸没式组件就是浸没式组件的典型代表。

ZeeWeed 500 组件由 8 个单元（模块）组成，每个单元尺寸为 200cm×200cm，膜面积为 $46m^2$，膜标称孔径为 0.04μm。每个单元含纤维数目 4500 根，其长度略长于底端和顶端之间的距离，以利于在空气清洗时纤维之间能够相互摩擦，提高清洗效果。ZeeWeed 500 组件可以直接用于饮用水和各种工业用水的制备，也可以与混凝联用去除水中有机物，与化学氧化法联用去除铁和锰，与粉末活性炭联用去除色度，或作为反渗透的预处理等。

5. 其他超滤膜组件

除了上述几种超滤膜组件外，还有平板式组件、管式组件、垫式组件和可逆螺旋式组件。

五、超滤过程污染与控制对策

（一）超滤过程中的浓差极化

在超滤过程中，滤液将溶质带到膜表面，使其部分或全部被截留，从而导致膜表面浓度上升，形成从膜表面溶质浓度 c_m 到主体溶液浓度 c_b 的浓度梯度边界层，即浓差极化。由于 c_m 高于 c_b，浓度梯度形成的同时也出现了溶质由膜表面向主体溶液方向的反向扩散，如图 6－13 所示。

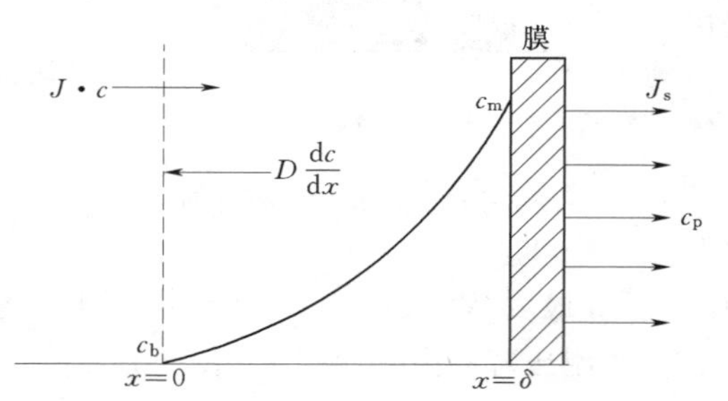

图 6－13　超滤过程中的浓差极化

降低料液浓度或改变膜表面的水力学条件，可以减轻浓差极化，所以浓差极化是可逆的。

（二）超滤膜的污染

与浓差极化不同，膜污染是指料液中的颗粒、胶体或溶质大分子通过物理吸附、化学作用或机械截获在膜表面或膜孔内吸附、沉积造成膜孔堵塞，使膜发生透过通量与分离特性明显变化的现象。

1. 污染机理

膜污染是一个复杂的过程，膜是否污染以及污染的程度归根于污染物与膜之间以及不同污染物之间的相互作用，其中最主要的是膜与污染物之间的静电作用和疏水作用。因此，静电作用与疏水作用之间相比大小决定了膜是被污染还是处于清洁状态。

（1）静电作用。因静电吸引或排斥，膜易被异号电荷杂质所污染，而不易被同号电荷杂质所污染。膜表面荷负电或荷正电的原因是膜表面某些极性基团（如羧基、胺基等）在与溶液接触后发生了解离。在天然水的 pH 值条件下，水中的胶体、杂质颗粒和有机物一般荷负电，因此，这些物质会造成荷正电膜的污染。阳离子絮凝剂（如铝盐）带正电荷，所以它可引起荷负电膜的污染。杂质和膜的极性越强，电荷密度越高，膜与杂质之间的吸引力或排斥力越大。另外，杂质和膜表面极性基团的解离与 pH 值有关，所以，膜的污染程度也受 pH 值影响。

（2）疏水作用。一般，疏水性的膜易受疏水性杂质的污染，造成污染的原因是膜与污染物相互吸引。这种吸引作用源于分子间的范德华力。如果某种有机物含有一个电荷基团，且其碳原子数超过 12，而同时膜表面带一个单位同种电荷时，则该有机物与膜之间的疏水吸附能就大于静电排斥能，从而导致其在疏水性膜表面的吸附，即膜的污染。因此，当疏水作用的强度超过静电作用时，膜就会被污染，而且疏水作用越强，污染程度越严重。

2. 污染控制对策

（1）膜材料的选择与改性。选择亲水性强、疏水性弱的抗污染超滤膜是控制膜污染的有效途径之一。膜疏水性通常用水在膜表面上的接触角（润湿角）来衡量。接触角越大，说明膜的疏水性越强，越易被水中疏水性的污染物所污染。常见超滤膜材料接触角由大到小的大致顺序为：聚丙烯＞聚偏氟乙烯＞聚醚砜＞聚砜＞陶瓷＞纤维素＞聚丙烯腈。对于部分疏水性较强的膜材料，可以采用改性的办法增强亲水性。常见的改性方法有共混改性和表面化学改性。

（2）膜组件的选择与合理设计。不同的组件和设计形式，抗污染性能不一样。如果原水中悬浮物较多，或容易促进形成凝胶层的溶质含量较高，可考虑选用容易清洗的板式或管式组件。

对于膜组件，应设计合理的流道结构，使截留物能及时被水带走，同时应减小流道截面积，以提高流速，促进液体湍动，增强携带能力。对于中空纤维膜，可以用横向流代替切向流，即让原料液垂直于纤维膜流动，以强化边界层的传质，此时纤维本身起到湍流促进器的作用。

（3）强化超滤过程。

1）湍流和脉冲流技术。使用湍流促进器或脉冲流技术等可以改善膜面料液的水力学条件，减小膜面流体边界层厚度，降低浓差极化，延缓凝胶层的形成，减轻膜污染。脉冲流技术则是指对流体施加一个脉动的压力梯度，使其产生具有两个峰值的速度曲线，从而显著提高膜表面的剪切速率促使表面截留物向主体流转移，从而强化了超滤过程。

2）两相流技术。为了强化膜界面处的传质效果，可以向料液中通入气体，使膜表面产生气/液两相流（如图 6－14 所示），利用流体不稳定流动，产生高剪切力，防止杂质沉积，同时使滤饼膨松。

3）物理场强化过滤。物理场包括电场、超声波等。外加电场或超声对某些料液的超滤能起到强化作用，可一定程度控制膜污染。

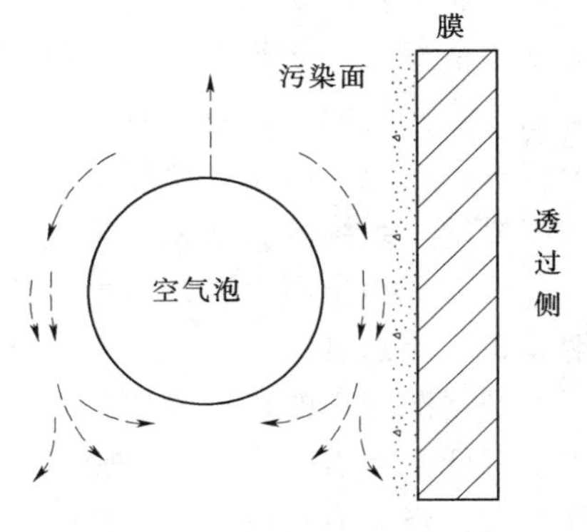

图 6－14 两相流强化超滤示意图

(4) 膜清洗技术。

1) 物理清洗。

①等压冲洗：主要适用于中空纤维组件。冲洗时先降压运行，关闭透过水出口，加大原水流量，此时透水侧压力上升，达到与进水侧相等的压力即等压时，滞留于膜表面的松软溶质就会悬浮于水中，并随浓缩液排出。

②负压冲洗：是指从膜的透过侧进行冲洗，而使透过侧压力高于浓水侧，以除去膜表面和膜内部的污染物。负压冲洗效果较好，但是有一定的风险，如果压力控制不当很可能导致膜的破损。

③空气清洗：通常将水与压缩空气混合后一起送入超滤装置，利用水气两相流的搅动作用对膜表面进行清扫。

④物理场清洗：由于物理场可以改变水或水中杂质的某些物理或化学性质，于是可以在水冲洗的同时，施以物理场帮助清洗。如将超声或电场施加于膜上，利用超声波的空化作用或电场对带电粒子的电场力，帮助去除膜表面的污染物。

2) 化学清洗。所用的清洗剂种类一般与反渗透组件的相同。应根据污染的类型和程度、膜的物理化学性能来选择清洗剂。例如，污垢主要组成是无机物质如水垢、铁盐、铝盐等，则可用酸类、螯合剂、非离子型表面活性剂以及分散剂的复合配方；如果污垢主要组成是有机物，包括黏泥和油类，则通常采用阴离子型或非离子型表面活性剂、碱类、氧化剂或还原剂、分散剂和酶洗涤剂的复合配方。

六、运行与维护

(一) 运行条件

1. 流速

流速指的是料液对于膜表面的线速度。膜组件形式不同，流速不同，如中空纤维组件一般小于11m/s，管式组件则可达3～4m/s。提高流速，一方面可以减小膜表面浓度边界层的厚度和增强湍动程度，有利于缓解浓差极化，增加透过通量；另一方面，水流阻力变大，水泵耗电量增加。因此，应根据具体条件选择合适的运行流速。

2. 操作压力与压力降

操作压力一般是指料液在组件进口处的压力，通常为0.1～1.0MPa。所处理的料液不同、超滤膜的切割分子量不同，操作压力也不同。选择操作压力时，除以膜及外壳耐压强度为依据外，必须考虑膜的压密性和耐污染能力。随着压力的升高，透水通量上升，相应地被膜截留的物质越来越多，水力阻力增大，反而引起透水速率衰减。此外，微粒也易于进入膜孔道。因此，应尽量在低的压力下运行膜组件，以利于长期通量的保持，但这往往需要增大系统的膜面积，相应增加投资。

压力降是指原水进口压力与浓水出口压力的差值。压力降与进水量和浓水排放量有密切关系。特别对于内压型中空纤维或毛细管型超滤膜，沿着料液流动方向膜表面的流速及压力是逐渐变小的。进水量和浓水排放量越大，则压力下降越快，这可能导致下游膜表面的压力低于所需工作压力，膜组件的总产水量会受到一定影响。随着运行时间延长，压力降增大，当压力降高于预设值时，应对组件进行清洗。

操作压力和压力降与进水温度有关，当温度较高时，应该降低操作压力和控制较低的膜压差。当压差达到一定值时需要进行清洗。

3．温度

进水温度对透过通量有较显著的影响，一般水温每升高1℃，透水速率约增加2.0%。商品超滤组件标称的纯水透过通量是在25℃条件下测试的，当水温随季节变化幅度较大时，应采取调温措施，或选择富余量较大的超滤系统，以便冬季也能正常过滤。工作温度还受所用膜材质限制，如聚丙烯腈膜不应高于40℃，否则，可能导致膜性能的劣化和膜寿命的缩短。

4．回收率与浓水排放量

回收率是透过水量与进水量之比值。当进水量一定时，降低浓水排放量，回收率上升；反之，回收率下降。回收率过高，亦即浓水排放太少，则膜面浓缩液流速太慢，容易导致膜污染。允许的回收率与膜组件形式和所处理的料液有关，中空纤维式组件与其他结构组件相比，可以获得较高的回收率（60%～90%）。

（二）清洗条件

清洗效果的好坏直接关系超滤系统的稳定运行。影响清洗效果的主要因素有运行周期、清洗压力、清洗时间、清洗液浓度、清洗液温度等。

1．运行周期

超滤在两次清洗之间的使用时间称为运行周期。运行周期主要取决于进水水质，当进水中悬浮颗粒、有机物和微生物含量较高时，应缩短运行周期，提高清洗频率。膜压差和透水通量的变化是膜污染的客观反映，所以，可以根据膜压差升高或透水通量下降的程度决定是否需要清洗。中空纤维超滤膜的物理清洗周期一般为10～60min。

2．压力控制

反清洗时，必须将压力控制在一定值以下，以防膜受损。如海德能的HYDRAcap中空纤维组件反洗压力则不应超过0.24MPa。

3．清洗流量

提高流量可以加大清洗水在膜表面的流速，提高除污效果。反冲洗时，反洗流量通常是正常运行时透过通量的2～4倍，如HYDRAcap中空纤维组件运行时透过通量为59～145L/(m^2·h)，反洗时流量为298～340L/(m^2·h)。

4．清洗时间

每次清洗时间的长短应从清洗效果和经济性两方面来考虑。清洗时间长可以提高清洗效果，但耗水量增加；一些附着力强的污染物，也不会因为清洗时间的延长而可以改善清洗效果。所以，实际操作时可根据反洗排出水的污浊程度，决定清洗是否需要延续。通常，中空纤维膜制造商建议的反洗时间为30～60s。

第四节　反 渗 透 技 术

一、概述

反渗透是20世纪60年代迅速发展起来的一种膜分离水处理技术。随着膜科学研究和制造工艺的进步，反渗透水处理技术得到了迅速的发展。

1950年美国佛罗里达大学的Reid和Hassler等人率先尝试了利用反渗透进行海水淡化，到1960年美国加利福尼亚大学Loeb和Sourirajjan研制出了世界上第一张不对称醋酸纤维素膜标志着反渗透膜应用于工业制水成为现实。目前，从初期的醋酸纤维素非对称膜发展到用表面聚合技术制成的交联芳香族聚酸胺复合膜。操作压力经历了从高压醋酸纤维素膜到低压复合膜以至超低压复合膜、纳滤膜。膜组件的形式也呈现出多样化的趋势，由于结构上的优势在工业上应用最多的是卷式膜。反渗透占据了绝大多数苦咸水脱盐和越来越多的海水淡化市场。

我国从20世纪60年代中期开始研制反渗透膜，与国外起步时间相距不远，但由于原材料及基础工业条件限制，生产的膜元件性能偏低，生产成本高。近年来已有数条引进的生产线陆续生产，这将使国内膜生产水平有较大的改进和提高。

国内反渗透水处理技术应用始于20世纪70年代后期，最早多限于电子、半导体纯水。大规模的应用始于电力工业，然后又逐步扩大到其他工业。

反渗透用于许多纯水使用部门均具有明显的优势，对电厂锅炉补给水处理，更具有常规的离子交换处理方式难以比拟的优点。

(1) 水的处理仅依靠水的压力作为推动力，其能耗在许多处理方法中最低。

(2) 不用大量的化学药剂如酸、碱进行再生，无废酸、废碱的排放问题，环境污染小。

(3) 设备占地面积少，需要的空间也小。

(4) 运行维护和设备维修工作量极少。

对高参数锅炉补给水处理，更具有以下优点：

(1) 脱除水中二氧化硅效果好，除去率可达99.5%，有效地避免了高参数发电机组随压力升高对二氧化硅选择性携带所引起的硅垢，避免了天然水中硅对离子交换树脂所带来的再生困难、运行周期短的影响。

(2) 脱除水中有机物等胶体物质，除去率可达95%，避免了由于有机物分解所形成的有机酸对汽轮机尾部的酸性腐蚀。

反渗透水处理系统可连续产水，无运行中停止再生等操作，其产品水质无忽高忽低的波动。对发电机组的稳定运行、保证电厂的安全经济有着不可估量的作用。因此，反渗透在发电厂的锅炉补给水处理的应用中受到广泛的关注。含有盐分的水溶液在半透膜两侧出现有渗透现象，渗透现象是由渗透压引起的。

二、反渗透脱盐的基本原理

半透膜是广泛存在于自然界动植物体器官内的一种能透过水的膜。当把纯水和盐水分别置于半透膜的两侧时，纯水侧的水会自发地通过半透膜流入盐水侧，这种自然现象叫做渗透（osrnosis)。这是一个类似水向低处流的自发过程，此过程如图6-15（a）所示，纯水侧的水流入盐水侧，盐水的液位上升，当上升到两侧出现一定压力差后，水通过膜的净流量等于零，此时该过程达到平衡，与该液位高度差对应的压力称为渗透压（osmotic pressure)。

一般来说，渗透压的大小取决于溶液的种类、浓度和温度，而与半透膜本身无关。通常可用Vant Hoff方程计算渗透压，即

$$\pi = cRT \tag{6-2}$$

式中　π——渗透压，atm；

c——浓度差，mol/L；

R——气体常数，为 0.0826（L·atm）/(mol·K)；

T——绝对温度，K。

式（6－2）是用热力学原理推导出来的，因此只对稀薄溶液才是准确的。

当在膜的盐水侧施加一个大于渗透压的压力时，水的流向就会逆转，此时盐水中的水将流入淡水侧，这种现象叫做反渗透（Reverse Osmosis，缩写为 RO），反渗透是对含盐水施以外界推动力克服渗透压而使水分子通过膜的逆向渗透过程。该过程如图 6－15（b）所示。

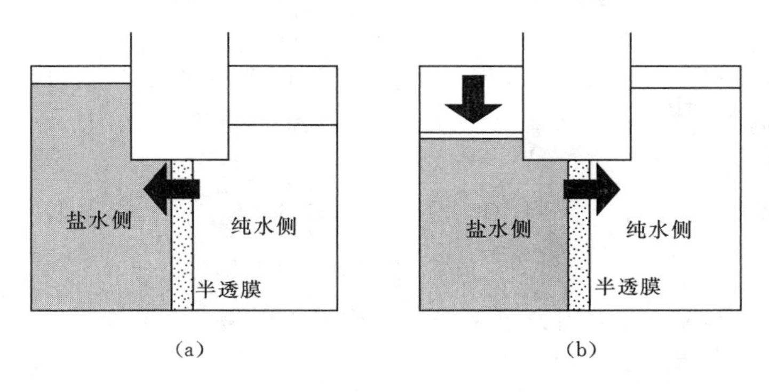

图 6－15　反渗透原理示意图

图 6－15 的半透膜两侧分别为淡水和海水时，则在反渗透开始时，左边施加的压力 p 应该是比原来海水的渗透压 π 略大的数值。这一渗透压使容积为 dV 的淡水渗入淡水一侧，因此海水容积减少 dV，压力 p 所做的功为 $-\pi dV$，海水由于分离出 dV 体积的淡水而体积变小，引起含盐浓度增加而渗透压也增加。

三、膜的材料和结构特点

按反渗透膜的材质、成膜工艺、结构和特性分类，主要有非对称反渗透膜、复合反渗透膜，包括被人们关注的耐氯膜、耐污染膜，以及动力膜、荷电膜、无机膜等。

（一）非对称反渗透膜

非对称反渗透膜是最早实际使用的反渗透膜，1960 年 Loeb 和 Sourirajan 研制成功的醋酸纤维素膜就属于此类。非对称反渗透膜的结构特征是二层结构，上面一层是致密脱盐层，下面一层是多孔支撑层。真正起脱盐作用的是致密层最上面厚约 0.1～0.2μm 的一部分，叫活化层。也有把接近致密层的称为过渡层。

非对称反渗透膜的制备特征是致密层与多孔支撑层是在膜制备过程中同时形成的。因其较均质膜阻力小，故其水通量较最早的均质膜提高数十倍。非对称反渗透膜的结构示意如图 6－16 所示。

目前应用最广泛的非对称反渗透膜是醋酸纤维素膜和芳香聚酰胺膜。

1. 醋酸纤维素膜（Cellulose Acetate）

这是第一种供实用的反渗透膜。将纤维素（棉花）用醋酸进行酯化反应，引入羧基以后，就成为醋酸纤维素。原料纤维素的结构如图 6－17 所示。

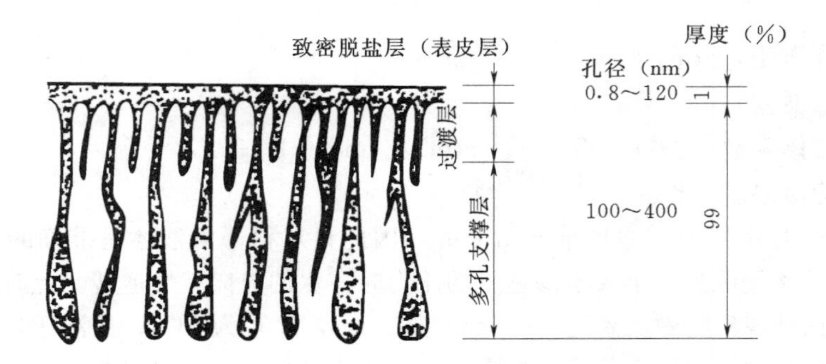

图 6-16　非对称反渗透膜的结构示意图

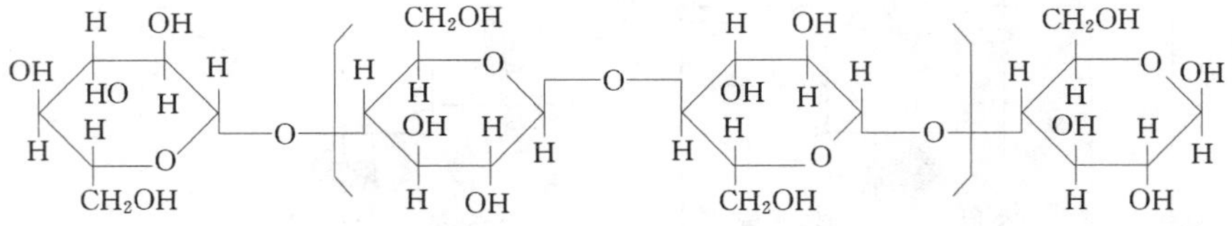

图 6-17　原料纤维素的结构

根据不同的乙酰基含量，纤维素上羟基平均酯化度为 2（或稍大于 2）的称为二醋酸纤维素（简称 CA），酯化度为 3（或接近于 3）的称为三醋酸纤维素（简称为 CTA）。

醋酸纤维素材料来源丰富，价格便宜，制备简单，透水性能好。膜在短时间内抗氯气的浓度可以达到 20ppm。该膜的弱点是容易水解和生物降解，高分子的屈服压力只有 $56kg/cm^2$。因此只能在较窄的 pH 值范围（4～7）、较低的原水温度（小于 30℃）和较低的操作压力（低于 $50kg/cm^2$）下使用。一般适用于苦咸水淡化、超纯水制备和中性水溶液的浓缩分离等方面。而 CTA 膜的抗水解性能优于 CA 膜，但是透水量比 CA 膜低。

2. 芳香聚酰胺类膜（Aromatic－Polyamide）

这是第二种供实用的非对称反渗透膜。

这种膜具有与 CA 膜相近的高透水量和较高的脱盐率。膜的化学稳定性较好，机械强度高，一般适用于 pH 值为 4～10、较高的原水温度和操作压力。其中尤以聚苯并咪唑酮膜为最，它抗微生物侵蚀，适用于 pH 值为 1～12 和 60℃的高温。

这种膜的缺点是膜材料单体毒性大，制备复杂，价格昂贵，对氯气比较敏感。

芳香聚酰胺类型非对称反渗透膜除适用于 CA 膜应用范围外，还适用于一级海水淡化、工业污水净化及酸性、碱性水溶液的浓缩分离。

（二）复合反渗透膜

由于非对称膜的致密层和支撑层是在浇铸中同时形成的，故非对称膜的活化层很难做得比 1000 埃更薄，而且也不是每种聚合物都能够被浇铸成非对称膜的。采用活化层与支持层分开形成的新工艺来制备更好的反渗透膜是一重要的改革。从结构上看，复合膜是两层薄皮的复合体，分两步制成。第一步先用类似非对称膜的制法得到多孔支撑体；第二步是在其上表面形成极薄的活化层，理论上可做成 200 埃厚。聚砜高分子是目前所有性能优良复合膜的支撑体材料，相当于聚砜超滤膜。

四、反渗透膜选择性透过理论

反渗透和其他水处理技术一样，用以说明膜脱除水中盐分并使水分子透过膜的机理，目前存在多种见解和模型。水通过反渗透的机理目前主要有三种理论：氢键理论、选择性吸附—毛细流动理论和溶解扩散理论。

1. 氢键理论

把醋酸纤维素膜看作是一种具有高度有序矩阵结构的聚合物，它具有与水等溶剂形成氢键的能力。图 6-18 所示为水在醋酸纤维素膜中传递的氢键理论，盐水中的水分子能与醋酸纤维半透膜的羰基上的氧原子形成氢键，即形成所谓的“结合水”。在反渗透力的推动作用下，与氢键结合进入膜的水分子能够由上一个氢键断裂而转移到下一个位置，形成另一个新的氢键。这些分子通过一连串的形成氢键和断裂氢键而不断移位，直至离开膜的表皮致密活性层而进入多孔性支撑层。由于多孔层的大量毛细管含有水，水流畅通流出膜外，产生源源不断的淡水。

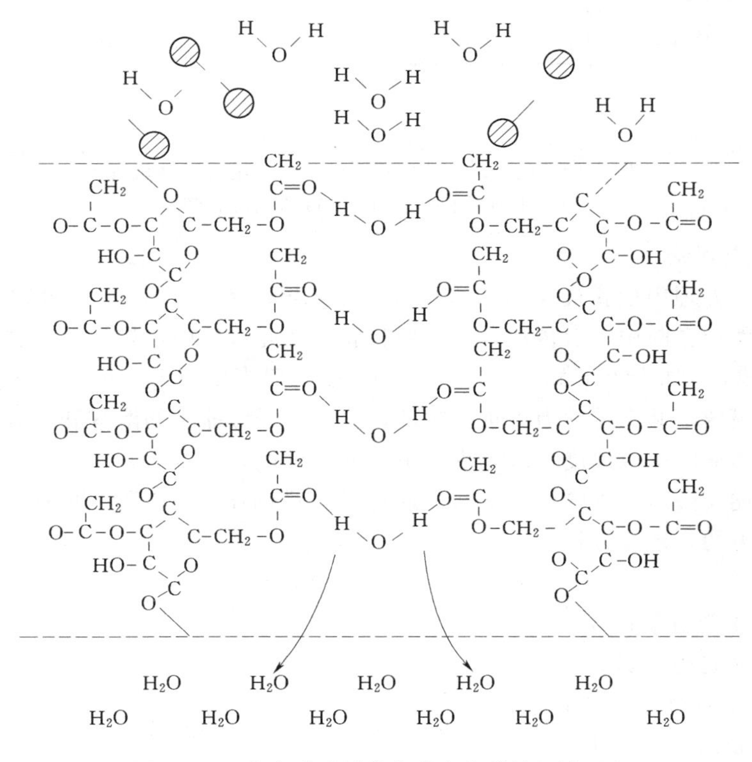

图 6-18　水在醋酸纤维素膜中传递的氢键理论

2. 选择性吸附—毛细流动理论

与氢键理论完全不同，它把反渗透膜看作是一种微细多孔结构物质，这符合醋酸纤维素膜表面膜致密层情况。该理论以吉布斯自由能吸附方程为基础。认为当盐的水溶液与多孔反渗透膜表面接触时，膜具有选择吸附纯水而排斥溶质（盐分）的化学特性。也即膜表面由于亲水性原因，可在固—液表面上形成厚度为 1 个水分子厚（0.5nm）的纯水层。在施加的压力作用下，纯水层中水分子便不断通过反渗透膜。盐类溶质则被膜排斥，化合价越高的离子被排斥越远。膜表皮层具有大小不同的极细孔隙，当其中的孔隙为纯水层厚度的一倍（1nm）时，称为膜的临界孔径。当膜表层孔径在临界范围以内时，孔隙周围的水分子就会在反渗透压力的推动下，通过膜表皮层的孔隙源源不断地流出纯水，因而达到脱盐的目的，如图 6-19 所示。当膜的孔隙大于临界孔径时，透水性增加，但盐分容易从孔隙中漏过，导致脱盐率下降。

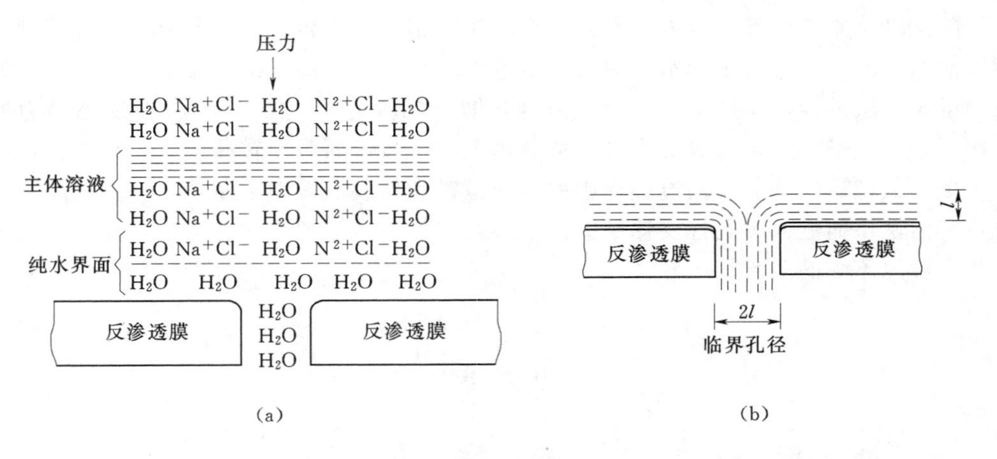

图 6-19 反渗透除盐的选择性吸附—毛细流动机理

(a) 选择性吸附；(b) 透过临界孔径的水流线

3. 溶解扩散理论

在反渗透水处理中把膜视作无孔的观点是 Lonsdale 提出的，水和溶质首先吸附溶解在膜表面上，然后在膜中扩散传递，最后通过膜。在此过程中，扩散是控制步骤，并假设服从 Ficks 定律，由此导出扩散方程。这一理论是将膜当作溶解扩散场，认为水分子、溶质都可以溶于膜内，并在推动力下进行扩散，但水分子和盐水的溶解和扩散速度不同，水分子高于盐分的溶解扩散速度，故表现了不同的透过性。

定量地描述反渗透过程的产水量和盐透过量是借助压差（ΔP）和浓度差（Δc）作为扩散传质推动力的。迁移方程为

$$Q_w = K_w(\Delta P - \Delta\pi)S/\tau \qquad (6-3)$$

式中 Q_w——水透过量；

K_w——水透过系数；

ΔP——膜两侧的外加压力差；

$\Delta\pi$——膜两侧渗透压差；

S——膜的面积；

τ——膜的厚度。

K_w与膜的性质和水温有关，K_w越大，说明膜的透水性越好。

$$Q_s = K_s \Delta c S/\tau \qquad (6-4)$$

式中 Q_s——盐透过量；

K_s——盐透过系数；

Δc——膜两侧浓度差；

S——膜的面积；

τ——膜的厚度。

K_s 与膜的性质、盐的种类及水温有关，K_s 越小，说明膜的脱盐性能越好。

从以上两式可以看出，对膜来说，K_w 大、K_s 小，则质量较好。相同面积和厚度的膜，其产水量与净驱动力成正比，盐透过量只与膜两侧浓度差成正比，而与压力无直接关系。

五、膜运行条件的影响因素及膜表面的浓差极化

（一）膜的水通量和脱盐率

膜的水通量和脱盐率是反渗透过程中关键的运行参数，这两个参数将受到压力、温度、回收率、给水含盐量、给水 pH 值因素的影响，影响的特征如表 6－3 所示。

表 6－3　膜的水通量和脱盐率的特征

增长的影响	水通量	脱盐率	增长的影响	水通量	脱盐率
实际压力	↑	↑	回收率	↓	↓
温度	↑	↓	给水含盐浓度	↓	↓

（1）压力。给水压力升高使膜的水通量增大，压力升高并不影响盐透过量，在盐透过量不变的情况下，水通量增大时产品水含盐量下降，脱盐率提高了。图 6－20 为运行性能与压力的关系。

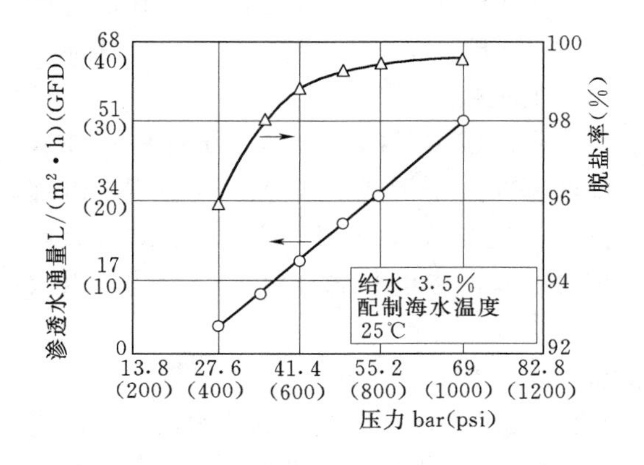

图 6－20　运行性能与压力的关系

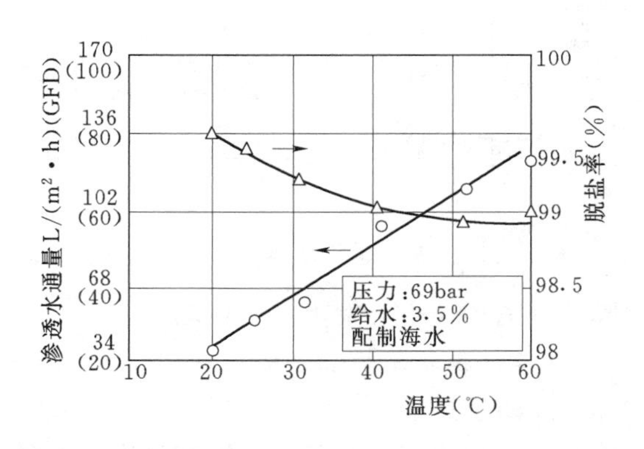

图 6－21　运行性能与温度的关系

（2）温度。在提高给水温度而其他运行参数不变时，产品水通量和盐透过量均增加。温度升高后水的黏度降低，温升 1℃一般产水量可增大 2%～3%；但同时温度引起的膜的盐透过系数 K_s 会增大更多，因而盐透过量有更大的增加。图 6－21 为运行性能与温度的关系。

（3）给水含盐量。给水含盐量增加影响盐透过量和产品水通量，使产品水通量和脱盐量均下降。这可用脱盐方程中 Δc 增大，则 Q_s 增大来说明盐透过量升高。又由于给水浓度 c 增大，$\pi = cRT$，使渗透压增大，在给水压力不变的情况下 $\Delta p - \Delta\pi$ 变小，因而 Q_w 降低。图 6－22 为运行性能与含盐量的关系。

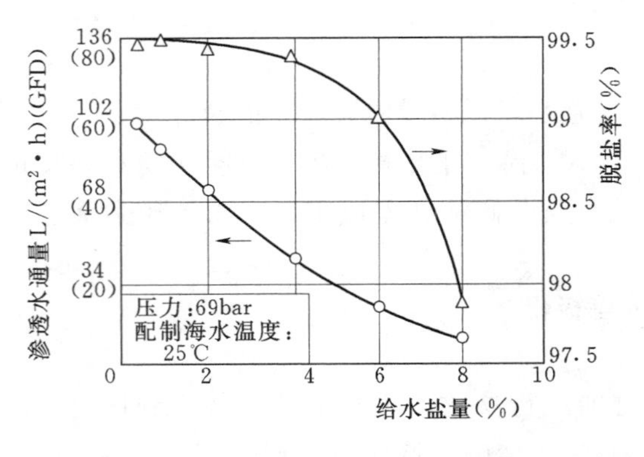

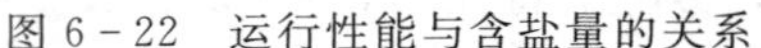
图 6-22 运行性能与含盐量的关系

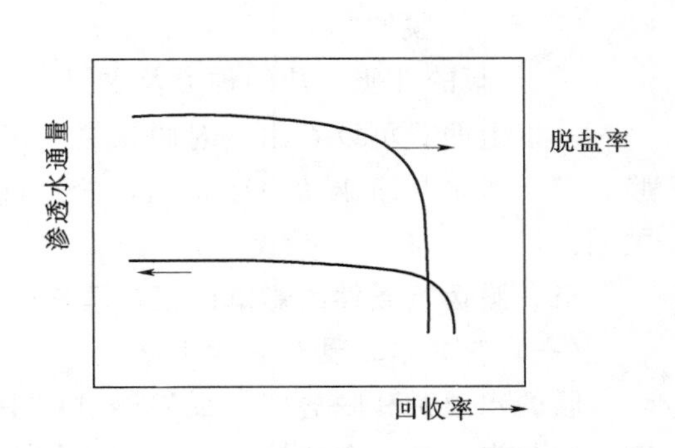

图 6-23 运行性能与回收率的关系

(4) 回收率。增大产品水的回收率，则产品水通量稍有下降趋势。这是因为浓水盐浓度增大。盐浓度高，则渗透压增大，在给水压力不变的情况下，$\Delta p-\Delta\pi$ 变小，因而 Q_w 下降。同时，由于 Δc 增大，膜透盐率也相应增大。当回收率过高时，膜界面形成浓差极化而导致水质陡然下降，接着又引起产水量相应地下降。图 6-23 为运行性能与回收率的关系。

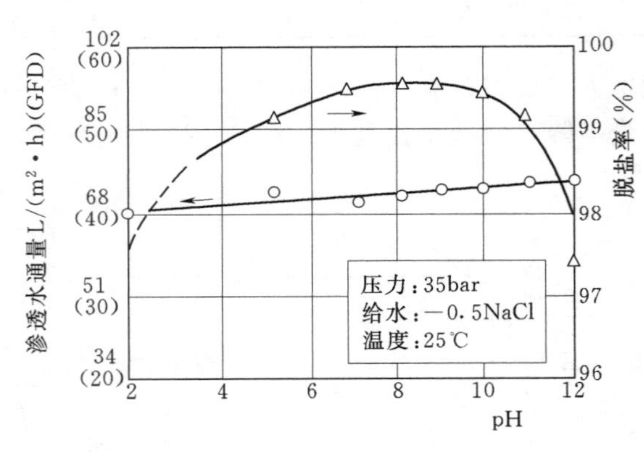

图 6-24 运行性能与 pH 值的关系

(5) 给水 pH 值。脱盐率和水通量在一定的 pH 值范围内较为恒定，其最大脱盐率的 pH=8.5。图 6-24 为运行性能与 pH 值的关系。

聚酰胺类膜的聚合物分子链中存在着酰胺基在水中形成的羧基、胺基等带电部分。当改变给水的 pH 值、离子结构和浓度时，膜的带电状态都将发生变化，以致膜的分离特性也会发生一些变动。

(二) 膜表面的浓差极化 (concentration polarization)

反渗透过程中，水分子透过以后，膜界面中含盐量增大，形成较高的浓水层，此层与给水水流的浓度形成很大的浓度梯度，这种现象称为反渗透膜的浓差极化。浓差极化会对运行产生极为有害的影响。

1. 浓差极化的危害

(1) 由于界面层中的浓度很高，相应地会使渗透压升高。当渗透压升高后，势必会使原来运行条件下的产水量下降。为达到原来的产水量，就要提高给水压力，因此使产品水的能耗增大。

(2) 由于界面层中盐的浓度升高，膜两侧的 Δc 增大，使产品水盐透过量增大。

(3) 由于界面层的浓度升高，则易结垢的物质增加了沉淀的倾向，从而导致膜的垢物污染。为了恢复性能，要频繁地清洗垢物，由此可能造成不可恢复的膜性能下降。

(4) 所形成的浓度梯度，虽采取一定措施使盐分扩散离开膜表面，但边界层中的胶体物质的扩散要比盐分的扩散速度小数百倍至数千倍，因而浓差极化也是促成膜表面胶体污染的重要原因。

2. 消除浓差极化的措施

（1）严格控制膜的水通量。

（2）严格控制回收率。

（3）严格按照膜生产厂家的设计导则设计系统的运行。

制造厂家对回收率的要求考虑了膜表面冲洗的流速，卷式膜流速一般不低于0.1m/s。对水通量的规定中，考虑了膜表面浓缩盐分应避免达到临界浓度。膜与膜之间设计隔网是为了增加浓水流动的紊流态。

六、反渗透膜组件

各种分离膜只有组装成膜器件，并与泵、过滤器、阀、仪表及管路等装配在一起，才能担负起膜的分离任务。膜器件是将膜以某种形式组装成膜元件并在一个基本单元设备内，在一定驱动力作用下，去完成混合物中各组分的分离装置。这种单元设备即反渗透器件，也可称为膜组件（module）或膜分离器（separator）。在工业膜分离过程中，根据生产需要，在一个膜分离装置中可由器的外壳（称压力容器）装数个或者更多的膜元件。

工业上使用的膜元件主要有管式、板框式、中空纤维式和涡卷式四种基本型式。管式和板框式两种是反渗透膜元件最初的产品形式，中空纤维式和涡卷式是管式和板框式膜元件的改进和发展。

这些组件均有自己独特的优点，因而不可能将其中任何一种淘汰。电厂水处理以卷式应用最为普遍，约占用户的99%；中空纤维式主要用于海水淡化领域；管式和板式主要用于食品和环保方面。下面以卷式膜元件为例，进行简要介绍。

1. 卷式膜元件的特点

卷式膜元件类似一个长信封状的膜口袋，开口的一边黏结在含有开孔的产品水中心管上。将多个膜口袋卷绕到同一个产品水中心管上，使给水水流从膜的外侧流过。在给水压力下，使淡水通过膜进入膜口袋后汇流入产品水中心管内。

为了便于产品水在膜袋内流动，在信封状的膜袋内夹有一层产品水导流的织物支撑层。为了使给水均匀流过膜袋表面并给水流以扰动，在膜袋与膜袋之间的给水通道中夹有隔网层。

卷式反渗透膜元件给水流动与传统的过滤流方向不同，给水是从膜元件端部引入，给水沿着与膜表面平行的方向流动，被分离的产品水是垂直于膜表面流动，透过膜进入产品水膜袋的。如此，形成了一个垂直、横向相互交叉的流向（图6-25）。水中的颗粒物质仍留在给水（逐步地形成为浓水）中，并被横向水流带走。如果膜元件的水通量过大，或回收率过高，盐分和胶体滞留在膜表面上的可能性就越大。浓度过高会形成浓差极化，胶体颗粒会污染膜表面。

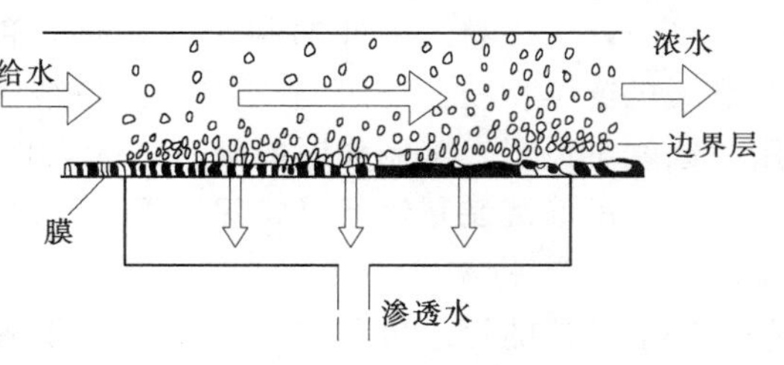

图6-25 横流膜过滤

卷式膜元件被广泛用于水或液体的分离，其主要工艺特点为：

(1) 结构紧凑，单位体积内膜的有效面积较大。

(2) 制作工艺相对简单。

(3) 安装、制作比较方便。

(4) 适合在低流速、低压下操作。

(5) 在使用过程中，膜一旦被污染，不易清洗，因而对原水的前处理要求较高。

2. 卷式膜元件的结构

卷式膜元件中所用的膜为平面膜，常用的涡卷式膜元件结构如图 6-26 所示。

原料液测隔网
原料液流向
隔网内
透过液的流向
透过液
渗透液集水管
透过液隔网
三个边界密封
密封边界
膜

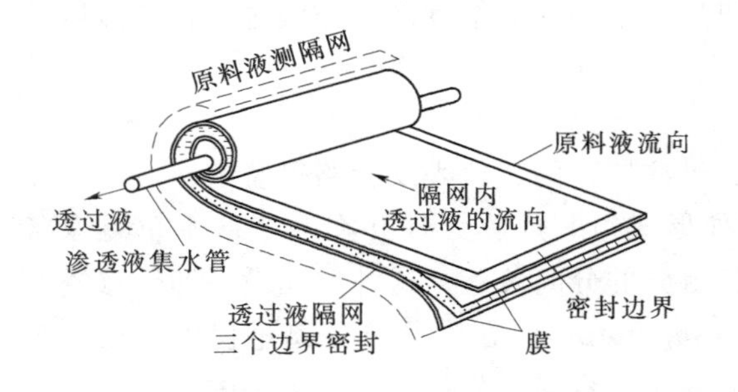

图 6-26 卷式膜组件的常规结构

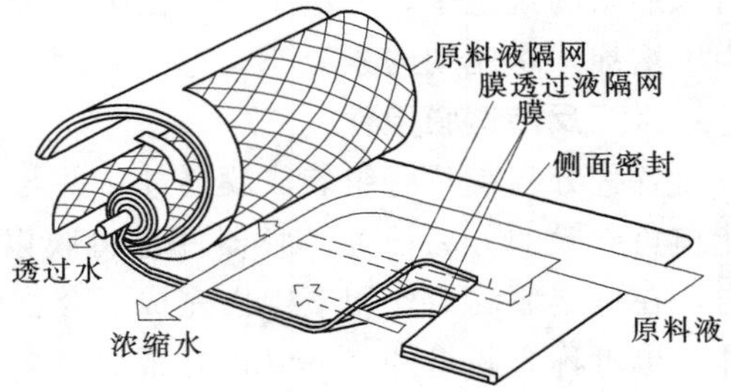

原料液隔网
膜透过液隔网
膜
侧面密封
透过水
浓缩水
原料液

图 6-27 东丽公司的卷式膜组件结构

卷式膜元件中的另一种结构见图 6-27，其为日本东丽公司生产，它与一般组件的不同之处是：普通组件给水的流向是与中心管平行的，而东丽公司的是绕着中心管流动的。这种改进的好处为：①流速分布均匀；②流程增长，从而可以提高回收率：③不容易发生膜卷的变形。

卷式膜元件在制造和使用时应注意的问题是：

(1) 要防止中心管主要折弯处产生泄漏。

(2) 避免膜及支撑材料在黏结线上发生皱纹。

(3) 避免胶线太厚而可能会产生张力或压力的不均匀。

(4) 避免支撑材料移动而使膜的支撑不合适，出现移动现象。

(5) 由于膜的质量不合格，膜上会有针孔，因而要对膜进行严格的检验。

当黏结密封时，渗透液侧的支撑材料不易密封，因此它与膜边缘必须有足够的胶渗入，否则在装配支撑材料或膜时易发生折痕或皱纹，也有可能在密封边或端头处产生漏洞。胶的涂刷要完全，两条胶线互相之间要并排，否则黏结剂就不能完全渗入，因而密封边就可能渗漏。要严格使用黏结材料，以使胶线同膜牢固连接。常用的有效黏结剂是聚酰胺凝固环氧树脂。

目前，对于卷式组件的制作，有的厂商已实现机械自动化。例如，采用一种 0.91m 的滚压机连续喷胶，使膜与支撑材料黏结密封在一起并卷成筒，牢固后不必打开即可使用，这就避免了人工制作时的缺点，大大提高了元件的质量。

七、反渗透装置运行及常见问题

1. 对给水的要求

这里所述的给水也称进水，是指反渗透装置第一根膜元件的入口盐水。为了减轻反渗透膜在使用过程中可能发生的污染、浓差极化、结垢、微生物侵蚀、水解氧化、压密以及高温变质等，保证反渗透装置长期稳定运行，根据运行经验，对反渗透装置的进水质量作了较为严格的规定。例如，某卷式芳香聚酰胺复合膜对进水水质的要求是：SDI<5，浊度小于1NTU，游离氯小于0.1mg/L，水温不大于45℃，压力不大于4.1MPa，pH值为2～10。不同的生产厂家、不同的膜材料和膜元件，对进水质量的要求有所差异，例如，CA膜可允许游离氯最高值达1mg/L。当原水水质达不到上述要求时，则必须对原水进行预处理。

2. 处理工艺

水源不同，预处理方法不一样。为了保证反渗透装置进水水质，必须针对不同水源，将各种水处理单元有机地组合起来，形成一个技术上可行、经济上合算的预处理系统。水处理单元主要有混凝、澄清、过滤、吸附、消毒、脱氯（投加还原剂）、软化、加酸、投加阻垢剂、微孔过滤（精密过滤）和超滤等。

为了保障反渗透装置的安全稳定运行，通常需要在原水进入反渗透装置之前将其处理成符合反渗透装置对进水的质量要求，这种位于反渗透装置之前的处理工序称为预处理或前处理。用反渗透法除盐时，要求透过水含盐量小于一定数值，例如，从海水制取饮用水，要求透过水含盐量小于500mg/L。对于废水处理，既要考虑透过水是否符合排放标准，又要考虑浓水有无回用价值或后续处理是否简便。有时仅靠反渗透不能达到用水的质量要求，则需要对反渗透的透过水或浓水作进一步处理，这种位于反渗透装置之后的处理工序称为后处理。例如，为了从盐水中制取电导率小于0.2μS/cm的锅炉补给水，往往是将离子交换装置串联在反渗透装置之后，用反渗透除去水中大部分盐类，用离子交换进行深度除盐。反渗透的相关工艺如下

原液→预处理→反渗透装置→透过水→后处理
↓
浓水→后处理

3. 调整水温

反渗透膜适宜的温度范围一般为5～40℃。适当地提高水温，有利于降低水的黏度，增加膜的透过速度。通常在膜的允许使用温度范围内，水温每增加1℃，水的透过速度约增加2%～3%；在高于膜的最高允许温度下使用，膜不仅变软后易压密，还会加快CA膜的水解和降低碳酸钙的溶解度促其结垢。有时为了防止SiO_2析出，也可以提高水温，增加其溶解度。膜材料不同，最高允许使用温度不同。一般，醋酸纤维素膜最高允许使用温度为40℃，芳香聚酰胺膜和复合膜的最高允许使用温度为45℃。当水温超过最高允许温度时，应采取降温措施，如设置冷却装置。当水的温度太低时，应采取加热措施。

4. 调整pH值

反渗透膜必须在允许的pH值范围内使用，否则可能造成膜的永久性破坏。例如，醋酸纤维素（CA）膜在碱性和酸性溶液中都会发生水解，而丧失选择性透过能力。醋酸纤维素膜可使用的pH值范围一般为5～6，聚酰胺（PA）膜可使用的pH值范围一般为3～10，但不同的厂商规定其产品使用的pH值范围存在一些差异。生产实际中，为了防止$CaCO_3$的析出，也需要往原水中加酸，以降低水的pH值。醋酸纤维素膜加酸后pH值一般控制在5.5～6.2，天然水的pH值大多在6～8之间，处于PA膜所要求的范围内，而高于CA所要求的值，故对于PA膜，原水加酸的目的是为了防止碳酸盐垢的生成，而对于CA膜，原水加酸的目的不仅是为了防止碳酸盐垢，而且是为了防止膜的水解。

5. 除铁除锰

Fe、Mn 和 Cu 等过渡金属有时会成为氧化反应的催化剂，它们会加快膜的氧化和衰老，故一般应尽量除去这些物质。胶态铁锰（如氢氧化铁和氧化锰）还可引起膜的堵塞。铁的允许浓度随 pH 值和溶解氧量的不同而有所不同，通常为 0.1～0.05mg/L。如果配水管使用了易腐蚀的钢管且进水中又有较充足的氧时，那么配水管铁的溶出会影响膜装置运行，这时应考虑管道防腐。反渗透系统停运期间的腐蚀会造成启动时进水含铁量增加，应在该水进入反渗透装置前排放掉。

6. 除去有机物

有机物的危害：①助长生物繁殖，因为有机物是微生物的饵料；②污染膜，有机物，特别是带异号电荷的有机物，牢固地吸附在 RO 膜表面，且很难清除干净；③破坏膜材料，当有机物浓缩到一定程度后，可以溶解有机膜材料。有机物污染可引起反渗透装置脱盐率和产水量下降。

水中有机物种类繁多，不同的有机物对反渗透膜的危害也不一样，因而在反渗透预处理系统没计时，也很难给一个定量指标，但如果水中总有机碳（TOC）的含量超过 2～3mg/L 时，则应引起足够的重视。

对于胶态有机物，可用混凝、石灰处理等方法除去，对于溶解性有机物，则用以下方法除去：

（1）氧化法。就是利用有机物的可氧化性，向水中投加氧化剂，如用 Cl_2、NaClO、和 $KMnO_4$ 等，将有机物氧化成无机物。

（2）吸附法。一般用活性炭或吸附树脂除去有机物。

（3）生化法。例如用膜生物反应器除去有机物。

澄清、活性炭吸附和超滤都有去除有机物的作用，三种方法的除去效果都与有机物分子量密切相关。例如，对于分子量超过 10000 的有机物，混凝澄清可以除去 90%以上，但对于分子量在 1000～10000 范围内的有机物，除去率大致为 10%～30%。目前，混凝澄清处理对天然水源有机物的去除率一般为 20%～40%。试验数据表明；活性炭对分子量 500～3000 范围内的有机物去除效果较好。

7. 结垢及其防止

盐水经过反渗透后，水中 98%以上的含盐量被阻挡在浓水中，导致浓水含盐量上升，例如，水的回收率为 75%，即进水经反渗透浓缩后其体积减少至原来的 25%时，浓水中盐的浓度也大致增加至进水的 4 倍。盐类的这种浓缩是反渗透装置结垢的主要原因。反渗透装置结垢的物质主要是溶解度较小的盐类和胶体等，例如 $CaCO_3$、$CaSO_4$ 等。防止反渗透膜结垢的方法主要有：①加酸防止生成 $CaCO_3$；②添加阻垢剂控制 $CaCO_3$、$CaSO_4$，$BaSO_4$，等垢的生成；③用钠离子交换法除去 Ca^{2+}、Mg^{2+} 等结垢的阳离子；④降低水的回收率，避免浓缩倍数过大。实际应用中，多采用①和②两种方法。

8. 微生物孳生及其防治

水中有机物一般是微生物的饵料，含有微生物和有机物的水进入反渗透装置后，会在膜表面发生浓缩，造成膜的生物污染。生物污染会严重影响膜性能，例如，引起压差升高、膜元件变形和水通量下降。微生物（如细菌）会破坏醋酸纤维素高分子中的乙酰基，引起CA膜脱盐率下降。

生物黏泥一般具有以下特点：①外观为黑色或棕色的黏液状物；②手感滑腻；③有臭味；④有机物含量高，一般超过60%；⑤细菌多，一般超过10^6cfu/g。

防止微生物侵蚀的通用方法是对原水进行杀菌处理。常用的杀菌剂是具有氧化能力的氯化物，如Cl_2、ClO_2、NaClO，此外还有H_2O_2和$KMnO_4$等。一般很少用紫外线和臭氧杀菌，因为它们没有残余消毒能力。加氯点尽可能安排在靠前工序中，以便有足够接触时间使水在进入膜装置之前完成消毒过程。若预处理的工艺流程长、设备多、水中微生物多、水温高、日照充足时，可多点投加杀菌剂。对于那些水流不畅或水流死角的微生物隐藏处、设备呼吸口、活性炭过滤器、超滤装置、精密过滤器，应定期消毒。避免使用透光容器，因为日光可促进微生物生长。

应从以下几个方面选用反渗透系统的杀菌剂：①杀菌能力强；②对膜危害小；③环境友好；④可以安全地操作；⑤与其他预处理用药剂兼容。

第五节 电渗析与电去离子

一、电渗析（ED）除盐

在直流电场作用下，利用离子交换膜的选择透过性，把带电组分与非带电组分分离的一种水处理技术称电渗析（electrodialysis），又称ED。利用电渗析技术可以实现溶液的淡化、浓缩、精制或纯化等工艺过程。在水处理方面，利用这一技术可将盐（带电组分）与水（非带电组分）分开。这项技术首先用于苦咸水淡化，而后逐渐扩大到海水淡化、纯水生产和废水处理等领域中。

（一）电渗析基本原理

图6-28所示为电渗析器原理示意图。它是由阳离子交换树脂制成的阳离子交换膜（简称阳膜），阴离子交换树脂制成的阴离子交换膜（简称阴膜），以及正、负电极，极板，隔板等部件组成的。其中阳离子交换膜只允许阳离子通过，阴离子交换膜只允许阴离子通过，即离子交换膜具有选择透过性。

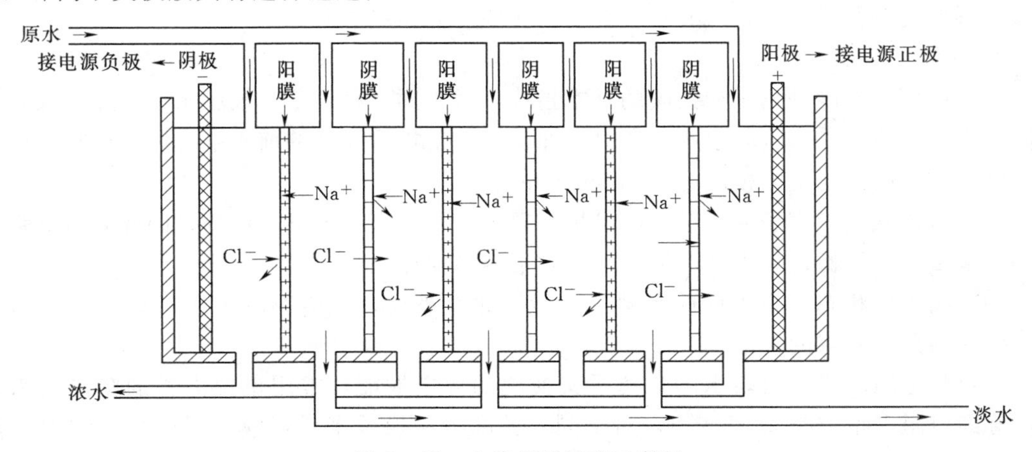

图6-28 电渗析器原理示意图

电渗析槽中，阴、阳极之间通常交替地装有多对离子交换膜，当离子交换膜的阴、阳顺序与极板的阴、阳顺序相反的时候，离子交换膜从左边数起为阳、阴的顺序时，它们中间形成的水室的水会得到净化。在这些水室中，当阳离子（如 Na^+）在电场力的作用下向左（阴极方向）迁移时，首先遇到的是阳膜，可以通过，而阴离子（如 Cl^-）向右（阳极方向）迁移时，首先遇到的是阴膜，也可以通过，所以该室的阳离子和阴离子在通电过程中陆续迁移出去，而与此同时，其边上水室中阴、阳离子在迁移过程中分别受到阳膜和阴膜的阻挡，不能迁移进来，所以，这些水室中水的离子含量便逐渐减少，水变为淡水，这些水室称为淡水室。而与之相邻的水室因为阴离子和阳离子不断地迁移进来，却没有离子能够迁移出去，因而水中的离子含量不断升高，水溶液渐渐变浓，从而形成浓水室。

在图 6-28 中可以看出，原水从上方引入各室，在往下流动的过程中，在淡水室逐渐淡化，在浓水室逐渐变浓。淡水室的数目等于阴、阳膜对的数目，如图中有三对膜，故有三个淡水室。最后，把淡水汇集起来送出，即所需要的产品水，浓水汇集后，或者排掉，或者再循环。一个电渗析器，通常由 100 对、200 对甚至近 1000 对膜组成。

（二）离子交换膜

离子交换膜是一种具有选择透过性功能的高分子片状薄膜，其微观结构和物理化学性能与离子交换树脂类似。

离子交换膜的种类较多，按其结构可分为异相膜、均相膜和半均相膜；按活性基团可分为阳离子交换膜和阴离子交换膜；按增强材料的有无可分为有网膜、无网膜和衬底膜。

1. 种类

（1）异相膜。异相膜是用离子交换树脂粉和黏合剂等材料以一定比例混合均匀制成的片状薄膜，因为粉状树脂颗粒与黏合剂等其他组分之间存在相界面，故称异相膜或非均相膜。异相膜制作容易，但膜电阻较大，耐温性和选择性较差。

（2）均相膜。均相膜是用离子交换树脂直接制成的薄膜，或者在高分子膜上直接接上活性基团而制成的膜。因为膜中活性基团分布均匀，各组分之间不存在相界面，故称均相膜。均相膜选择性高，耐温性和膜电阻小，应用最为广泛，但制作工艺较复杂。

（3）半均相膜。此类膜成膜高分子材料与离子交换基团结合得十分均匀，但它们之间并没有形成化学结合，其外观和性能介于均相膜和异相膜之间。

2. 性能

（1）厚度。厚度是离子交换膜的基本指标，对于同一种离子交换膜来说，厚度大，膜电阻也大；厚度小，膜电阻也小。所以，在保证一定机械强度的前提下，厚度应尽可能小些为好，较薄的离子交换模厚度为 0.1mm 左右。

（2）机械强度。离子交换膜在电渗析装置中是在一定压力下工作的，因此其机械强度是一个很重要的指标，如强度不够，运行中很容易损坏。

（3）膜表面状态。膜表面应平整、光滑。如有皱纹，则会影响组装后设备的密封性能，引起内漏或外漏的现象。

（4）膜电阻。膜电阻表示的是离子交换膜的导电性能，常用单位面积的膜电阻来表示，称面电阻（单位是 $\Omega \cdot cm^2$），对于同一种离子交换膜来说，膜电阻的大小取决于离子交换膜中可移动离子的成分和所在溶液的温度。一般在 25℃时，在 0.1～0.5mol/L KCl

溶液中测定。

（5）选择性。理论上，阳离子交换膜只允许阳离子透过，阴离子交换膜只允许阴离子透过。实际上，当用离子交换膜进行电渗析时，总是有少量异号离子同时透过。一方面，离子交换膜上免不了有些微小的缝隙，使溶液中各种离子都能通过；另一方面，膜在电解质水溶液中并不是绝对排斥异号离子，而是能透过少量的异号离子。

膜的选择性可用下式表示

$$P=\frac{\bar{t}-t}{1-t}\times 100\% \tag{6-5}$$

式中　P——膜的选择通过率；

$\bar{t}$——离子在膜内的迁移数；

t——离子在水溶液中的迁移数。

（6）交换容量。离子交换膜交换容量的含意与粒状离子交换剂的含意相同，单位为mmol/g（干膜）。交换容量大，膜的导电性和选择性就好，但机械强度会降低。

（7）透水性。离子交换膜能透过少量的水，这就叫做膜的透水性。原因是：与离子发生水合作用的水分子，随此离子透过；少量自由的水分子，也可能被迁移中的离子带过。膜的透水性也会影响到电渗析的效果，从实用看来，应尽量减少。

（8）化学稳定性。离子交换膜应具备较强的耐氧化、耐酸碱、耐一定温度、耐辐射和抗腐蚀、抗水解的能力。

（三）电渗析器的基本结构

电渗器由膜堆、极区和夹紧装置三部分组成。膜堆主要由交替排列的阴膜、阳膜和交替排列的浓水隔板、淡水隔板组成；极区包括电极、极水框和保护室；夹紧装置由盖板和螺杆等组成。图6-29是板框式电渗析器结构示意图。

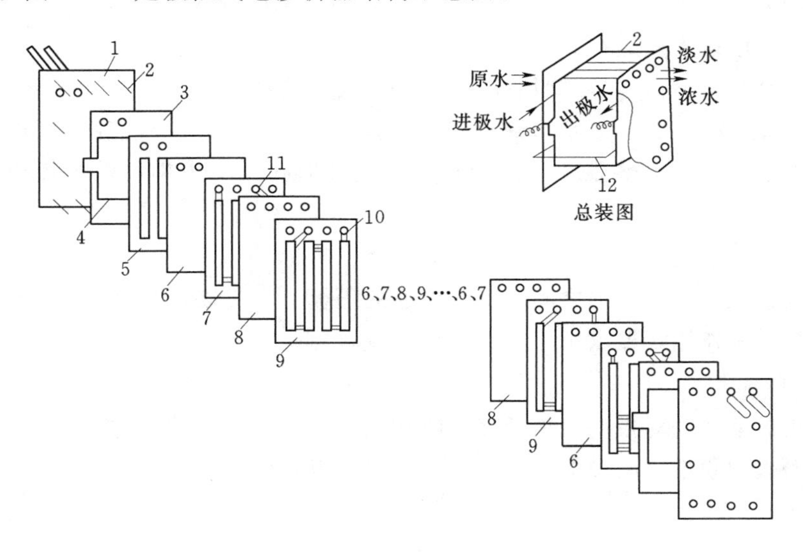

图6-29　电渗析器结构示意图

1—夹板；2—螺杆；3—极板；4—正电极；5—极框；6—阳模；7—隔板甲
8—阴膜；9—隔板乙；10—淡水汇合孔；11—浓水汇合孔；12—连管

由图 6-29 可知，电渗析器由以下几个主要部件组成。

1. 离子交换膜

离子交换膜是电渗析器的心脏，组装前，首先将膜放入操作溶液中浸泡 24～48h。使膜达到溶胀平衡，然后打孔。

2. 隔板

隔板是由隔板框和隔板网组成的薄片。在框上设有原水引入、浓水和淡水引出的进水和出水孔道，许多隔板重叠后的同类孔形成内管道。框上有供水进出各个隔室的配水槽和集水槽。流水道中放置隔网。隔板的作用是支撑和隔离膜，形成浓缩室和淡水室，增加水流紊动。隔板材料有聚氯乙烯、聚丙烯、橡胶类等，厚度一般为 0.5～1.5mm，隔板最大尺寸为 800mm×1600mm。浓淡水进出水孔及配水槽和集水槽中水流速度一般为 1m/s。隔网主要起促湍和提高极限电流密度作用。

3. 电极

对电极材料的要求是导电性能好、机械强度高、化学稳定性好、对氯和氢氧的过电位低。电极材料有石墨、铅、不锈钢、钛涂钌（或铂）、铅银合金及钛涂氧化铅等。电渗析器投入运行后，在正负电极上会发生电极反应，电极反应随电解质的种类、电极材料以及电流密度等条件的不同会有较大的差异。假设电极是惰性的、电解质为食盐水溶液，则阳极主要为释氧和释氯，阴极反应主要为释氢。

（1）阳极反应按下式进行

$$2Cl^- + 2e \longrightarrow Cl_2 \uparrow \text{（释氯）}$$

$$4OH^- + 4e \longrightarrow O_2 \uparrow + 2H_2O \text{（释氧）}$$

上述反应使阳极室 pH 值下降，产生的氯气溶于水生成 HCl 和初生态氧 [O]，所以应注意阳极和阳极室附近膜的腐蚀问题。

（2）阴极反应按下式进行

$$2H^+ + 2e \longrightarrow H_2 \uparrow \text{（释氢）}$$

由于阴极室 H^+ 减少，极水呈碱性，$CaCO_3$ 和 Mg $(OH)_2$ 等沉淀物可能在阴极表面上形成水垢。为了保证电渗器正常安全运行，应及时排出极水中的电极反应产物（包括气体）。

4. 极框

极框是放置在电极与膜堆之间供极水流通的隔板。它应该有足够机械强度，起支撑膜堆和排气、排垢的作用，要求水流通畅，无水流死角。

5. 保护室

为了防止极室产物对极室的离子交换膜的腐蚀和污染，减少极水对淡水水质的干扰，可在极水室隔板和膜堆之间设保护室。它由一块隔板和一张抗氧膜（一般用阳膜）以及一块多孔板组成。

6. 夹紧装置

夹紧装置用来锁紧极室、保护室及膜堆的装置，其作用是防止电渗析内漏外泄。一般用钢板或铸铁板两端对夹，然后四周用螺杆锁紧。

（四）电渗析器的极化

1. 极化的原因

电渗析器中的极化现象，是指在通电过程中，在靠近离子交换膜的部分溶液发生某些和整体溶液有差异的现象。极化现象是离子向电极运动时，由于它们在膜中和溶液中的迁移速度不相等，此时在淡水室中膜电导常常比溶液的电导大得多，因此，离子通过交换膜的速度比它在溶液中迁移的速度要快得多，结果使沿淡水室一侧的交换膜表面部分有一薄层水所含有的离子浓度比整个淡水室内的平均离子浓度低；同理，在浓水室中有大量离子集中在其表面，在交换膜表面有一薄层水中的离子浓度比整个浓水室内的平均离子浓度高，这就是离子交换膜的极化现象。图 6-30 为阳膜极化现象示意图。膜的极化符合浓差极化规律，也称浓差极化。

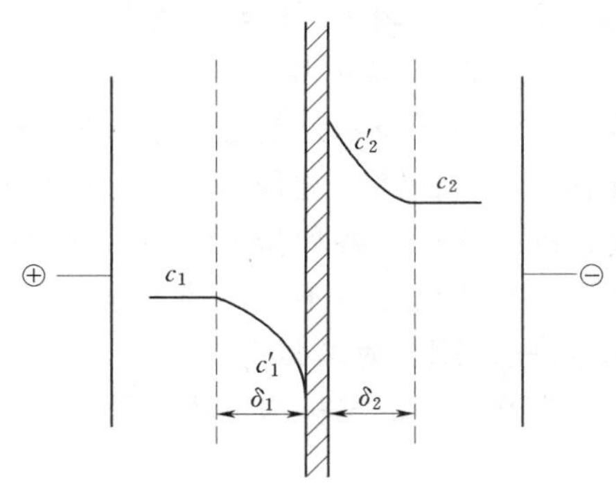

图 6-30　阳膜极化现象
c_1、c_2—膜两侧溶液中阳离子浓度；c'_1、c'_2—膜两侧界面上阳离子浓度；δ_1、δ_2—淡、浓室界面层厚度

此外，在电渗析阴、阳两个电极部分也会产生极化，此种极化符合一般电极极化的规律。

2. 极化的危害

极化现象对电渗析器运行是不利的，其危害性可归纳为以下三个方面。

（1）增加电耗。虽然浓水室中紧靠交换膜表面水中离子浓度很高，可以减少电阻，但它不能抵消淡水室中紧靠交换膜表面水中离子浓度过小所增加的电阻，所以总的电阻还是增大，因此就增加了电能的消耗。

（2）淡水室内的水发生电离作用。随着外加电流的增加或电渗析过程进行，淡水侧膜表面离子浓度不断下降，当离子浓度下降至接近 10^{-7} mol/L（即水电离产生的 OH^- 和 H^+ 浓度的数量级）时，水电离产生的 OH^- 和 H^+ 开始大量迁移，以补充其他离子输送电荷的不足。这样，有部分电流用在水的电离上，白白消耗掉一部分电能。

（3）引起膜上结垢。淡水室阳膜表面处，水电离产生 H^+ 透过阳膜进入浓水室，使淡水室阳膜表面呈碱性，有可能促使 $CaCO_3$ 和 Mg $(OH)_2$ 等沉淀物的生成。阴膜极化后，淡水室阴膜处水电离产生的 OH^- 穿过膜进入浓水室，导致浓水侧阴膜表面处 pH 值上升，同时溶液中 Ca^{2+} 和 Mg^{2+} 等阳离子在向阴极方向迁移过程中被阴膜阻挡，在阴膜表面处富积，加之由淡水室迁移至浓水侧阴膜表面处的 HCO^- 和 $SO_4{}^{2-}$ 等阴离子来不及扩散而浓度增加，这些因素的共同作用，在阴膜表面可能生成 $CaCO_3$、$CaSO_4$ 和 Mg $(OH)_2$ 等沉淀物。这些沉淀物会覆盖膜表面，引起膜电阻增加，水流通道变窄，严重时可迫使电渗析器停止运行。

3. 防止极化的方法

实用的方法主要有：①控制外加电流密度低于极限电流密度，极限电流密度表示电渗析器在一定条件下最大输送电荷的能力，电渗析器发生极化的原因是外加电流密度超过了极限电流密度，膜表面存在层流层使膜的淡水侧表面处离子得不到及时补充；②强化传质过程，例如适当提高水温、导入气泡搅拌、软化进水、选用搅拌效果好的隔板、采用离子传导隔网等，提高极限电流密度；③定期酸洗；④解体清洗；⑤加阻垢剂；⑥倒换电极极性运行；⑦在浓水和极水中加酸，抑制碳酸钙垢的形成。

二、电去离子（EDI）技术

电去离子又称连续电除盐或填充床电渗析技术，EDI 即是 Electrodeionization 的缩写。电去离子技术是结合离子交换树脂和电渗析，在直流电场作用下借助电力推动离子的迁移，实现去离子过程的一种分离技术。EDI 技术的应用源于 20 世纪 90 年代，由于可以连续除去水中的各种盐类，而且除盐率可以达到 95%～99%以上，而获得高质量的纯水，所以该技术已在电子、医药、电力等行业得到广泛应用。

（一）EDI 的工作原理

EDI 装置的结构与电渗析器类似，如图 6-31 所示。但与电渗析器所不同的是，在淡水室中填充有阳离子交换树脂和阴离子交换树脂，即淡水室相当于一个混合离子交换器（即混床），所以 EDI 的除盐过程相当于离子交换除盐和电渗析器除盐两个过程的叠加，即在化学位差的作用下水中的离子（盐类）与树脂活性基团上的可交换离子进行离子交换，并在直流电场的作用下进行选择性的定向迁移。

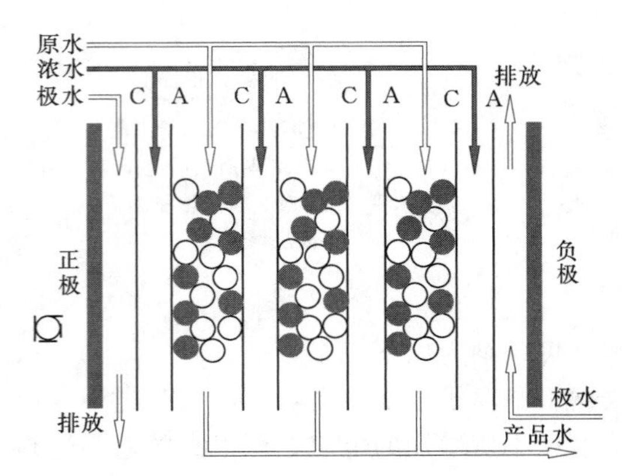

图 6-31 EDI 结构示意图

A—阴膜；C—阳膜；○—阳树脂；●—阴树脂

电去离子过程中同时进行着如下三个主要过程。

（1）在外电场作用下，水中离子通过离子交换膜进行选择性迁移的电渗析过程。

（2）阴、阳树脂上的 OH^- 和 H^+ 对水中离子的交换过程，从而加速去除淡水室水中的离子。

（3）水电离出 OH^- 和 H^+ 以及它们对树脂进行的再生过程。

由于电渗析器中淡水室离子含量小，溶液的电阻很高，导电能力很弱，需要在电渗析器两端加上很高的电压，消耗很高的电能。当淡水室离子浓度极低时，电渗析过程很难以进行下去。而电去离子在淡水室中装填了阴、阳离子交换剂，交换剂的导电能力比一般所接触的水要高 2～3 个数量级，加上交换剂颗粒不断发生交换作用与再生作用而构成了“离子通道”，使淡水室体系的电导率大大增加。当原水通过淡水室时，在直流电场的作用下，水中的阳离子沿着“阳离子传输通道”向右边的负极定向迁移，碰到阳膜而顺利通过进入隔壁的浓水室；同样，水中的阴离子沿着“阴离子传输通道”向左边的正极定向迁移，碰到阴膜而顺利通过进入隔壁的浓水室。随着这一过程的进行，淡水室中的离子（盐类）不断减少，达到除去水中盐类的目的；而浓水室中没有填充树脂，水中阳离子在直流电场的作用下向右边的负极定向迁移，碰到的是阴膜不能通过。水中阴离子在直流电场的作用下向左边的正极定向迁移，碰到的是阳膜也不能通过，并不断被流过的浓水带出浓水室。所以浓水室中的离子浓度不会太高，这一过程与电渗析器是一样的。

与此同时，由于离子交换树脂和离子交换膜的选择透过性，水中离子在树脂和膜中的迁移速度比在水中的迁移速度大100～1000倍以上。在树脂颗粒表面和网孔内部表面及膜的表面处，离子浓度很快降至接近于零，即产生了浓差极化。这时的电流密度称为极限扩散电流密度，若进一步增大电流密度，淡水室水中原有的离子已不能完全满足传导电流的需要，必将导致上述表面处的水被电离为 H^+ 和 OH^-，以负载部分电流，并与树脂上的可交换离子进行交换，使有相当数量的树脂以RH和ROH的形态存在，这一过程称为树脂的“电再生”。由于离子选择性迁移、离子交换、电再生三个过程相伴发生，互相促进，从而保证了连续去除杂质离子的目的，因此EDI也称为连续去离子过程。

（二）EDI除盐的特点

EDI除盐技术有以下几个特点：

（1）出水水质高。充填在淡水室的阴阳树脂降低了膜堆电阻，与电渗析器相比，可在较高的极限电流密度下脱盐，出水质量很高。产品水的电导率小于0.2μS/cm（25℃），SiO_2 小于20μg/L，可以满足亚临界和超临界发电机组的水质要求。

（2）对进水要求严。由于EDI装置是在离子迁移、离子交换和树脂的电再生三种状态下工作，其中离子迁移所消耗的电能通常不到总消耗电能的30%，大部分电能消耗在水的电离上，所以电能效率和除盐效率都比较低。因此EDI只能用于处理低含盐量的水（电导率一般小于30μS/cm），所以EDI的进水一般为反渗透装置的出水。

（3）可连续运行。由于除盐和电再生同步进行，所以EDI不需要备用设备。

（4）不需酸或碱再生。在直流电场的作用下，水电离产生的 H^+ 和 OH^- 代替酸碱再生树脂，所以不需要用酸或碱来再生，无酸、碱废水排放的问题，有利于环境保护。

（5）EDI装置结构紧凑，占地面积小，普遍采用模块化设计，便于维修和扩容。

（三）EDI装置

为了保证EDI装置连续制水，通过系统运行的稳定性，EDI装置通常采用模块化设计，即利用若干个一定规格的EDI模块组合成一套EDI装置。如果其中的一个模块出现故障，在不影响装置运行的情况下，可以方便地对故障模块进行维修或更换处理。模块化的设计还可以使装置保持一定的扩展性。

1. 按结构形式分类

EDI装置按其结构形式可分为板框式和螺旋卷式两种。

（1）板框式EDI。板框式EDI的结构与板框式电渗析器相似，由阳电极板、阴电极板、极框、阳离子交换膜、阴离子交换膜、淡水隔板、浓水隔板、端压板和阴、阳离子交换树脂等按一定顺序组装而成。它既有固定产水量的定型产品，也有不同产水量的系列产品。

（2）螺旋卷式EDI。螺旋卷式EDI的结构主要由正负电极、阳膜、阴膜、淡水隔板、浓水隔板、浓水配集管和淡水配集管等部件组成。组装方式与卷式RO相似，即按“浓水隔板→阴膜→淡水隔板→阳膜→浓水隔板→阴膜→淡水隔板→阳膜……”的顺序交错排列叠放后，以浓水配集管为中心卷制成型，浓水配集管兼作EDI的负极，膜卷包覆的一层外壳作为阳极，其内部结构如图6-32所示，其工作原理如图6-33所示。

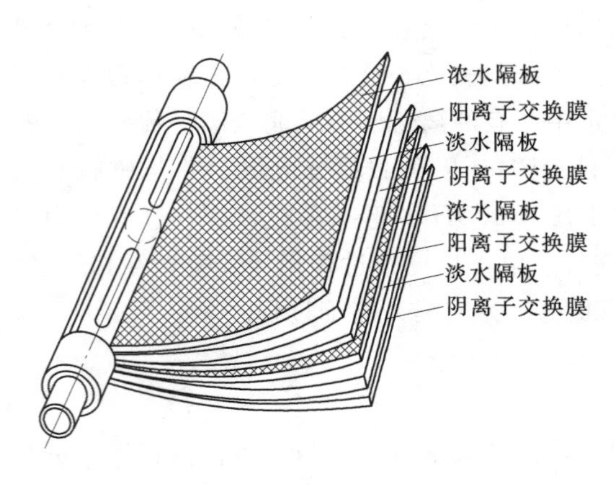

图 6-32 卷式 EDI 内部结构图

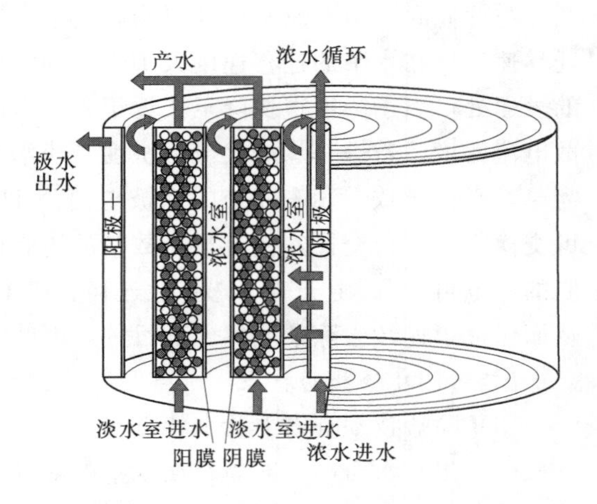

图 6-33 卷式 EDI 模块工作原理

2. 按运行方式分类

根据浓水处理方式，EDI 装置可分为浓水循环式和浓水直排式两种。

(1) 浓水循环式。浓水循环式的 EDI 工艺流程如图 6-34 所示。进水分为两部分，大部分进水从 EDI 装置的下部进入淡水室进行脱盐，小部分进水作为浓水循环回路的补充水。浓水从 EDI 的浓水室流出后，进入浓水循环泵，升压后又返回 EDI 装置的下部，并在其中分为两部分，大部分浓水送入浓水室，继续参与浓水循环，小部分浓水送入极水室作为电解液，电解后携带电极反应的产物和热量而排放。为了防止浓水的浓缩倍数过高而出现结垢现象，运行中要连续不断地排放一部分浓水。

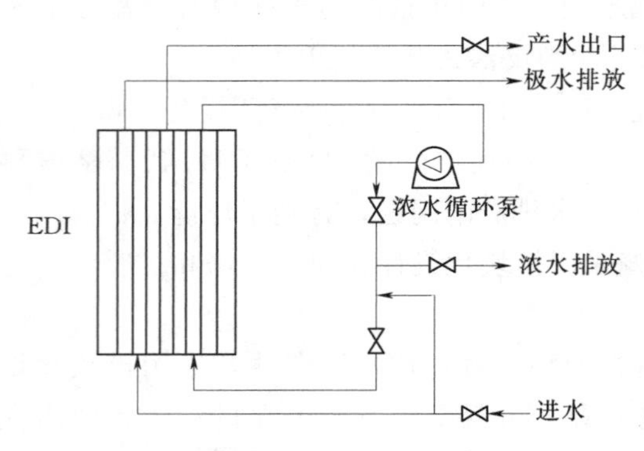

图 6-34 浓水循环式 EDI 工艺流程示意图

如上所述，浓水循环式有以下几个特点：

1) 通过浓水循环浓缩，提高了浓水和极水的含盐量，达到提高 EDI 工作电流的目的。

2) 一部分浓水参与再循环，增加了浓水流量，提高了浓水室的水流速度，这有利于降低膜面滞流层的厚度，减轻浓差极化，减小了浓水室结垢的可能性。

3) 较高的工作电流，使 EDI 淡水室中的树脂有较高的再生度，从而保证对 SiO_2 等弱电解质的去除率。

4) 需设置一套加盐系统。

(2) 浓水直排式。浓水直排式是在 EDI 装置的浓水室和极水室中也填充离子交换树脂等导电性材料，这样可省去浓水循环系统和加盐系统，如图 6-35 所示。所以它有以下几个特点。

1) 因为树脂的导电性能比水溶液高 100～1000 倍以上，所以在操作电压相同的情况下能产生更高的工作电流，从而用较低能耗获得较好除盐效果。

2）对进水水质的波动有一定适应性，因为浓水室和极水室的电导取决于导电材料，与进水水质的关系不大，所以EDI的工作电流变化小，脱盐过程稳定。

3）离子交换树脂可迅速的吸收迁移到浓水室的SiO_2、CO_2等弱酸物质，减小浓水室膜表面的浓差极化，降低结垢趋势。

4）系统简单，省去了浓水循环和加盐系统，浓水室水流速度较低。

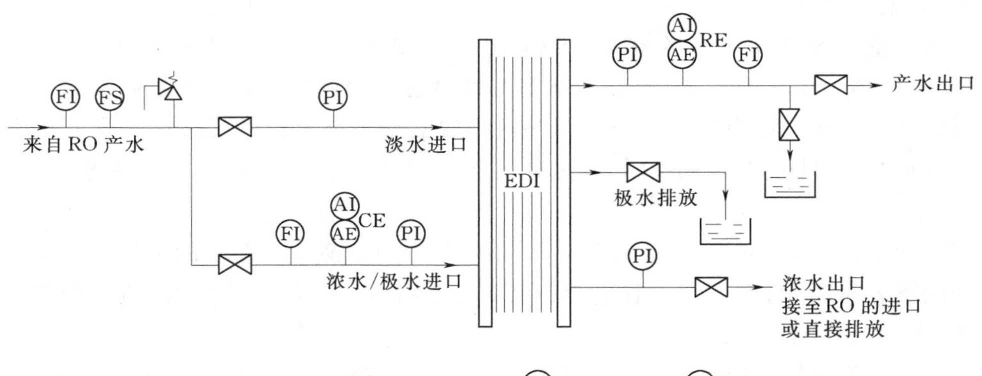

图6-35　浓水直排式EDI工艺流程

（四）EDI的结构特点

（1）淡水隔板和浓水隔板。淡水隔板位于EDI的淡水室，是离子交换材料的支撑物，它的结构形式影响到EDI的运行流速、流程长度及树脂填充后的密实程度等。浓水隔板位于浓水室，隔板内的填充物一般是隔网，使水流产生紊流，有利于防垢。两种隔板通常设计成无回程形式。淡水隔板的厚度为3～10mm，浓水隔板的厚度为1～45mm。隔板材料为聚氯乙烯或聚砜等。

（2）淡水室中的填充材料。淡水室的填充材料一般选用均粒强酸强碱型树脂，用均粒树脂填充隔室时，空隙均匀一致，水流通道状况相同，阻力小，运行流速高。阳、阴树脂的体积比一般为1∶2或2∶3。填充时可将阳树脂和阴树脂交替分层填充，也可混合均匀后填充，后者能充分利用隔板内各处水分子极化后产生的H^+和OH^-，使树脂保持较高的再生度，保证对SiO_2、CO_2的除去效果。

（3）离子交换膜。对于EDI装置中的离子交换膜，不仅要求具有较高的选择透过性，而且要求较低的透水率，即使浓水室在高浓度下运行，也不会影响淡水室中的水质。

（4）电极。EDI对电极的要求是：电流分布均匀、排气方便和极水通畅。电极的形式有多种，卷式EDI的阴极为管式，阳极为板状或网状。板框式EDI的电极一般为栅板式或丝状。EDI的电极材料和电极反应与电渗析器基本相同，但由于EDI的进水含盐量只是电渗析器的0.05%～2.0%，所以电极反应产生的各种气体（H_2，O_2，CO_2）大都是直接排放，不予回收。

（5）其他辅助材料。EDI的端压板一般由轻型铝合金制作，并喷涂防腐材料，它不仅重量轻，而且便于安装和维护；卷式 EDI 的外壳通常用玻璃钢制作，既有一定的机械强度和耐腐蚀能力，又有良好的绝缘性能；EDI 的外部管材一般采用非金属的工程塑料，如 PVC 等，这有利于本体的绝缘和防止漏电。

（五）EDI 对进水的要求

（1）电导率。由于 EDI 只能用于处理低含盐量的水，因此目前 EDI 的进水一般为反渗透装置的出水（产品水）。而电导率只能在一定程度上反应水中总可交换阴离子（TEA）和总可交换阳离子（TEC）的含量，并不能完全反应水中杂质的含量，因为水中还有一定数量的 SiO_2 和 CO_2 分子，所以有时用 TEA 和 TEC 表示水中的杂质含量。

（2）pH 值。由于进水的 pH 值影响弱酸性电解质的电离度，电离度越高，与树脂的交换反应越强，在电场中迁移的份额越多，则脱盐率越高。若以反渗透装置的出水作为 EDI 的进水时，pH 值低说明 CO_2 含量高，使 EDI 出水的电导率偏高，影响对 SiO_2 除去率。

（3）硬度。由于 EDI 装置运行时，将大约 70％的电能消耗在水的电离上，所以在浓水室的阴膜表面处 pH 值更高，比电渗析器更容易结垢，因此，EDI 要求进水中的硬度小于 0.5～1.0mg/L（以 $CaCO_3$ 计）。

（4）氧化剂与铁、锰的含量。如果进水中含有一定数量的氧化剂（如 Cl_2、O_2）会使树脂和膜受到氧化而降解，降低交换能力和选择性透过能力。如果水中有 Fe^{2+}、Mn^{2+}，不仅会使树脂和膜中毒，而且会加快氧化速度，造成树脂和膜的永久性破坏。

（5）硅酸化合物含量。EDI 要求进水中 SiO_2 含量小于 0.5mg/L，如 SiO_2 含量过高，特别是活性 SiO_2 含量过高，EDI 难以除去，这一方面会影响出水水质，另一方面更容易在浓水室结垢。

另外，对进水中的有机物和颗粒杂质（SDI）也有一定的要求，见表 6-4。

表 6-4　某公司 EDI 装置对进水的水质要求

序号	项目	单位	控制值	推荐值
1	电导率	μS/cm	12～30	12～20
2	pH 值		5.0～8.0	7.0～8.0
3	硬度	mg/L（以 $CaCO_3$ 计）	＜1.0	0.1
4	活性 SiO_2	mg/L	＜0.5	0.05～0.15
5	总有机碳 TOC	mg/L	＜0.5	
6	余氯	mg/L	＜0.05	
7	Fe、Mn、H_2S	mg/L	＜0.01	
8	总 CO_2	mg/L	＜5	

（六）EDI 的运行控制参数

（1）温度。EDI 存在一个适宜的运行温度。如果进水温度过低，水的黏度和离子泄漏量增大，产品水水质下降；水温升高，水中离子活度增大，在电场作用下迁移速度加快，产品水水质提高。但水温超过35℃时，水中离子不易被树脂交换，离子泄漏量增大，产品水水质下降。所以，EDI运行的适宜温度为5～35℃。

（2）运行压力与压降。EDI的运行压力一般在0.20～0.70MPa之间，运行压力过高，不易密封；运行压力过低，出力则会下降。

EDI运行过程中，应保持淡水压力略高于浓水压力，但这个压差不能太大。一般，淡水压力比浓水压力高30～70kPa，若小于30kPa，则浓水容易泄漏渗入淡水；若淡浓水压差高于70kPa，则容易造成离子交换膜变形，甚至损坏。

由于淡水室、浓水室和极水室的水流通道不同，所以水流通过这三个室的压降也不同。淡水进出口的压降称为淡水室压降，浓水室进出口的压降称为浓水室压降，极水进出口的压降称为极水室压降，另外还有淡水和浓水之间的压降，它们都是EDI运行中的重要控制参数。影响压降的因素如下。

1）流量：流量增大，压降随之增加。对于新模块，压降几乎与流量呈线性关系递增。

2）水温：水温升高，水的黏度降低，压降减小；同理，水温降低，水的黏度升高，压降增大。

3）隔室数量：水的流量一定时，隔室数量越多，压降越低。

4）水的回收率。进水总量不变时，水的回收率提高，淡水流量增加，分配给浓水室的水量降低，所以浓水室压降下降，淡水室压降上升。

EDI运行过程中，若某室压降突然增大，则表明该室进口可能被杂物堵塞。

（3）水的流量。水的流量包括淡水流量、浓水流量和极水流量，控制适当的水流量也是EDI安全运行的一个重要参数。

淡水流量又称产品水流量，如淡水流量过低，树脂和膜表面的滞流层厚，离子迁移速度慢，极限电流小，浓差极化程度大。提高淡水流量虽然有利于提高水质，但水流速度过高时不仅运行压降增大，而且水在淡水室内的停留时间短，水质也会变差。每一个EDI产品，都有一个合适的淡水流量或一个合适的水流速度（一般为20～50m/h）。

如浓水流量过低，容易发生结垢，如流量过高，则水耗高（对直排式而言）。所以浓水循环式既有利于防止结垢，又可减小能耗和水耗。另外，为了避免浓水中离子过度积累，需要排放出少量浓水，补充相应的进水。

极水流量应能保证对电极的冷却和及时排出电极反应产物，一般控制在进水流量的1%～3%。

（4）回收率。EDI的水回收率定义式为

$$y=\frac{q_{\mathrm{P}}}{q_{\mathrm{F}}}\times 100\%=\frac{q_{\mathrm{P}}}{q_{\mathrm{P}}+q_{\mathrm{B}}+q_{\mathrm{E}}}\times 100\% \qquad (6-6)$$

式中 y——水的回收率，%；

q_{F}——进水总流量，m^3/h；

q_{P}——产品水流量，m^3/h；

q_{B}——浓水排放流量，m^3/h；

q_{E}——极水排放流量，m^3/h。

回收率即淡水流量q_{P}与进水总流量q_{F}的比值，以百分数表示。EDI系统中，q_{E}仅为

1%～3%，影响很小。提高回收率，浓水排放降低，而在运行过程中，淡水中的盐分几乎全部迁移至浓水中，所以，浓水中盐浓度随回收率递增，浓水结垢倾向增加。若想提高回收率，又不增加浓水结垢倾向，就必须降低进水硬度，或者说，EDI系统允许的回收率与进水水质有关。例如有的EDI装置，当进水硬度小于0.1mg/L（以$CaCO_3$计）时，最高回收率可达85%，当进水硬度大于1.0mg/L（以$CaCO_3$计）时，最高回收率只有80%。

（5）操作电压。如EDI的操作电压过低，水中离子的迁移驱动力小，难以保证大部分离子从淡水室迁出，产品水水质差。另外，水分子不能有效电离，难以维持淡水室中树脂的再生度。相反，如操作电压过高，水的电离过多，电能消耗大，过多的H^+和OH^-又会挤压其他离子的迁移，也会使产品水水质变差。所以EDI的操作电压必须控制在一定范围。

（6）运行电流。EDI的运行电流与进水离子浓度、水的回收率和水温有关。进水离子浓度越高，水的回收率越高及进水的水温越高，都会使运行电流增大。

（七）RO与EDI装置的联合应用

如前所说，RO装置适合于含盐量较高的水源，出水电导率可在30μS/cm以下，正好符合EDI装置的进水要求。如将RO与EDI联合应用，可组成全膜除盐工艺。这种水处理工艺不仅能连续制取高纯水，系统简单，操作方便，而且有利于环境，其出水（产品水）水质可与RO与混床系统相比，能满足亚临界和超临界机组对水质的要求。下面介绍两种有关的水处理工艺流程。

（1）原水→原水泵→前置过滤器→超滤装置→反渗透装置（RO）→中间水箱→中间水泵→EDI装置→纯水箱→纯水泵→用水点。

该工艺流程中，前置过滤器可用滤芯过滤器，为粗滤，超滤装置为精过滤。系统出水电导率可达到0.1～0.055μS/cm，而且有占地面积小、无污染和自动化程度高的优点。

（2）原水（SS＞50mg/L）→原水泵→多介质过滤器→活性炭过滤器→软化器→反渗透装置（RO）→除碳器→中间水箱→中间水泵→EDI装置→纯水箱→纯水泵→用水点。

该工艺流程中，在RO和EDI装置之前设置了一个软化器，这是为了防止RO和EDI结垢而设置的，具体是否设置可根据水质情况而定。如RO的出水中CO_2含量大于5mg/L，可在RO和EDI之间设置一个除碳器，这有利于提高EDI产品水的水质。

（八）RO/EDI联合系统与离子交换混床相比较

根据以上所述，RO/EDI联合处理工艺与传统的离子交换混床相比，有以下几个特点。

（1）可连续运行、连续再生，不需设置再生备用设备，占地面积小。

（2）与离子交换混床相比，阀门少，操作简单、方便。

（3）不需再生设备和药剂，无酸碱度液排放，运行费用低。

（4）组件（模块）化组合，设计、安装及更换都方便。

（5）水的回收率高，当进水硬度小于0.02mmol/L（以$CaCO_3$计），回收率可达90%～95%。浓水还可以回收作为反渗透进水。

若以RO产水作为进水时，EDI与H/OH费用比较如图6－36和图6－37所示。

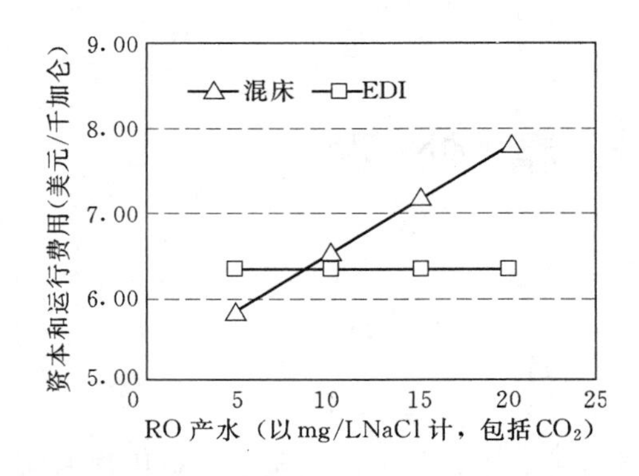

图 6-36 混床和 EDI 整个系统费用比较
（RO 产水作为进水）

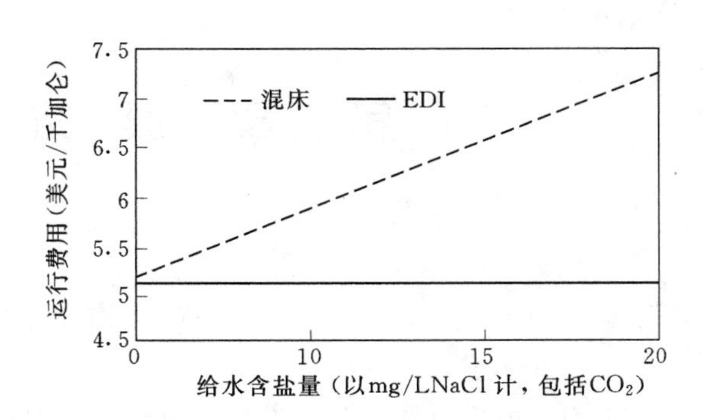

图 6-37 混床和 EDI 运行费用比较
（RO 产水作为进水，200mg/L）

习题与思考题

1. 根据不同的分类方法，膜分为哪几类？简单介绍其特点。
2. 什么是膜组件？对膜组件有哪些要求？
3. 简述微滤原理，对比死端过滤与错流过滤的差别。
4. 对超滤膜性能评价的指标有哪些？
5. 什么是膜过滤过程中的浓差极化现象？防止发生浓差极化的方法有哪些？
6. 何为反渗透技术？简要说明反渗透脱盐的原理。
7. 何为 EDI 技术？详细说明 EDI 除盐的原理。

第七章 凝结水精处理

第一节 概 述

火力发电厂凝结水包括汽轮机凝汽器凝结水及各种疏水，热电厂还包括从热用户返回的凝结水。凝结水是锅炉给水中最优良的水，也是数量最大的水。现代高参数机组，对给水的水质要求很高，故凝结水必须进行深度处理。又由于这是对含杂质很低的水进行处理，因此又称凝结水精处理。

一、高参数机组凝结水处理的必要性

（一）高参数机组对水质要求更严格

蒸汽对盐分的溶解能力随蒸汽参数的提高而增大，所以随着机组参数的增高，蒸汽溶解携带盐的能力也增大，由此，会有更多的盐分被蒸汽带入汽轮机。蒸汽进入汽轮机后，随着能量的转换，蒸汽压力逐渐降低，蒸汽中的盐分则会在汽轮机中沉积。

对于直流锅炉，由于不存在炉水的循环蒸发过程，不能像汽包锅炉那样进行加药处理和排污处理。所以给水若带入盐分和其他杂质，要么沉积在锅炉水冷壁、过热器等受热面上，要么随蒸汽带入汽轮机中沉积在蒸汽通流部位，还有少部分会返回到凝结水中。

因此，随着机组参数的提高，给水质量对机组安全、经济运行越来越重要，对汽轮机凝结水进行深度净化处理是必要的。

（二）凝结水的污染

凝结水是由水蒸气凝结的水，水质应该是极纯的，但往往由于以下的原因，而受到一定程度的污染。

1. 凝汽器漏水

在凝汽器管件的连接部位，由于受到热应力和机械应力的作用，即使在正常运行的条件下，也会有一定的渗漏，而如果连接不够严密，则渗入凝结水中的冷却水量就会更大。一般，对于使用淡水作为冷却水时，渗入的冷却水量为汽轮机额定负荷时凝结水量的0.005%～0.02%。

2. 金属腐蚀产物

凝结水系统的设备、管路由于被腐蚀，使凝结水带有金属腐蚀产物而被污染。这些腐蚀产物中主要是铁和铜的各种化合物，它们呈悬浮态或者胶态。

由于供给热用户的蒸汽其用途各异，因而返回水中所夹带杂质的成分和含量也差别较大，特别是供给用作工业生产的蒸汽，其回水除了含有一般的杂质外，往往含油脂也较

多，因而，必须经过处理。

总之，由于种种原因，会导致凝结水含有各种盐类物质（离子态杂质）、悬浮态、胶态金属腐蚀产物、微量的油质和有机物等杂质，导致给水质量不良。

二、凝结水精处理的选用及系统布置

是否设置凝结水精处理和如何选择凝结水精处理设备，不仅与锅炉炉型、机组参数、容量及燃料类别有关，而且还与凝汽器的管材、冷却水水质以及锅炉的水化学工况有关。关于是否设置凝结水精处理，目前国内较一致的看法如下。

（1）由直流炉供汽的机组，全部凝结水进行精处理，必要时还要考虑机组启动时的除铁措施。

（2）亚临界及以上参数汽包锅炉供汽的机组，全部凝结水进行处理。

（3）由高压汽包锅炉供汽、海水冷却的机组，以及由超高压汽包锅炉供汽、海水或苦咸水冷却的机组，可进行部分凝结水处理。

（4）由超高压汽包锅炉供汽、淡水冷却、承担调峰负荷的机组，可设置供机组启动时的凝结水除铁装置。

（5）采用带有混合式凝汽器的间接空冷系统时，全部凝结水进行处理。此外，还可设置供机组启动时专用的除铁设施。

（6）当汽包锅炉给水采用联合处理或中性处理时，一般要求对凝结水全部处理。

出于对机组安全经济性的考虑，在火力发电厂亚临界压力及以上参数的汽包炉机组及直流炉机组中，设置凝结水精处理已成为一种普遍的发展趋势。

由于树脂使用温度的限制，凝结水精处理装置在热力系统中一般都是设置在凝结水泵之后、低压加热器之前的，这里水温不超过60℃，能满足树脂正常工作的基本要求。

由于凝结水精处理系统存在一定的阻力，会使系统压力有所减低，为了保证系统正常运行，可以通过增大凝结水泵扬程的办法解决，这样，凝结水精处理装置在较高压力下（2.5～3.5MPa）下运行，称为中压凝结水精处理系统。该系统的连接方式如图7-1所示。中压凝结水精处理系统使热力系统简化，即节省了投资，又提高了系统运行的安全性。目前凝结水精处理一般都采用中压凝结水处理系统。

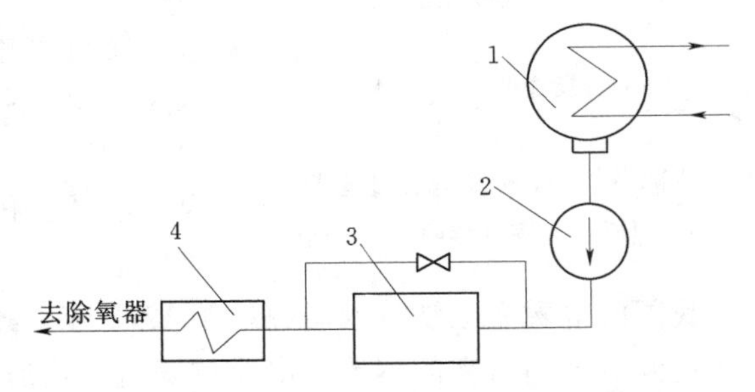

图7-1　中压凝结水处理装置在热力系统中的连接方式

1—凝汽器；2—凝结水泵；3—凝结水精处理装置；4—低压加热器

三、凝结水精处理系统的基本组成

凝结水精处理系统由三部分组成：前置过滤—除盐—后置过滤。前置过滤主要用来去除水中的金属腐蚀产物和悬浮杂质，除盐则是用于去除水中的溶解盐类，后置过滤主要用于截留混床可能漏出的碎树脂，目前多用树脂捕捉器代替。

第二节 凝结水的过滤处理

凝结水过滤处理，一是用于机组启动时除去凝结水中的金属腐蚀产物（主要是以微粒形式存在于凝结水中的铁、铜等腐蚀产物）；二是除去冷却水漏入或补给水带入的悬浮杂质。此外，在机组正常运行阶段，凝结水过滤还起到保护混床的作用。此外凝结水还具有流量大和杂质含量少的特点，因此，对于过滤设备中的过滤材料，不仅要求热稳定和化学稳定性好，不污染水质，而且要求过滤面积大、水流阻力小，以适宜大流量过滤的要求。

目前常用的凝结水过滤设备主要有以下几种。

一、电磁过滤器

电磁过滤器的结构如图 7-2 所示，外壳是由非磁性材料制成的承压圆筒体，筒体外面环绕励磁线圈，在筒体内填充磁性材料。

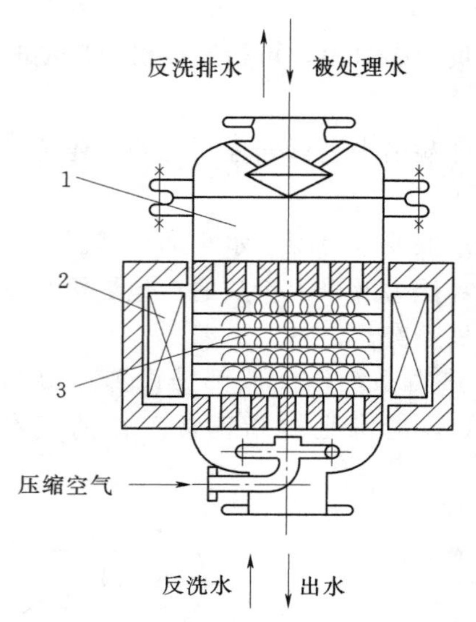

图 7-2 高梯度电磁过滤器

1—筒体；2—励磁线圈；3—填料

根据物理学的原理，物质在外来磁场的作用下会显示磁性，这种现象称为物质的磁化。不同物质被磁化的程度不同。为此，可将物质分为铁磁性物质、顺磁性物质和抗磁性物质。铁磁性物质即使在较弱的磁场中，也能被强烈磁化而具有较大的磁性，而且能较大程度地加强外来磁场，当取消外来磁场时，被磁化物质仍保留一定程度的磁性。顺磁性物质即使在强磁场中，也只能被较弱的磁化，也能加强外来磁场，但一旦取消外来磁场，该物质的磁性就会消失。抗磁性物质在外来磁场中不但不会被磁化，反而会削弱外来磁场。

凝结水中铁的腐蚀产物主要有 Fe_3O_4 和 Fe_2O_3，Fe_2O_3 有两种形态，即 $\alpha-Fe_2O_3$ 和 $\gamma-Fe_2O_3$。Fe_3O_4 和 $\gamma-Fe_2O_3$ 是铁磁性物质，$\alpha-Fe_2O_3$ 是顺磁性物质。因此，可以利用磁性吸引的方法从水中去除这些腐蚀产物。

我国的电磁力除铁技术研究始于 1972 年，多年来一直在不断改进，由早期的钢球型电磁过滤器，到后来的钢毛型电磁过滤器，目前使用的为涡卷钢毛复合基体作填料的高梯度电磁过滤器。上述几种过滤器的填料都是铁磁性物质，具有较高的磁导率。当励磁线圈中通以直流电后，由于这种涡卷钢毛磁性材料的丝径只有几个到几十个微米，所以很快被磁化，并在磁性填料的空隙内形成极高的磁场强度，所以这种过滤器也称高梯度电磁过滤器。

当被处理的凝结水从上向下通过填料层时，水中的金属腐蚀产物微粒（主要是 Fe_3O_4 和 $\gamma-Fe_2O_3$）被填料吸住而除去。由于磁场强度高，不仅能除去铁磁性物质，也能除去部分顺磁性物质（$\alpha-Fe_2O_3$）。

电磁过滤器中的填料层高度为 800～1000mm，运行流速为 400～800m/h，正常运行时出水中的铁含量小于10μg/L。

电磁过滤器在机组启动时除铁效果比较明显。它在机组运行冷态清洗阶段，除铁效率可达80%以上，从机组启动到负荷正常总的除铁效果可达到90%以上。

运行终点通常以额定流量下的阻力上升值来确定，一般采用比初投运时阻力上升0.05～0.1MPa作为运行终点，也有用进、出口水的铁铜含量或按产水量来决定运行终点的。

电磁过滤器停止运行后，为了除去填料上吸着的金属腐蚀产物，可在励磁线圈内通以逐渐减弱的交流电，使填料磁性尽快消失，然后从下向上通水反冲洗，反冲洗水流速为运行流速的80%。也可先用压缩空气擦洗，气压为0.2～0.4MPa，擦洗强度为1500$m^3/(m^2 \cdot h)$（标准状态下），擦洗时间为4～6s；然后再用水进行反冲洗，水反冲洗强度为800$m^3/(m^2 \cdot h)$，反冲洗时间为10～12s。上述空气擦洗—水反冲洗操作可重复2～4次。

电磁过滤器运行操作方便，在机组启动时除铁效果明显，但投资费用较高，因此应用受到一定限制。此外，给水加氧处理的机组，不宜采用电磁过滤器。

二、微孔滤元过滤器

微孔滤元过滤器的结构如图7-3所示，它是由一个承压外壳和壳体内装有若干根滤元组成，滤元是这种过滤设备的关键，一根滤元就是一个过滤单元，滤元的数量不同，处理水量就不同，可按设计要求设置。滤元一般做成管状，表面设有覆盖层。管状滤元按其制造工艺有绕线滤元、熔喷滤元和烧结管滤元之分。

绕线滤元是各种具有良好过滤性能的纤维滤线按一定规律缠绕在多孔管（又叫骨架）上制成。滤线有聚丙烯纤维线、丙纶纤维线和脱脂棉纱线等；多孔管有不锈钢管、聚丙烯管等。绕线滤元的精度，即微孔大小，是由绕线的粗细和缠绕的松紧程度决定的。内细外粗和内紧外松的绕线方式可使滤元微孔内小外大，从而实现深层过滤。

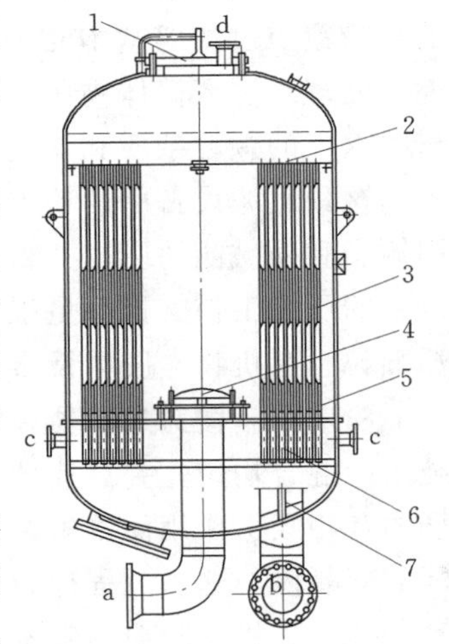

图7-3　微孔滤元过滤器
1—人孔；2—上部滤元固定装置；3—滤元；4—进水装置；5—滤元螺纹接头；6—布气管；7—出水装置；a—进水口；b—出水口；c—进气口；d—排气口

熔喷滤元是由聚丙烯粒子经加热熔融、喷丝、索引、接受成型而制成的管状滤元。烧结管滤元是由聚氯乙烯粉和糊状聚氯乙烯等原料调匀后，经高温烧结而成的多孔形管状物，管壁上有许多几微米到几十微米的微孔，微孔可具有不同的孔隙率，孔径及微孔分布可用控制烧结温度等方法予以改变。

管状滤元的规格以微孔大小和滤元的外径×长度表示，滤元有1～100μm等多种规格，各种精度的滤元基本上能截留大于该微孔尺寸的颗粒，用于除铁时可选用5～20μm的滤芯。管状滤元的外径有30～80mm、长度有160～1000mm等多种规格。

微孔滤元过滤器运行时，被处理水从滤元外侧进入滤芯管内，向筒体底部汇集后引出。被处理水中的各种微粒杂质被滤元截留。当运行至进出口压差为0.08～0.1MPa时，作为运行终点进行清洗，除去污物后重新投入运行。当多次运行、清洗后，水流阻力不能恢复到设计要求时，应更换滤元。

三、氢型阳床过滤器

用氢型阳床作为高速混床的前置过滤器时，阳树脂层高度一般为600～1200mm，运行流速为90～120m/h。运行经验表明，当机组启动时，进水含铁量为40～1000μg/L，出水含铁量可降至5～40μg/L，平均除铁效率达到82%。机组正常运行时，出水含铁量小于5μg/L。所以，氢型阳床作为前置过滤器时，不仅除铁效率高，而且可交换水中的氨，降低混床进水的pH值，从而延长混床的工作周期和减小混床出水的Cl^-含量。

氢型阳床运行至漏氨时，即可停止运行，用酸进行再生，使树脂重新恢复为氢型。但它必须单独设置一个体外再生罐，不能与混床的再生设备和系统混用，以免污染混床的树脂。当对树脂层清洗时，可用压缩空气擦洗和水冲洗反复操作，可将树脂层中的金属腐蚀产物基本清除干净。

氢型阳床的结构与普通阳离子交换器基本相同，只是体内没有再生液的分配系统。因它的运行流速高，要求内部装置的强度比普通阳离子交换器高，但对阳树脂没有严格要求。

四、粉末树脂覆盖过滤器

粉末树脂覆盖过滤器起过滤和除盐两种作用。其设备内部结构及运行方式与早期应用的纸粉覆盖过滤器基本相似。它也是筒体内设置许多根滤元，滤元固定在上下的多孔板上，处理水进入筒体内的滤元之间后，通过覆盖膜进入滤芯管内，在筒体下部汇集后流出，水中的颗粒杂质和盐类被覆盖膜截留和交换，完成过滤和除盐作用。

这种过滤设备中的粉末树脂是用高纯度、大剂量的再生剂彻底再生和完全转型的强酸阳树脂和强碱阴树脂，并粉碎至一定细度（树脂粉粒径40～60μm）后再混合制成的，所以它的质量工作交换容量很大，不仅能有效地除去水中盐类，而且还能有效地除去细小悬浮颗粒、有机物、胶体及金属腐蚀产物，它对氧化铁的去除率达到85%以上。

粉末树脂覆盖过滤器在铺膜前也是先配制浆液，它是将两种粉末树脂按一定的比例在纯水中混合均匀，并高速搅拌，使树脂粉发生溶胀，体积增大。由于阴、阳树脂正、负电场的互相吸引作用而凝聚、黏结，产生抱团现象，并形成不带电荷的、具有过滤和交换性能的絮凝体，这一过程称为配浆，然后是铺膜。

铺膜是将树脂粉的浆液均匀地铺在滤元表面，形成滤膜，厚度大约为3～6mm。滤元的滤芯是以不锈钢管作为骨架，外绕聚丙烯纤维。每次铺膜应通过保持树脂粉沉降层容积与树脂浆的容积比来控制树脂浆液的相对密度。比值大（>60%），覆盖层松散，容易脱落；比值小，覆盖层密实，压降大。

为使长度达1.5～2.0m的滤元能均匀铺膜，可采用双向铺膜技术，即将一部分浆液从过滤设备底部进入，经布水挡板到达滤元下部表面进行铺膜；另一部分浆液通过连通管直接到达过滤设备顶部，进入滤元上部表面进行铺膜，所以它比单向铺膜更加均匀可靠。另外，为使滤元上下均匀铺膜，在连通管上部设置了一个可调节挡板，用以调节过滤设备的上下进液流量。如果从窥视孔发现滤元上部铺膜较厚，说明上部流量过大，可将挡板下调，减小上部流量，加大下部流量；反之，将挡板上调。

这种粉末树脂覆盖过滤器运行至设定时间或出水水质达不到要求时，应停止运行，进行曝膜后再重新铺膜或更换滤元。所以这种过滤设备虽然有不需再生及占地面积小等优点，但也有铺膜操作麻烦和运行费用偏高的缺点。

第三节　凝结水混床除盐

凝结水含盐量非常低，适合直接采用强酸树脂和强碱树脂组成的H/OH混床除盐。

一、凝结水混床的结构

在凝结水精处理系统中，用于除去水中溶解盐类的离子交换设备大都采用高速混床。高速混床外型壳体有柱型和球型两种，球型混床为垂直压力容器，承压能力高。低压精处理系统常采用柱型混床，中压系统多采用球型混床，对于超临界机组更倾向于球型混床。

混床的进水装置大都设计成多孔板＋T型绕丝水帽的形式，绕丝间隙为1.0～1.5mm；而底部排水装置为穹型多孔板＋T型绕丝水帽，绕丝间隙为0.25mm。混床的内部结构虽有不同，但要求是相同的，即除要求进、出水的水流分布均匀外，还要保证树脂层面平整和排树脂彻底。

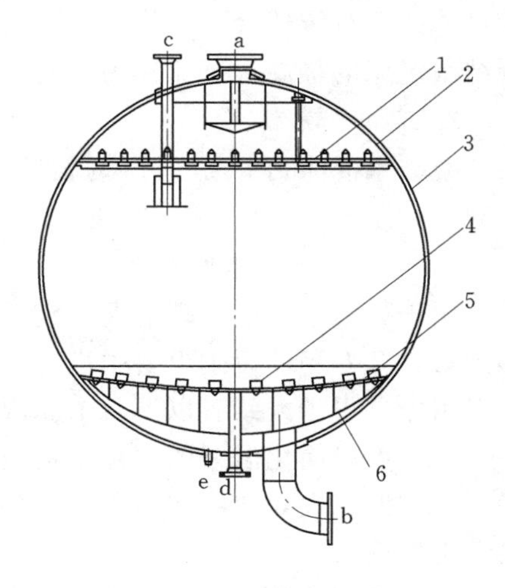

图7－4　中压混床的内部结构

1—上部布水水帽；2—孔板；3—壳体；4—下部集水水帽；5—蝶形孔板；6—蝶形板；a—进水口；b—出水口；c—进脂口；d—出脂口；e—排污口

图7－4所示为目前应用较多的一种中压球型混床，其上部进水分配装置为二级布水形式，由挡水裙圈和多孔板＋水帽组成。进水首先经挡水板反溅至交换器的顶部，再通过进水裙圈和多孔板上的水帽，使水流均匀地流入树脂层，从而保证了良好的进水分配效果。混床底部的集水装置采用双盘碟形设计，上盘上安装有双流速水帽，如图7－5所示，出水经水帽流入位于下部蝶形盘上的出水管。在上部蝶形盘中心处设置有排脂管，双速水帽反向进水可清扫底部残留的树脂，使树脂输送彻底，无死角，树脂排出率可达99.9%以上。

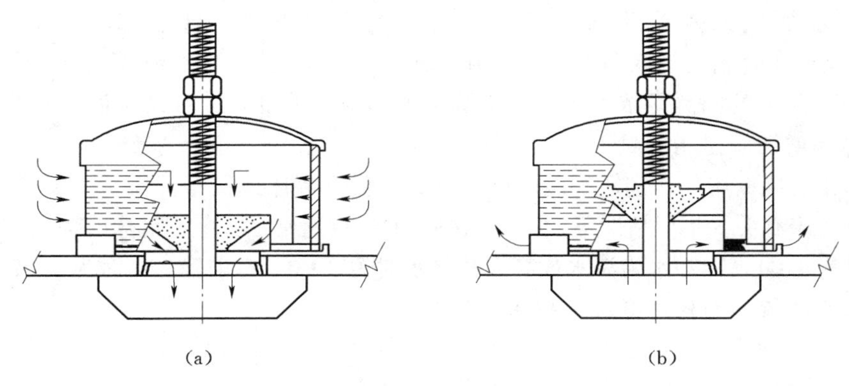

图7－5　双流速水帽工作示意图

(a) 运行时；(b) 反洗时

另外，混床内还设置有压力平衡管，可平衡床内的压差。

二、凝结水混床的工作特点

凝结水精处理的高速混床与化学补给水处理的混床（称普通混床）相比，虽然床内填充的都是强酸阳树脂和强碱阴树脂，但与普通混床相比，凝结水混床主要有如下一些工作特点。

1. 运行流速高

汽轮机凝结水具有水量大和含盐量低的特点，所以宜采用高流速运行的混床，运行流速一般为100～120m/h，所以常称高速混床。但混床的运行流速也不可能无限提高，因为过高的运行流速会使工作层变厚、水流阻力增加、树脂受压破碎等诸多问题，所以目前凝结水混床的最高运行流速为150m/h。

2. 工作压力较高

凝结水混床可以是低压力混床，也可以是中等压力混床，目前一般都采用2.5～3.5MPa的工作压力，称中压混床。

3. 失效树脂宜体外再生

用于凝结水除盐处理的混床宜采用体外再生。所谓体外再生是将混床中的失效树脂外移到另一套专用的再生设备中进行，再生清洗后又将树脂送回混床中运行。凝结水混床之所以用体外再生大致有以下几个原因：

（1）可以简化混床的内部结构，减少水流阻力，便于混床高流速运行。

（2）混床失效树脂在专用的设备中进行反洗、分离和再生，有利于获得较好的分离效果和再生效果。

（3）采用体外再生时，酸碱管道与混床脱离，这样可以避免因酸碱阀门误动作或关闭不严使酸碱漏入凝结水中。

（4）在体外再生系统中有存放已再生好树脂的储存设备，所以能缩短混床的停运时间，提高设备的利用率。

4. 混床树脂的比例

凝结水混床必须是由强酸性阳树脂和强碱性阴树脂组成的混床，混床中阳、阴树脂的比例取决于两种树脂各自的工作交换容量和进水中欲除去的阴、阳离子浓度。

对于给水加氨的水汽系统来说，其特点是凝结水的pH值较高，含有大量的NH_4OH，此种化合物的去除只消耗RH阳树脂的交换容量，而不消耗ROH阴树脂的交换容量，即欲除去的阳离子浓度远大于欲除去的阴离子浓度，故凝结水混床与普通混床相比，应适当地增加阳树脂的量。

此外，阳、阴树脂的比例还与混床运行方式（氢型混床或铵型混床）、冷却水水质及是否设有前置氢床有关。不同情况下，阳、阴树脂的比例通常是：氢型混床时为2∶1或3∶2；铵型混床时为1∶1；冷却水为海水或高含盐量水时为2∶3；有前置氢床时为1∶2或2∶3。

三、凝结水混床对树脂性能的要求

根据凝结水混床特定的运行条件，对树脂性能有如下特殊要求。

1. 机械强度

凝结水混床在高流速下运行，树脂颗粒要承受较大的水流压力，当树脂的机械强度不足以抵抗这样大的压力时，就会发生机械性破碎。树脂的碎粒不但会增大水流过树脂层时的压降，而且还会影响混床树脂的分离效果。此外，在中压凝结水处理系统中，混床通常在2.5～3.5MPa压力下工作，从停运状态到投入运行压力变化速度快。因此，用于凝结水高速混床的树脂应有较高的机械强度。

常规凝胶型树脂的孔径小、交联度低，抵抗树脂"再生—失效"反复转型膨胀和收缩而产生的渗透应力较差，所以容易破裂。大孔型树脂的孔径大和交联度较高，抗膨胀和收缩性能较好，因而不易破碎。凝结水混床的实际运行结果也表明，选用大孔型树脂或高强度凝胶型树脂，树脂破损率大大降低，混床压降可控制在0.2MPa以下。

2. 粒径

凝结水混床要求采用均粒树脂。所谓均粒树脂是指90%以上质量的树脂颗粒集中在粒径偏差±0.1mm这一狭窄范围内，颗粒几乎是相同的树脂，或树脂的均一系数小于1∶2。

传统树脂的粒度范围较宽，一般在0.3～1.2mm之间，即最大粒径与最小粒径之比为3∶1～4∶1，而均粒树脂的粒度范围较窄，最大粒径与最小粒径之比约为1.35∶1。凝结水混床之所以采用均粒树脂，是因为如下因素。

(1) 便于树脂分离，减小混脂区。阴、阳树脂的分离是靠水力反洗膨胀后，停止进水时沉降速度不同来实现的。沉降速度与树脂的密度和颗粒大小有关，阳树脂的密度比阴树脂的大，这是树脂分层的首要条件，但若树脂颗粒大小不均匀，导致密度大但粒径小的阳树脂沉降速度减小，密度小但粒径大的阴树脂沉降速度增大，则分层难度增加。当这些阳、阴树脂沉降速度相等时，则形成小颗粒阳树脂和大颗粒阴树脂互相参杂的混脂区。

(2) 树脂层压降小。水流过树脂层时的压降与树脂层的空隙率有关，而空隙率又与树脂的堆积状态有关，普通粒度树脂的粒径分布范围宽，小颗粒会填充在大颗粒空隙之间，减少了树脂颗粒间的空隙，因此水流阻力大、压降大。均粒树脂无小颗粒树脂填充空隙，床层断面空隙率较大，所以水流阻力小、压降小。

(3) 水耗低。再生后残留在树脂中的再生液和再生产物，在清洗期间必须从树脂颗粒内部扩散出来，清洗所需时间将由树脂层中最大的树脂颗粒所控制。由于均粒树脂颗粒均匀性好，有着较小且均匀的扩散距离，清洗时无大颗粒树脂拖长时间，所以清洗时间短，清洗水耗低。

3. 耐热性

凝结水混床的进水温度较高，特别是空冷机组，进水温度一般高于环境温度30～400℃。

因此，用于凝结水混床的树脂要求具有较高温度的承受能力，特别是阴树脂。

第四节　凝结水精处理系统及运行

一、凝结水精处理的工艺系统

综合目前国内外资料，大体可分为以下六种工艺系统。

1. 凝结水—粉末树脂覆盖过滤器—树脂捕捉器

该工艺系统中的粉末树脂覆盖过滤器起过滤和除盐作用，其优点：一是减少了0.1～0.5MPa的压降，从而降低了主凝结水泵的动力消耗；二是简化了工艺系统，并认为当泄漏率很低时是比较经济的。但泄漏率较高时，由于粉末树脂更换过于频繁，从而导致运行费用过高，而且难免会有粉状树脂进入热力系统。

2. 凝结水—粉末树脂覆盖过滤器—高速混床—树脂捕捉器

该工艺系统在粉末树脂过滤器之后又加了一个高速混床，虽然增加了动力消耗，但保证了出水的质量。

上述两个工艺系统常在凝结水温较高的情况下使用，因为水温高时树脂容易降解，而覆盖过滤器中的粉末树脂是一次性使用的。

3. 凝结水—高速混床—树脂捕捉器

该工艺系统中的高速混床也是起过滤和除盐两种作用，过滤时截留在树脂层中的金属腐蚀产物必须借助空气擦洗才能除去，所以这种混床也称空气擦洗高速混床。混床中的树脂可反复应用，但增加了阴阳树脂的分离、混合和再生操作。

4. 凝结水—电磁过滤器（或微孔滤元过滤器）—高速混床—树脂捕捉器

该工艺系统是在混床前面单独设置了一个过滤设备，使过滤和除盐分开，也称前置过滤器。早期曾用过以纸粉为滤料的覆盖过滤器，后来也用过电磁过滤器，目前一般用微孔滤元过滤器。这种设有前置过滤器的凝结水精处理系统，虽然系统复杂，也增加了动力消耗，但延长了混床的运行周期，保证了出水质量。

5. 凝结水—阳床—高速混床—树脂捕捉器

该工艺系统在高速混床之前设置了一个氢型阳床，起前置过滤作用，而且可交换水中的氨，降低混床进水的pH值，从而减小混床出水的Cl^-含量。一般在阳床有氨漏过时停止运行进行再生。

6. 凝结水—（过滤器）—阳床—阴床—树脂捕捉器

该工艺系统彻底解决了阴、阳树脂的分离、混合带来的问题，但运行压力损失过大。

在上述几种工艺流程中，最后都设置了一个树脂捕捉器，它安装在高速混床的出水管上，用于截留、捕捉混床出水中可能带有的破碎树脂。

二、凝结水精处理系统的组成

下面以目前常用的“凝结水—微孔滤元过滤器—高速混床—树脂捕捉器”为例，介绍凝结水精处理系统的组成。

图7-6所示为某600MW超临界机组的中压凝结水精处理系统。每台机组由2×50%两台微孔滤元过滤器和3×50%三台高速混床组成，每台混床后都装有树脂捕捉器，混床还设有再循环单元，精处理系统、过滤系统及混床系统都设有旁路单元，过滤器、混床还都设有进水升压旁路。

1. 微孔滤元过滤器

精处理系统中设有两台微孔滤元过滤器，单台出力为凝结水全流量的50%。

(1) 技术参数。过滤器直径DN1700，设计额定出力为72m^3/h，最大为810m^3/h，设计压力为4.0MPa，工作温度不大于50℃，初始进出口压差为0.02MPa，最大允许进

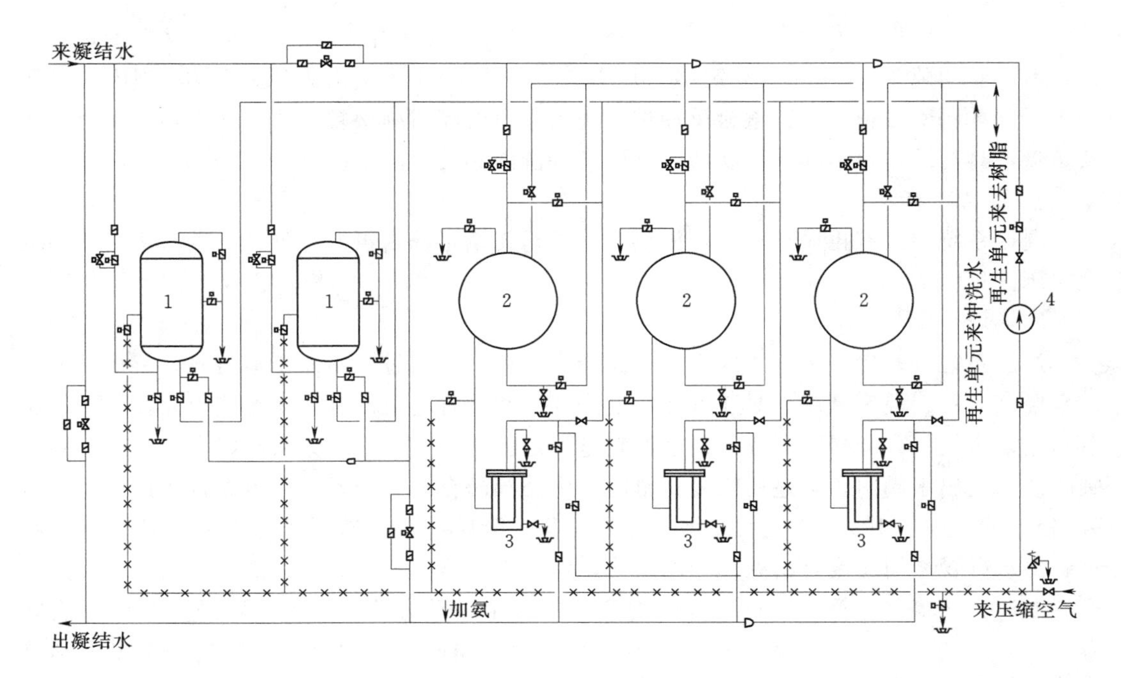

图 7－6　凝结水精处理系统

1—过滤器；2—高速混床；3—树脂捕捉器；4—再循环泵

出口压差为 0.15MPa。

(2) 滤元。喷熔式，直径 $\phi 2.25''$ (ϕ57mm)，长度为 $70''$ (ϕ1778mm)，数量为 253 支/台，总表面积约为 $81m^2$，流速为 $8\sim10m^3/(m^3\cdot h)$，骨架材料为 PP，过滤材料为 PP 喷熔，微孔为 $5\sim10\mu m$。

(3) 外部管道流速。额定 2.5m/s，最大流速 2.8m/s。

过滤系统设置有两台反洗水泵和两台压缩空气储罐，分别用于过滤器滤元的水冲洗和空气吹洗。

2. 高速混床

精处理系统中设有三台球形高速混床，单台出力为凝结水全流量的 50%，两台运行，一台备用。

(1) 技术参数。直径 DN3000，流速为 110～120m/h，设计出力为 $725\sim810m^3/h$，设计压力为 4.0MPa，设计水温为 5～60℃，工作温度不大于 50℃，树脂层高度为 1000mm，阳、阴树脂比为 1∶1，正常运行压差为 0.175MPa，最大运行压差为 0.35MPa。

(2) 内部装置。进水配水装置为挡板＋水帽二级布水，水帽缝隙为 1.5mm，水帽材质为 304SS，数量为 84 只。下部出水集水装置为双盘碟形板＋水帽，水帽缝隙为 0.25mm，水帽材质为 316L，数量为 210 只。布气装置与出水集水装置共用。冲洗水分配装置与进水配水装置共用。

(3) 外部管道流速。额定流速为 2.8m/s，最大流速为 2.85m/s。

3. 树脂捕捉器

混床出口安装有 DN600 树脂捕捉器，用于截留混床出水可能带有的破碎树脂。设计出力、压力和温度以及材质与高速混床相同。内部滤元采用304SS不锈钢材料制成，滤元梯形绕丝间隙为0.2mm。额定出力压差为0.05MPa，最大出力压差为0.1MPa，当压差大于0.3MPa时，应对其进行反冲洗，洗去截留的碎树脂微粒。树脂捕捉器配备有差压变送器，具有压差显示和报警功能，并配有冲洗滤芯的管路系统。

4. 再循环单元

混床系统中设有再循环单元，以供混床投运初期正洗水再循环处理，其流量一般为一台混床流量的70%。

5. 旁路

过滤系统进、出水母管之间设有过滤器旁路单元，当过滤器停止运行时，待处理的凝结水经该旁路去混床系统。高速混床系统进、出水母管间也设有混床旁路单元，当系统压差超过设定值（0.35MPa）或凝结水温超过设定值（50℃）时，旁路阀门自动全开，同时关闭混床进出水阀门。上述值恢复正常时，旁路阀门自动关闭，混床重新投入运行。每个旁路允许通过0～100%的最大凝结水流量，每个旁路都设置有手动旁路阀。精处理系统进、出水母管之间还设有精处理旁路单元，俗称大旁路。

上述旁路单元包括一个自动开闭的旁路和一个手动旁路，自动旁路阀有三种开启状态，即0、50%、100%，手动旁路阀为事故人工旁路阀。自动旁路上包括一个带电动操作装置的蝶阀和两个手动蝶阀，手动旁路上装一个手动蝶阀。

此外，过滤器、混床均设有进水升压旁路门。

中压凝结水精处理系统中树脂输送管道上设有带滤网的安全泄放阀，以防止再生系统超压时损坏设备，同时防止树脂流失；输送树脂的管道上设有管道视镜，用以观测树脂的流动情况；在进水母管上装有温度表、压力表和电导表，在出水母管上装有在线钠表、硅表、电导表，在加氨母管上还装有在线pH表。

三、凝结水精处理系统的运行方式

1. 过滤器的运行

机组启动初期，凝结水含铁量超过1000μg/L时不进入混床，仅投入过滤器，迅速降低系统中的金属腐蚀产物。运行中，当一台过滤器进出水压差超过设定值时，过滤器停运，旁路门开启50%，50%的凝结水通过旁路；当两台过滤器都停运时，旁路门全开，通过全流量的100%。

失效的过滤器用反洗水和压缩空气清洗，待清洗合格后重新投入运行或备用。设计规定，当过滤器运行至进、出口压差超过设定值时，对滤元进行清洗。

微孔滤元过滤器的管路系统如图7-7所示。

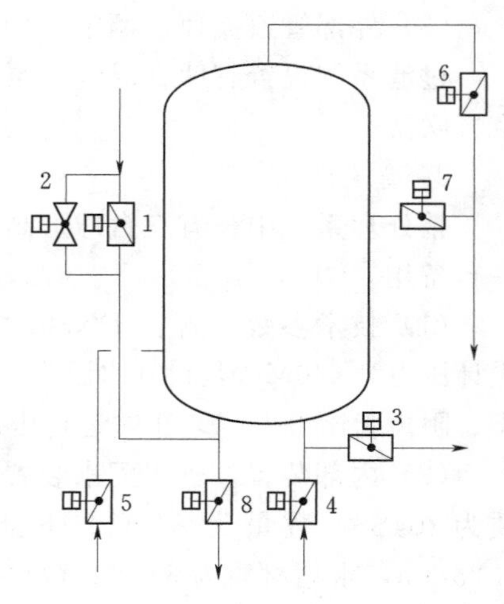

图7-7　微孔滤元过滤器的管路系统

1—进水门；2—升压门；3—出水门；4—反洗进水；5—进压缩空气；6—排气门；7—中排水；8—底部排水门

滤元的清洗方式包括气吹洗和水冲洗，清洗按以下步骤进行：

（1）排水。开排气门和中排水门，将滤元顶部以上的水排除。

（2）空气吹洗。开排气门和进压缩空气门，对滤元进行空气吹洗。

（3）水冲洗。开反洗进水门和底部排水门，由内向外对滤元进行水冲洗。

上述（2）、（3）可重复多次。

（4）充水。开排气门和反洗进水门向器内充水，至滤元顶部。

（5）空气清洗。开进压缩空气门，使器内升压到 0.2MPa，然后快速开底部排水门，泄压排水，排出器内污物，此步可进行多次。

（6）充水。开排气门和反洗进水门向器内充水至排气门有水为止。

（7）升压。开进水升压门，升压至运行压力时即可转入运行。

2. 混床的运行

混床按 H/OH 床运行。机组在正常运行情况下，两台混床处于连续运行状态，凝结水经混床处理后进入热力系统。当一台混床出水电导率或 SiO_2 超标，或进出口压差大于 0.35MPa 时，启动另一台备用混床并进行循环正洗，直至出水合格并入系统。同时将失效混床退出运行，并将失效树脂送至再生系统进行再生，然后将贮存塔中已再生清洗并经混合后的树脂送入该混床备用。

在混床投运初期，如果出水水质不能满足要求，则通过再循环单元，用再循环泵将出水送回混床进行循环正洗，至出水水质合格并入系统。

当凝结水温度高于 50℃或系统压差大于 0.35MPa 时，精处理系统旁路阀自动打开，同时关闭凝结水进、出水母管总阀门，凝结水 100％通过旁路。

四、凝结水混床运行操作步骤

高速混床的管路系统如图 7-8 所示。

混床运行操作由十个步骤构成一个循环。下面依次介绍每步操作及作用。

1. 升压

混床由备用状态表压力为零到凝结水压力的过程称升压。为使混床压力平稳逐渐上升，专设小管径升压进水旁路，以保证小流量进水。若直接从进水主管进水，因流量大进水太快，会造成压力骤增，可能引起设备机械损坏。所以升压阶段禁止从主管道进水升压。当床内压力升至与凝结水压力相近时，再切换至主管进水。

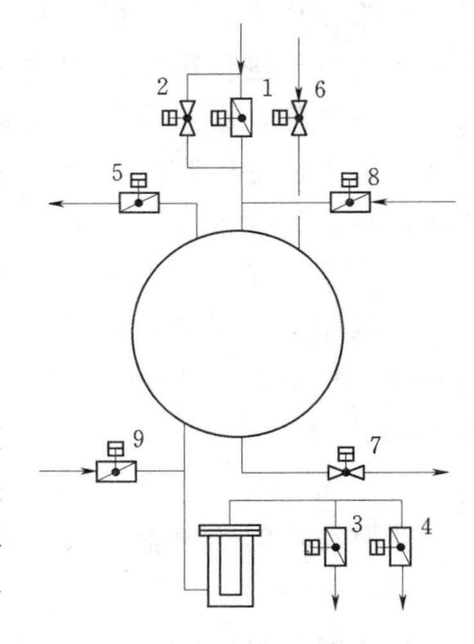

图 7-8　混床管路系统
1—进水门；2—进水升压门；3—出水门；4—再循环门；5—排气门；6—进脂门；7—出脂门；8—进冲洗水门；9—进压缩空气门

2. 循环正洗

同补给水混床一样，凝结水混床再生混合好的树脂在投入运行前需经过正洗，出水水质才能合格。不同之处是，凝结水混床正洗出水不直接排放，而是经过专用的再循环单元送回混床对树脂进行循环清洗，直至出水水质合格。正洗水循环使用可节省大量凝结水，减少水耗。

3. 运行

运行是指混床除腐蚀产物和除盐制水的阶段，合格的混床出水经加氨调节 pH 值后送入热力系统。

运行过程中应注意监测各种运行参数，当出现下列情况之一者时，则停止混床运行。

(1) 出水水质超过 GB/T 12145—1999《火力发电机组及蒸汽动力设备水汽质量》或 DL/T 912—2005《超临界火力发电机组水汽质量标准》规定的数值。

(2) 混床进、出水压力差大于 0.35MPa。

(3) 凝结水水温高于 50℃。

(4) 进入混床的凝结水铁含量大于 1000μg/L。

第 (1) 种情况是混床正常失效停运，出水水质不合格表明混床需要再生；其他情况为混床非正常停运或非失效停运，遇到这些情况时，混床只需停运但不需再生，等情况恢复正常后又继续启动运行。

混床失效停运须经下述 4～10 步操作才能重新回到备用状态。

4. 卸压

混床必须将压力降至零后，才能解列退出运行。卸压是用排水或排气的方法将床内压力降下来，直至与大气压平衡。

5. 树脂送出

树脂送出是指将混床失效树脂外移至体外再生系统。其方法是启动冲洗水泵，利用冲洗水将混床中失效树脂送到体外再生系统的分离塔中。树脂送出前先用压缩空气松动树脂层，树脂送出后再用压缩空气将混床及管道内残留的树脂吹洗到分离塔。

6. 树脂送入

混床中失效树脂全部移至分离塔以后，再将树脂储存塔中经再生清洗并混合好的树脂送入混床。

7. 排水，调整水位

树脂在送入混床过程中会产生一定程度的分层，为保证混床出水水质，需要在混床内通入压缩空气进行第二次混合。但是水送树脂完成后，混床中树脂表面以上有较多的积水，若不排除，会影响混合效果。因为停止进气后，阳阴树脂会由于沉降速度不同而重新分开。为了保证树脂混合效果，必须先将这部分积水放至树脂层面以上 100～200mm 处。若送入树脂时排水过量，则此步改为充水调整水位。

8. 树脂混合

用压缩空气搅动树脂层，打乱阳、阴树脂的分层排列状态，达到阳树脂与阴树脂的均匀混合。气量为 2.3～2.4$m^3/(m^2 \cdot min)$（标准状态下），气压为 0.1～0.15MPa，时间约为 10min。

9. 树脂沉降

被搅动均匀的树脂自然沉降。

10. 充水

充水就是将床内充满水。因为树脂沉降后，树脂层以上只有 100～200mm 深的水层，如果不将上部空间充满水，在运行启动过程中，树脂层中有可能脱水而进入空气。

至此，混床进入备用状态。

五、凝结水混床的出水水质

混床的出水水质与树脂的再生度有关，由于再生剂用量不可能无限量大以及再生剂不纯等原因，树脂不可能完全再生，所以混床泄漏离子就难以完全避免。混床的出水水质，应能满足相应参数机组凝结水的质量标准，影响凝结水混床出水水质有多方面的原因，根据凝结水混床的工作特点，这里主要讨论以下几个方面。

(1) 再生前阴、阳树脂分离程度。混床树脂的彻底分离是提高树脂再生度的重要前提之一。树脂分离一般是采用水力筛分来完成的，体外再生混床都设有完善的树脂分离设备，但要做到彻底分离是不可能的，而且随树脂使用时间增长，树脂会有破碎，还会由于树脂的损失和比例失调，造成分离设备中阴、阳树脂界面的变动，这都会降低树脂的分离效果。

对于混杂的树脂，在阴、阳树脂分别再生后，则以失效型存在于再生好的树脂中，从而降低了树脂的再生度。

(2) 运行前阴、阳树脂的混合程度。运行制水时，混床中阴、阳树脂应是混合均匀的，混合通常是借助压缩空气对水中树脂搅动而实现的。增大阴、阳树脂的湿真密度差对树脂分离固然是有益的，但另外又会给运行前树脂的混合带来困难。

阴、阳树脂混合不均匀通常表现为上层阴树脂比例大，下层阳树脂比例大。混合不均匀会使混床出水 pH 值偏低，带微酸性。这是因为当混床下层阳树脂较多时，有足够能力将水中阳离子交换成 H^+，在阴树脂放氯的情况下，混床出水中便有可能有极微量 HCl，由于水质很纯，故微量的酸会导致出水 pH 值显著降低。

(3) 再生剂的纯度。再生剂不纯直接影响着再生效果。再生剂不纯主要是指再生用酸中的 Na^+ 含量和再生用碱中的 Cl^- 含量。碱的不纯引起混床出水 Cl^- 含量增大，甚至比进水还大（通常称混床放氯）。

(4) 混床进水 pH 值。当混床中阴树脂再生度不高时，高 pH 值的混床进水会导致混床出水 Cl^- 比进水高。

第五节　盐的漏过机理及铵化混床

前面讲的是将 RH 型强酸阳树脂和 ROH 型强碱阴树脂混合构成的氢型混床(H/OH)。凝结水在含氨量小于 1mg/L 的情况下，混床以 H/OH 方式运行的出水水质（电导率不大于 0.15μS/cm）、运行周期（5～7 天）都能满足机组的要求，因此，目前多数都是以 H/OH 型混床运行。但它的缺点是把不应该除出的 NH_4^+ 也除去了。由于热力系统为防止酸性腐蚀的需要，给水采用了加氨处理，凝结水中含有一定量的 NH_4^+，pH 值较高，但这些 NH_4^+ 进入混床后会与阳树脂发生交换，降低阳树脂对水中 Na^+ 的交换容量，使运行周期缩短，周期制水量减少。另外，由于凝结水中 NH_4^+ 被混床树脂交换，为了防腐蚀需要，还必须在混床出口再次加氨，很不经济。为了解决这个问题，提出了将混床中 RH 树脂转为 RNH_4 树脂，即由 RNH_4 和 ROH 构成混床，即铵型混床（NH_4/OH）。由于 RNH_4 树脂是运行进水中 NH_4^+ 与 RH 型树脂交换转换来的，所以又称铵化混床。

一、高速混床盐的漏过机理

高速混床的离子漏过可以分为两类：动力漏过和排代漏过。前者与水中含盐量高和水与树脂的接触时间短有关；后者与再生不良有关。当凝汽器非常严密时，动力漏过很小。

排代漏过与树脂的再生程度有关，树脂不可能完全再生有下列原因：

(1) 考虑经济效益，再生剂用量不可能无限量大。

(2) 再生剂不可能绝对纯。

(3) 混床失效树脂不可能做到100%分离。

因此，排代漏过是难以完全避免的。

现在用图7-9列举的情况作进一步的说明，图7-9(a)、(b)的进水pH=9.6，[Na^+]=0，图7-9(c)、(d)的进水pH=9.6，[Na^+]=100μg/L。在图7-9(a)中，由于混床中有较多RNa型树脂(如10%)，进水不含钠，在氨穿透前，仍有3μg/L的钠漏过，当氨穿透时，钠的漏过达到一个高峰值，这些均为排代漏过。在图7-9(b)中，由于混床中含RNa型树脂很低(如小于0.1%)，基本上不存在排代漏过，所以在氨穿透前后，出水中的钠均小于1μg/L。在图7-9(c)中，在氨穿透前，出水中的钠仍为3μg/L，说明进水中的盐量对排代漏过影响不大，当氨穿透时，由于树脂再生度低，所以马上出现了一个排代漏过峰值，又由于接着开始动力漏过，所以这个峰值不再降低。在图7-9(d)中，由于树脂再生度高，不存在排代漏过，在氨漏过时，钠的漏过缓慢增加，这是动力漏过引起的。

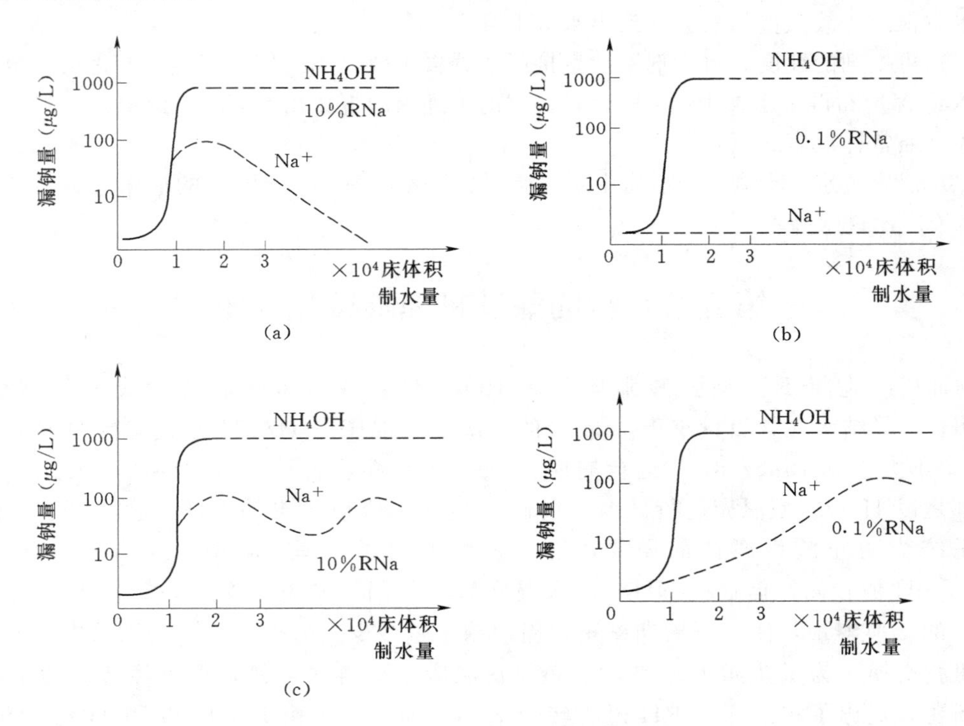

图7-9　动力漏过和排代漏过

二、实现NH_4/OH型混床运行的基本条件

混床在运行中利用凝结水中的氨使混床中RH型阳树脂转为RNH_4型树脂，称为“运行氨化”。实现NH_4/OH型混床运行必须具备以下基本条件。

1. 树脂必须有很高的再生度

若树脂再生度不够，含有较多的RNa树脂，由于阳树脂对Na^+、NH_4^+的选择性相近，所以在混床漏NH_4^+的同时也会漏Na^+。在这种情况下，不能按NH_4/OH型混床运行，若要继续按NH_4/OH型混床运行，则必须进行其他方式的氨化处理。其他氨化方式有树脂混合后氨化和循环氨化，但由于操作麻烦，效果也不理想，所以现在很少采用。

2. 良好的转型水质

为了实现铵型混床运行，除了保证树脂的深度再生外，还必须保证在树脂由RH转为RNH_4阶段良好的水质条件。目前，铵型混床一般都是借运行初期阶段凝结水中的氨来使之转型的。在H/OH运行阶段，混床中RH树脂在交换水中NH_4^+的同时，也与Na^+交换。由于水的pH值较高，所以以交换水中NH_4^+为主，树脂主要转为RNH_4。但若进水中Na^+含量高，那么树脂转为RNa的量也增大，若超过NH_4/OH型混床允许的RNa型树脂浓度分率，那么，在混床漏NH_4^+时，Na^+也同时泄漏，这种情况下，混床就不能继续按NH_4/OH型混床运行。

也就是说，实现NH_4/OH型混床运行的另一个条件是，在树脂由RH转为RNH_4阶段，混床进水中Na^+含量应低。

转型时，凝结水（即混床进水）的允许含钠量还与凝结水的含氨量有关，计算结果列于表7－1。

表7－1　　转型期间NH_4/OH混床入口凝结水中允许含钠量

凝结水的pH值	对应的含氨量(mg/L)	混床要求的		混床进水允许含钠量(μg/L)
		再生度[①] RNH_4（%）	残留RNa（%）	
8.8～9.0	0.2～0.3	95.10～96.84	3.16～4.90	<13.4～13.9
9.1～9.2	0.4～0.5	97.55～98.00	2.00～2.45	<13.6～13.8
9.3～9.4	0.6～1.2	98.39～98.72	1.28～1.61	<17.6～21.4

① 要求NH_4/OH混床出水水质为：$Na^+ \leq 10\mu g/L$，$Cl^- \leq 5\mu g/L$，树脂再生后应进行充分、彻底清洗。

三、NH_4/OH型混床运行方式

实现铵型混床运行，首先要解决的问题是如何将阳树脂转成RNH_4型。直接从失效的阳树脂RNa转变成RNH_4很困难，主要是因为$K_{NH_4}^{Na}$仅有0.77。常用的办法是，先将失效阳树脂再生为RH型，再转变为RNH_4型。工业上普遍用的是运行中氨化，即利用高pH值凝结水中氨对混床进行氨化。它的运行分为三个阶段，如图7－10所示。第一个阶段（*ab*段）是在混床树脂用酸碱再生后，按H/OH方式运行，阳树脂交换凝结水中Na^+和NH_4^+，直至NH_4^+穿透，此时出水中Na^+浓度降低，Cl^-在整个周期中也最低，出水pH值呈中性；第二阶段（*bc*段）从出水中漏NH_4^+开始，出水pH值逐渐升高，随着水的pH值升高，阳树脂失效的树脂层中阴树脂不再交换水中阴离子，原来交换的Cl^-也有可能被水中OH^-交换排出，出水Cl^-升高。阳树脂上原先交换的Na^+被NH_4^+排代，出水中出现Na^+浓度峰值后，逐渐回落，直到进出水Na^+浓度相等。第三阶段（*c*点后）

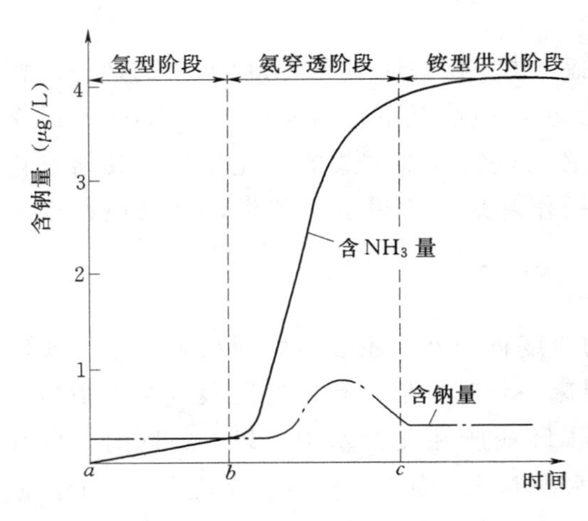

图 7-10 某铵型混床运行的三个阶段时间

进出水中Na^+、NH_4^+、Cl^-基本相同，进出水中NH_4^+/Na^+比值与树脂中RNH_4/RNa比值间达到平衡状态，混床失去了对水中Na^+的交换能力。

铵型混床运行第一阶段是H/OH混床，它运行时间的长短取决于进水含氨量。第二阶段中要出现一个钠离子升高的排代峰，它主要是由于第一阶段运行中树脂交换的钠被进水中NH_4^+排代，一部分RNa会被NH_4转化为RNH_4，使出水中Na^+含量升高，出现排代峰。

峰值高低取决于进水含Na^+量及第一阶段生成的RNa多少，在进水pH值高、Na^+含量少时，排代峰很小，甚至无排代峰，即使出现排代峰，其峰值所表示的含钠量也不一定超过允许值。第三阶段混床已彻底失去去除进水中Na^+的作用。

铵型混床运行周期长，制水量多，但铵型混床的第二、三阶段不能应付长时间进水水质恶化的情况，比如凝汽器泄漏等，如遇进水水质恶化，应启动H/OH混床来处理。

混床在运行中氨化后，继续按NH_4/OH型混床运行有以下好处：

（1）保留了水汽系统中的大部分氨，只需补充少量损失部分，从而减少了给水加氨量，降低了运行费用。

（2）转为NH_4/OH型混床后，可以继续运行，从而延长了混床的制水周期，增大了周期产水量。

四、提高混床树脂再生度的方法

实现铵型混床运行的基本条件之一是树脂必须有非常高的再生度，这也是为了满足高参数机组对凝结水水质的要求。为提高混床树脂的再生度，可以从以下两个方面采取措施。

1. 提高阴、阳树脂的分离程度

再生前将混床树脂彻底分离，减少混脂率，是提高树脂再生度、改善混床出水水质的先决条件。

2. 完善再生工艺

完善再生工艺包含提高再生液纯度、调整再生剂用量及改进再生操作（如碱液加热）等，以提高树脂的再生度。其中再生液纯度对再生度的影响是十分显著的，再生液纯度包括再生剂纯度及配制再生液用水的纯度，因此在凝结水处理工艺中要选用高质量的酸和碱，再生用水一定要用高质量的除盐水。

习题与思考题

1. 凝结水处理与锅炉补给水处理相比，有哪些不同？凝结水处理习惯上为什么称为凝结水精处理？

2. 目前常用的凝结水过滤设备主要有哪几种，简述其工作原理。

3. 凝结水混床从结构上讲有哪些特点？运行工作时又有哪些特点？

4. 凝结水精处理的工艺系统有哪些？

5. 何为铵化混床？为什么使用铵化混床？

6. 说明 NH_4/OH 型混床运行方式。

第八章　锅炉设备的腐蚀与防护

锅炉设备的腐蚀与防护是工业领域中备受关注的课题，金属腐蚀一直是大型电站煤粉锅炉热管失效的典型形式。腐蚀的直接危害是使管壁减薄，在火力发电厂中，锅炉管道常因腐蚀而造成设备损坏甚至导致机组停运，严重危及电厂的安全运行。这不但增加了电厂检修工作量，也给电厂造成了巨大经济损失。

第一节　金属腐蚀类型及腐蚀速率

随着我国动力锅炉运行参数的提高和水处理技术的发展，腐蚀损坏的形式和特点也发生了很大变化。由于锅炉压力、温度和热强度的提高，虽然新材料、新工艺的应用减少了一些经常出现在锅炉机组中的腐蚀现象，但由于机组运行参数的提高和用于调峰机组的启、停次数频繁，新腐蚀形式发生的可能性却有所增加。因此，防止锅炉系统金属腐蚀应当作为锅炉水处理人员的一项重要工作。

一、金属腐蚀的类型

所谓金属腐蚀，就是金属表面与周围介质（水或空气等）发生化学或电化学作用而遭到破坏的一种现象。

锅炉的主要结构材料成分是铁（Fe），以铁为例研究腐蚀。此元素在地球上以矿石形式存在时，以红铁矿（Fe_3O_4）和黄铁矿（FeS_2）等多种氧化物和硫化物形态而存在，这些矿石常年都具有稳定的形态。将其精炼使其成为元素状的金属状态后，可制造机器和配管等，这意味着金属材料具有能量高的状态，在空气或水等含有氧等氧化剂的环境中，不可避免再次腐蚀，这一概念如图 8－1 所示。

金属腐蚀一般有两种分类方法：根据金属腐蚀的机理，金属腐蚀可分为化学腐蚀和电化学腐蚀两种；根据金属壁面破坏形式的不同，金属腐蚀可分为全面性腐蚀和局部性腐蚀两种。

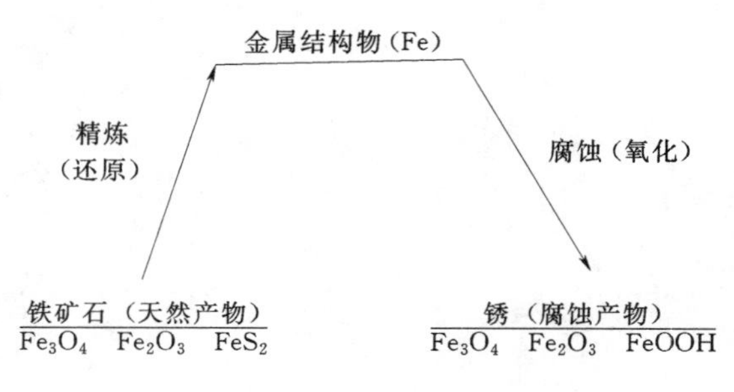

图 8－1　由矿石、金属到腐蚀的途径（以铁为例）

（一）化学腐蚀和电化学腐蚀

1. 化学腐蚀

氧化剂直接与金属表面的原子碰撞、化合而形成腐蚀产物，即氧化还原在反应粒子相碰撞的瞬间直接于相碰撞的反应点上完成，由该腐蚀历程所引起的金属破坏称为化学腐蚀。在化学腐蚀过程中，金属表面与周围介质直接发生化学反应，使金属受到破坏。但这一过程中没有电流产生，且常发生在非电解质溶液、空气或干燥的气体中。

2. 电化学腐蚀

所谓电化学腐蚀，是指金属与周围介质发生了电化学反应，在反应过程中又有局部电流产生的腐蚀。例如，锅炉给水系统和锅炉本体的腐蚀，绝大部分都属于电化学腐蚀，腐蚀一旦形成，金属腐蚀速率便会加快。为此，应根据其用途采取防腐措施，特别是火力发电厂的热力设备和管道，都必须采取相应措施，避免或减轻电化学腐蚀的发生，延长其使用寿命，保证其安全运行。

（二）全面性腐蚀和局部性腐蚀

1. 全面性腐蚀

几乎整个金属表面都受到腐蚀，称为全面性腐蚀。全面性腐蚀又可分为均匀腐蚀和不均匀腐蚀两类。

（1）均匀腐蚀。均匀腐蚀是指金属表面和腐蚀介质发生化学反应，使金属表面遭受均匀破坏并被腐蚀产物覆盖的现象。

（2）不均匀腐蚀。不均匀腐蚀是指金属腐蚀后表面明显呈凹凸不平的腐蚀。如铁在空气中的腐蚀。

2. 局部性腐蚀

局部性腐蚀是指金属表面仅有一小部分受到破坏，但其腐蚀速率快，能在较短时间内引起金属穿孔或裂纹，危害性极大，在汽包、炉管内发生较多。局部腐蚀的腐蚀类型较多，常见的有如下几种。

（1）小孔腐蚀。这种破坏主要集中在某些活性点上，并向金属内部深处发展，通常其腐蚀深度大于其孔径。具有自钝化特性的金属（合金），如钛和钛合金等在含氯离子的介质中，经常发生孔蚀。腐蚀从起始到暴露要经历一个诱导期，但长短不一，有些需几个月，有些需一年。蚀孔通常沿重力方向或横向发展。

腐蚀发生的原因是钝态的金属仍有一定的反应能力，即钝化膜的溶解和修复（再钝化）处于动平衡状态。当介质中含有活性阴离子（常见的氯离子）时，平衡便受到破坏，溶解占优势。其原因是氯离子能优先地选择吸附在钝化膜上，把氧原子排挤掉，然后和钝化膜中的阳离子结合成可溶性氯化物，结果在新露出的基底金属的特定点上生成小蚀坑，称孔蚀核。蚀核可在钝化金属的光滑表面上任何地点形成随机分布。但当钝化膜局部有缺陷（表面伤痕、划痕等），内部有硫化物夹杂，晶界上有碳化物沉积等时，蚀核将在这些特定点上优先形成。

金属或合金的性质、表面状态、介质的性质、pH 值、温度等都是影响孔蚀的主要因素。具有自钝化特性的金属或合金，对孔蚀的敏感性较高，钝化能力越强则敏感性越高。

（2）晶间腐蚀。这种腐蚀首先在晶粒边界上发生，并沿着晶界向纵深处发展。此时，虽然在金属外观上看不出有明显变化，但其机械性能确已大大降低。在通常的腐蚀条件下，钝化合金组织中的晶界活性不大，但当它具有晶间腐蚀的敏感性时，晶界活性变大，即晶粒与晶界之间存在着一定的电位差，这主要是合金在受热不当时，组织发生改变而引起的。所以，晶间腐蚀是一种由组织电化学不均匀性引起的局部腐蚀。

（3）电偶腐蚀。凡具有不同电极电位的金属互相接触，并在同一介质中所发生的电化学腐蚀即属电偶腐蚀。异种金属在同一介质中接触时，会因腐蚀电位不相等而发生电偶电流流动的现象，使得电位较低的金属溶解速率增加，从而造成接触处的局部腐蚀。而电位较高的金属，溶解速率反而降低，这就是电偶腐蚀，亦称接触腐蚀。

（4）缝隙腐蚀。金属部件在介质中，由于金属与金属或金属与非金属之间存在特别小的缝隙，使缝隙内介质处于滞流状态，引起缝内金属的加速腐蚀，这种局部腐蚀称为缝隙腐蚀。引起腐蚀的缝隙并非是用肉眼可以明辨的缝隙，而是指能使缝内介质停滞的特小缝隙。其宽度一般是在 0.025～0.1mm 的范围，几乎所有的金属和合金，如从正电性的银或金到负电性的铝或钛，从普遍不锈钢到特种不锈钢，都会产生缝隙腐蚀。具有自钝化特性的金属和合金的敏感性较高，不具有自钝化特性的金属和合金则敏感性较低。自钝化能力越强的合金则敏感性越高。几乎所有介质都会引起缝隙腐蚀。它是一种比孔蚀更为普遍的局部腐蚀。

（5）腐蚀疲劳。金属材料在循环应力或脉动应力和腐蚀介质的联合作用下，所引起的另一种腐蚀形态称为腐蚀疲劳。腐蚀疲劳形成的条件是：金属或合金在较多应力下都可以发生，而且不要求特定的介质，只是在容易引起孔蚀的介质中更容易发生。腐蚀疲劳控制通常用金属表面覆盖层的办法。对于钢，尤其是钛合金，用渗氮方法进行表面硬化处理，是抗腐蚀疲劳的一种有效措施。

（6）细菌腐蚀。微生物对金属的直接破坏是很少见的，但它能为电化学腐蚀创造必要的条件，从而促进金属的腐蚀。细菌参与金属腐蚀，工业上最初是从地下管道中发现，后来逐渐发现矿井、油井、海港、水坝及循环冷却水系统的金属构件及设备的腐蚀过程都和细菌活动有关。能否控制细菌腐蚀问题，已成为当前企业能否正常生产的关键环节之一。近十年来，由于细菌腐蚀给冶金、电力、航海、石油、化工行业带来了巨大损失，所以细菌腐蚀的问题引起了重视。

（7）磨损腐蚀。由于腐蚀介质和金属表面之间的相对运动而使腐蚀过程加速的现象称为磨损腐蚀，又称冲刷腐蚀。磨损腐蚀是金属离子或腐蚀产物从金属表面脱离，而不像纯粹的机械磨损那样以固体金属粉末脱落。腐蚀流体既对金属和金属表面的氧化膜或腐蚀产物产生机械的冲刷破坏作用，又与不断露出的新鲜表面发生激烈的电化学腐蚀，所以破坏速度很快。磨损表面一般呈沟洼状，且具有一定的方向性。

防止磨损腐蚀的方法是：选用耐磨损腐蚀较好的材料；改进设计，避免介质流动方向的突然改变；改变环境，尽可能清除介质中的固体颗粒；采用耐蚀耐磨的涂层，如用等离子喷涂各种耐磨蚀合金；采用阴极保护等。

二、金属腐蚀速率

金属腐蚀速率是指单位时间内金属腐蚀效应的数值，如单位时间内腐蚀深度或单位时间单位面积上金属腐蚀损失量。通常情况下，采用平均腐蚀速率来评定金属腐蚀程度的大小，此时认为金属表面的腐蚀为均匀腐蚀，以求得其腐蚀损害的量或程度。这种表示方法只能指出腐蚀损害的一个方面，并不能正确地指出腐蚀的危害性，因为有时平均腐蚀速率并不大，但由于腐蚀集中在某些部位，其危害性是很大的。下面介绍腐蚀速率的两种表示方法。

1. 腐蚀质量表示法

金属腐蚀平均速率用单位时间内单位表面积上腐蚀掉的金属质量来表示，即

$$v_{f\cdot zh}=\frac{W_1-W_2}{f_1 t}\quad [g/(m^2\cdot h)]$$

式中　W_1——试样腐蚀前的质量，g；

W_2——试样受腐蚀后的质量，g；

f_1——原试样的表面积，m^2；

t——腐蚀时间，h。

这种方法常用来比较各种介质的侵蚀性。

2. 腐蚀深度表示法

金属腐蚀平均速率用单位时间内金属腐蚀的深度来表示，即

$$v_{f\cdot sh}=\frac{v_{f\cdot zh}}{\rho}\times\frac{24\times365}{1000}=8.76\frac{v_{f\cdot zh}}{\rho}\quad (mm/a)$$

式中　ρ——金属的密度，g/cm^3；

$\frac{24\times365}{1000}$——单位换算因数。

因为金属腐蚀质量与金属密度有关，所以在实际应用中，采用腐蚀深度表示法来判别腐蚀的危害性比较直观和方便，并可以估算某些设备在均匀腐蚀条件下的使用年限。

第二节　金属电化学腐蚀原理

电化学腐蚀是由于金属与电解质溶液接触时，金属表面各个部分存在一定的电位差（即存在阴极区和阳极区）所引起的金属破坏，如图 8-2 所示。例如，海船船体水下表面由于镀层缺陷或其他原因引起不同区域的电位差可达 50～100mV，这样的电位差足以引起溃疡腐蚀。有的海船航行两年后船体钢板上腐蚀深度达到 2～5mm，并出现直径为 10～20mm 的蚀坑。

一、金属电化学腐蚀基本理论

由于电化学腐蚀本质上为电池反应，所以了解电池理论具有非常重要的指导作用。

1. 原电池

将锌片放于硫酸锌溶液中，铜片放于硫酸铜溶液中，两溶液间连一盐桥，此即为典型的原电池，如图 8-3 所示。

当锌极与铜极用导线连接，电子从锌极流向铜极，两极进行氧化还原反应，反应如下

Zn 极（负极、阳极）失电子氧化反应：　$Zn \longrightarrow Zn^{2+}+2e$

Cu 极（正极、阴极）得电子还原反应：　$Cu^{2+}+2e \longrightarrow Cu$

电池反应：　$Zn\ (s)+Cu^{2+}\ (l) \longrightarrow Zn^{2+}\ (l)+Cu\ (s)$

2. 可逆电极电势

电极板与溶液界面间构成双电层，产生电势差，称为电极电势。电极电势通常采用电

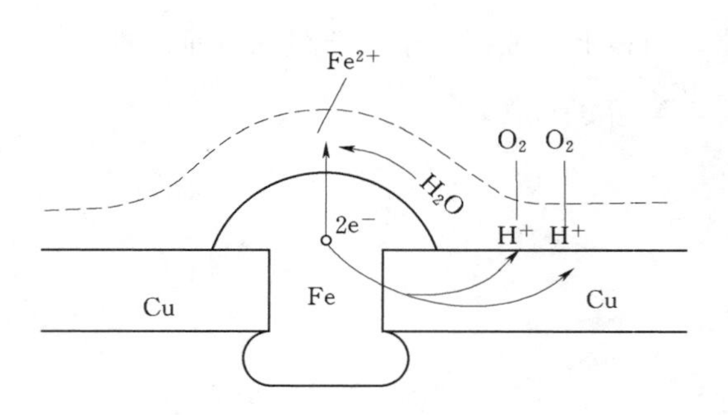

图 8-2 电化学腐蚀示意图

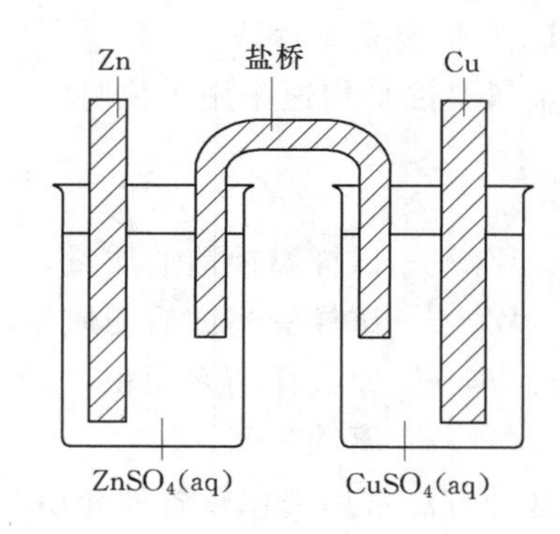

图 8-3 原电池示意图

极的还原反应作为标准。

$$Me^{n+} + ne \longrightarrow Me$$

电极电势表达式为

$$\Phi_{Me^{n+}/Me} = \Phi^{\theta}_{Me^{n+}/Me} - \frac{RT}{nF}\ln\frac{a(Me)}{a(Me^{n+})}$$

式中 R——摩尔气体常数，8.3145J/（mol·K）；

F——法拉第常数，9.64864×10^{4}C/mol；

T——热力学温度，K；

a(Me)——金属活度，纯金属活度为 1；

$a(Me^{n+})$——离子活度。

$\Phi^{\theta}_{Me^{n+}/Me}$标准电极电势，它是温度在 298.15K、各物质活度为 1 时的电极电势。因电极物质状态均为标准态，故名为标准电极电势。水溶液中常见电极的标准电极电势可查有关资料，标准电极电势表示金属或金属离子失得电子能力。Φ^{θ} 值越低，金属失电子越容易；Φ^{θ} 值越高，金属得电子越容易。

3. 可逆电池电动势（E）- Nernst 方程

电池电动势＝正极电极电势－负极电极电势，即

$$E = \Phi_{正} - \Phi_{负}$$

电池：$$Me/Me^{n+} \parallel Me'^{n+}/Me'$$

电池反应：$$Me + Me'^{n+} \longrightarrow Me^{n+} + Me'$$

电池电动势：

$$E = \Phi_{Me^{n+}/Me} = \Phi^{\theta}_{Me^{n+}/Me} - \frac{RT}{nF}\ln\frac{a(Me)}{a(Me^{2+})}$$

$$E^{\theta} = \Phi^{\theta}_{正} - \Phi^{\theta}_{负}$$

此式称为（E）- Nernst 电池电动势公式。

4. 浓差电池

所谓浓差电池，是指两个电极相同，只因浓度不同而构成的电池。

例如：Cu/Cu^{2+}（a_1）$\parallel Cu^{2+}$（a_2）/Cu，其中，$a_1 < a_2$

电池反应：$$Cu \longrightarrow Cu^{2+}(a_1) + 2e$$

$$Cu^{2+}(a_1) + 2e \longrightarrow Cu$$

$$Cu^{2+}(a_2) = Cu^{2+}(a_1)$$

浓差电池电动势为

$$E = -\frac{RT}{2F}\ln\frac{a_1(Cu^{2+})}{a_2(Cu^{2+})}$$

低浓度溶液的电极为负极，高浓度溶液的电极为正极，E 为正值。

5. 微电池腐蚀

金属构成微电池，造成电化学腐蚀，其本质上与电池作用相同。在金属表面不均匀性和介质存在的条件下，构成各种各样的微电池，如图 8-4 所示。

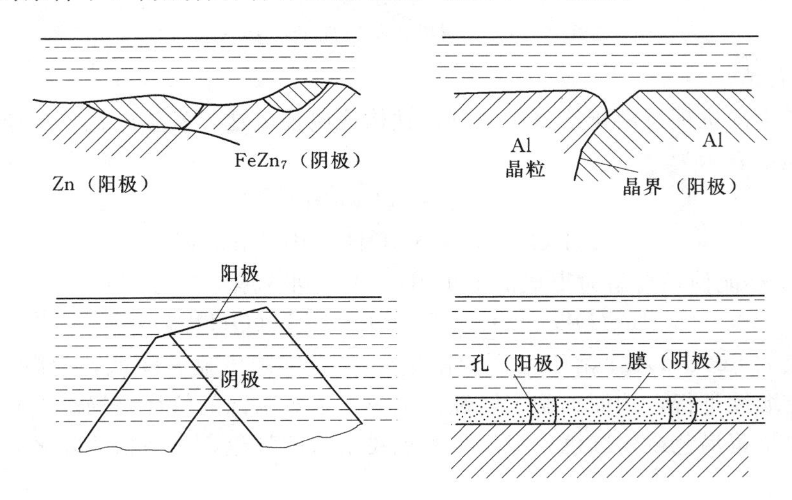

图 8-4　微电池

(1) 化学不均匀性微电池。工业纯 Zn 中 Fe 杂质（$FeZn_7$）、碳钢中渗碳体 Fe_3C、铸铁中石墨、工业纯铝中杂质 Fe 和 Cu 等。例如：工业铝中杂质 Fe、Cu 腐蚀过程。Al（负极、阳极）Fe 或 Cu（正极、阴极）潮湿空气凝聚为电解液，构成微电池。

电化学反应如下。

Al(负极、阳极)：　　$Al \longrightarrow Al^{3+} + 3e$

Fe(正极、阴极)：　　$3H^+ + 3e \longrightarrow \frac{3}{2}H_2\uparrow$

(2) 金属组织不均匀性微电池。多数金属为多晶体材料，晶界的电势比晶粒内部电势低，晶界为负极，晶粒中心为正极，晶界进行腐蚀。多相合金由于不同相之间电势不同，构成微电池。

(3) 金属物理状态不均匀性微电池。如弯曲铁板的弯曲处易于腐蚀、铁铆钉头部易于腐蚀等。

(4) 金属表面膜不完整微电池。金属表面膜（钝化膜、涂层等）孔隙、破损处为负极进行腐蚀，表面膜为正极。不锈钢在含 Cl^- 的介质中，Cl^- 对钝化膜起破坏作用，使膜的薄弱处发生腐蚀。

二、电化学腐蚀的主要类型

锅炉汽水侧金属腐蚀是指金属和汽水中分子、原子或电解质溶液产生化学或电化学作用而导致金属的损坏或失效。腐蚀产生的后果轻则使设备寿命缩短，重则使炉管腐蚀穿孔或爆炸。金属电化学腐蚀主要类型如图 8-5 所示。

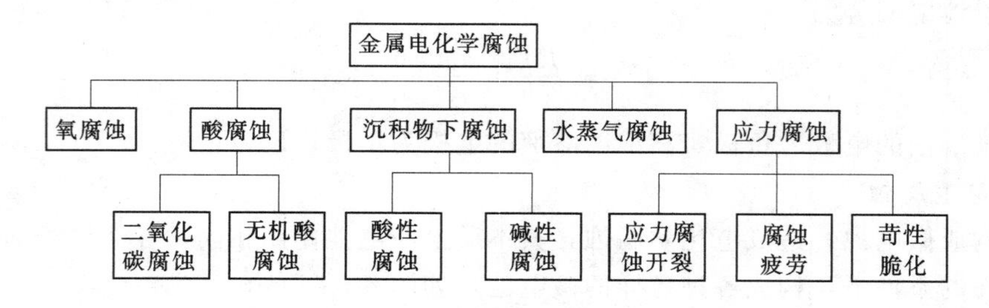

图 8-5　金属电化学腐蚀主要类型

（一）氧腐蚀

氧腐蚀产生的机理是由于给水中氧气与铁构成腐蚀电池，发生电化学反应而使铁产生腐蚀，该过程可表示为

阳极：　$Fe \longrightarrow Fe^{2+} + 2e$

阴极：　$O_2 + 2H_2O + 4e \longrightarrow 4OH^-$（中性，弱酸性）

此外，O_2 还能使铁溶解时形成的 $Fe(OH)_2$ 进一步氧化

$$4Fe(OH)_2 + O_2 + 2H_2O \longrightarrow 4Fe(OH)_3 \downarrow$$

由于生成的 $Fe(OH)_3$ 不溶于水而使阳极处的 Fe^{2+} 浓度显著降低，双电层平衡破坏，促使阳极反应继续进行，从而加剧了腐蚀。金属发生氧腐蚀的特征是局部具有溃疡状，腐蚀处会有表面呈黄褐色或褐红色、里层呈黑色粉末状的鼓包，腐蚀物清除之后，腐蚀坑明显可见。

锅炉最易产生氧腐蚀的部位是给水管道和省煤器入口部位，防止氧腐蚀的措施是对给水进行热力除氧或加入化学药剂除氧。

（二）酸腐蚀

锅炉金属的酸腐蚀是指由 H^+ 的去极化过程所引起的腐蚀。一般在正常运行条件下，锅炉的给水、炉水和蒸汽都不会呈现酸性，只是由于随给水带入锅炉内的某些物质，因在锅炉内分解、降解或水解时才可能产生酸性物质，如水中的碳酸盐、有机物等都有可能引起酸腐蚀。

1. 二氧化碳腐蚀

锅炉补给水中含有各种碳酸化合物，如 HCO_3^- 和 CO_3^{2-} 等，其进入锅炉后分解产生的 CO_2 溶于水，并使之呈弱酸性，产生 H^+ 与铁形成的腐蚀电池如下

阳极：　$Fe \longrightarrow Fe^{2+} + 2e$

阴极：　$2H^+ + 2e \longrightarrow H_2 \uparrow$

二氧化碳腐蚀产物是可溶性的，所以其腐蚀特征是金属均匀地变薄。虽然这种腐蚀不会引起金属严重损伤，但大量铁的腐蚀产物带入炉内后，往往会引起炉内结垢，进而使锅炉受热面产生局部过热而发生爆管。

锅炉最易产生二氧化碳腐蚀的部位是凝结水管道和疏水管。通常防止的措施是在给水中加入氨水，保持给水的 pH 值在 8.5～9.2，给水含氨量为 1.0～2.0mg/L 即可。

2. 无机酸腐蚀

在以地表水作为锅炉补给水水源时，有时会在锅炉炉管内和汽轮机的湿蒸汽区产生无机酸腐蚀，其特征是：锅炉炉管产生的晶间裂纹由外表面向内延伸，而且金相组织有脱碳现象，汽轮机受腐蚀的金属表面上保护膜脱落，表面变得粗糙，甚至形成沟槽等。

（三）沉积物下腐蚀

沉积物下腐蚀的发生有两个条件：一是炉管管壁上有沉积物；二是锅炉水有侵蚀性。

1. 酸性腐蚀

当锅水中有 $MgCl_2$ 和 $CaCl_2$ 时，在沉积物及缝隙中浓缩，发生反应

$$MgCl_2+2H_2O \longrightarrow Mg(OH)_2\downarrow+2HCl$$

$$CaCl_2+2H_2O \longrightarrow Ca(OH)_2\downarrow+2HCl$$

反应生成沉淀物，加速反应进行，则在沉淀物或缝隙中，HCl 浓度高，使 H^+ 与 Fe 形成腐蚀电池

阳极：$$Fe \longrightarrow Fe^{2+}+2e$$

阴极：$$2H^{+}+2e \longrightarrow H_2\uparrow$$

反应生成的 H_2 受到沉积物阻碍，当温度超过 260℃，压力大于氢分压 689kPa 时，氢分子在钢的表面分解为氢原子，并在金属晶界、位错、夹层或内部空洞等处聚集，与碳化物发生反应。

$$Fe_3C+4\ [H] \longrightarrow 3Fe+CH_4\uparrow$$

反应使碳钢脱碳，并生成气体甲烷，由于甲烷分子尺寸大而不易扩散，会使甲烷在晶界或相界面聚集产生局部高压，形成微小裂纹。酸性腐蚀及氢腐蚀的特征有：

（1）管内壁局部腐蚀严重。

（2）腐蚀坑底有脱碳层。

（3）脱碳层内有大量晶界网状微裂纹。

（4）定氢试验可以显示出较高含氢量。

（5）腐蚀部位金属变脆，冲击韧性很低。

防止酸性腐蚀及氢腐蚀的措施是：

（1）选用含碳量低的炉管，提高抗氢腐蚀能力。

（2）采用含 Cr 量高的合金钢和奥氏体不锈钢。

（3）锅炉运行前应进行化学清洗，运行后利用大修定期清洗，以除去管壁上的沉积物。

（4）防止凝汽器泄漏而引起冷却水进入水汽系统。

2. 碱性腐蚀

锅水中存在游离 NaOH 时，沸腾可以导致缝隙中碱的浓缩，当局部 NaOH 浓度大于 10%时，金属保护性氧化膜将被溶解，露出的基体金属进一步与碱反应表示为

$$4NaOH+Fe_3O_4 \longrightarrow Na_2FeO_2+2NaFeO_2+2H_2O$$

$$2NaOH+Fe \longrightarrow Na_2FeO_2+H_2$$

局部碱性腐蚀的特征是：①所形成的腐蚀产物为多孔的碱性氧化物；②腐蚀产物疏松，与金属黏着性差，其形貌为非层状结构，与小孔腐蚀的层状截然不同；③腐蚀产物清除后，露出金属的组织和力学性能都没有变化，金属仍保留它的延展性；④腐蚀产物中一

般有 Na 存在，其水溶液呈现碱性。

防止碱性腐蚀的措施是在炉水中加入 Na_3PO_4 和 Na_2HPO_4 的混合物，使炉水中的 Na^+/PO_4^{3-} 摩尔比为 2.2～2.8，理论最优值为 2.6；可以采用 65%的 Na_3PO_4 加 35%的 Na_2HPO_4 的混合物，Na_2HPO_4 摩尔比正好是 2.6。

在发生碱性腐蚀的条件下，如果有拉应力（特别是热应力）同时存在，则会引起碱应力腐蚀或称碱脆。碱脆通常发生在锅炉汽包的铆钉口和胀管处，产生的裂纹呈放射状，发生碱脆的危险性在于腐蚀初期不易被发现，当能发现裂纹时，金属的损伤已到非常严重的程度。目前，锅炉制造中已不采用铆接，胀接也已少用，所以只有在低压锅炉中才有可能发生碱脆，其防止措施是：

1）保持炉水中相对碱度（游离 NaOH 量与溶解固形物量之比）小于 0.2。

2）运行时避免热应力的产生，如升压速率不要过快、小幅度地降低负荷或停炉时缓慢冷却等。

3）用硝酸盐法或磷酸盐法防止碱脆的发生。

（四）水蒸气腐蚀

锅炉过热器的管壁温度一般可达 450～470℃，正常情况下发生如下反应

$$3Fe+4H_2O \longrightarrow Fe_3O_4+4H_2\uparrow$$

反应生成的 Fe_3O_4 在金属表面形成保护膜而使金属不受到腐蚀，但当热负荷过大，金属壁温超过 500℃时，则保护膜不再起保护作用，但上述反应继续进行，出现“水蒸气腐蚀现象”。

当过热蒸汽温度达到 570℃时，则发生反应

$$2Fe+3H_2O \longrightarrow Fe_2O_3+3H_2\uparrow$$

发生水蒸气腐蚀时，过热器管壁均匀地变薄，腐蚀产物常呈粉末状和鳞片状，但当反应生成的氢气不能及时被蒸汽带走，则会扩散到金属内部，发生氢腐蚀，对碳钢产生脱碳作用，生成甲烷 CH_4 聚积在金属晶粒之间，使金属脆裂，产生细小裂纹。

锅炉的高温过热器会遭受水蒸气腐蚀，另外，因水汽循环不良产生气塞、气水分层或自由水面时，也会产生水蒸气腐蚀及氢腐蚀。

防止这种腐蚀的措施是：

（1）避免采用倾斜度较小的蒸发管。

（2）加大过热器蛇形管弯曲半径。

（3）运行时保证锅炉水循环良好。

（4）过热器采用耐热、耐蚀性能较好的合金钢。

（5）运行时避免过热器管局部过热。

（五）应力腐蚀

锅炉应力腐蚀是指金属在应力和腐蚀性介质共同作用下产生的一种腐蚀破坏形式，通常包括应力腐蚀开裂、腐蚀疲劳和苛性脆化。

1. 应力腐蚀开裂

锅炉金属的应力腐蚀开裂是指金属在残余应力和腐蚀介质共同作用下产生的一种脆性断裂损坏。该残余应力可能是在制造或安装过程中产生的，也可能是在运行过程中由于压

力、温度的不断变化产生的。这种断裂损坏一般分为裂纹的孕育期和扩散期两个阶段，孕育期占总断裂时间的90%左右，但裂纹一旦形成，扩展的速率是相当快的，大约1～5mm/h，所以这种腐蚀开裂比较危险。锅炉水温、杂质成分和浓度以及pH值等都对应力腐蚀开裂有明显影响。

2. 腐蚀疲劳

锅炉金属的腐蚀疲劳是指在交变应力和腐蚀性介质的共同作用下所产生的一种破坏形式。这种破坏形式与应力腐蚀开裂有类似之处，只是腐蚀疲劳产生的裂纹呈贝纹状。

锅炉金属产生腐蚀疲劳的部位往往是汽包与给水管、排污管和炉内水处理加药的连接处以及集汽联箱的排水孔等。这些部位往往受到冷热不均的交变应力，此外，金属表面干湿交替，管道中汽水混合物的流速快慢经常变化，以及锅炉的频繁启动等，都会引起交变应力，导致腐蚀疲劳。

3. 苛性脆化

锅炉金属的苛性脆化是指在残余应力和浓碱的共同作用下所产生的一种金属破坏形式。由于引起这种腐蚀的主要原因是锅水含有游离苛性钠，而受腐蚀金属又脆化破坏，故称为苛性脆化。苛性脆化是低碳钢的一种腐蚀破坏形式，往往发生在锅炉汽包的铆钉口和胀管口处。

锅炉金属发生苛性脆化必须同时具备如下三个条件：

(1) 锅炉水含有一定浓度的游离NaOH。

(2) 金属中有接近于屈服点的拉伸应力。

(3) 锅炉结构上有造成炉水局部高度浓缩的条件。

锅炉金属发生苛性脆化的危险性在于这种腐蚀初期，不会形成溃疡点，也不会使金属变薄，不容易发现，只能通过专门的金属探伤仪器检测，但当苛性脆化一旦发生，金属遭到破坏的速率就开始加速进行，当发现裂纹时，金属的损伤已经达到严重的程度。锅炉金属遭到苛性脆化后，轻者锅炉停用报废，重者锅炉爆炸，造成严重事故。

第三节 锅炉受热面的腐蚀

锅炉受热面烟气侧腐蚀进行得十分迅速，某些电站运行仅一年就需要更换部分受热面。锅炉受热面所发生的腐蚀对锅炉的经济性和安全性造成了严重的威胁，影响了电站机组的可用率。根据发生腐蚀区烟温的高低，可分为高温腐蚀和低温腐蚀。本节将着重介绍炉内主要受热面的腐蚀与防护，关于热力系统中辅助设备的腐蚀将在下节讨论。

一、高温腐蚀

金属表面的高温腐蚀是指燃料中的硫在燃烧过程中生成腐蚀性灰污层或渣层以及腐蚀性气体，使高温受热面金属管子表面受到侵蚀的现象。高温腐蚀主要指水冷壁、过热器和再热器的烟气侧腐蚀。

(一) 水冷壁腐蚀

锅炉水冷壁管发生爆漏是电力生产中常见的事故之一，它的发生直接导致机组停运，机组检修成本增加，同时造成机组发电量降低，给火电厂的安全运行带来了极大的危害。

而引起锅炉水冷壁管爆漏的因素很多，其中高温腐蚀是主要的原因之一。但由于腐蚀带来的危害是一个渐变的过程，不易引起人们的关注。因此，有必要对其进行分析以引起有关人员的重视。

1. 基本现象

水冷壁高温腐蚀的区域通常发生在燃烧器中心线位置附近，结渣和不结渣的锅炉都有可能发生腐蚀，腐蚀速率一般为1.1mm/a。通常管子向火侧的正面点腐蚀最快。一旦发生了高温腐蚀，水冷壁管表面氧化保护层的生成速率远不及高温腐蚀的速率快。水冷壁管高温腐蚀一般有两种外貌特征：一种腐蚀形态为管外壁有较厚的沉积物，外观颜色为灰白色，内部为分层结构，外层为灰白色，下层是黑色结积物，比外层结构致密。机械剥落时，外层呈颗粒状，粉状脱落，与黑色结积物结合很不牢固，分离时呈小片状，较脆，有磁性，这种管腐蚀较轻；另一种腐蚀形态为管外壁有较薄的黑色结积物，厚度约为0.5mm。这种形式的腐蚀一般较严重，与管壁面结合较松散，有大片自行脱落的趋势，质地坚硬，脱离后的管壁面存有很薄的黑色结积物，与管结合牢固。通过分析，两种结积物都有很高的硫含量，大部分主要是硫化物，硫酸盐含量较少。腐蚀损坏时，管壁分层减薄，腐蚀状况为斑点状。这说明锅炉运行过程中，由于燃煤中硫及其他有害杂质的存在，在高温下对水冷壁构成腐蚀。同时，煤燃烧时产生的大量灰粉，在锅炉内部燃烧的复杂动态过程中，猛烈撞击水冷壁，对水冷壁工作面产生严重切削，使水冷壁管工作面被磨损成不同程度的小平台，造成水冷壁壁厚减薄。

2. 腐蚀机理

通常情况下，在锅炉燃烧器高度范围即标高11～18m的区域内，水冷壁管外壁表面因腐蚀损耗减薄，这种腐蚀为还原气氛腐蚀。电厂锅炉所使用的燃煤通常含有Na、K、S等，燃烧后产生这些元素的氧化物。锅炉运行时水冷壁首先发生氧化，在其表面形成Fe_2O_3。从中升华的Na_2O和K_2O凝结在管壁上，与烟气中的SO_3化合成硫酸盐M_2SO_4。M_2SO_4具有黏性，可捕捉飞灰，形成结渣。烟气中的SO_3穿过灰渣层与M_2SO_4及Fe_2O_3发生反应，生成具有低熔点的复合硫酸盐，可引起管水冷壁的热腐蚀。

当覆盖于管壁外表面的硫酸盐与管材氧化后生成的氧化物形成低熔点液态共晶时，就会构成基体金属—氧化膜—熔盐层—含硫烟气的4相3界面系统，导致基体金属发生电化学过程的低温热腐蚀。锅炉水冷壁管高温腐蚀有以下3种型式，水冷壁高温腐蚀通常是由这3种类型腐蚀复合作用的结果，其中尤以硫化物型和氯化物型为主。

（1）硫化物型腐蚀。燃煤中的硫铁矿FeS_2随着煤粒和灰粒黏着在水冷壁上，受热后发生分解：$FeS_2 \longrightarrow FeS+S$，而后，S又与管壁金属化合生成FeS，FeS再继续氧化成Fe_2SO_4，使管壁受到腐蚀。实验证明，这种腐蚀过程在温度不小于350℃时进行得非常迅速。350℃是高压锅炉水冷壁管壁温范围，因此相当数量的高压锅炉都会发生水冷壁高温腐蚀。同样的燃煤对中压锅炉的水冷壁管均无损伤，因为它们的水冷壁管壁温在255℃左右。

（2）硫酸盐型腐蚀。在炉内高温下，煤中NaCl中的Na^+易挥发，除一部分被熔融硅酸盐捕捉外，有一部分与烟气中的SO_3发生反应，形成Na_2SO_4；另一部分是易于挥发性的硅酸盐，与挥发出的钠发生置换反应。而释放出来的钾，再与SO_3化合，并生成K_2SO_4。当碱金属硫酸盐沉积到受热面的管壁后会再吸收SO_3，并与Fe_2O_3作用生成焦硫

酸盐 $(Na\cdot K)_2S_2O_7$。这样一来，受热面上熔融的硫酸盐 M_2SO_4 吸收 SO_3 并在 Fe_2O_3、Al_2O_3 作用下，生成复合硫酸盐 $(Na\cdot K)(Fe\cdot Al)SO_4$，随着复合硫酸盐的沉积，其熔点降低，表面温度增高。当表面温度升高到熔点，管壁表面的 Fe_2O_3 氧化保护膜被复合硫酸盐破坏，使管壁继续腐蚀。另外，附着层中的焦硫酸盐 $(Na\cdot K)_2S_2O_7$，由于熔点低，更容易与 Fe_2O_3 发生反应，生成 $(Na\cdot K)_3Fe(SO_4)_3$，且反应速率更快。

(3) 氯化物型腐蚀。在炉内高温下，原煤中的 NaCl 易与 H_2O、SO_2、SO_3 反应，生成硫酸盐 Na_2SO_4 和 HCl 气体。同时凝结在水冷壁上的 NaCl 也会和硫酸发生反应，生成 HCl 气体，因此沉积层中的 HCl 浓度要比烟气中的大得多，进而使受热面管壁表面的 Fe_2O_3 氧化保护膜遭到破坏。有研究表明，这种情况在 CO 和 H_2 浓度超过一定范围的还原性气氛中更为强烈。

综上所述，燃煤中 S、Cl、K、Na 等物质的存在是发生高温腐蚀的内在根源。而燃用劣质煤所需要的气流扰动和较高的燃烧温度，使煤粉火焰容易刷墙以及水冷壁附近可能出现还原性气氛，为水冷壁的高温腐蚀提供了外部条件。要确定大型锅炉炉内水冷壁是否发生高温腐蚀，可以通过停炉检修时的水冷壁壁厚普查和运行时的壁面气氛试验确定。根据调研，我们发现水冷壁管壁腐蚀速率一般为 0.8～1.5mm/万 h，而运行时水冷壁发生高温腐蚀的判据为：

1) 燃煤中的 $S_{ar}\geqslant 1\%$。

2) 水冷壁附近含氧量不大于 2%。

3) 腐蚀区域的水冷壁管壁温度 $t>350$℃。

3. 原因分析

通过对锅炉燃烧特性、运行方式和燃煤品质等综合指标的对比分析，认为产生腐蚀的原因有以下几方面：

(1) 煤种。经有关科研单位对 8 台燃用贫煤和劣质无烟煤，6 台燃用烟煤的锅炉抽样调查看出，8 台燃用贫煤和劣质无烟煤的锅炉都发生了较为严重的炉膛水冷壁外部高温腐蚀，而 6 台燃用烟煤的锅炉均未发生炉膛水冷壁外部高温腐蚀。这说明高温腐蚀与煤种有很大关系，原因是煤中所含硫分和硫化物在燃烧过程中形成腐蚀物质的结果。

(2) 炉内燃烧工况。水冷壁的高温腐蚀与还原性气氛的存在有极其密切的关系，CO 浓度大的地方腐蚀就严重。当水冷壁某部位空气不足或煤粉燃烧过程拖长，未燃尽的煤粉在水冷壁管附近缺氧燃烧，产生还原性气氛并使硫的完全燃烧和 SO_2 的产生发生困难，致使硫化氢与铁发生急剧反应，引起管子腐蚀。锅炉运行过程中，炉温可高达 1600℃ 以上，如果炉内燃烧组织不好，将出现炉内煤、灰颗粒和氧浓度分布不均，当水冷壁附近区域的气氛呈还原与氧化作用交替变化时，氧化层会不断交替变得疏松，降低了抗腐蚀的能力，水冷壁外部的高温腐蚀也就难以避免。

(3) 炉内热负荷。大容量锅炉截面热负荷随着锅炉容量的增加而大大增加，单只喷嘴的热功率也随锅炉容量的增加而成倍增大，四角切圆燃烧锅炉内平均单位质量气流的旋转动量矩也明显增大，这些特性使炉膛局部区域的燃烧强度和壁面热流强度随锅炉容量的增加而增大，当水冷壁管壁外表面温度进一步升高时，就会发生管外腐蚀，水冷壁管管外腐蚀有硫化物型和硫酸盐型两种，其中以硫酸盐型最常见。硫化物型管外腐蚀主要发生在火焰冲刷管壁的情况下，这时，燃料的FeS_2黏在管壁上受灼热而分解成S；S与金属反应生成FeS，随后氧化生成Fe_3O_4。在此过程中生成的SO_2或SO_3，又与碱性氧化物Na_2O或K_2O作用生成硫酸盐。可见硫化物腐蚀与硫酸盐腐蚀是同时发生的。

（4）锅炉参数。亚临界压力锅炉其饱和水温度约为360℃，水冷壁管外壁温度在400℃以上，温度升高，各种腐蚀物质更容易形成。据有关资料介绍，在300～500℃的温度范围内，管壁外表温度每升高50℃，烟侧的腐蚀程度将增加1倍。

（5）其他综合因素。水冷壁管的腐蚀还与炉膛的总风量、煤粉分配的均匀性、运行操作调整等状态有关。由熔融的液相硫酸盐造成的水冷壁高温腐蚀，与管壁上的积灰有关，当初始积灰的组成成分在水冷壁温度范围内形成液化腐蚀成分时，就容易导致管子发生腐蚀。而当水冷壁管外不形成熔融硫酸盐时，含硫气体也会破坏氧化层，或通过氧化膜的缺陷扩散到基体进行腐蚀。另外，在锅炉启停过程中，由于水循环不良，造成循环停滞或倒流，此时也使部分水冷壁管壁温度过高，引起腐蚀。

4. 防止措施

（1）运行措施。

1）尽量燃用低硫煤。

2）加贴壁风。从二次风箱引出少量二次风，在水冷壁附近形成一层氧化性气膜，不仅可以防止煤粉气流直接冲刷水冷壁，而且改善了水冷壁附近烟气的性质，冲淡烟气中SO_x浓度，且使积结层中SO_x向外扩散而不向内扩散，可有效地抑制水冷壁管的高温硫化腐蚀。

3）加强运行调整，防止火焰偏斜和局部热负荷过高。

4）控制煤粉细度。煤粉较粗时火焰易冲墙，不易燃烧完全，高温腐蚀加快。

（2）采用抗腐蚀管材。国外主要是用合金钢管或复合钢管取代20号钢管，材料价格约高3～4倍。另外，合金钢管或复合钢管与普通碳钢管材的线膨胀系数不一样，在运行中可能会因膨胀量不一致造成管路严重变形，甚至拉裂导致泄漏。国内电厂通常采用渗铝钢管，即用热浸法对20号钢管表面进行渗铝。经测定，该方法可使铝渗入钢管表面下0.2mm。渗铝管的抗腐蚀机理是：在存有SO_2气体环境下，铝首先与SO_2化合，渗铝管表面形成了Al_2O_3保护膜，它具有较高的抗硫化腐蚀作用，从而保护母材不致被腐蚀。20世纪80年代石洞口第一电厂、谏壁电厂等采用渗铝管更换被高温腐蚀的水冷壁管，效果较好。

采用渗铝管的缺点：①检修工期长、费用较高、施工难度大；②要将表面渗铝层磨掉后才能焊接，致使焊口处无渗铝保护，焊接区域仍受到高温腐蚀；③渗铝管对腐蚀类型有选择性，个别电厂使用渗铝管后抗腐蚀效果不是很理想；④为增强水冷壁管的传热效果，常常采用鳍片式管材，渗铝后的鳍片管焊接困难；⑤炉膛外侧管壁不存在高温腐蚀问题，整管渗铝造成了不必要的浪费。

（3）喷涂耐腐蚀金属涂层。在水冷壁表面喷涂耐腐蚀金属的目的是将腐蚀性气氛与管材基体Fe相隔离，可用于电厂锅炉水冷壁的防护涂层主要有铝、铁铬铝、镍铬钛、镍铬、铁铬镍等合金。

国内应用最典型的耐腐蚀金属涂层主要有：

1）电弧喷涂 NiCrAl－Mg 合金。Al、Mg 在熔盐中与铁离子的行为完全不同，铝的阳离子 Al^{3+} 既不会被进一步氧化，也不会参与化学反应，在温度大于 350℃及还原性气氛中，具有良好的稳定性。因而，选取 CrAl 合金作为抗腐蚀覆层的主体，以电弧喷涂工艺进行喷涂。电弧喷涂 NiCrAl－Mg 合金的主要缺点是喷涂层的多孔性质，直接使用并不能将腐蚀性气氛与管材基体完全隔离，需使用表面封闭剂。经过复合处理的铝基复合覆层，其长期耐热温度为 450℃，短时耐热温度为 620℃，结合强度为 40N/mm，可满足水冷壁实际工况要求。

2）采用超音速电弧喷涂 NiCrTi 合金。超音速电弧喷涂具有粒子喷射速率高，涂层结合强度、硬度高，涂层孔隙率低，喷涂颗粒细小均匀，喷涂工件不变形，喷涂厚度可调等优点，这些优点使电弧喷涂已成功地应用在水冷壁管的表面防磨和防腐问题。虽然电弧喷涂不能从根本上解决锅炉水冷壁管的高温腐蚀问题，但能减缓腐蚀，延长其使用寿命。喷涂工序如下：①表面清理、打磨及除锈。先用石英砂进行粗打磨，然后用金刚砂进行细打磨，以提高喷涂结合强度；②在底层喷涂 40A 结合材料；③超音速电弧喷涂 NiCrTi 合金；④喷一层 Al 材加密封剂，避免腐蚀物质通过涂层的孔隙渗入腐蚀母材或减少防腐涂层的有效厚度；⑤喷涂耐火材料。某锅炉水冷壁管喷涂层厚度总共约为 0.6mm，运行 1 年多后进行对比检查，结果表明喷涂部位与未喷涂部位的腐蚀程度明显不同。2 年后停炉检修时，再次对同一区域进行检查，未喷涂部位已严重减薄，必须换管，喷涂部位壁厚减薄不多。

3）电弧喷涂镍铬合金。选用几种电弧喷涂涂层，分别对其与管道结合力、耐热腐蚀性能等进行测试，测试结果见表 8－1。

表 8－1　锅炉电弧喷涂涂层结合力

电弧喷涂层种类	铝	铁铬铝	镍铬铝	镍铬	铁铬镍
涂层结合力（MPa）	12～17	28～38	28～35	28～38	28～36

结合丝材价格、喷涂施工工艺性能等特点，镍铬合金应用比较广泛。天津大港电厂在对镍铬合金进行了多次试验后，于 2001 年和 2002 年 3 次进行大规模应用。该厂采用电弧喷涂镍铬合金涂层作为工作底层，再用铝层进行封闭处理。经多次检查表明，具有工作底层的电弧喷涂防护涂层比没有工作底层的电弧喷涂防护涂层更适合炉膛低温热腐蚀环境。表面喷铝涂层可实现对电弧喷涂层的封闭处理，有效提高涂层体系的抗锅炉热腐蚀。目前，在 3 号和 4 号炉中使用情况良好。

4）粉末冷喷涂镍包铝技术。粉末冷喷涂技术使喷涂技术发展到了一个新的水平，其中自熔性合金粉末、复合粉末已在生产中得到广泛应用。在电厂防腐实践中，有用镍包铝（或铝包镍）作为水冷壁防高温腐蚀的喷涂粉料的成功实例。水冷壁管经预处理后，使用自熔性复合粉末镍包铝进行冷喷涂，结合强度可满足使用要求，经测试可以代替渗铝管。该喷涂方法简便易行，不受条件限制，可推广使用。

5）在水冷壁管表面涂刷防蚀防磨涂料。如发现水冷壁管已经减薄，存在爆管可能，但未到换管及喷涂防腐蚀涂层时，可采取临时措施，对已减薄的管子表面涂刷防蚀防磨涂料，进行短期防磨防腐。

5. 高温腐蚀防护实例

直流四角切圆燃烧是我国300MW等级锅炉采用最多的一种燃烧方式，其特点是炉内火焰形成大旋涡作旋转上升运动，一次风射流受上游旋转气流挤压，炉内切圆增大。当燃烧器的高宽比加大时，热态切圆增大。煤粉火焰容易冲刷墙壁，导致水冷壁高温腐蚀。水冷壁的腐蚀部位大致是沿一次风流向炉膛中心线附近及下游的水冷壁壁面。这类锅炉设计时，防止水冷壁高温腐蚀的一般原则：炉内切圆直径取小值，防止煤粉火焰冲刷墙壁；增强一次风刚性，在一次风喷口两侧尤其是背火侧增加周界风或侧二次风，以刚性较强的二次风支撑一次风气流，在炉壁附近形成氧化性气氛；在注重着火、稳燃的同时，注意截面热负荷的选取，适当加大炉膛的截面积，以防止炉膛结渣和积灰。同时，加大喷燃器的高宽比，使燃烧器区域的温度较为平缓，防止局部温度过高。

目前，一些电厂采用水平浓淡分离燃烧器防止高温腐蚀，但效果不尽如人意。汉川电厂和青岛电厂是上海锅炉厂早期引进美国燃烧工程公司技术，设计制造的贫煤锅炉。在投运初期，汉川电厂存在低负荷稳燃问题，而青岛电厂则发生高温腐蚀。下面是哈尔滨工业大学采用水平浓淡分离燃烧技术进行燃烧器改造的情况。

(1) 青岛电厂。青岛电厂300MW锅炉为亚临界控制循环锅炉，燃料为晋中贫煤，燃烧器采用四角切圆燃烧方式。青岛电厂1、2号炉分别于1995年、1996年投运。在1997年的第一次大修中发现1号炉水冷壁燃烧器区域高温腐蚀严重，前后墙和两侧墙的水冷壁管都有减薄。我们统计过1996～2000年期间电厂入炉煤煤质资料，电厂用煤中含硫量平均高达2.40%，与设计煤种的含硫量 $S_{ar}=0.72\%$ 相差较大。为解决锅炉存在的水冷壁高温腐蚀问题，该厂对1、2号炉进行燃烧器改造，即把16只WR型煤粉燃烧器全部改成水平浓淡分离燃烧器，并将原一次风周界风改为侧二次风喷口，通过调节原一次风的周界风风门（现称为侧二次风）挡板开度以调节侧二次风流量。为了解改造效果，该厂组织了哈尔滨工业大学、山东省电力科学研究院在2号炉上进行现场试验。内容包括侧二次风与一次风、二次风的动量比特性试验和水冷壁壁面氧量测量。试验工况：2号炉改造后，负荷300MW，省煤器出口氧量5.6%；1号炉改造前，负荷300MW，省煤器出口氧量6.0%。结果见表8-2。

表8-2　改造前后对比试验情况

炉　号	V_{daf} (%)	A_{ad} (%)	$Q_{ad\cdot net}$ (kJ/kg)	R_{90} (%)	燃烧器区域壁面氧量 (%)
1号炉（改造前）	12	20	26517	9.49	0.8～0.3
2号炉（改造后）	10.95	27	24525	10.34	1.5～3.6

(2) 汉川电厂。汉川电厂300MW锅炉为亚临界控制循环锅炉，燃料为晋东南潞安贫煤，燃烧器采用四角切圆燃烧方式。为提高锅炉低负荷稳燃能力，电厂于2000年10月对燃烧器进行改造，即对燃烧器下两层一次风8个喷口的风粉混合气流在水平方向进行浓淡分离，淡相气流布置在背火侧，浓相气流布置在向火侧，并将原来一次风喷口的周界风改成侧二次风。2001年8月后墙水冷壁发生爆管，停炉检查发现四面墙的水冷壁管均有不同程度的减薄，具体爆管位置：在标高18m处，后墙2号角第48根水冷壁管。我们统计

过2001年1～8月电厂入炉煤煤质资料，电厂用煤中含硫量平均为0.44%，最高仅为1.10%，与设计煤种的含硫量$S_{ar}=0.35\%$相差不大。为查清燃烧器改造对壁面气氛的影响，该厂组织了西安热工研究院等单位在1号炉上进行现场试验，内容包括冷态空气动力场和热态水冷壁壁面气氛测量，在燃烧器区域布了60个测点，其中40点在气流下游。试验结果：一、二次风切圆比原来大，并且一次风射流刚性较差，有明显的气流刷墙现象。在290MW负荷时，最好的运行工况，水冷壁壁面也有15个测点的含氧量小于2%，并且有多点含氧量小于1%。随着负荷降低，情况逐渐好转，负荷小于150MW，出现全炉膛的壁面烟气含氧量大于2%。

综上所述，水平浓淡分离燃烧器将一次风煤粉气流在水平方向进行浓淡分离，淡相气流布置在背火侧，浓相气流布置在向火侧，并将原来一次风喷口的周界风改成侧二次风，在某种程度上改善了燃烧器区域壁面气氛，缓解了高温腐蚀。但是采用水平浓淡分离后，燃烧器区域的燃烧温度升高，这是其低负荷能稳定着火燃烧的原因，但炉内水冷壁局部壁温会相应升高，也会加速高温腐蚀进程。研究表明高温腐蚀与管壁温度有关，腐蚀速率与壁温呈指数关系，壁温在300～500℃之间每升高50℃，腐蚀速率增加1倍。

（二）过热器腐蚀

过热器管迎火面的高温腐蚀与其工作环境的气体温度、气体成分、煤灰组成以及煤粉颗粒的运动等诸多因素相关，但煤灰和烟气的组成为最主要的影响因素，这直接取决于煤的组成。煤中主要的腐蚀性杂质有硫、钠、钾、氯及其化合物，同时含有在燃烧过程中产生灰的不可燃烧的矿物质，部分灰随燃烧气体成为飞灰，沉积在稍冷一些的部件如炉壁和过热器/再热器上，含有硫、钠、钾和氯等燃烧产物的积灰对这些金属部件有很大的腐蚀性。

过热器/再热器管子的腐蚀速率主要取决于煤中的碱分含量和燃烧气体中SO_2/SO_3的含量。煤中的碱性物质来源于铝硅酸钠（如钠长石）和铝硅酸钾（如白云母、正长石和伊利石），硫来源于黄铁矿、有机硫和硫酸盐。煤中硫的含量一般只有1%～4%，极少数情况下可达10%。烟气中的SO_2/SO_3可导致锅炉管上出现复杂的沉积物，如$K_3Fe(SO_4)_3$和$Na_3Fe(SO_4)_3$等，它们在593～760℃范围内呈液态，加速了过热器和再热器管的腐蚀。只有当SO_3达到一定的浓度时，才可能形成这种复杂的三元硫酸盐，烟气中SO_3的浓度可高达2000×10^{-3}单位。沉积物中钠和钾元素含量的比率变化对复合硫酸盐的熔点也有很大的影响，当Na∶K＝4∶6时混合物熔点最低，为550℃左右，因而腐蚀速率受复合硫酸盐中的钠钾比率影响。

氯元素对过热器管的腐蚀作用也较为显著，在富氯煤中就观察到了腐蚀速率增加的现象，James、Pillder和Wright等将其归因于HCl和Cl_2的直接气相腐蚀及熔融氯化物和它们的共晶混合物的液相腐蚀。目前其腐蚀机制还有待于继续研究。但对于垃圾焚烧技术，由于垃圾与煤成分上的区别，垃圾焚烧锅炉和燃煤锅炉中所遇到的问题有所不同，在垃圾焚烧锅炉中HCl的腐蚀变得较为突出。垃圾焚烧炉中生成的高含量HCl会引起锅炉本体的损坏。20号钢和15CrMoG腐蚀生成的腐蚀膜均分层严重，且层中为多颗粒结晶结构，标志着活化腐蚀的存在。而引起活化腐蚀的原因在于Cl参与腐蚀，在金属界面生成氯化物，氯化物蒸发析出的过程中被氧化，生成氧化物。

在高参数大容量机组的运行中，锅炉过热器蒸汽侧氧化皮很容易产生并不断增厚，但并不会大量剥落。加强运行参数的控制调整，控制锅炉各受热面管壁温度在允许范围内；加强化学水汽品质的监督与控制，执行好锅炉启动过程中的清洗和冲洗；严格按规程进行锅炉的启停操作，对缓解锅炉受热面的氧化皮存积和防止氧化皮剥落有很大的作用，从而有效避免了由此引发的过热器超温爆管。

（三）再热器腐蚀

再热器是锅炉机组发生爆漏事故最为频繁的部件之一。近年发展起来的以受热面管工作温度来判断其超温服役状态的剩余寿命的评价与计算，为现场生产和检修提供了有力的技术支持。获得实际运行中管排温度场分布数据的常用手段，是在检修中冷态测量管子内壁氧化皮厚度及管子的剩余厚度，依据氧化皮厚度与温度的经验关系计算管子的工作温度，从而估算出哪些管子处于超温区域，最大和最小超温幅度是多少和平均壁厚消耗速率，并以 Lason - Miller 方法计算剩余寿命。

以上述方法的应用效果与实际情况相对照，发现计算结果经常远远大于下一次爆管的周期。这是由于评价体系中采用的测量方法和经验常数过多造成的综合误差引起的。再有就是并不完全清除氧化皮的生长规律以及氧化皮的存在造成的传热变化。一个明显的问题是，如果管子内壁氧化皮出现剥落，使得氧化皮在同等条件下的厚度明显小于测量值或计算值。那么，根据该值计算得出的温度会低于真实的温度，计算的管子寿命会有很大的误差。

1. 氧化机理

再热器管子内部为高温高压的过热蒸汽环境。产生水蒸气的水是经过软化并深度脱氧处理的，氧含量较低（0.007～0.030mg/L)，因此可将管子的腐蚀看作是低压环境下氧化和水蒸气氧化共同作用的结果，并以水蒸气氧化为主。

对新管子来说，基体元素 Fe 和合金元素 Cr 均可能参与氧化反应。

$$Fe+H_2O \longrightarrow FeO+2H$$

$$2Cr+3H_2O \longrightarrow Cr_2O_3+6H$$

此外，还可能发生如下相关反应

$$Fe+\frac{1}{2}O_2 \longrightarrow FeO$$

$$3FeO+\frac{1}{2}O_2 \longrightarrow Fe_3O_4$$

$$2Fe_3O_4+\frac{1}{2}O_2 \longrightarrow 3Fe_2O_3$$

上述反应的结果，产物将形成管子表面的主要氧化层，即 $FeO/Fe_3O_4/Fe_2O_3$。高参数电站锅炉再热器管子表面工作温度通常高于 570℃，因此这一结果与热力学分析的结论基本一致。关于水蒸气在氧化过程中的作用，由于氢的位置和含量难以确定，迄今尚无明确的结论。比较有说服力的假说是 Fujii 等人提出的水分解机理。在钢的氧化层表面由水分解产生的氢渗入氧化层内部，还原氧化亚铁并形成水蒸气。形成的水蒸气通过氧化膜内部的孔洞迁移到氧化层或基体界面处，氧化新鲜的 Fe 或 Cr。因此，氢的作用在于促进了高温水蒸气环境中金属内氧化物的形成。由于孔洞的大小不均匀，形状也不规则，从而使得内氧化区也不均匀，形成了不规则内氧化物。

2. 腐蚀产物形成对管壁温度的影响

由于长期运行的锅炉再热器管子形成的内、外壁氧化皮，其导热系数仅为母材金属的十几分之一，恶化了管子的传热性能。尽管运行温度（出口蒸汽温度）并不发生变化，但此时的管子工作温度已经自动由许用温度以下上升至许用温度以上，造成管子的长期超温运行工况，使用寿命被剧烈降低至原寿命的$\frac{1}{6}\sim\frac{1}{8}$，并加剧了腐蚀的发生。当内壁外层氧化皮增长到临界厚度以上时发生剥落，随后开始新的加速腐蚀循环。两种因素相互作用，随运行时间延续，腐蚀加重，温度升高幅度加大，爆管的时间也就缩短。如以内壁氧化皮测量的方法进行寿命预测，则可能测量不到在该温度条件下应有的氧化皮厚度，进而导致寿命预测的偏差。

二、低温腐蚀

由于金属壁温低于酸露点而引起的腐蚀称为低温腐蚀。低温腐蚀的产生主要取决于烟气中 SO_3 的形成，并与烟气的酸露点和烟气中的水蒸气的露点高低有密切关系。可燃基硫在燃烧过程中会被氧化生成 SO_2 和微量 SO_3，SO_3 与烟中水蒸气结合成为硫酸蒸汽，一般燃料所生成的烟气中的水蒸气露点很低，但如果烟气中有硫酸蒸汽存在，即使含量很少，对露点的影响也很大。硫酸蒸汽本身对受热面金属的工作影响不大，但当它在壁温低于酸露点的受热面上凝结下来时，就会对受热面金属产生严重腐蚀作用。

（一）酸露点

烟气中 SO_3 含量越多，酸露点就越高，腐蚀范围越广，腐蚀也越严重。研究表明：当 SO_3 含量达 0.001%时，酸露点即已达 120～140℃，其后酸露点随 SO_3 含量逐渐趋于缓慢。烟气的酸露点与燃料含硫量和单位时间送入炉内的总硫量有关，可用折算硫分 S_{zs}^{y} 来反映酸露点的高低。由于烟气中带有的大量的含钙和其他碱金属化合物的飞灰粒子可以部分吸收烟气中的硫酸蒸汽，从而降低 SO_2 和 SO_3 在烟气中的浓度，使酸露点降低。灰分对酸露点的影响可用折算灰分 A_{zs}^{y} 和飞灰系数 α_{fh} 来表示。综合以上因素，烟气的酸露点可用经验公式来表示

$$t_d = t_s + 125\sqrt[3]{S_{zs}^{y}}/1.05^{\alpha_{fh}A_{zs}^{y}}$$

式中　t_d——烟气的酸露点，℃；

t_s——按烟气中水蒸气分压力计算的水露点，℃；

S_{zs}^{y}、A_{zs}^{y}——应用基燃料的折算硫分和折算灰分；

α_{fh}——飞灰系数。

由此可见，烟气的酸露点随折算硫分的升高而升高，随折算灰分和飞灰系数的升高而降低。

（二）空气预热器腐蚀

当硫酸蒸汽在烟气露点温度以下的金属表面上凝结发生低温腐蚀的同时，凝结在低温受热面上的硫酸液体还会黏附烟气中的灰尘形成不易清除的灰垢，使烟气通道不畅甚至堵塞。腐蚀、积垢和磨损相伴出现，严重影响了锅炉的安全经济运行。

锅炉低温腐蚀最严重的部位主要有空气预热器、省煤器、烟道、引风机和烟囱等，对大型电站锅炉而言，主要是空气预热器。

空气预热器是利用烟气的热量来加热燃烧所需空气的热交换设备。由于它回收了烟气的热量，降低了排烟温度，而提高了锅炉效率。同时，由于空气被预热，强化了燃烧的着火和燃烧过程，减少了燃料不完全燃烧热损失，强化了炉内辐射换热，进一步提高了锅炉效率。但是，由于空气预热器的烟气温度不高，金属的温度也最低，烟气中的水蒸气和硫酸蒸汽就可能在管壁上凝结，从而造成金属的低温腐蚀。

1. 腐蚀与堵灰

锅炉受热面的壁温低至酸露点时，受热面上将会凝结出液态硫酸。它不仅会腐蚀金属，而且还会黏结烟气中的灰粒子，使其沉积在潮湿的受热面上。严重时将造成烟气通道堵灰，堵灰不仅使烟气阻力剧增从而影响锅炉出力，而且它与腐蚀是相互促进的。堵灰使传热减弱，受热面金属壁温降低，而且350℃以下沉积的灰又能吸附SO_2，这将加速腐蚀过程。空气预热器受热面腐蚀泄漏后，将发生烟气中的水蒸气与硫酸蒸汽遇到低温受热面开始凝结时，凝结液中硫酸浓度很大。当有一部分蒸汽凝结下来以后，烟气中的硫酸蒸汽和水蒸气的浓度有所降低，但前者降低的幅度大。因此烟气的露点也有所降低。随着烟气的流动会遇到温度更低的受热面，烟气中的硫酸蒸汽和水蒸气还会继续凝结，不过这时凝结液中硫酸浓度却在逐渐降低。由此可知，烟气中硫酸蒸汽和水蒸气在低温受热面上的凝结是发生在一个相当广的范围内，而凝结出的硫酸浓度是随温度降低逐渐变小的。硫酸浓度对受热面腐蚀速率的影响如图8-6所示。

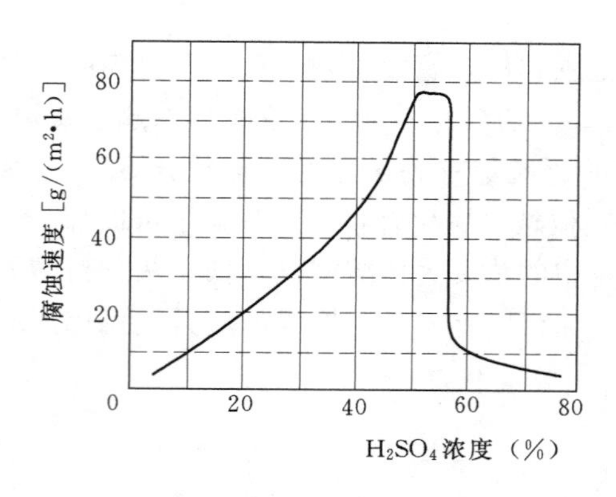

图8-6　硫酸浓度对钢材腐蚀的影响

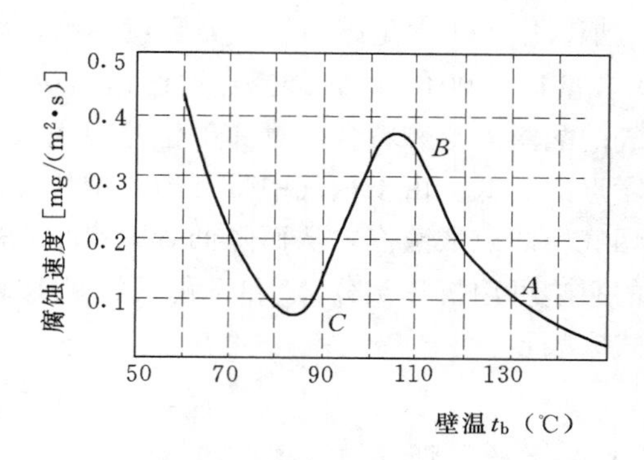

图8-7　壁温对腐蚀速率的影响

开始凝结时，产生的浓硫酸对钢材的腐蚀作用很轻微，而当浓度为56%时，腐蚀速率最高，硫酸浓度再进一步降低，腐蚀速率也逐渐降低。金属壁温的高低也直接影响腐蚀速率。由图8-7可知，腐蚀最严重的区域有两个：一是发生在壁温为水露点附近，另一个发生于约低于酸露点105℃的区域，壁温介于水露点和酸露点之间，有一个腐蚀较轻的安全区，形成上述腐蚀变化规律的原因是：顺着烟气流向，当受热面壁温到达露点时。硫酸蒸汽开始凝结，腐蚀亦即发生，如图8-7中A点附近。此时虽然壁温较高，但凝结酸量较少，且浓度亦高，故腐蚀速率较低，随着壁温降低，硫酸凝结量逐渐增多，浓度却降低，并逐渐过渡到强烈腐蚀浓度区，因此腐蚀速率是逐渐加大的，至B点达到最大，壁温继续降低，凝结酸量开始减少，浓度也降至较弱腐蚀浓度区，此时腐蚀速率是随壁温降低而逐渐减少的，到 C 点达到最低。当壁温到达水露点时，管壁上的凝结水膜会同烟气中 SO_3 结合，生成 H_2SO_4 溶液，它对受热面金属也会产生强烈腐蚀。另外，烟气中的 HCl 也会溶于水膜中，对受热面金属产生一定的腐蚀作用。因此，随着壁温降低，低温腐蚀更加严重。

2. 减轻与预防

锅炉低温腐蚀的根本原因是烟气中存在有 SO_3 气体，发生腐蚀的条件是金属壁温低于烟气露点温度。因此，应当注重燃料脱硫、控制燃烧以减少产生 SO_3。使用添加剂加以吸收或中和烟气中的 SO_3 和提高受热面金属壁温、避免结露都可有效减轻空气预热器的低温腐蚀。

（1）适当提高排烟温度。排烟温度升高使壁温升高、腐蚀减轻，但却使锅炉的排烟热损失增大，运行的经济性降低，所以提高排烟温度是有限的。同时，提高空气入口温度，采用热空气热循环（即把部分已加热的空气通过循环风道输入空气预热器进口）或加装暖风器提高空气预热器入口风温，从而达到提高金属壁壁温、减轻硫腐蚀的目的。

（2）在实际生产运行中，烟气中过剩的氧也会增大 SO_3 的生成量。无论是送入炉膛的助燃空气，还是烟道的漏风，对 SO_3 的生成量都有影响。因此，为防止低温腐蚀应尽可能采用较低的过量空气系数和减少烟道的漏风，同时，降低过量空气还可提高锅炉的热效率。一般将过量空气系数控制在 1.35 以内，并保证在锅炉负荷出现波动时及时调整燃烧，控制炉膛内的最佳过量空气系数。

（3）为克服低温腐蚀，空气预热器的低温段采用耐腐蚀的玻璃管也有一定成效。同时，也可将空气预热器的冷端与其他部分分开，待运行一定时间后，便于受腐蚀后修补或调换更新。

（4）在燃料中适当投入添加剂（如石灰石、白云石等），使粉末状的白云石与烟气中的 SO_3 发生作用生成 $CaSO_4$ 和 $MgSO_4$，从而降低烟气中 SO_3 的分压力减轻低温腐蚀。实际生产运行中是相互作用的，只要我们把减轻和预防措施做好，就能最大限度地延长空气预热器的使用寿命。

第四节　锅炉辅助设备的腐蚀

本节针对除氧器、凝汽器和回热加热器等辅助设备的腐蚀进行介绍。

一、除氧器腐蚀

电站锅炉除氧一般以热力除氧为主，化学除氧为辅。热力除氧是基于道尔顿和亨利两大定律，即气体在水中的溶解度与其分压成正比，与温度成反比，当水被加热时，水蒸气分压升高，包括氧在内的其他气体分压降低，从而降低了气体在水中的溶解度。

按除氧头结构形式的不同，除氧器可分为喷雾式除氧器、淋水盘式除氧器、填料式除氧器、喷雾填料式除氧器和膜式除氧器；按外观型式的不同，除氧器可分为立式、卧式、内置式三种。国内生产的除氧器大多数为除氧部分与水箱分段型，而在 20 世纪七八十年代，国外就已研制出一种内置型式新型结构的除氧器，即除氧部分与储水部分在同一个简体内。本节介绍的为国内自行设计制造的新型给水除氧设备——回热式除氧器，与传统的热力除氧器相比，在结构、设备布置上有较大的差异，以下将以该设备的结构特点、产生管道腐蚀的原因及改进措施作一一探讨。

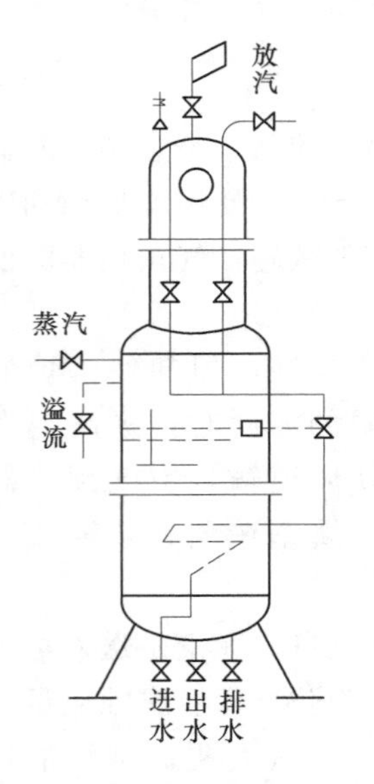

图 8-8　回热式除氧器示意图

回热式除氧器的结构如图 8-8 所示。除氧的软化水经过除氧器底部盘管，被预热至 60℃，通过上部水盘及填料层，被中部进入的蒸汽加热而沸腾（102～104℃），水中的氧气伴随少量的蒸汽从除氧器头部逸出，除氧后的水下落到加热进水盘管后以 60℃的水由锅炉给水泵抽出。

从理论上讲，整个除氧系统应该行之有效，然而在实际应用中，由于所用的水质的不同，除氧器局部材质的选用上存在一定的问题，用户在操作过程中无法做到连续稳定地进水，导致了该除氧器运行的不正常，甚至发生进水段管道因氧腐蚀而结垢堵塞的问题即回热式除氧器管道腐蚀现象。例如，该除氧器的用户地处黄浦江中上游，原水水质硬度 3.1～4.5mmol/L，总碱度 1.8～2.6mmol/L，氯根 64～177mg/L，pH=6.8～7.2，原水经钠离子交换器软化处理后，软水硬度基本达到国家标准，即不大于 0.03mmol/L。使用回热式除氧器数月之后，发现除氧器进水量明显下降，以致锅炉供水量不足，经打开设备检查发现，该除氧器下部进水预热盘管严重结垢，上部填料挡板孔道也有氧化物堵塞，垢体颜色呈红褐色，采样分析结果：85.3%为铁铝氧化物。管道的严重氧腐蚀导致了该设备运行的中止。

1. 产生管道氧腐蚀的原因

回热式除氧器由于其本身的结构特点及操作条件，决定了该设备在局部的材质选用上必须考虑到耐腐蚀性，而导致该设备在运行短短数月内产生严重的氧腐蚀的原因可归纳如下。

水源中杂质离子对除氧器的影响。钢铁在水中能生成很薄的氧化膜，如果保持磁性氧化铁层或氢氧化亚铁层的稳定，钢铁就可避免产生腐蚀。然而，回热式除氧器的下部进水盘管接触的水质为软化水，除了钙、镁硬度较低外，氧气、二氧化碳、氯化钠等杂质离子均有一定比率的含量，水中的溶解氧可使钢铁表面的磁性氧化铁膜或氢氧化亚铁膜进一步氧化成氧化铁。

$$4Fe_3O_4 + O_2 \longrightarrow 6Fe_2O_3$$

$$4Fe(OH)_2 + O_2 + 2H_2O \longrightarrow 4Fe(OH)_3$$

$$2Fe(OH)_3 \longrightarrow Fe_2O_3 + 3H_2O$$

氢氧化亚铁在含氧量很低的介质中也能氧化为氧化铁，由于氧化铁的“白德伏尔士”比值为 2.14，膜的结构粗松多孔，保护性能差。水中游离的二氧化碳可使氢氧化亚铁溶解，反应式为

$$2H_2CO_3 + Fe(OH)_2 \longrightarrow Fe(HCO_3)_2 + 2H_2O$$

氢氧化亚铁表面膜的不断产生又不断溶解，导致金属表面的均匀腐蚀，而氯离子的存在又起到了催化腐蚀的作用，NaCl 属于非氧化铁中性卤素盐类，氯离子半径较小，对钢铁的钝化膜有很强的穿透能力，氯离子（活化阴离子）吸附在表面钝化膜中某些缺陷处，使该处达到点蚀电位时，表面钝化膜的最薄弱部位的电场强度较高，使 Cl^- 穿透薄膜形成氯化物，随着氧化膜发生局部溶解，形成点蚀源，随着腐蚀的不断进行，在点蚀孔上形成了腐蚀产物，致使孔内外的物质迁移难以进行，蚀孔内的金属的盐含量变浓，因水解 pH 值变低，为了维护电荷平衡，Cl^- 不断通过腐蚀产物，向蚀孔内迁移，导致孔内 Cl^- 进一步富集，从而产生了点蚀发展的自催化过程。此外，由于给水中含有微量镁离子则氯化镁会部分发生水解。

$$MgCl_2 + 2H_2O \longrightarrow Mg(OH)_2 + 2HCl$$

生成的盐酸能破坏金属表面氧化膜，又能溶解铁，反应式为

$$Fe_3O_4 + 8HCl \longrightarrow FeCl_2 + 2FeCl_3 + 4H_2O$$

$$Fe + 2HCl \longrightarrow FeCl_2 + H_2\uparrow$$

当 pH 值较低时，氧化铁又可与氢氧化镁作用，再次生成氯化镁。

$$Mg(OH)_2 + FeCl_2 \longrightarrow MgCl_2 + Fe(OH)_2$$

氯化镁又水解成盐酸引起铁的腐蚀，如此反复循环下去，使铁不断遭到酸的腐蚀。

2. 介质温度对腐蚀速率的影响

水温对溶解氧引起钢铁腐蚀过程有较大的影响，在密闭系统中，金属腐蚀速率的增加与水温成正比，这是因为各种物质在水中的扩散速率加快，电解质水溶液的电阻降低，加速了腐蚀电阻阴、阳两极的形成过程。在敞开系统中，由于气体在水中溶解度随温度的上升而下降，腐蚀速率与介质温度之间并非呈直线上升态，如图 8－9 中曲线可知，水温在 60～70℃时，腐蚀速率正处上升势态，并接近该曲线的最高点，这也就说明了回热式热力除氧器在下部盘管预热过程中温度为 60℃恰好是金属腐蚀速率较快的阶段，盘管内氧腐蚀比其他部位厉害得多的原因。

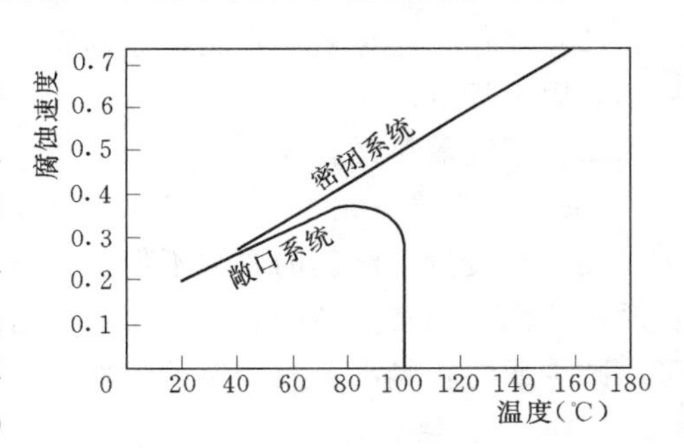

图 8－9　温度对钢在水中腐蚀速率的影响

3. pH 值对腐蚀的影响

pH 值对金属腐蚀速率的影响。当 pH 值较低时，钢铁表面的氧化膜不稳定，甚至会逐渐溶解而失去保护作用，水中的溶解氧向金属表面扩散便不能受到阻止，金属耗氧腐蚀将不断发生，从图 8－10 可看出 pH 值对腐蚀速率的影响。由于回热式除氧器进水 pH 值均在 7 左右，当水中的氯离子不断地进行催化腐蚀反应的同时，氧化铁垢下富集了一定量的 H 离子，使垢下 $pH \leqslant 7$；当局部 $pH < 3$ 时，腐蚀速率将明显加快，从而也加剧了氧化铁垢的进一步生成。

4. 解决问题的方法探讨

根据上述分析，回热式除氧器的结构采用底部进水盘管预热系统，保证出水温度

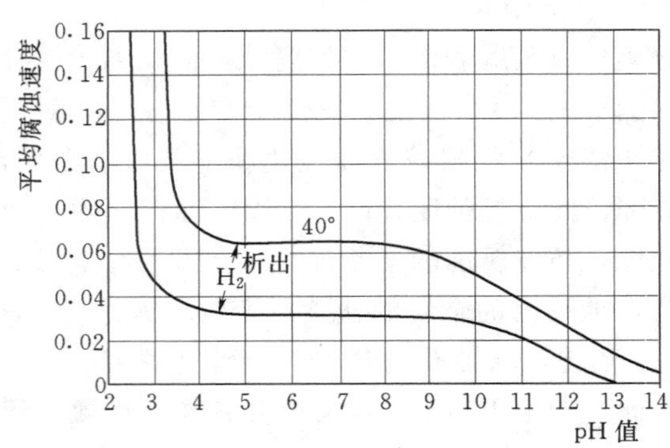

图 8-10 pH 值和平均腐蚀速率的关系

60℃左右，虽然可以解决水泵的汽化问题，但自身却存在着被氧腐蚀的问题，随着氧化铁垢的不断加厚，最终导致了进水管道及上部填料挡板的全部堵塞，使设备运行处于瘫痪。但是，回热式除氧器具备了普通热力除氧器不具备的优点，即低位布置。为了使该设备能适用于各种水质的水源，并能正常运行，拟作一些改进及操作上的调整。

(1) 底部预热盘管材质原为 20 号无缝钢，由于水中溶解氧在 60℃时对普通钢材的腐蚀速率较快，盘管变成了除氧器的预除氧段，为了避免金属被氧腐蚀过快，可选用传热较佳、但耐腐蚀性好的材质，如不锈钢等钢材。

(2) 上部填料挡板同样存在被氧化铁垢堵塞的现象，可将原来的 A3 钢更换成不锈钢或耐热型塑料如聚四氟乙烯，以减少碱性药剂，如氢氧化钠、磷酸三钠等，使水中的 pH 值控制在 8～8.5，这样可加强金属氧化膜的稳定性，减少水中杂质离子的侵蚀，尤其是可以减少活化氯离子的催化腐蚀作用。

(3) 操作中应尽量避免负荷忽高忽低，以连续、稳定地进水为宜，以确保出水除氧效果达到国家标准。

二、凝汽器腐蚀

(一) 凝汽器汽侧腐蚀

发生在凝汽器汽侧的腐蚀不但与排汽缸的高速排汽流和凝汽器负荷有关，还与换热管材质及凝汽器内某些结构有关，而凝汽器汽侧腐蚀往往被人们忽视。若对其给予重视，就可以减少或防止凝汽器汽侧腐蚀的发生。通常发生在汽侧的腐蚀如下所述。

1. 应力腐蚀裂纹

应力腐蚀裂纹可以发生在水侧，也可以发生在汽侧，是金属在特殊腐蚀介质中因拉伸应力加大后缓慢形成裂纹的一种形式。众所周知，所有金属都至少在一种腐蚀介质中容易产生应力腐蚀裂纹，但并不是在所有腐蚀介质中都会产生应力腐蚀裂纹，且对一种合金可能引起应力腐蚀裂纹的介质未必也对另一种合金引起应力腐蚀裂纹。运行表明，只有铜合金发生过损坏，而不锈钢管则不受应力腐蚀裂纹的影响。另外，对铜合金来说在有溶解氧的含氨介质（空气冷却区）中就容易产生应力腐蚀裂纹，而不锈钢管则不会产生。

2. 凝结水腐蚀

凝结水腐蚀即氨腐蚀，与应力腐蚀裂纹介质为同一类型，亦集中在空气冷却区，因氨和氧的浓度特别高所致。氧在凝结水腐蚀中的作用并不亚于氨——由于漏入真空系统中的空气同时也使漏入的 CO_2 在含氨的凝结水中明显地加速铜合金的腐蚀，故防止氨导致产生应力腐蚀纹的诸多方法也可用来防止凝结水腐蚀，如在空气冷却区采用 BFe30－1－1 管材，但最佳还是采用不锈钢管或钛管。

3. 冲刷腐蚀

冲刷腐蚀即汽侧腐蚀。当蒸汽挟带水滴进入凝汽器并以高速冲击换热管时就产生了冲刷腐蚀，在重复冲击下导致严重的腐蚀，使换热管外表面变得粗糙，最终管壁穿孔。尽管在整个过程中腐蚀起的作用不大，可是这种纯机械过程却很重要。它与换热管材质的耐腐蚀性、耐疲劳强度、弹性模量、硬度和极限强度均有关，这时不锈钢管和钛管就优于铜合金。

4. 防止汽侧腐蚀的措施

在通常情况下，凝汽器投入运行后更准确地确定汽侧发生腐蚀的位置及严重程度颇为困难，这时只能考虑以预防措施来减小腐蚀发生的可能性并减轻到最低程度。在结构上为防止高速排气流挟带水滴造成冲击腐蚀，取管束顶部迎风面三排之内为厚壁管，这也为顶排避免了高速排气流冲击而引发的激振。另外可在喉部设置导流板来重组高速排气流分布，同时，对附加流体的排放引起的冲击侵蚀则是通过合理布置的挡板或分流集管使高速气流或疏水（汽化）不直接射在换热管上，使剩余能量减到可以接受的程度。近年来国外和国内的个别电厂已要求顶部三排和空冷区采用不锈钢管，更有电厂由于水质的原因全部采用不锈钢换热管。

（二）凝汽器的水侧腐蚀

对于600MW级以上的火力、核能电厂，由于凝汽器等辅助设备安全可靠影响会使机组可用率下降约38%左右，而换热管损坏则是可靠性颇差的主要原因之一。为避免冷却水的漏入，应在允许堵管率范围内堵塞或更换换热管。尽管它在非停机期间内完成，但有时往往不可能在短时间修复。由于换热管的可靠性差造成的非计划停机和负荷限制会造成大的经济损失，为正确估价损失的经济价值，应将这些换热管损坏的直接费用加在凝结水被冷却水污染造成的巨大间接费用上。非常明显，漏入的污物在整个电厂汽水循环系统中所发现的众多腐蚀损坏中占有绝大部分。众所周知，换热管水侧腐蚀损坏的绝大多数原因皆是在一定冷却水水质条件下，换热管选材不当所致。

1. 隙蚀和点蚀

隙蚀与点蚀除机理相似外，在凝汽器换热管中现象也相同。概念上的严格区别：点蚀仅可用来描述完全暴露的金属表面上保护（钝化）膜局部损坏而引起的腐蚀；隙蚀则是金属表面（或紧密接近）在不与周围介质完全接触区域产生的局部腐蚀。不与周围介质完全接触的原因是由于金属与其他材质表面非常接近之故。譬如：隙蚀可能产生在冷却管表面的疏松垢层、腐蚀产物、泥渣碎屑或低级壳类的下面。另外，当隙蚀面积小时，产生的局部腐蚀就可能类似点蚀。氯化物在点蚀和隙蚀中起关键作用，它的存在促使点蚀的发生，高度游离的氯离子的存在会大大促进点蚀和隙蚀的发展，虽然点蚀和隙蚀发生在整个凝汽器内又是相当均匀的，但当泥渣或沉积物聚集在换热管内表面的底部并造成隙蚀时也就会在该处发生点蚀。在各种铜基合金中都观察到隙蚀和点蚀，而不锈钢管在淡水中却运行良好。不久前研制成功的一系列并广为用于海水和微咸水的高耐蚀不锈钢中都含有大量的钼，众所周知，它是使不锈钢具有耐隙蚀和点蚀的添加剂；有的奥氏体不锈钢含钼量为6%，且含铬、镍的含量也很高。但具有同等耐蚀性的新型铁素体不锈钢需要的钼含量较低；如有的不锈钢含钼量只为3%～4%，而新型铁素体不锈钢在凝汽器中的运行证明效果是令人满意的。据产生腐蚀损坏的事实表明，含钼量高的不锈钢未必总能满足运行期望要求。

2. 冲击腐蚀

换热管的冲击腐蚀（磨蚀）只限于铜合金，它是发生在水侧管壁的局部腐蚀，能引起氧化膜的机械或电化学破坏，并具有类似点蚀的特点，常受到局部流动工况的影响，而不锈钢管则不会发生冲击腐蚀。

3. 硫化物腐蚀

冷却水受到硫化物、多硫化合物和硫元素污染时，铜合金会很快受到硫化物腐蚀、冲击腐蚀、点蚀和晶间腐蚀，甚至铜镍合金厚壁管也会很快被腐蚀穿透。硫化物腐蚀不仅使换热管过早损坏，还使凝汽器冷却水中含铜量增高，造成严重的水污染，是为环保所不允许。铜合金换热管产生硫化物腐蚀最根本原因是冷却水受到污染——如取自范围较小的水源，就可能受到工业或生活排污的某些影响。即使耐硫化物腐蚀最强的铜合金管在污染的冷却水中使用效果也不够好。如已知冷却水中含硫化物（多硫化合物、硫元素）并消除硫化物来源希望不大时，则必须使用不锈钢管（或钛管）。

4. 电化学腐蚀

电化学腐蚀是一种加速的金属腐蚀，由于异类金属在腐蚀性溶液中的电气腐蚀，才得以产生电化学腐蚀。不锈钢换热管在相应的管板材质下就得以避免电化学腐蚀的发生。

5. 应力腐蚀裂纹

发生在凝汽器汽侧也可以发生在水侧的应力腐蚀裂纹是一种敏感合金在特殊的腐蚀介质中因拉伸应力加大而缓慢形成的一种形式，而在常规的凝汽器运行中，不锈钢管则不受应力腐蚀裂纹的影响。

综上所述，在采取一般维护措施的条件下，凝汽器应当不出现严重的泄漏和腐蚀。目前国外机组普遍要求与汽轮机主机同寿命，所以凝汽器换热管的选材应针对要求管材的寿命年限、价格、运行维护和热力计算进行综合技术论证，设计者再根据所提供的水质资料、供水方式、设计水温，再考虑采用的水速、清洗状况、凝汽器形式及防腐措施等诸多因素后合理地选择换热管的材质。管子选取的中心问题是其材质的耐腐蚀性能，而冷却水质则是选材的基本依据。目前国外趋势是淡水选用不锈钢管，咸淡交替或海水则选用钛管。

三、回热加热器腐蚀

回热加热器的腐蚀主要是“入口侵蚀”，“入口侵蚀”作为一种通病，是一种设计缺陷造成的先天性“易发症”。发生这一症状的条件是：运行流速大于 2m/s，进水温度低于 180℃，给水流过通流截面相差极大的水室与加热管。

如图 8-11 所示，给水从水室进入加热管，水流截面骤然缩小，管口处形成“束流”（局部流速大于 4m/s）和涡流。碳钢管管壁极易受这种局部过高的流速和涡流的冲刷而造成“入口侵蚀”，侵蚀部位在管口端 60mm 内。

造成高加碳钢管易受损坏的关键因素是运行给水温度低于 180℃，如图 8-12 所示。长期工作在水流速率大于 2m/s 下的碳钢管，水温为 150～170℃时的腐蚀速率最大，当水温大于 230℃时垢的沉积速率急速上升。

水温在 160℃左右时流速增加，碳钢的腐蚀速率就急剧增加；pH 值降低，腐蚀速率也增长迅速，如图 8-13 和图 8-14 所示。流速低于 1.6m/s 时，腐蚀速率不构成工业性危害；pH 值低于 9.0 时，腐蚀速率则大大加快。

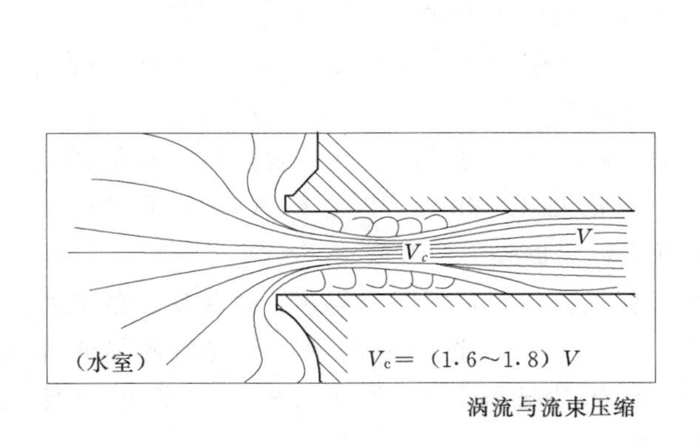

图 8－11　管口水流示意图

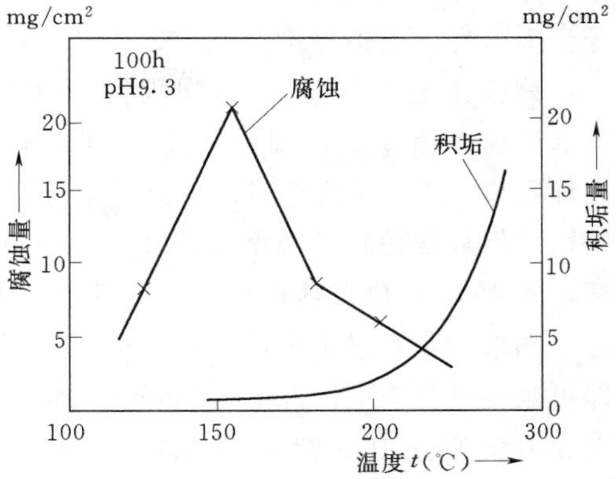

图 8－12　腐蚀度随温度的变化

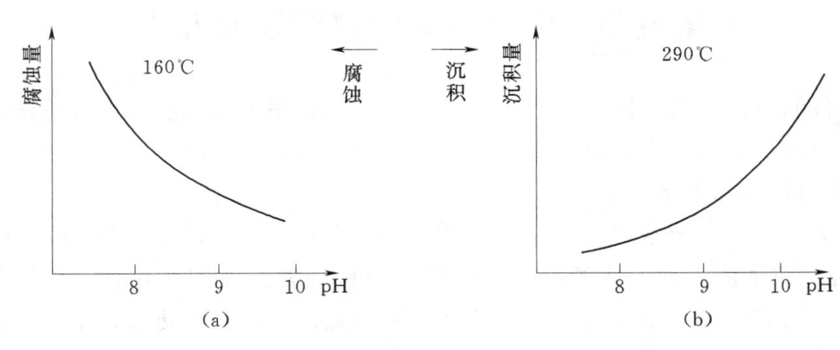

图 8－13　不同温度时 pH 值与腐蚀速率的关系（流速为 2.5m/s）

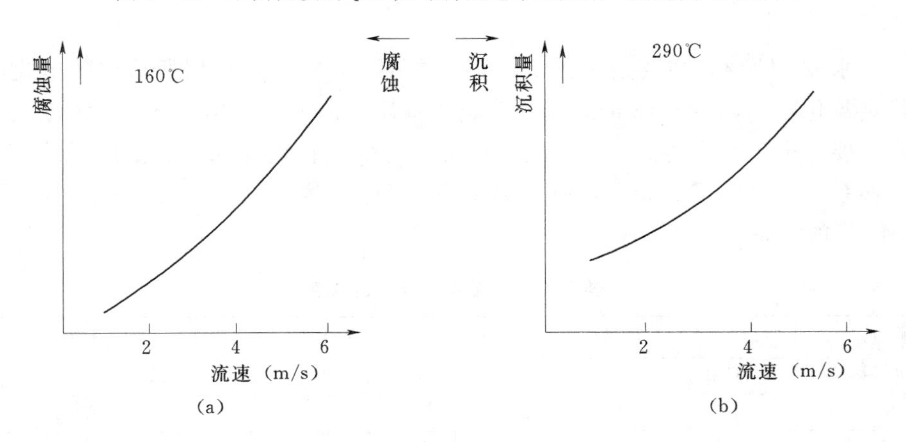

图 8－14　不同温度时流速与腐蚀速率的关系（pH＝9.2）

化学（或电化学）腐蚀是碳钢管损坏的主要原因。碳钢在 200℃下的给水中发生如下反应

$$Fe + 2H_2O \longrightarrow Fe(OH)_2 + H_2 \uparrow \text{（无溶解氧）}$$

该反应能自动发生，随着反应的进行，$Fe(OH)_2$会附着在金属表面，当表面完全被覆盖时，H_2O 与 Fe 的接触就受到阻碍，使反应中止。这种 $Fe(OH)_2$覆盖物即称作保护

膜（无氧时），但在较低温度下（如 170℃左右）形成的这种氢氧化亚铁膜不太牢固，当受到强烈冲刷而最易遭受破坏，使铁、水间的化学反应不断进行，导致“入口侵蚀”。

该膜在溶氧小于 1μg/L 时具有保护性。但厚度很薄（一般为 1～3nm），牢度有限。当水流速率超过 2m/s 时，可能遭到一定程度的破坏，使得铁、水反应得以进行。所以距高加管口 1.5m 处的管壁，在长期运行后也发生某种程度的腐蚀，其外观类似管端的初期腐蚀，但程度较轻。温度较低（<180℃），流速较大（>2m/s）时，Fe（OH)$_2$膜遭受破坏，碳钢与 H_2O 反应而溶出 Fe；随温度的升高，保护膜很快改变成 Fe_3O_4而增厚。

如果设备在投运前或入口侵蚀尚很轻微时就加以衬管，缝隙小得多，这类腐蚀的危害即可减轻或克服（0.03～0.1mm 的缝隙为易蚀宽度）。腐蚀减薄的管子承受汽侧横向冲击、剪切等应力的能力降低，在启动、停运或工况剧烈变化时的机械伤害也会使 Fe（OH)$_2$保护膜容易破坏，发生新的管壁腐蚀。

第五节　防止锅炉金属腐蚀的方法

锅炉设备的腐蚀一直是困扰电力生产的一个技术难题，通过多年的理论研究和实践摸索，总结出一些预防锅炉设备腐蚀的措施，用于防止锅炉金属腐蚀。

一、pH 值控制与调节

给水与炉水的氢离子浓度（以 pH 值表示），对蒸汽动力设备腐蚀的影响是很大的。当 pH<7 时，在金属表面形成的氧化膜质软而疏松，失去保护作用。pH 值升高，OH^-浓度增加时，则氧化膜变得致密而稳定，有良好的防止氧扩散和防腐作用。因此，严格控制与调节锅炉给水与炉水的 pH 值，对预防腐蚀是至关重要的。

1. 给水

提高给水的 pH 值，主要是防止给水系统中 H^+ 的去极化作用所造成的电化学腐蚀，同时可稳定氧化膜。当 pH>8 时，即可防止管道腐蚀的发生。给水中 H^+ 浓度大于 OH^-浓度时，主要是由于水中游离二氧化碳所形成，为此，在设计锅炉水处理系统时，在氢-钠离子交换系统中设置了除碳器，就是为了防止 H^+ 浓度的增加。表 8-3 列出游离 CO_2含量与 pH 值的关系。

表 8-3　游离 CO_2 含量与 pH 值的关系

游离 CO_2 (mg/L)	pH 值		游离 CO_2 (mg/L)	pH 值	
	计算值	实际值		计算值	实际值
690	4.16	3.70	6.1	5.19	5.05
315	4.31	4.25	4.4	5.26	5.15
175	4.36	4.35	3.3	5.31	5.25
90	4.61	4.45	3.6	5.34	5.32
55	4.71	4.55	2.3	5.35	5.39
24	4.89	4.65	2.6	5.37	5.44
16	4.98	4.75	2.4	5.39	5.48
9	5.10	4.85	2.2	5.41	5.51

提高给水 pH 值，多采用加氨处理的方法进行，氨受热后不易分解，容易挥发。加氨处理的化学反应式如下

$$NH_3 + H_2O \longrightarrow NH_3 \cdot H_2O$$

$$NH_3 \cdot H_2O + CO_2 \longrightarrow NH_4HCO_3$$

$$NH_3 \cdot H_2O + NH_4HCO_3 \longrightarrow (NH_4)_2CO_3 + H_2O$$

当 pH≥8 时，能将水中的二氧化碳完全中和（因 CO_2 溶于水即成碳酸），并生成 NH_4HCO_3。给水加氨处理方式的加氨量，基本上是按生成 NH_4HCO_3 计算的。

由于气态氨（NH_3）和二氧化碳气（CO_2）在水中的溶解度不完全符合气体分压定律，因为在溶解于水中的同时，发生了转化成离子的反应，即当水的 pH 值较低时，生成 NH_4^+ 的反应占优势，即

$$NH_3 + H^+ \longrightarrow NH_4^+$$

在水中 NH_3 的溶解度较大。水的 pH 值较高时，则生成 HCO_3^- 的反应占优势，即

$$CO_2 + OH^- \longrightarrow HCO_3^-$$

水中 CO_2 的溶解度也很大。当锅炉给水进行氨处理时，NH_3 和 CO_2 在系统的分布很复杂，难以精确计算。通常加氨量通过控制给水 pH 值（8～9）选定，或给水含氨量规定在 1mg/L 左右。由于氨水和氨盐在水中的溶解度较大，一般配成 5%以下的稀溶液后直接加入给水管路系统中。

2. 炉水

锅炉运行中，必须严格控制炉水的 pH 值，实践证明，当炉水的 pH 值控制在 10～11 时，可减缓或避免锅炉本体的腐蚀。因此在实际运行中当发现炉水碱度低时，我们向炉内加适量碳酸钠或氢氧化钠，当炉水碱度过高时，除适当增大锅炉排污量外，还可根据炉水的具体情况向炉内加酸式磷酸盐，以确保 pH 值在 10～11 范围内。

二、炉水碱度的控制与调节

炉水的碱度太高，即 pH≥12 时，易使炉水的相对碱度超过 20%指标，锅炉处于这种工况，本体容易发生苛性脆化。为了避免苛性脆化的发生，通常采用降低锅炉给水碱度的办法，即锅炉给水在氢-钠离子交换前先进行石灰处理。

下面介绍锅水中游离氢氧化钠的来源以及对游离氢氧化钠碱度的消除。进入锅炉的给水中会含有碳酸钠、碳酸氢钠和氢氧化钙等盐类，这些碳酸盐类在锅水的温度和压力下会发生下列分解反应。

（1）碳酸氢钠和碳酸钠的分解

$$2NaHCO_3 \longrightarrow CO_2\uparrow + Na_2CO_3 + H_2O$$

$$Na_2CO_3 + H_2O \longrightarrow CO_2\uparrow + 2NaOH$$

（2）碳酸盐与磷酸盐相互作用

$$3Ca(HCO_3)_2 + 2Na_3(PO_4)_2 \longrightarrow 6NaOH + 6CO_2\uparrow + Ca_3(PO_4)_2\downarrow$$

上面的 2 个反应中生成的 NaOH 就是锅水中游离氢氧化钠碱度的主要来源。

在采用磷酸盐对锅水进行协调处理时，向锅水中投加的 NaH_2PO_4 或 Na_2HPO_4 能与锅水中的游离的 NaOH 发生反应。

$$Na_2HPO_4 + NaOH \rightleftharpoons Na_3PO_4 + H_2O$$

$$NaH_2PO_4 + 2NaOH \rightleftharpoons Na_3PO_4 + 2H_2O$$

因此，只要在炉水中投加足够量的酸式磷酸盐，就能够完全消除炉水中游离的氢氧化钠。消除了游离的氢氧化钠，锅炉金属就不会发生碱性腐蚀。这时炉水中所需要的氢氧化钠将全部是由磷酸三钠水解产生的。

$$Na_3PO_4 + H_2O \rightleftharpoons NaOH + Na_2HPO_4$$

这个反应是可逆的，当锅水被蒸发浓缩时反应会由右向左进行，不会造成氢氧化钠浓缩，而当锅炉补水时反应又会由左向右进行，又不会降低炉水的 pH 值。炉水采用协调磷酸盐的处理方法，既能达到防止结生水垢又能避免锅炉遭到碱性腐蚀。

三、给水除氧

水中的溶解氧是电化学腐蚀中的去极化剂，它会引起锅炉本体和给水管路的严重腐蚀，应尽可能除去。目前，采用的是热力喷雾式除氧器，经热力除氧后，水中溶解氧可降低到 0.05mg/L 以下。

热力设备的金属氧腐蚀一般与下列因素有关：溶解氧、pH 值、水温、水质、热负荷和水流速率等，但溶解氧和 pH 值是最重要的两个影响因素。锅炉的金属氧腐蚀属于电化学腐蚀，其原理是：锅炉内壁和钢管内壁的氧化铁保护膜因水质恶化和热力等原因部分被破坏，在漏出的钢表面水和保护膜表面之间形成局部电池，铁从阳极析出。溶解析出的铁离子 Fe^{2+} 在存在溶解氧的情况下，进一步氧化成氢氧化铁。腐蚀产物呈沉淀物状堆积在阳极上，则在沉淀物内的氧浓度和覆盖在阴极表面上水的氧浓度之间有一个浓度差，产生氧浓差电池。作为阳极部位的铁被逐步溶解，加剧了金属表面的腐蚀，降低了锅炉的使用寿命。

为了防止或减轻锅炉运行期间的氧腐蚀，主要的措施就是使给水的含氧量降到尽可能低的水平。给水除氧有如下四种方法。

1. 热力除氧

其原理是利用亨利定律，在敞开的设备中将水加热到沸点，使氧及其他气体如 CO_2 在气相中的平衡分压为零，这样使水中氧及 CO_2 等气体解析出来，以达到除去氧及 CO_2 的目的。另外还能除去一部分重碳酸盐。用于热力除氧的设备是热力除氧器。按加热水的方式不同，可分为两大类：一类是混合式除氧器；另一类是过热式除氧器。火电厂一般用混合式除氧器。按运行时的工作压力不同，可分为真空式、大气式和高压式；按除氧器的结构形式可分为淋水盘式、喷雾式和喷雾填料式。目前用得最多的是喷雾填料式除氧器，因其对负荷的适应性强，除氧效率也较高。

2. 解吸除氧

解吸除氧是将含有溶解氧的水和不含氧的气体强烈混合使水中溶解氧扩散到气体中，从而达到除氧的目的。解吸除氧器在常温下即可安装。不需预热设备，有设备简单、投资少和运行费用低等优点，但是安装条件较严，操作麻烦，影响除氧的因素较多，不易控制。

3. 化学除氧

在给水中加入化学药剂，消除热力除氧后残余的少部分氧。所用化学药剂有联氨和二甲基酮肟，因联氨有毒，对人体有危害，而二甲基酮肟毒性只有联氨的 1/20，毒性很小，所以目前应用较广的是二甲基酮肟。二甲基酮肟是还原剂，它可以与水中溶解氧起反应除去水中残余的氧，另外，它还会吸附在局部阳极上，把钢上局部阳极完全覆盖，使阳极极化大大增加，腐蚀速率减小，防止氧腐蚀。还可将 Fe_2O_3 和 CuO 还原成金属氧化物的单质，防止炉内生成铁垢和铜垢。一般控制给水中二甲基酮肟的量为50mg/L左右，加氨调节给水的pH值为8.8～9.3，以保证除氧效果。

4. 电化学除氧

用电化学的原理也可以防止金属遭受电化学腐蚀，利用电化学原理来防止金属遭受电化学腐蚀的措施称为电化学保护。选用一种比被保护金属化学活性强的金属作为腐蚀电极的阳极，使其不断遭受腐蚀，而作为阴极的被保护金属得到了保护而不被腐蚀；也可以利用外加直流电流来进行“电保护”，即将直流电源负极与被保护的金属连接，正极与外加的被腐蚀的金属连接，在人造的腐蚀电池中，选用被腐蚀的金属不一定要比被保护金属的化学活性强，也可以利用现成的废金属。电保护可人为调节电流，使其效果良好，也可以在电导率较低的电解质中，获得较好的电化学保护效果。

水中的溶解氧在金属电化学腐蚀中是阴极的去极化剂，它在人造的腐蚀电池中被消耗掉。因此，电化学除氧就是一种消除水中溶解氧的电保护。在这种除氧器中，以钢板为阴极，铝板或铝带为阳极，两极同浸在水中，并通以直流电，以除去水中的溶解氧。

四、控制炉水中腐蚀性盐分

炉水中含有腐蚀性盐分对锅炉本体的腐蚀影响较大。炉水所含腐蚀性盐分主要是指苛性钠、硫酸盐、氯化物等。这些杂质的含量达到一定程度时极易腐蚀金属。苛性钠能引起金属的苛性脆化——碱性腐蚀。硫酸盐和氯化物是金属腐蚀的促成剂，破坏金属表面的保护膜，并加剧溶液中的微电池作用，使腐蚀过程不断进行。为防止炉水含有腐蚀性盐分而引起金属腐蚀，在运行中必须严格控制炉水中这些杂质的含量。

(1) 以氢-钠离子交换处理法，降低锅炉给水碱度，配备化学除盐装置。

(2) 适当控制锅炉的排污，去除炉水中含有的腐蚀性盐分。

五、锅炉的停用保护

锅炉在停炉期间，如不采取相应保护措施，则锅炉水、汽系统金属表面会被溶解氧腐蚀。这是由于空气中的氧进入锅炉的水、汽系统内，溶解于金属表面。由于溶解氧的存在，使金属受到溶解氧的腐蚀。

如停用锅炉的金属表面上积有水垢、水渣及其他沉积物时，腐蚀过程则进行得更快。这是由于金属表面上因结有沉积物，使金属表面产生了不同的电极电位。溶解氧浓度大的地方，电极电位高而成为阴极，溶解氧浓度小的地方，电极电位低而成为阳极，电极电位低的阳极部位，金属即被腐蚀。此外，也可能因金属表面的沉积物溶解于金属表面的水膜中，使水膜中的含盐量增加，而加速了这些部位的氧腐蚀。

停用锅炉发生的腐蚀，与运行过程中发生的腐蚀情况一样，都是属于电化学腐蚀，主要是溃疡性的，比锅炉在运行过程中发生的氧腐蚀要严重很多，锅炉的各个部位都能发生这种腐蚀。腐蚀的产物大都是呈疏松状态的 Fe_3O_4，在金属表面上的附着能力较小，极易被水流带走，所以在锅炉投运后，这些腐蚀产物就会被带入到炉水中去，大大增加了炉水中含铁量，加剧锅炉受热面上沉积物的形成过程。此外，由于这些沉积物在锅炉受热面上形成后，使金属表面呈粗糙状态，是腐蚀的促进因素，而且停用锅炉所生成的腐蚀产物是高价氧化铁，在运行时能起阴极去极化作用，被还原成亚铁化合物。其化学反应式如下。

在阴极上的反应为：$Fe_3O_4 + 2e + H_2O \longrightarrow 3FeO + 2OH^-$

在阳极上的反应为：$Fe \longrightarrow Fe^{2+} + 2e$

由于锅炉在运行过程中生成的腐蚀产物是亚铁化合物，在停用时能被氧化成为高价铁的化合物，这就使腐蚀过程反复进行下去。因而经常启动、停用的锅炉，其腐蚀就更为严重。锅炉停用腐蚀的危害性极大，因此在锅炉停用期间，必须采取适当的停炉保护措施，避免和减缓锅炉金属的腐蚀。

习题与思考题

1. 金属的腐蚀机理是什么？如何防止金属的腐蚀？
2. 氧腐蚀特征是什么？哪些因素影响氧腐蚀？防止氧腐蚀有哪些措施？
3. 水冷壁管产生碱性腐蚀的原因是什么？有何特征？发生在什么部位？
4. 防止水冷壁管产生碱性腐蚀有哪些措施？
5. 引起水冷壁管氢损坏的原因是什么？酸腐蚀的原因是什么？
6. 水中成分对金属耐腐性有何影响？
7. 水、汽系统中 CO_2 腐蚀的机理是什么？有什么特征？发生在什么部位？
8. 影响缝隙腐蚀的因素有哪些？
9. 影响点蚀的因素有哪些？
10. 应力腐蚀破裂的特征是什么？
11. 应力腐蚀破裂有哪些防止措施？
12. 应力腐蚀破裂与纯力学平面应变有什么区别？
13. 腐蚀疲劳的特征和机理是什么？有何防止措施？
14. 影响晶间腐蚀的因素及对不锈钢晶间腐蚀的控制方法有哪些？
15. 如何防止酸洗后在金属表面产生二次锈蚀的措施？

第九章 炉内水处理

炉内水处理是一种在锅炉本体炉内进行的水处理。进行炉内水处理往往要向给水或炉水投加适当的药剂，故炉内水处理也称为炉内加药处理。炉内水处理的目的是防垢、防腐和防止蒸汽污染，确保锅炉安全经济运行。

本章首先讨论锅炉结垢及其危害，然后介绍目前常用的炉内加药处理方法，最后讨论防止水蒸气污染和改善水蒸气品质的一些措施。

第一节 锅炉结垢及其危害

锅炉是工农业生产和人民生活中广泛使用的特种设备，是生产蒸汽或热水的热工设备之一，一般采用水作为工质。锅炉炉水品质的好坏对其安全运行及能源消耗有很大的影响。当锅炉给水不符合要求时，锅炉受热面就会结垢，不但浪费大量的燃料，而且危及锅炉安全运行。因此，我们必须高度重视锅炉结垢所带来的危害，并采取一定的措施防止锅炉结垢的发生。

随锅炉给水进入炉内的一些有害杂质，在工质受热蒸发和炉水不断蒸浓等条件下，经过种种物理、化学和物理化学过程，必然会以各种不同形态的沉淀物析出。从这些沉淀物对锅炉影响的角度来看，可分为水垢和水渣两大类。

一、水垢

水垢是指锅炉给水水质不良时，锅炉在经过一段时间的运行之后，在与水接触的受热面上形成的固态附着物。它是一种牢固附着在金属壁面上的沉积物，对热力设备的安全经济运行有很大危害，结生水垢的现象是由热力设备水质不良引起的一种故障。

（一）水垢的种类

由于水垢的结生与给水和炉水的组成、性质以及锅炉的结构、运行状况等许多因素有关，这使水垢在成分上有很大的区别。按其化学组成，水垢大致可分为以下几种：

1. 碳酸盐水垢

碳酸盐水垢主要成分是钙、镁的碳酸盐，以碳酸钙为主，达50%以上。碳酸钙多为白色，也有微黄色的。由于结生的条件不同，可以是坚硬、致密的硬质水垢，多结生在热强度高的部位；也可以是疏松的软质水垢，多结生在温度比较低的部位，如锅炉的省煤器、进水管口等处。

2. 硫酸盐水垢

硫酸盐水垢主要成分是硫酸钙，约占50%以上。硫酸盐水垢多为白色，也有微黄色的，特别坚硬、致密，手感滑腻。此种水垢多结生在锅炉内温度最高、蒸发强度最大的蒸发受热面上。

3. 硅酸盐水垢

硅酸盐水垢通常是指 SiO_2 含量占 20%以上的水垢，主要成分是硅钙石或镁橄榄石，多为白色，水垢表面带刺，非常坚硬，导热系数小，难以清除，容易结生在锅炉温度最高的部位及热应力较大的蒸发受热面上。

4. 混合水垢

混合水垢是指上述各种水垢的混合物，很难指出其中哪一种是主要成分。混合水垢色杂，可以看出层次，主要是由于使用不同水质或水处理方法造成的，可当做碳酸盐水垢处理，多结生在锅炉高、低温交界处。

5. 含油水垢

当水中含油量较大而水的硬度又较小时，易生成黑色疏松的含油水垢，其中含油量可达 5%。含油水垢成分很复杂，有坚硬的，也有松软的，水垢表面不光滑，多结生在锅炉内温度较高的部位，且不易清除。

6. 氧化铁垢

氧化铁垢是指铁氧化物含量大于 70%的水垢，外表面呈咖啡色，内层为黑色。一般结生在锅炉热负荷最高的受热面上，有时也会结生在水冷壁管、烟道等部位。

（二）水垢形成的原因

水垢分为积结在受热面上坚硬或松软的水垢和沉积在锅炉下部的泥垢。形成水垢的主要原因是锅炉给水中含有一定数量的钙、镁等盐类，这些盐类在锅炉内部受压力、温度等影响发生物理和化学变化，生成各种类型的水垢。

1. 固态物质从过饱和溶液中析出

（1）锅炉在连续给水、连续蒸发的过程中，纯净的水变为蒸汽由锅炉送出，给水中所含的盐类留在炉内，因此随着炉水含盐量的不断升高，逐渐浓缩，使炉水含盐程度达到过饱和状态，即离子积大于溶度积时，一些钙、镁等盐类由水中析出，生成沉淀，形成水垢。

（2）随着炉水温度的升高，大多数盐类的溶解度是增大的，溶解度与温度成正比关系。但有些盐类的溶解度与温度成反比，如 CO_3^{2-}、SO_4^{2-}、SiO_3^{2-} 等盐类，而且它们又是极容易形成水垢的盐类。生成水垢的成分在水中的溶解度见表 9-1。

表 9-1　　生成水垢的成分在水中的溶解度

成分	溶解度单位	不同温度下的溶解度			
$CaCO_3$	ppm	143（25℃）	15.0（50℃）	17.8（100℃）	
$Ca(OH)_2$	ppm	1130（25℃）	910（50℃）	520（100℃）	84（190℃）
$CaSO_4$	ppm	2980（25℃）	2010（45℃）	610（100℃）	76（200℃）
$MgSO_4$	g/100g 水	35.6（20℃）	58.7（67.5℃）	48（100℃）	1.6（200℃）

（3）不同盐类相互作用产生难溶的化合物，形成新的水垢。如 Na_2CO_3 和 $CaCl_2$ 相互作用，生成 $CaCO_3$ 沉淀。

2. 固状物质向锅炉壁上黏附

锅炉受热面换热时，由于流体的黏滞作用，靠近管内壁均有一层滞流层，通常叫滞流底层。滞流底层的温度接近于管内壁的温度，高于主流体的温度，所以水膜底层首先受热蒸发，产生气泡，致使底层中杂质的浓度大于主流体的浓度，个别盐类温度越高，其溶解度越低。因此，由于温度和浓度的效应，锅炉管内壁的传热面总是首先形成盐类的沉积，即水垢。加之锅炉管内表面的相对粗糙，这样给盐类的结晶提供了一个良好的界面，水垢致使表面粗糙度进一步加重，促进了污垢的黏附及形成。所以，在锅炉中传热强度越大的部位结垢越严重。

（三）水垢形成的机理

一般认为水垢的形成机理分为蒸汽胚核形成阶段、某些成分随着蒸发的进行达到饱和而沉淀阶段、持续蒸发形成浓缩薄膜阶段、气泡与金属分离（水垢形成）阶段。水垢形成的过程同样与机理过程相对应分为四个阶段：①首先有一个微小的蒸汽胚核在一些优势点形成；②当气泡生长时，在气泡与金属连接区域周围产生蒸汽，随着蒸发过程的进行，锅炉水中含有的某些溶解物达到饱和，这时就会生成沉淀；③这个过程的持续会在每个气泡下留下一层薄薄的高浓度盐水或沉淀盐表皮，或者形成一个浓缩的薄膜（悬浮的和沉积的固体可能与浓缩的薄膜结合在一起）；④在气泡与金属分离后，随着锅炉水冲刷金属表面，如果浓缩薄膜形成的速度比它们被漂洗去除的速度慢，那么浓缩薄膜在气泡形成期间可以尽快地稀释掉，沉积盐就会分解掉。反之，如果浓缩薄膜形成的速度比它们被漂洗去除的速度快，那么气泡形成的过程不断地循环就会导致水垢的堆积。

（四）水垢的性质、危害及预防

1. 水垢的性质

水垢的性质随其种类不同而异。例如，有的水垢坚硬，有的水垢较软，有的水垢致密，有的水垢多空隙，有的紧紧地与金属连在一起，有的与金属表面的连接较疏松。通常表示水垢物理性质的指标有孔隙率、导热性和坚硬程度等。水垢的孔隙率，即水垢中的空隙占水垢体积的百分数，可按下式计算

$$\text{孔隙率}=\frac{\rho-\rho'}{\rho}\times 100\%$$

式中　ρ——水垢的真密度（不包括水垢中孔隙体积的密度）；

ρ'——水垢的视密度（包括水垢中孔隙体积的密度）。

孔隙率对水垢的导热性影响很大，孔隙率越大，水垢的导热性越差。水垢的坚硬程度可以用来判断它是否容易用机械方法（如刮刀、铣刀、金属刷等）消除。水垢的导热性可用导热系数 λ ［W/（m·K）］来表示。

2. 水垢的危害

（1）降低锅炉热效率。水垢的导热性能很差，比钢铁的导热能力低几十倍甚至更低，锅炉结生水垢后，受热面的传热性能变差，燃料燃烧时所放出的热量不能迅速传递给炉水，因而大量热量被烟气带走，造成排烟温度升高，排烟热损失增加，使锅炉热效率降低。在这种情况下，要想保证锅炉蒸汽参数额定，就必须向炉膛投加更多的燃料，并加大鼓风和引风来强化燃烧。其结果是使大量未完全燃烧的燃料排出，无形中增加了燃料消

耗。众所周知，锅炉炉膛容积是一定的，无论投加多少燃料，燃料燃烧是受到限制的，因而锅炉的热效率也就不可能提高。锅炉中水垢结生得越厚，热效率就越低，燃料消耗就越大，热损失就越大，锅炉热效率降低的就越多。

（2）引起金属受热面过热，影响设备安全运行。锅炉受热面使用的钢材，一般为碳素钢，在使用过程中，允许金属壁温在450℃以下。锅炉在正常运行时，金属壁温一般在280℃以下。当锅炉受热面无垢时，金属受热后能很快将热量传递给水，此时两者的温差约为30℃。但是，如果受热面结生水垢，由于水垢的导热性能差，而且水垢又易于结生在热负荷很高的金属受热面上，将会使结垢部位的金属壁温过高，引起金属强度下降，在蒸汽压力的作用下，将会发生过热部位变形、鼓包，甚至引起爆管等事故。例如，当工作压力为1.25MPa的锅炉受热面结有1mm厚水垢时（混合水垢），金属壁与炉水温差就会达到200℃左右，此时金属壁温在钢材允许温度之内。但当水垢结有3mm时，金属壁温则上升到580℃，远远超过了钢材的允许温度。因而，这时钢材的抗拉强度就会由原来的3.92MPa下降到0.98MPa，锅炉受压元件就会在内压作用下发生过热鼓包、变形、泄漏、甚至爆管。

（3）破坏正常的锅炉水循环。锅炉水循环有自然水循环和强制水循环两种形式。前者是靠上升管和下降管的汽水比重不同产生的压力差而进行的水循环，后者主要是依靠水泵的机械动力作用而强制进行的水循环。无论是哪一种循环形式，都是经过设计计算的，也就是说保证有足够的流通截面积。当炉管内壁结生水垢后，会使得管内流通截面积减少，流动阻力增大，破坏正常的水循环，使得向火面的金属壁温升高。当管路完全被水垢堵死后，水循环则完全停止，金属壁温则更高，长期下去就易因过热发生爆管事故。水冷壁管是均匀布置在炉膛内的，吸收的是辐射热向火面高温区结生水垢，就易发生鼓包、泄漏、弯曲、爆管等事故。

（4）增加检修量，浪费大量资金。锅炉一旦结垢，就必须要清除，这样才能保证锅炉安全经济运行。因此，清除水垢就必须要采用化学药剂，如酸、碱等药剂。水垢结生得越厚，消耗的药剂就越多，投入的资金也就越多。例如，1t/h型锅炉若平均结垢3mm，除一次垢就需药剂0.5t，加上人工费，就需资金2500元左右。按照锅炉容量的不同，容量增加，所需药剂就增加，资金也相应增加。一般锅筒内结垢，消除略微方便，但若管内结垢，消除就相当困难。不仅如此，若发生爆管事故，换上一节新管时，焊接很不方便。锅筒鼓包挖补时，要求高，时间长，施工更为困难。一次大的鼓包挖补修复，就要耗费资金1万～2万元。总之，无论是化学除垢还是购买材料修理，都要花费大量的人力、物力和财力。

（5）缩短锅炉使用寿命。在正常使用条件下，锅炉能够连续运行20年左右。但为什么现在大部分使用单位的锅炉没有达到这一寿命呢？其原因是多方面的，其中之一就有水垢的影响。锅筒发生鼓包，挖补修复后，应该对其适当降压使用，以确保安全。这样一来，对于要求蒸汽压力较高的单位来说，就不得不更换新的锅炉。有些单位也会因蒸汽压力过低而影响产品质量，甚至出现次品，直接影响经济效益。

3. 水垢的预防

由以上危害可知，水垢对锅炉和热力设备的安全、经济运行有很大影响，必须重视结垢问题，实现锅炉和热力设备的长期无垢运行。为此，必须研究热力设备内水垢形成的物理—化学过程，找出防止各种水垢的方法。

根据水垢的生成机制可以选择最佳的防垢与除垢措施，其途径有两条：一是除去水中易于生垢的杂质；二是阻止水垢的形核、长大与形成。在水垢生成后采取有效措施将其去除掉。现在去除水中杂质的方法很多，除垢的方法也陆续研究成功。要保证锅炉不结垢或薄垢运行，首先要加强锅炉给水处理。这是保证锅炉安全和经济运行的重要环节。通常采用以下两种方法。

(1) 炉外水处理。这种方法适用于各种锅炉。目前锅外水处理效果可靠的有石灰加纯碱软化法，是向已经澄清的水中加入适量的生石灰和纯碱达到软化目的。石灰—纯碱软化法有冷法和热法两种。冷法是在室温下进行，使水中残余硬度降至1.5～2mEq/L。热法是将水温加热到20～80℃，使水中残余硬度降至0.3～0.4mEq/L。因此，应尽量采用热法，以提高软化效果。

(2) 炉内水处理。此法主要是向炉水中加入化学药品，与炉水中形成水垢的钙、镁盐形成疏松的沉渣，然后用排污的方法将沉渣排出炉外，起到防止（或减少）锅炉结垢的作用。炉内加药水处理一般用于小型低压火管锅炉。炉内水处理常用的药品有：磷酸三钠、碳酸钠（纯碱）、氢氧化钠（火碱、也称烧碱）及有机胶体等。加药时，应首先将各种药品配制成溶液，然后再加入锅炉内。通常磷酸三钠的溶液浓度为5%～8%，碳酸钠的溶液浓度不大于5%，氢氧化钠的浓度不大于1%～2%。加药方法有定期和连续加药两种。定期加药主要靠加药罐进行加药；连续加药则在给水设备前，将药连续加入给水中。对于蒸汽锅炉，最好采用连续加药法，这样可使炉内保持药液的均匀。凡采用炉内水处理的，应加强锅炉排污，使已形成的泥渣、泥垢等排出炉外，收到较好效果。

此外，也有人提出用磁场处理锅炉用水的方法，并指出这种方法投资少，简单易行，无污染，是一种很好的方法。磁场处理水的原理是：水在磁场作用下，因磁场方向与水流方向垂直，弱极性水分子和其他杂质的带电离子在流经磁场时将受到洛伦兹力的作用，其作用力的大小与水流速度、磁场强度和粒子的电量有关。同时，磁场的极化作用还使微粒子极性增强，结果改变这些分子和粒子的外层电子云分布，从而导致带电离子的变形和水中原有的较长的缔合分子链被截断成为较短的缔合分子链，于是破坏了离子间的静电吸引力，改变了结晶条件，造成被处理水的胶体化学和物理化学性质的变化，使其或者不能结合成晶体，或者形成分散的小晶体，浮散在水中或松散地附着在管壁上，成为易被清除的松软泥浆状水垢，从排水中出去，起到防垢作用。已经在管道上的硬垢也会受到磁场的作用变得松软，容易脱落，起到除垢作用。

二、水渣

从锅炉水中析出的固体物质，有时会呈悬浮状态存在，或者以沉渣或泥渣的状态沉积在汽包和下联箱底部等流速缓慢处，这些呈悬浮状态和沉渣状态的物质称为水渣。锅炉中形成水渣是因为过饱和水中含有难溶物，在遇到杂质颗粒时，便会以杂质颗粒为核心，不断积聚长大。水渣也会附着在锅炉受热面上形成水垢，这种水垢称为“二次水垢”。

1. 水渣的组成

水渣是多种成分的混合物，组成一般比较复杂，其组成与给水水质及炉内处理药剂有关。水渣的化学分析和物相分析（X射线衍射法）结果表明，水渣是由多种物质混合组成的，而且随水质不同组成也各异。以除盐水、蒸馏水或两级钠离子交换软化水作补给水的锅炉等产生蒸汽的设备中，水渣的主要组成物质是金属腐蚀产物，如铁的氧化物和铜的氧化物，碱式磷酸钙（羟基磷灰石）和蛇纹石等，有时水渣中还可能含有某些随给水带入锅炉水中的悬浮物。水渣的化学分析结果的表示法与水垢基本上相同。表9-2是某锅炉水渣的化学分析结果，按这些数据可以推断此水渣的主要组成物质是碱式磷酸钙。

表9-2　　某锅炉水渣化学分析结果

水渣取样部位	化学成分（%）							
	R_2O_3（$Fe_2O_3+Al_2O_3$）	CaO	MgO	CuO	P_2O_5	SiO_2	有机物	其他
汽包	25.56	40.62	0.20	0.50	30.90	0.10	0.81	1.31
下联箱	5.37	51.75	0.00	0.74	39.82	0.11	0.55	1.66

低压锅炉常以炉内碳酸钙处理为主要防垢手段，这种热力设备中组成水渣的主要物质是碳酸钙、碱式碳酸钙和氢氧化镁等。此外，锅炉水磷酸盐处理不当的锅炉内，水渣中还可能有磷酸镁等。

2. 水渣的分类

水渣分为不会黏附在受热面上的水渣和易黏附在受热面上转化为水垢的水渣。前者较松软，常悬浮在锅炉中，易随锅炉水的排污从炉内排掉，如碱式磷酸钙和蛇纹石水渣等；而后者容易黏附在受热面管内壁上（尤其是管子斜度小或水的流速低的地方），经高温烘焙后，常常转变成水垢，这种水垢松软、有黏性，又俗称软垢，如磷酸镁和氢氧化镁水渣。

3. 水渣的危害

如果锅炉炉水中水渣太多，一方面会影响锅炉的蒸汽品质，另一方面会堵塞炉管，甚至会转化为水垢，威胁锅炉的安全运行。造成这个现象的原因是整个水循环系统中锅筒容积最大、水流速最低、水停留时间长，加之内置分配器等的作用，炉内产生的水渣不能从出口排出，锅筒底部无扰动水流，水渣在锅筒底部的浓度越来越高，流动性越来越差，出现了水渣沉积的问题。由于水渣的比重大，且只有通过排污管排出，但排污管开孔一般为10mm，使直径大于10mm的水渣无法排出，影响排污效果，造成排污管堵塞、排污失效，最终导致锅筒受热部位因过热而发生鼓包、破裂等事故。所以，必须通过锅炉排污的方法及时将水渣排出炉外。

第二节　炉内加药处理

近年来，由于炉外水处理技术发展迅速，锅炉给水软化处理工作不断加强和提高，锅炉因结垢引起的能源浪费、安全事故得到了有效控制。但是，为了满足锅炉用水的需要，炉外水处理设备不断地消耗资源、排出废液，边净化边污染，增加了环境负担。随着保护环境、减少污染和节约资源意识的增强，炉外水处理所引起的环境污染问题受到了普遍关注。

炉内水处理是通过向炉内投加一定数量的药剂，与锅炉给水中的结垢物质（主要是钙、镁等盐类）发生一些化学或物理化学作用，生成松散的水渣，通过排污从炉内排出，从而达到减缓或防止锅炉结垢的目的。这种水处理方法主要是在炉内进行的，故称炉内加药处理法。

一、炉内加药的必要性及可行性

1. 炉内加药的必要性

为降低锅炉炉管的腐蚀速率，减小炉管沉积物与结垢量，提高蒸汽品质，必须对锅炉水进行调节处理。虽然高参数、大容量机组无一例外地采用二级除盐水作为锅炉补充水，且越来越多的机组设有凝结水精处理装置，但作为锅炉给水它们并不符合防腐要求——没有处于炉管腐蚀速率最低的状态。因此，需要采用给水加氨、锅炉水加碱性药品（如磷酸盐等）等一系列防腐措施。

2. 炉内加药的可行性

GB/T 1576—2001《工业锅炉水质》中允许根据水源水质、锅炉结构、设计参数选用炉内加药的方式进行处理。炉内加药处理是往锅炉给水或锅水中投加适当的药剂，使其与锅水中的结垢物质发生反应，形成沉淀析出，或生成水渣通过锅炉排污排出，从而达到预防或减轻锅炉结垢和腐蚀的目的。而且由于炉外水处理的局限性，为了达到防垢、防腐、符合国家标准要求的目的，往往还需要添加一些药剂做辅助。任何一种炉外水处理方法，都不能使金属产生钝化作用，炉内加药处理使得金属表面上形成一层保护膜，可以从根本上解决锅炉管路系统的腐蚀问题。对于给水已经进行炉外水处理的锅炉来说，炉内加药处理实际上是炉外水处理的继续和补充。

二、炉内加药处理方法

常用药剂有纯碱、磷酸三钠、火碱、软化剂和有机类的复合防垢防腐剂等。利用注水器向锅炉进水，同时加药。为使药性充分发挥作用，向炉内加药要均匀。避免一次性加药，更不要在锅炉排污前加药。在此只对磷酸盐加药和复合有机物处理法进行介绍。

（一）磷酸盐加药的发展历程

汽包锅炉磷酸盐处理的发展历程大致分为高磷酸盐、普通磷酸盐、低磷酸盐、协调磷酸盐—pH、精确控制、等成分磷酸盐、平衡磷酸盐、低磷酸盐—低氢氧化钠处理等。

在炉水呈碱性条件下（pH 值在 9～11），加入磷酸盐溶液，使炉水中的 PO_4^{3-} 维持在一定浓度范围内，水中的 Ca^{2+} 便与 PO_4^{3-} 生成碱性磷酸钙（又称为水化磷酸石）、少量的 Ca^{2+} 则与炉水中的 SiO_3^{2-} 生成蛇纹石。

$$10Ca^{2+}+6PO_4^{3-}+2OH^- \longrightarrow Ca_{10}(PO_4)_6(OH)_2\downarrow \text{（碱性磷酸钙）}$$

$$3Mg^{2+}+2SiO_3^{2-}+2OH^-+H_2O \longrightarrow 3Mgo\cdot 2SiO_2\cdot 2H_2O\downarrow \text{（蛇纹石）}$$

碱性磷酸钙与蛇纹石均属于难溶化合物，在炉水中呈分散、松软状水渣，易随锅炉排污排出炉外。由于碱性磷酸钙浓度很小，所以只要炉水中维持有一定数量的过剩 PO_4^{3-} 时，就可以使炉水中 Ca^{2+} 浓度非常小，以致使炉水中的 Ca^{2+} 浓度与 SiO_3^{2-} 浓度乘积达不到 $CaSiO_3$ 的浓度积，从而防止了生成硅酸钙水垢。

压力介于 1.3～2.5MPa 之间的低压汽包锅炉都采用高磷酸盐处理，其控制指标为 $[PO_4^{3-}]$ ＝10～30mg/L，pH＝10～12；对于压力在 3.8～5.8MPa 之间的中压汽包锅炉

（电站锅炉），其控制指标为：［PO_4^{3-}］＝5～15mg/L，pH＝9～11（如果属于分段蒸发锅炉，则其盐段炉水中［PO_4^{3-}］≤75mg/L）。对于电站锅炉而言，磷酸盐处理是指在压力为5.9～18.3MPa之间的汽包锅炉锅炉水中采用磷酸盐调节的工况。低磷酸盐处理分为两种情况：一种是改进的CPT（协调磷酸盐—pH处理、协调磷酸盐、等成分磷酸盐），主要应用在亚临界汽包锅炉，其锅炉压力高，凝汽器也比较严密，可将锅炉水中磷酸盐含量大幅度降低，控制［PO_4^{3-}］在1mg/L左右；另一种与纯磷酸盐处理相同，即一些厂家为消除CPT加入Na_2HPO_4带来的磷酸盐腐蚀问题，改为只加Na_3PO_4，这实际上变为纯粹的磷酸盐处理。协调磷酸盐—pH处理针对磷酸盐处理中存在游离NaOH（锅炉水中的天然碱度热分解所致），从而导致铆接锅炉负荷苛性脆化及炉管内表面苛性腐蚀的问题。该处理方式主要应用于压力小于13.7MPa的锅炉，其控制指标为：pH＝9.5～10.6，［PO_4^{3-}］＝3～50mg/L，［Na^+］/［PO_4^{3-}］＝3。

（二）磷酸盐暂时消失现象

采用磷酸盐处理的机组，锅炉升负荷时，炉水中的磷酸根离子浓度明显下降，pH值升高；而当锅炉降负荷、温度降低时，炉水中的磷酸根离子浓度升高，pH值降低，这种现象称为磷酸盐暂时消失现象。磷酸盐常用的药品是Na_3PO_4，Na_3PO_4在10～120℃范围内溶解度随温度的升高而增加，温度接近120℃时，溶解度达到最大；水温超过120℃后继续升高时，其溶解度随水温升高而急剧下降。因此磷酸盐暂时消失现象是由磷酸盐的溶解特性引起的。大量的高温高压试验证明，磷酸盐暂时消失现象的实质是磷酸盐和四氧化三铁保护膜发生反应。研究表明，磷酸钠盐和四氧化三铁反应时磷酸钠溶液必须超过一个临界值，且反应是可逆的，随温度的增加，临界值的降低，磷酸钠盐和四氧化三铁反应产物随炉水中的n（Na^+）：n（PO_4^{3-}）（物质的量比）不同而不同。低于2.5时，反应产物是$NaFePO_4$和$Na_4Fe(OH)(PO_4)_2 \cdot 1/3NaOH$；高于2.5时，反应形成的是其他形式的钠铁磷酸盐；高于3.5时，磷酸钠盐和四氧化三铁几乎不发生反应。

（三）几种磷酸盐加药的比较

采用磷酸盐对锅炉水进行处理时，常用的处理药剂有磷酸三钠（Na_3PO_4）和聚合磷酸盐三聚磷酸钠（$Na_5P_3O_{10}$）、六偏磷酸钠［$Na(PO_3)_6$］。磷酸三钠由于会与钢铁发生反应生成磷酸铁保护膜而具有防腐作用。聚合磷酸盐三聚磷酸钠、六偏磷酸钠都能和水中的Ca^{2+}、Mg^{2+}、Fe^{2+}形成络合物，其中六偏磷酸钠络合Ca^{2+}的能力比三聚磷酸钠强，但络合Mg^{2+}和Fe^{2+}的能力不如三聚磷酸钠。使用聚合磷酸盐时一般把药剂加在软水箱或在给水管道布置的加药装置中，不能直接加到锅炉水中，那样它们或者和锅水中的NaOH反应，或者高温水解生成磷酸三钠而失去络合效果。六偏磷酸钠除具有防止给水系统结垢的功能外，在锅炉水中还可以起到防垢、除碱作用，故目前使用较多。

（四）磷酸盐加药的影响

有关试验表明，磷酸三钠在10～120℃范围内，随水温升高溶解度增大；当水温超过120℃，随水温升高溶解度急剧下降。高参数锅炉的炉水温度一般超过300℃以上，此时磷酸三钠的溶解度很小，因此很容易达到饱和。由于加药管在进汽包之前的管段温度较高，接近汽包内的温度（300℃左右），在此高温下，磷酸三钠非常容易结晶，生成磷酸三钠与磷酸氢二钠的混合物，化学组分为$Na_{2.85}H_{0.15}PO_4$，其化学反应为

$$Na_3PO_4 + 0.15H_2O \longrightarrow Na_{2.85}H_{0.15}PO_4 \downarrow + 0.15NaOH$$

反应的结果会使炉管近壁层产生游离的 NaOH，因此极易造成炉管的碱性腐蚀，这也是管壁在此处急剧减薄的主要原因。通过实验可以发现，当 pH 值为 10～12 时，腐蚀速率最小，pH 值过低或过高都会使腐蚀速率加快。在低 pH 值（pH<8）下，炉管的腐蚀主要是酸性腐蚀，原因是 H^+ 起了去极化作用，形成了可溶性的腐蚀产物。由于炉内所加为碱性药品，pH 值在 12 以上，因此排除炉管酸性腐蚀的可能。在高 pH 值（pH>13）下，炉管的腐蚀主要是碱性腐蚀，腐蚀的原因为炉管表面的 Fe_3O_4 保护膜因溶解而遭到破坏，其反应式如下

$$Fe_3O_4 + 4NaOH \longrightarrow 2NaFeO_2 + Na_2FeO_2 + 2H_2O$$

另外，铁与 NaOH 直接反应为

$$Fe + 2NaOH \longrightarrow Na_2FeO_2 + H_2 \uparrow$$

由于碱性腐蚀的产物亚铁酸钠在高 pH 值中是可溶的，所以管壁逐渐减薄。另外存在炉管的腐蚀疲劳现象：磷酸盐加药管在与锅炉汽包管道接口处，由于药液的温度低于炉内水的温度，所以接口处会有冷却现象。这样，加药与不加药时金属局部受到交变冷热应力的作用，会发生疲劳腐蚀。但检修加药管的腐蚀特征时，发现管壁是均匀减薄，因此疲劳腐蚀不是主要影响因素。

（五）磷酸盐防垢处理

向锅炉内投加磷酸三钠，水解后能在炉水中保持一定量的磷酸根（PO_4^{3-}）。锅炉运行中炉水中的钙离子与磷酸根能发生如下的反应

$$10Ca^{2+} + 6PO_4^{3-} + 2OH^- \longrightarrow Ca_{10}(OH)_2(PO_4)_6$$

生成物叫碱式磷酸钙，是一种松软的水渣状的沉淀物，可以随锅炉的排污排出锅外，而不会黏结在锅壁上形成二次水垢。碱式磷酸钙是一种非常难溶的化合物，它的溶度积很小。所以当炉水中保持一定量的磷酸根时，可以迫使炉水中钙离子的浓度非常小，致使钙离子在炉水中没有机会与硫酸根结合生成硫酸钙水垢的可能。使用磷酸三钠做防垢剂的条件是：锅炉运行压力超过 1.5MPa，并且给水的硬度不大于 0.03mmol/L。磷酸三钠在锅水中也会被水解。

$$Na_3PO_4 + H_2O \longrightarrow Na_2HPO_4 + NaOH$$

在使用磷酸三钠做防垢剂时，在锅水中也能维持一定的 pH 值。当锅水被蒸发浓缩时，氢氧化钠也被浓缩，上面反应式将自右向左进行，可以保持炉水的 pH 值不会升高，水质稳定。如果锅炉的给水硬度较高，采用磷酸三钠处理，将会产生不良后果：①消耗大量的磷酸三钠，不经济，磷酸三钠比碳酸钠价格昂贵；②当炉水中磷酸根浓度较大时，磷酸根极容易与镁离子反应生成黏性很大的磷酸镁沉淀，并黏结在锅炉的受热面上形成二次水垢；③当磷酸三钠与钙离子作用生成磷酸钙沉淀时，每生成 1 个磷酸钙分子，就会产生 6 个氢氧化钠分子。磷酸三钠加药量的计算公式比较复杂，影响因素也较多，因此一般都用经验公式计算它的加药量。

（六）复合有机物处理

我国锅炉水处理药剂的研究开发已经有一定的基础，早期药剂使用的是无机盐类的复合配方，主要成分是：氢氧化钠、磷酸三钠、碳酸氢腐殖酸钠、烤胶等。近年来，我国很

多的科研部门相继研制了多种有机类的复合防垢防腐剂，大致是有机磷酸盐与聚羧酸盐的复合配方。

复合有机水处理药品，不仅有良好的阻垢作用，而且有很强的抗氧腐蚀功能。对于那些已有钠离子交换软化水处理，但无除氧设施的单位，使用这种药剂，既能对软化处理后残硬过多的水质起一个补救措施，又能抑制给水中溶解氧的腐蚀，这是投资小，见效大的一个好方法。

1. 复合有机类水处理药品的防垢防腐机理

（1）螯合作用。有机磷酸盐能与水中钙镁离子形成螯合物，它们是水溶性的，而且非常稳定，这样可以将更多的钙镁离子稳定在水中，相当于增加了微溶盐在水中的溶解度，从而减小微溶盐生成过饱和溶液的可能性。

（2）低剂量效应。螯合作用增大了钙镁盐在水中的溶解度，但这种作用是按化学计算量进行的，若将水中钙镁离子稳定在水中，需要相应化学量的磷酸盐，而实际上在水中投加的阻垢剂可能比计算量高得多，甚至数百 ppm 的钙镁离子稳定在水中，试验中发现随着阻垢剂浓度的增加阻止微溶盐沉积的效果增加，当阻垢剂浓度大于一定值后这种阻垢作用的增加就不明显了。有机磷酸盐、聚羧酸盐均具有这种低剂量效应。

（3）晶格畸变作用。在钙镁离子的过饱和溶液中一旦出现晶核，晶体就会迅速长大，按照晶体生长动力学理论，晶体的生长是通过台阶的生产和运动实现的，当运动的台阶通过界面升一个位置时，该处的界面就前进了一个晶面间距，当晶面长满一层再生长下一层晶面，晶体生长时首先在晶体的扭折位置生长晶格，形成排列整齐、致密、结构稳定的水垢。加入阻垢剂后，它不仅与水中的钙镁离子形成稳定的螯合物，同时能与碳酸钙晶体界面上的钙离子发生赘合作用，而且这种螯合首先发生在晶体扭折位置，形成的螯合物占据了晶体正常生长的晶格座位，使晶体不能按正常规格生长，形成歪晶，这样就阻止了水垢长大，形成松散细小易于排除的水渣。

（4）分散作用。聚羧酸盐在水中遇到钙镁盐类小晶体及其他悬浮粒子时，吸附了分散剂的颗粒表面形成双电层，改变了颗粒表面原来的电荷状况，在静电作用下颗粒相互排斥，这样就避免了颗粒碰撞后长大沉积，并将颗粒分散于水中易于排出。此外，聚羧酸盐与碳酸钙等晶粒的凝聚物因重力作用而发生共沉，会在金属受热面上形成一层膜，这种膜增厚到一定程度又会龟裂而剥离，所以这类药既防垢又除垢。

2. 在使用上述药剂时应注意的事项

（1）锅炉有垢超过 1mm 时，应先除垢，以免脱落的垢片堵塞水循环管路。

（2）由于有机类水处理药的分散性较强，锅炉水中悬浮的反应产物较多（呈絮状），对那些蒸汽直接用于食品加工的锅炉，使用此类药品，要严格控制蒸汽带水，以免携带的杂质对人体造成不良影响。

（七）炉内加药处理注意事项

（1）使用单位在考虑炉内加药的药剂成分和配比时，除应考虑原水水质这一主要因素外，还应考虑锅炉工作状态对药剂成分的影响。

（2）由于司炉工水处理意识较差，不能按时、按剂量加药，加药带有较大的随意性，影响了加药效果。加药以连续加入为好，这样可以使药品在炉水中保持稳定的浓度，提高处理效果。如不能采用连续加入法，应以每班加药为宜。

(3) 炉内处理时，要保持必要的排污量，否则炉内水渣过多，会在某一部位聚集，也可在锅炉受热面上形成二次水垢威胁锅炉的安全运行。

(4) 定期进行检查，锅炉在开始加药1个月后，应进行停炉检查，检查防垢效果，并根据检查结果调整药剂成分、加药量和排污方式，同时清除脱落到水中的垢片。

(八) 水处理意义

水中的杂质对锅炉运行具有相当大的危害，搞好锅炉水质处理工作，使锅炉给水达到合格标准，是保证锅炉安全经济运行的重要环节，也是保证锅炉出力、节约能源、防止事故的重要措施。实践证明，即使采用补给水除盐、凝结水处理等措施，炉内多少还会有速度不等的沉积物形成，但是通过对炉水中杂质含量的控制并加入适当的药剂进行辅助处理，有助于控制炉内沉积物的形成和各种腐蚀的发生。

第三节　蒸汽污染及危害

蒸汽污染通常是指蒸汽中含有硅酸盐、钠盐等物质（统称盐类物质）的现象。这些杂质会沉积在蒸汽通道的各个部位，如过热器、汽轮机、管道阀门及换热器等处，影响机组的安全、经济运行，如果是工业生产用汽，还将影响产品质量。当盐沉积在过热器中，就会使阻力增大，影响流动；热阻增大，影响传热，管壁温度升高，可能发生爆管。盐分沉积在阀门中，会使阀门关闭不严，动作失灵。沉积在汽轮机中，会改变叶片型线，影响汽轮机出力和效率，使阻力增大，轴向推力增大，这就使得锅炉、汽轮机不能安全经济地运行。

一、蒸汽中杂质污染物的来源

自然界当中存在盐类，这使得水中含有盐类。蒸汽来源于水，水中杂质的含量，直接影响到蒸汽的品质。当给水进入锅炉后，就使得盐分溶解到蒸汽里，使蒸汽中带有盐分。当整体含盐量比较大时，就会在锅炉、汽轮机中沉积下来，形成盐垢。所以，在火力发电厂都应有完善的水处理装置。单机容量越大的机组，对水质的要求越高，进入锅炉的水大部分应是经过多层处理，除去了悬浮物、胶体、大部分溶解盐的除盐水。尽管如此，水中仍然含有微量的盐类及溶解气体等杂质。这些看似微不足道的微量盐类和溶解气体，一旦携带入蒸汽中就给机组运行带来严重的危害。正如一只小鸟能够撞毁一架高速飞行的飞机一样。所以蒸汽中杂质主要还是来源于给水。此外，锅炉管道的腐蚀，新炉酸洗后冲管不彻底，或是检修后的残渣未冲洗干净等也会给蒸汽带来杂质。蒸汽中的盐分来源于炉水，它通过两条途径进入蒸汽：一是机械携带，蒸汽通过带水而受污染，上升管出来的汽水混合物在分离过程中会形成水滴，水滴被带到蒸汽中去，因为锅炉水中有盐，所以蒸汽就会带盐；二是溶解携带，蒸汽通过直接溶盐而被污染，蒸汽直接溶解盐类是蒸汽本身的性质。下面将分别介绍机械携带和溶解携带两种携带方式。

(一) 机械携带

机械携带就是饱和蒸汽从锅里引出时夹带的一部分炉水水滴，此时，炉水中的钠盐、硅化合物等杂质便以水溶液的状态进入蒸汽中，使蒸汽受到污染，如图9-1所示。饱和蒸汽机械携带量的大小通常用机械携带系数表示。

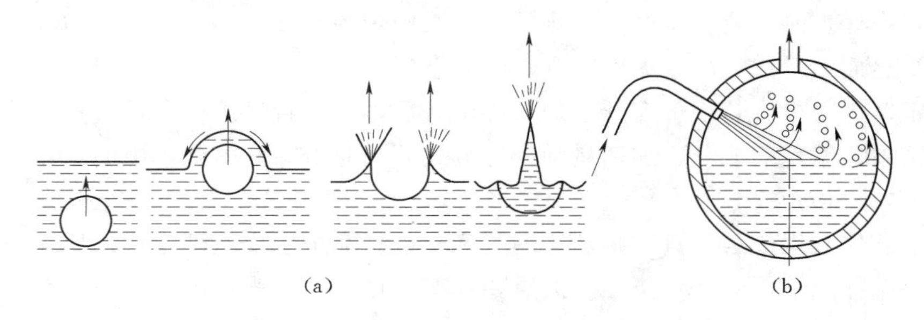

图 9-1　水滴进入蒸汽空间的过程

(a) 汽泡穿过液面；(b) 汽水混合物冲击液面

机械携带系数 K 与蒸汽湿分（即水滴重量占汽、水总重的百分率）在数值上是相等的。影响饱和蒸汽机械携带的因素很多，下面将分别说明其主要因素。

1. 工作压力

随着锅炉压力的升高，饱和蒸汽与水的密度差减小，汽与水分离很困难，而且蒸汽卷起水滴能力很强，蒸汽更容易带水，同时，饱和温度也升高，水的表面张力减小，更容易被碎成水滴。这说明锅炉工作压力越高就越容易带水。

2. 汽包结构

汽包内径大小，汽水混合物引入汽包的方式，饱和蒸汽引出汽包方式，以及汽包内部的汽水分离装置的结构形式等，都会对饱和蒸汽的带水量产生很大影响。汽包的内径越大，汽空间的高度就越高，汽流携带的一些较大的水滴就可能在升高到一定高度后靠自身重量落回水空间，从而减少蒸汽的带水量。但是汽包的内径也不宜过大，因为当汽空间高度超过 1.2m 以后，再增加其高度已不能使蒸汽带水量明显降低，而却要增加金属消耗量。汽水混合物不能沿汽包长度均匀进入，饱和蒸汽不能均匀引出，都会造成局部蒸汽流速过高，增加蒸汽带水量。

3. 锅炉负荷

从锅炉运行情况来看，当负荷增大时，蒸汽的湿分会逐渐增加，蒸汽带水量缓慢增大，而到某一时刻时，负荷在增加，蒸汽的湿分将急剧增加。分析认为，这是因为当负荷增大时，汽水混合物动能增大，撞击、喷溅形成水滴量增大，水位膨胀，蒸汽空间减小，不利于自然分离，蒸汽引出汽包的流速也增大，带水滴的能力也相应增大。为了减少蒸汽带水量，锅炉必须在临界负荷（蒸汽湿分急剧增加的负荷转折点为临界负荷）以下运行。

4. 炉水水质

锅炉水含盐量影响水的表面张力和动力黏度，因而也影响蒸汽的带水量。当锅炉水的含盐量小于某一数值时，蒸汽含盐量与锅炉水含盐量成正比，但当锅炉水中的含盐量增加到某一值时，蒸汽中的含盐量便急剧增加。这时锅炉水的含盐量称为临界含盐量。产生这种现象的原因目前国内有两种解释：一是随着锅炉水含盐量的增加，水的黏度变大，不利于水分离；二是当锅炉水含盐量增加到某一值时，蒸汽泡的水膜强度明显提高，使汽泡在水面处的破裂速率小于汽泡的上升速率，在汽水分界面形成泡沫层，造成蒸汽空间减小，蒸汽含盐量突然增加。

5. 汽包水位

汽包水位的高低，影响到蒸汽空间的实际高度，因而也影响蒸汽带水。在水位升高时，蒸汽空间的高度减小，大水滴没有足够的分离空间分离，就随蒸汽带出，使蒸汽湿度显著增加。在水位降低时，蒸汽空间的高度增加，大水滴可分离落下，小水滴很细，仍被汽流带出，且再增加蒸汽空间的高度，也不能使蒸汽湿度减小。

（二）溶解携带

随着锅炉工作压力的升高，饱和蒸汽的性能越来越接近水的性能，高参数水蒸气的分子结构接近液态水，所以高参数蒸汽也像水那样能溶解某些物质。溶解携带就是指饱和蒸汽因溶解作用而携带炉水中某些物质的现象，这是蒸汽污染的另一个重要原因。溶解携带具有以下两大特点。

1. 选择性

锅炉水中的主要盐类，按照其在饱和蒸汽中溶解能力的大小，可分为三类：第一类是硅酸系列（H_2SiO_3，H_2SiO_5等），它们的选择性系数最大，即最易被蒸汽携带。第二类是 NaCl、NaOH 等，其选择性较硅酸低得多。第三类，如 Na_2SO_4、Na_3PO_4、Na_2SiO_3等，在饱和蒸汽中很难溶解。选择性使得饱和蒸汽对这三类盐的溶解能力差别巨大。此外，锅炉运行中的腐蚀产物（主要是铁和铜）也会被溶解携带进入饱和蒸汽。

2. 与饱和蒸汽的压力有关

饱和蒸汽的压力越高，各种盐类在饱和蒸汽中溶解量也越大。试验表明，当压力升至17.6MPa 时，第二类盐的溶解携带量已远远超过它们的机械携带量。所以，高压以上锅炉不仅要考虑硅酸的溶解携带，还要考虑 NaCl、NaOH 等的溶解携带。

锅炉炉水在蒸发过程中，水蒸气总会带有少量炉水，炉水经浓缩后含盐量不断增加，炉水中的杂质会随蒸汽带入系统，造成蒸汽污染。含盐蒸汽在经过过热器、汽轮机设备时，会随工况变化而发生沉积，称为积盐，其主要成分是钠盐和铁盐。

二、蒸汽杂质的沉积和危害

从锅炉汽包内送出的蒸汽与其携带的盐类在经过过热器、减温器后，一部分盐类会因升温降压而沉积在过热器中；另一部分盐类被过热蒸汽带走，进入汽轮机后经扩容、降压、降温沉积在汽轮机动、静叶片上（称汽轮机积盐）；还有少量盐分随凝结水又返回锅炉。

由盐类的溶解特性及电厂对沉积物的分析报告表明，第一类盐大都沉积于汽轮机中，第二类盐多沉积于过热器，第三类盐则是一部分沉积于过热器，一部分沉积于汽轮机，当然再热器中也有少部分盐类沉积。

（一）过热器积盐

1. 产生原因

含有盐类的饱和蒸汽在管道中呈现两种状态，一种呈现气态，主要为溶解盐类—硅酸盐；另一种呈现液态，是机械携带的小水滴，它含有各种盐类，主要是钠盐，当进入过热器后会发生如下变化。

（1）携带小水滴的饱和蒸汽进一步蒸发、浓缩直至被蒸干，液态下水滴中盐类析出，黏附在过热器的受热面上。在低温段，析出的盐类主要成分是钠盐，例如 NaCl、Na_3PO_4、Na_2SO_4。因为钠盐在高温高压下的过热器中溶解度很小，所以钠盐在饱和蒸汽中的含量大于在过热器时过热蒸汽中的含盐量，就会析出钠盐沉积在过热器上。

（2）因为过热蒸汽比饱和蒸汽具有更大的溶解能力，小水滴中某些盐类会继续溶解在过热蒸汽中，使其含盐量增加。当过热蒸汽进入高温段过热器（温度560℃）后，又被进一步蒸发、浓缩、蒸干，某些积盐又被沉淀在高温段过热器上，主要是 NaCl 和 Na_2SO_4，并有少量 Na_2CO_3 和 Na_3PO_4。

（3）过热器的减温器主要有两种形式。一种是表面式减温器，另一种是混合式减温器。当采用混合式减温器时，其减温水如果不经过精处理设备除盐（小型热电厂循环流化床锅炉大部分是直接用锅炉给水作减温水），其减温水的盐类就直接进入过热蒸汽并在过热器内蒸发、浓缩，且大部分沉积在受热面上，少部分（主要是硅酸盐）进入汽轮机。

2. 积盐危害

过热器积盐会使过热器阻力增大，流速减小，从而引起传热不良，造成过热器爆管。蒸汽管道阀门积盐，可能引起阀门失灵或漏气。汽轮机调速机构积盐，会因卡涩拒动而引起事故停机。汽轮机叶片积盐，会增加汽轮机阻力，使出力和效率降低，甚至会使汽轮机叶片腐蚀而酿成事故。1998 年，洛阳某电厂，曾发生一起因汽轮机调速气门积盐过多导致卡塞而引发的停机事故。此外，NaOH 的沉积还会与蒸汽通流部分金属表面氧化铁反应，生成难溶的 $NaFeO_2$，与汽流中 CO_2 反应，生成 Na_2CO_3，沉积于过热器中。

蒸汽中携带的杂质，在流通面上沉积过多时，还容易引起结垢和腐蚀。如果杂质中含有氯化钙和氯化镁，那么在沉积物下会发生以下反应

$$MgCl_2 + 2H_2O \longrightarrow Mg(OH)_2 \downarrow + 2HCl$$

$$CaCl_2 + 2H_2O \longrightarrow Ca(OH)_2 \downarrow + 2HCl$$

反应的结果会引起受热面的结垢及金属的酸性腐蚀，而沉积于过热器中的 NaOH 又会造成碱性腐蚀。

某中温、中压锅炉过热器积盐成分及含量见表 9-3。某高压锅炉积盐成分及含量见表 9-4。

表 9-3　某中温、中压锅炉过热器积盐成分及含量（%）

成分	低温段含量	高温段含量
Na_2SO_4	55.5	25
Na_3PO_4	19	7
Na_2CO_3	10	13
NaCl	15.5	55

表 9-4　某高压锅炉过热器积盐成分及含量（%）

成分	低温段含量
Na_2SO_4	94.88
Na_3PO_4	5
Na_2CO_3	0.08
NaCl	0.04

在过热器内，除了沉积的各种盐类外，还有沉积在系统内被腐蚀的氧化铁，因其溶解度小，也会被浓缩沉积在受热面上。所以，热力系统设备器壁上沉积有大量的砖红色氧化铁。

（二）汽轮机积盐及危害

由于各种杂质在过热蒸汽中的溶解度大都随着压力和温度的降低而减小，当某些物质的溶解度下降到低于它在过热蒸汽中的携带量时，就会在汽轮机的蒸汽流通部分以固态形式沉积下来，这称为汽轮机的积盐。由于各种杂质在过热蒸汽和水中的溶解度不同，所以它们在汽轮机中沉积的顺序也不同，也就是说，各种沉积物在汽轮机中的分布不同。

在汽轮机的第一级和最后几级一般很少有积盐现象，因为第一级中的蒸汽压力和温度都很高，蒸汽中的杂质尚不能析出，在汽轮机最后几级中，蒸汽湿度增加，各种杂质在湿分中溶解度较大，且蒸汽有一定的冲洗能力，所以最后几级也没有沉淀物。由于过热蒸汽带入的各种钠化合物，如 Na_2SO_4、Na_3PO_4、Na_2SiO_3、NaCl 和 NaOH 等，其中 Na_2SO_4、Na_3PO_4 和 Na_2SiO_3 在过热蒸汽中的溶解度比较小，最先从过热蒸汽中折出，主要分布在汽轮机的高压级，而 NaCl 和 NaOH 的溶解度比较大，主要分布在汽轮机的低压级。

由于硅酸盐在过热蒸汽中的溶解度最大，所以只有当压力和温度降得比较低时，才能从蒸汽中析出。过热蒸汽携带的各种铁的氧化物主要呈固态颗粒状，它的沉积部位主要与蒸汽流动特性、微粒大小、金属表面的粗糙度有关。所以，它大部分可能沉积在汽轮机的各级中，一小部分被汽轮机的尾部排汽带走。

汽轮机中的有些杂质可以引起汽轮机零部件的腐蚀。如含有硫化氢、氯化物和 NaOH 的过热蒸汽在汽轮机中凝结时，会形成侵蚀性的小水滴，容易引起应力腐蚀，而且蒸汽中的氯化物还可能引起汽轮机的叶片、叶轮及喷嘴表面产生点蚀。如果给水中的有机酸没有除净，被蒸汽带入汽轮机，还可能引起有机酸腐蚀。下面我们着重介绍蒸汽品质与汽轮机叶片事故的关系。

随着我国汽轮机设计、加工等技术的发展，汽轮机叶片因共振而引发叶片断裂事故的比例逐渐下降。而其他因素（如蒸汽品质不良），使汽轮机低压过渡区工作的叶片表面盐类沉淀，产生化学方面的点腐蚀，导致汽轮机叶片事故发生的比例逐渐上升。蒸汽品质不良，引起汽轮机叶片表面结垢严重的话，不仅会使通道面积减小，叶片工作应力增加，叶片安全性降低，同时还会使叶片的自振频率和振型发生改变，导致叶片振动的复杂化，给叶片工作的安全性带来不利的影响。下面我们还将列举几台因蒸汽品质不良而引发的汽轮机叶片事故。

1. 事故一

某电厂 2 台国产 300MW 机组驱动给水泵小汽轮机第 4 压力级叶片事故。1991 年 4 月，6 号小汽轮机第 4 压力级断叶 11 片，附近 6 片叶片变形严重，该小汽轮机型号为 G6-7（165）-1 型，最高转速 5600r/min，第 4 压力级叶片高度 126mm，叶轮平均直径 $D_{cp}=997mm$，叶根型式为外包小脚倒 T 型，动叶片数 146 片，动叶材料 2Cr13，叶片断裂位置距型根 28～45mm，宏观断面有明显疲劳纹，裂源点在出汽边，静力拉断区在进汽边，约占整个断面的 1/6，叶片表面点腐蚀坑相当严重。该小汽轮机是变速汽轮机，对于一阶频率制造厂设计成不调频叶片，根据断叶状况分析认为，该级叶片事故由于蒸汽品质不良，叶片处于过渡区域工作，叶片表面盐类浓缩，造成严重的点腐蚀，使出汽边很薄的叶片易应力集中，加上断叶位置均在叶片抛光接口处，因此使实际的叶片动强度大大降低，小于不调频叶片的界限值。经过一段时间的疲劳累积，造成该级叶片大量断裂，该厂 2 台汽轮机和多台小汽轮机先后发生第4压力级相同断叶事故。

2. 事故二

某电厂2台国产300MW汽轮机低压次末级（323mm）叶片事故。1993年12月开始，该电厂1、2号汽轮机低压次末级（323mm）叶片先后多次发生断叶20多片，断叶位置距型根66～123mm，宏观断面源点在出汽边，中间有疲劳纹，静力拉断区在叶片进口处，约占整个断面的1/8。叶片表面锈垢非常严重，垢厚达1mm，喷砂后叶片表面进、出汽边内、背弧沿叶高布有严重的腐蚀点（其他级也有，但该级最严重），腐蚀点大小不等，最大腐蚀坑直径约为5mm、深1mm，由于叶片出汽边较薄，在叶片型线出汽边离型根1/5～1/2叶片长度处，叶片出汽边被腐蚀成严重的高低不一的锯齿状，最深约1mm，动叶片材料为2Cr13。该级叶片处于过渡区工作，断叶垢样送西安热工研究院在扫描电镜中对垢样作X射线能谱分析，叶片表面腐蚀物Na、Mg、Fe、Al、S、Cl等元素占有一定的比例，有些元素比例较大，可以认为机组蒸汽品质确实不良，它们在叶片表面形成高浓度的盐酸液，在含有较高氯离子的环境中，由于氧化膜破坏形成微电池，造成叶片表面严重的点腐蚀，尤其是叶片出汽边离型根1/5～1/2处，点腐蚀特别严重。蒸汽品质不良，动静叶片结垢严重，实测喷嘴喉部面积，由结垢影响通道面积约占原面积的10%，上述叶片表面严重点腐蚀以及由此引起出汽边离型根1/5～1/2叶高位置严重的应力集中，加之结垢影响通道面积，使叶片蒸汽作用力增加等，导致叶片的实际动强度小于调频叶片的界限值，叶片累积疲劳，造成叶片连续断裂20多片。

3. 事故三

某电厂1号机国产125MW汽轮机第21级压力级（252mm）断裂叶片事故。1997年12月1号机第21级压力级（右旋）断裂3片，断裂高度距型根167～171mm，断叶断面宏观源点在出汽边，中间有一段疲劳纹，静力拉断区在进汽边，约占整个断面的1/5，检查发现第21级出汽边背弧有一条从顶部到型根宽约5～15mm，区域细密的腐蚀坑带，断叶位置附近区域腐蚀坑带特别宽，腐蚀坑最大直径约1mm、深0.10mm，叶片材料为1Cr13。该机组长期调峰，调峰最低负荷达53MW，使原设计带基本负荷的第21级叶片，实则经常处于过渡区工作，叶片出汽边背弧细密的腐蚀坑带说明该机蒸汽品质不良，检查叶片出汽边较薄，在叶高170mm左右位置附近有明显的划痕，因此叶片点腐蚀及断叶位置出汽边应力集中，使叶片动强度小于调频叶片的界限值，疲劳累积，叶片发生断裂（在国内同类型机组上该级叶片发生断裂事故尚属首次）。

综上所述，饱和蒸汽品质恶化后将严重危害锅炉、汽轮机的安全经济性运行。具体表现：①降低了热能的有效利用，影响与蒸汽直接接触的产品的质量及工艺条件；②部分盐分沉积在过热器及再热器的管壁面上，将使管壁温度升高，产生垢下腐蚀，导致钢材强度降低，以至发生爆管事故；③部分盐分沉积在蒸汽管道的阀门处，使阀门动作失灵以及泄漏；④部分盐分沉积在汽轮机的通流部分，将使通道的流通截面缩小，叶片表面变得粗糙，叶片形状改变，使汽轮机流阻增大，出力和效率降低，影响转子的动平衡，引起机组振动，严重时甚至造成重大安全事故。

第四节　改善蒸汽品质的方法及装置

蒸汽中含有杂质的现象称为蒸汽污染。蒸汽中各种杂质的来源，一是机械携带，二是溶解携带。对于中低压锅炉，蒸汽中的杂质主要是从炉水中携带过来的。蒸汽中所含的杂质主要是钠盐、硅酸盐和二氧化碳等。钠盐多以氯化物、硫酸盐、氢氧化物形式存在，二氧化碳则是由于给水中的碳酸盐和重盐进入锅炉后分解产生的。影响蒸汽品质的直接因素是炉水品质，在分离设备的效率不变时，炉水中的杂质含量高，蒸汽中机械携带与溶解的杂质就会多些，蒸汽品质就会差些。而炉水中的杂质是从给水来的，因此炉水品质综合地受给水品质、排污量的影响。其次，分离、清洗设备的效果对蒸汽品质也起到相当重要的作用。在炉水品质相同时，汽水分离的效果好就能减少蒸汽所携带的炉水水滴量，因此机械携带的杂质会少些，蒸汽品质就会好些。

我国制定的标准 GB/T 12145—1999《火力发电机组及蒸汽动力设备水汽质量》目前主要适用于临界压力以下的火力发电机组及蒸汽动力设备（包括正常运行和停、备用机组启动）。我国临界压力以下的电站锅炉正常运行时的蒸汽品质标准见表 9-5。为防止汽轮机积结金属氧化物，蒸汽中铜和铁的含量也不得超过规定值。超临界机组正常运行和启动时的蒸汽品质应符合 DL/T 912—2005《超临界火力发电机组水汽质量标准》的规定。

表 9-5　　临界压力以下的电站锅炉正常运行时的蒸汽质量标准

<table>
<tr><td colspan="2">炉　　型</td><td colspan="3">锅　筒　炉</td><td colspan="4">直　流　炉</td></tr>
<tr><td colspan="2">压力（MPa）</td><td>3.8～5.8</td><td colspan="2">5.9～18.3</td><td colspan="2">5.9～18.3</td><td colspan="2">18.4～22</td></tr>
<tr><td colspan="2">指标类型</td><td>标准值</td><td>标准值</td><td>期望值</td><td>标准值</td><td>期望值</td><td>标准值</td><td>期望值</td></tr>
<tr><td rowspan="2">钠（μg/kg）</td><td>磷酸盐处理</td><td rowspan="2">≤15</td><td>≤10</td><td>—</td><td rowspan="2">≤10</td><td rowspan="2">≤5</td><td rowspan="2"><5</td><td rowspan="2"><3</td></tr>
<tr><td>挥发性处理</td><td>≤10</td><td>≤5</td></tr>
<tr><td rowspan="3">电导率（氢离子交换后，25℃）（μs/cm）</td><td>磷酸盐处理</td><td rowspan="2">—</td><td colspan="2" rowspan="2">≤0.30</td><td>—</td><td>—</td><td>—</td><td>—</td></tr>
<tr><td>挥发性处理</td><td>≤0.30</td><td>≤0.30</td><td>≤0.30</td><td>≤0.30</td></tr>
<tr><td>中性水及联合水处理</td><td>—</td><td colspan="2">—</td><td>≤0.20</td><td>≤0.15</td><td>≤0.20</td><td>≤0.15</td></tr>
<tr><td colspan="2">二氧化硅（μg/kg）</td><td>≤20</td><td colspan="2">≤20</td><td colspan="2">≤20</td><td><15</td><td>≤10</td></tr>
</table>

为了防止过热器和汽轮机等蒸汽流通部位的积盐和腐蚀，应首先提高炉水质量，因为蒸汽中的杂质来自炉水，炉水中杂质少，蒸汽品质就好。同时应设法减少蒸汽的机械携带和溶解携带，以改善蒸汽品质。一般采取保证给水及炉水品质、汽包内部装设汽水分离装置和蒸汽清洗装置、调整锅炉运行工况、蒸汽冲管及锅炉排污等方法来改善蒸汽品质。下面将分述这些方法。

一、保证给水及炉水品质

为了获得品质优良的蒸汽，防止锅炉以及热力系统的结垢、腐蚀、积盐等故障发生，对锅炉给水及炉水品质进行监督，用仪表或化学分析方法测定水品质，看其是否符合标准，以便采取必要的措施防止由锅炉给水及炉水品质引起的锅炉以及热力系统的结垢、腐蚀、积盐等故障的发生。

对炉水水质监督的目的是为了防止炉内结垢、腐蚀和蒸汽品质不良。运行监督项目主要有磷酸根、pH值、含盐量（或含钠量）、含硅量、总碱度等。对给水品质的监督，其目的是防止锅炉给水系统腐蚀、结垢，并且能在锅炉排污率不超过规定数值的前提下，保证炉水水质合格。运行监督的主要项目有硬度、溶解氧、pH值、总二氧化碳。蒸汽中杂质来自炉水，炉水来自给水，给水杂质少，炉水质量就好，所以首先应提高给水品质。为此，应努力采取如下措施：

（1）尽量设法减少热力系统的汽水损失，降低补给水量。

（2）采用合理而先进的水处理工艺和设备，制备品质优良的给水。

（3）防止凝汽器泄露，以免凝结水被冷却水污染。

（4）对给水和凝结水采取有效的防腐处理措施，以减少给水中的金属腐蚀产物进入炉水中。

（5）新建锅炉在投入运行前进行化学清洗，停运锅炉应做好停炉防护工作，减轻热力系统的腐蚀。

二、汽包内部装置

为了确保蒸汽的品质，一般都在汽包内部设置汽水分离装置和蒸汽清洗装置。

1. 汽水分离装置

汽水分离装置的主要作用是提高汽水分离效果，减少饱和蒸汽的带水量。目前的汽水分离装置有：挡板、集汽管、多孔板、波纹板百叶窗、卧式离心分离器和旋风分离器等。其工作原理是利用离心力、惯性力、重力和黏附力等进行分离。

2. 蒸汽清洗装置

蒸汽清洗装置的作用是为了减少蒸汽的溶解携带。因为在饱和蒸汽清洗时，它溶解携带的杂质就会和清洗水中的杂质按分配系数重新分配，使饱和蒸汽中的一部分杂质转移到清洗水中，同时，饱和蒸汽原来携带的炉水小水滴也转入清洗水中，所以饱和蒸汽清洗后其中的杂质含量明显降低。

三、调整锅炉运行工况

即使汽包内部装置非常完善，如果锅炉的负荷、汽包水位及其变化速率等运行工况控制不好，也会影响到饱和蒸汽的品质。如锅炉负荷过高，汽包内部的蒸汽流速太大，旋风分离器的分类效果变差，都会造成饱和蒸汽大量带水；如果汽包水位过高，就可能引起“汽水共腾”，也会造成饱和蒸汽大量带水。

四、蒸汽冲管

新建的锅炉在进行化学清洗后，管路内部难免有一些残留物，如不加清除，锅炉启动后，就会带入汽轮机，影响安全运行。蒸汽冲管就是利用过热蒸汽冲洗整个蒸汽管路，其采用的冲刷力应比运行中最大蒸汽流量时冲刷力大。

五、锅炉排污

在锅炉运行时，含有杂质的给水不断进入锅炉，炉水也不断地蒸发和浓缩，致使炉水中的杂质逐渐增加。这些杂质除少量被饱和蒸汽带走外，大部分留在炉水里，当它们在炉水中的含量超过一定限度时，就会造成蒸汽品质恶化，锅炉受热面结垢，管子流通截面变小或被堵塞，水循环不良，发生金属腐蚀等，危及锅炉的安全经济运行。为了使炉水中的杂质保存在一定的限度以下，防止水渣聚积形成二次水垢，就需要从锅炉中不断地排出含盐量或碱度较大的锅水和沉积的水渣，同时补入含盐量或碱度较低的给水，这种过程称为锅炉排污。

锅炉的排污方式有连续排污和定期排污两种。

1. 连续排污

连续排污是连续不断地将汽包中水面附近的炉水排出锅外，旨在改善锅水品质。连续排污量的大小，可以根据锅水的分析结果来控制。如果炉水含盐量、碱度或其他水质指标都超过规定值，就加大连续排污量，反之，则可以减小排污量。

2. 定期排污

定期排污从锅炉水循环系统的最低点排放一部分炉水。定期排污主要是为了排出水渣及其他沉积物，它们受重力作用通常沉积在水循环的最底部。定期排污一般在低负荷下运行，而且应该少排、快排、均衡排，每次排污时间不宜超过 0.5～1min。

习 题 与 思 考 题

1. 直流炉中给水含盐量对炉管结垢有什么影响？
2. 水垢对锅炉有哪些危害？常见的锅炉水垢有哪些？
3. 锅炉中的沉淀物有哪几种？在锅炉中沉淀物是如何分布的？
4. 炉内沉淀物是如何鉴别的？
5. 锅炉的水渣组成是什么？有何危害？
6. 氧化铁垢沉积的原因是什么？如何防止？
7. 锅炉水质混浊的原因是什么？如何处理？
8. 给水中添加 N_2H_4 的作用是什么？应维持什么条件？
9. 汽包炉过热蒸汽中的各类杂质在汽轮机中的沉淀有何特征？
10. 如何进行平衡磷酸盐处理？
11. 炉内水处理药剂加入的位置？
12. 炉内加药处理有哪些注意事项？
13. 如何确定投产前锅炉化学清洗的范围？
14. 锅炉化学监督的目的和任务是什么？如何才能做好化学监督工作？
15. 运行中水汽质量出现异常时，如何应对？
16. 热力设备有哪些停用保护方法？

第十章　水处理系统的工艺设计

在火力发电厂的生产过程中，水虽然有多种用途，但水处理的主要对象是锅炉补给水，它需要将水源的原水，通过净化加工，制备成供锅炉需要的水。这里所称的水处理系统，就是指制取锅炉补给水的系统。

火力发电厂的水处理系统设计应做到能满足发电厂安全运行的要求，做到经济合理，技术先进，符合环境保护的规定，并为施工、运行和维修提供方便。

本章所叙述的是锅炉补给水处理系统设计的主要部分，包括水处理方案的选择、出力计算、离子交换除盐系统的工艺计算等。

第一节　设计的原始资料及水处理系统的选择

火力发电厂水处理系统的选择，主要是根据水源水质和机组对水质、水量的要求进行的。系统设计时，除了考虑当前的技术水平外，还应考虑运行的经济性和安全性。在选择水处理系统时，为了能全面地考虑问题，必须掌握各种有关的原始资料。

一、水源水质

水源水质分析资料是确定适宜的水处理方案、选择合理的水处理系统设备设计及选用的重要依据。

火力发电厂中锅炉补给水的水源通常是地表水和地下水。当采用地表水时，应了解水源水系情况及水质随季节不同的变化情况；上游各种排水对水质的污染及受海水倒灌的影响；当采用地下水时，应了解地下水源补给情况和地层地质概况，对于某些浅水井，还应了解其水质被周围厂矿废水污染的可能性；对于石灰岩地区的泉水应了解其水质的稳定性。

对于地表水，除了要掌握全年十二个月的水质全分析资料外，同时还要掌握历年水质变化规律的资料。当采用地下水或海水时，虽然其化学组成虽然比较稳定，但也应有一年四个季度的水质全分析资料。

为了确保水质资料的准确性，必须对分析结果进行必要的校核，分析误差应在规定的允许范围内。

二、水分析资料的校核

水分析结果的校核，一般分为数据性校核和技术性校核两类。数据性校核是对数据进行核对，保证数据不出差错；技术性校核是根据天然水中各成分的相互关系，检查水分析资料是否符合水质组成的一般规律，从而判断分析结果是否正确。经过校核如发现误差较大时，应重新取样分析。校核一般包括以下几个方面。

1. 阴阳离子含量的校核

根据电荷平衡原理，水中各种阴离子单位电荷的总和必须等于各种阳离子单位电荷的总和，即

$$\sum c_{阳} = \sum c_{阴} \tag{10-1}$$

式中　$\sum c_{阳}$——各种阳离子浓度的总和，mmol/L；

$\sum c_{阴}$——各种阴离子浓度的总和，mmol/L。

此种分析误差（X）的允许最大值，现在尚未规定，我们认为按目前的分析技术，应不大于5%，即

$$X = \left| \frac{\sum c_{阳} - \sum c_{阴}}{\frac{1}{2}(\sum c_{阳} + \sum c_{阴})} \right| \times 100\% \leqslant 5\% \tag{10-2}$$

2. 溶解固形物的校核

通常溶解固形物的含量用以代表水中的总含盐量，但由于测定方法上的原因两者不完全一样，还需进行校核。首先计算原水中溶解固形物的量 RG' 为

$$RG' = (SiO_2)_{全} + R_2O_3 + \sum c_{阳} + \sum c_{阴} - 0.51HCO_3^- + \sum 有机物 \tag{10-3}$$

式中　$(SiO_2)_{全}$——水中全硅含量，mg/L；

R_2O_3——水中铁铝氧化物含量，mg/L；

$\sum c_{阳}$——水中除铁、铝之外所有阳离子浓度的总和，mg/L；

$\sum c_{阴}$——水中除溶解硅酸根之外所有阴离子浓度的总和，mg/L；

$0.51HCO_3^-$——水在蒸发过程中，HCO_3^- 因转换为 CO_3^{2-} 而减少的部分，mg/L；

$\sum$ 有机物——水中各种有机物的总含量，mg/L。

再计算它与原水中溶解固形物的直测值 RG 的误差 δ，δ 应不大于5%。

$$\delta = \left| \frac{RG - RG'}{\frac{1}{2}(RG + RG')} \right| \times 100\% \leqslant 5\% \tag{10-4}$$

3. pH值的校核

由于电离平衡的关系，水的pH值、CO_2 浓度和 HCO_3^- 浓度之间有一定的关系。此关系可以由碳酸一级电离常数推导为

$$pH' = 6.35 + \lg \frac{[HCO_3^-]}{61} - \lg \frac{[CO_2]}{44} \tag{10-5}$$

式中，HCO_3^- 和 CO_2 浓度的单位为mg/L。

由式（10-5）算出的pH′值与实测pH结果的差值，一般不应大干0.1，最大不得超过0.2。即误差

$$\delta = | pH - pH' | \leqslant 0.2 \tag{10-6}$$

4. 硬度校核

硬度计算值为

$$H' = \frac{Ca^{2+}}{20} + \frac{Mg^{2+}}{12.15} \tag{10-7}$$

误差

$$\delta=\left|\frac{H-H'}{H+H'}\right|\times 100\%\leqslant 5\% \tag{10-8}$$

根据水质资料，选择有代表性的水质作为设计依据，以年最差水质作为设备台数的校核依据，以便在水质最坏的条件下，水处理系统也能满足锅炉正常补给水的要求。

三、建厂及机组资料

1. 电厂类型、规模及机组参数

设计前，应掌握电厂类型、建设规模和分期建设情况，锅炉类型及参数，汽包内水汽分离装置的结构，过热蒸汽的减温方式及发电机冷却方式。热电厂水处理设计，还应掌握热用户的用汽用水数量及对用汽用水的质量要求，回水量及回水水质，以及其他对外供水量和水质的要求。

2. 机组对补给水水质的要求

机组对补给水水质的要求与锅炉类型、容量、参数以及机组的热负荷情况有关。水处理系统出水的水质应能满足锅炉补给水的水质标准。对于直流锅炉，补给水水质应能满足该机组给水的水质标准。对于汽包锅炉来说，由于15.58MPa压力以下的锅炉给水标准中没有含盐量和含硅量的规定，所以这两个指标要从保证炉水水质、蒸汽品质以及减少锅炉排污率方面考虑，经过计算求得。

汽包锅炉的补给水水质 S_{BU} 可以根据允许的锅炉水水质按式（10－9）估算为

$$S_{BU}=\frac{PS_L}{\alpha+P(1-\beta)}(\mathrm{mg/L}) \tag{10-9}$$

式中　P——锅炉排污率，%；

S_L——炉水允许的含盐量或含硅量，mg/L；

α——水汽循环中水汽损失率，%；

β——排污扩容器的分离系数，即由扩容器分离出的蒸汽和排污水量之比，高压以上锅炉为0.35，中压锅炉为0.25。

表10－1　锅炉的允许排污率

电　厂　类　型	排污率（%）
以离子交换除盐水为补给水的凝汽式发电厂	1
以离子交换除盐水或蒸馏水为补给水的供热式电厂	2
以离子交换软化水为补给水的供热式电厂	5

由式（10－9）可知，在锅炉的型号和厂内外水汽循环中水汽损失率等已确定的情况下，补给水的允许含盐量和锅炉的允许排污率有关。不同类型的电厂，锅炉的允许排污率也不同，如表10－1所示。

据表中数据以及各种损失率和锅炉的允许含盐量，就可以算出补给水的允许含盐量。当估算了对补给水水质的要求以后，就可根据生水水质选择具体的水处理系统。

四、水处理系统的选择

1. 预处理系统的选择

预处理系统的选择应根据生水中的悬浮物、胶态硅化合物、有机物等的含量以及后阶段处理的方式等因素考虑。

(1) 当以地下水及自来水作为水源时，一般不再设置预处理装置。当地下水含砂时，应考虑除砂措施；当自来水中的有些项目（如游离氯）超过后阶段处理进水标准时，应采取相应处理措施。

（2）当以地面水作为水源时，如悬浮物含量小于 50mg/L，可采用接触混凝、过滤的方法处理；悬浮物含量大于 50mg/L 时，可采用混凝、澄清和过滤的方法处理；悬浮物含量超过所选用澄清设备的进水标准时，应考虑增设预沉淀设备或备用水源。

（3）对于高压以上机组，若原水中含有较多的胶体硅，会导致蒸汽品质不能满足要求时，应采用降低胶体硅的处理方法。

（4）若脱盐工序使用电渗析或反渗透时，应增加精密过滤作为保护性措施。

2. 软化与除盐系统的选择

原水经预处理以后，为了达到满足锅炉对补给水水质的要求，可采用各种软化与除盐系统。具体选择水处理方案时，应根据各种软化和除盐系统所能达到的水质，和各种类型锅炉对水质的要求，通过技术经济比较确定。常常应考虑下列情况。

（1）对于低压汽包锅炉，在能满足锅炉给水和蒸汽质量要求时，可采用软化或脱碱软化或一级除盐系统。

（2）对于高压、超高压、亚临界压力汽包锅炉和直流锅炉，应选用一级除盐加混床的水处理系统。当进水质量较好，过热蒸汽减温方式为表面式或自冷凝式时，高压汽包锅炉可选用一级除盐系统。

（3）原水含盐量较高时，如阳离子总含量大于 $7\text{mmol/L}\left(\frac{1}{n}\text{I}^{n}\right)$或强酸阴离子总含量大于 $3\text{mmol/L}\left(\frac{1}{n}\text{I}^{n}\right)$，经技术经济比较，可采用弱型树脂离子交换器、电渗析器、反渗透器或蒸发器。

（4）在中压或高压发电厂中扩建蒸汽参数更高的机组时，应在满足原有机组水汽质量的条件下，尽量利用原有机组的凝结水作为参数较高机组的补给水。

第二节　出　力　计　算

水处理系统的出力是根据电厂规模、机组容量及水汽损失率确定的。为了保证水处理系统在最不利的情况下也能供给锅炉合格的补给水量，水处理系统的出力应考虑到有可能出现的最大供水量。

一、锅炉补给水量

锅炉的最大补给水量是根据电厂全部正常水汽损失以及机组启动或事故而增加的损失之和确定的。发电厂各项水汽损失可按表 10－2 计算。

表 10－2　　发电厂各项水汽损失及机组启动或事故增加的损失

<table>
<tr><th>序号</th><th colspan="2">损失类型</th><th>正常损失</th><th>机组启动或事故增加的损失</th></tr>
<tr><td rowspan="3">1</td><td rowspan="3">厂内水汽循环损失</td><td>200MW 以上机组</td><td>为锅炉最大连续蒸发量的 1.5%</td><td rowspan="2">为全厂最大一台锅炉最大连续蒸发量的 5%</td></tr>
<tr><td>100～200MW 以上机组</td><td>为锅炉最大连续蒸发量的 2.0%</td></tr>
<tr><td>100MW 以下机组</td><td>为锅炉最大连续蒸发量的 3.0%</td><td>为全厂最大一台锅炉最大连续蒸发量的 10%</td></tr>
</table>

续表

序号	损失类型	正常损失	机组启动或事故增加的损失
2	对外供汽损失	根据资料	
3	电厂其他用汽损失	根据资料	
4	汽包锅炉污污损	根据计算，但不少于0.3%	
5	闭式热水网损失	热水网水量的1%～2%，或根据资料	热水网水量的1%～2%，但与正常损失之和不少于20t/h
6	厂外其他除盐水用量	根据资料	

其中，正常水汽损失包括厂内水汽循环损失、对外供汽损失、电厂其他用汽损失以及锅炉的排污损失等；机组启动或事故而增加的损失，规定只按一台最大机组考虑。

锅炉正常补给水量 D_{ZC} 为

$$D_{ZC}=D_1+D_2+D_3+D_4 \tag{10-10}$$

$$D_1=\alpha_1 D$$

$$D_2=\alpha_2 D$$

$$D_3=\alpha_3 D$$

$$D_4=PD$$

式中　D——全厂锅炉的额定蒸发量，t/h；

D_1——厂内水汽循环损失，t/h；

α_1——厂内水汽损失率，t/h；

D_2——厂外供汽损失，t/h；

α_2——厂外供汽损失率，t/h；

D_3——其他用汽循环损失；

α_3——其他用汽损失率；

D_4——汽包锅炉排污损失；

P——汽包锅炉排污率，%。

锅炉最大补给水量 D_{ZD} 为

$$D_{ZD}=D_{ZC}+D_Z \tag{10-11}$$

即

$$D_{ZD}=D_1+D_2+D_3+D_4+D_Z \tag{10-12}$$

$$D_Z=\alpha_Z D_D$$

式中　D_Z——机组启动或事故增加的损失，t/h；

α_Z——机组启动或事故而增加的水汽损失率，%；

D_D——全厂最大一台锅炉额定蒸发量，t/h。

正常情况下锅炉水汽损失率 α 为

$$\alpha=\alpha_1+\alpha_2+\alpha_3 \tag{10-13}$$

二、水处理系统出力

水处理系统的出力应能满足锅炉最大补给水量及厂内外其他各种供水量的需要，因此水处理系统出力应按下式计算（视水的密度为1kg/dm³）

$$Q_{系统}=D_{ZD}+Q_{其他}\quad (m^3/h) \tag{10-14}$$

三、设备总出力

因为离子交换器再生时需要耗水，而且再生时用的水通常是交换器设备本身的出水，所以系统的制水量还应乘以系数（$1+a$），其中 a 为自用水率。即

$$Q'_{系统}=(1+a)Q_{系统} \tag{10-15}$$

自用水率 a 的大小与床型的选择及是否采用弱床有关，如没有采用弱床，a 一般取 5%～8%，若采用弱床，a 一般取 8%～12%。

考虑到固定床离子交换器制水是不连续的，因此当未设再生备用的离子交换器时，水处理设备总出力应为

$$Q=\frac{T+t}{T}Q'_{系统} \tag{10-16}$$

式中　T——交换器一个运行周期的制水时间，h；

　　　t——交换器一个运行周期的再生时间，h。

第三节　离子交换除盐系统的工艺设计及计算

水处理系统的工艺计算主要是根据选定的系统，通过计算确定系统中各类设备的几何尺寸和主要参数。工艺计算，一般从系统最后的设备依次向前推算，这是因为工艺计算时要考虑各级设备的自用水量，而后续设备的自用水往往是前面设备的出水。下面介绍常用离子交换除盐系统中主要设备的工艺计算。首先我们来看一下离子交换设备中床型及树脂的选择。

一、床型及树脂选择

1. 床型选择

对常用床型选择，一般有如下看法：

（1）弱型树脂一般选用顺流再生的床型，强型树脂一般选用逆流再生的床型。

（2）弱型—强型树脂联合应用，可以采用串联的复床系统，也可以采用双层床、双室床或双室双层浮动床。

（3）进水悬浮物含量不稳定或经常大于 2mg/L 者，不宜采用逆流再生固定床和浮动床等对流再生的床型。

（4）设备出力小（$<30m^3/h$）或低流速运行的设备，以及供水量不稳定或经常间歇供水的系统，一般不选用浮动床。

（5）进水水质变化较大，离子比值不稳定时，不宜采用双层床、双室床等强弱型树脂联合应用的床型。

2. 树脂的选用

用于水处理的离子交换树脂可以是凝胶型或大孔型，可以是苯乙烯树脂或丙烯酸树脂。在选用树脂时，除应考虑树脂的各项工艺性能外，还应结合进水水质、水质组分、运行条件、床型等因素综合考虑，常需考虑以下因素：

（1）弱型树脂一般具有再生剂比耗低、工作交换容量大的特点，在合适的水质条件下采用弱型—强型树脂联合应用，可以扩大对进水含盐量的适用范围，提高水处理系统的经

济性。

(2) 浮动床因树脂层较高，运行流速高，宜选用强度高、粒度均匀的树脂。

(3) 双层床内强、弱型树脂应有足够的湿真密度差；混合床中的阴、阳树脂，除应有一定的湿真密度差外，阳树脂的颗粒不应有过小的，阴树脂的颗粒不应有过大的。

(4) Ⅱ型强碱阴树脂的工作交换容量比Ⅰ型树脂的高，但除硅能力比Ⅰ型树脂差，所以当进水强酸阴离子含量大，SiO_2含量较低或对出水SiO_2要求不高时，可以选用Ⅱ型强碱阴树脂。

(5) 进水有机物含量较高时，为防止强碱阴树脂的有机物污染，应选用抗有机物污染的强碱阴树脂，如大孔型强碱阴树脂或丙烯酸系强碱阴树脂。

(6) 一级复床＋混床的除盐系统中，混床必须选用强酸阳树脂和强碱阴树脂。

二、混床的计算

混床一般设在一级除盐系统以后，此时其进水含盐量中阴、阳离子各约为0.1mmol/L，运行周期通常控制在3～7天。

(一) 体内再生式混床设备计算

1. 混床总面积

$$S=\frac{Q}{u}\quad (m^2) \tag{10-17}$$

式中 Q——设备设计总出力，m^3/h；

u——正常运行流速，一般取35～50m/h，最大60m/h。

2. 混床的直径

$$d=\sqrt{4S/\pi}=1.13\sqrt{S}\quad (m) \tag{10-18}$$

3. 混床的台数

$$n=\frac{S}{0.785{d_1}^2}\quad (台) \tag{10-19}$$

式中 d_1——选用的离子交换器的直径，m。

4. 实际运行流速

$$u_1=\frac{Q}{S_1 n_1}\quad (m/h) \tag{10-20}$$

式中 u_1——选用后的核算流速一般应符合u的推荐范围；

S_1——直径为d_1的交换器的断面积，m；

n_1——实际选用台数（由n化整），一般不小于2台。

5. 运行时间的估算

装填的阳（阴）树脂的体积 $V_{ie}=hS_1\quad (m^3)$ (10-21)

装填的阳（阴）树脂的质量 $m=\rho_{ie}V_{ie}\quad (t)$ (10-22)

式中 h——混床中阳（阴）树脂层的高度，m；

ρ_{ie}——树脂湿视密度，g/cm^3。

运行时间的估算

$$T=\frac{V_{ie}E_G n_1}{QC_1}\quad (h) \tag{10-23}$$

式中　E_G——交换剂（阳或阴）的实际工作交换容量，mol/m^3；

C_1——混床所需去除的阳（或阴）离子含量，mol/m^3。

算出的阳和阴树脂层的运行时间一般应接近。

（二）二步法再生混床再生工艺的计算

1. 反洗水量

$$V_1 = \frac{S_1 u_1 t_1}{60} \quad (m^3) \tag{10-24}$$

式中　u_1——反洗流速，m/h，一般取 10m/h；

t_1——反洗时间，min，一般取 15min。

2. 静置时间

静置时间 t_2 一般取 5～10min。

3. 再生液量的计算（应分别计算碱液和酸液）

（1）再生一次的再生剂用量（浓度 100%计）为

$$G = \frac{V_{ie} E_G n N}{1000} = \frac{V_{ie} E_G W}{1000} \quad (kg) \tag{10-25}$$

式中　W——恢复树脂 1mol 的交换容量所需再生剂的克数，即再生剂耗量，g/mol；

n——再生剂实际用量为理论量的倍数，即再生剂比耗；

N——再生剂的摩尔质量，g/mol。

（2）再生剂为液体工业品时，所需的体积为

$$V' = \frac{G}{10C'\rho'} \quad (m^3) \tag{10-26}$$

式中　C'——液体工业品再生剂的百分浓度（百分数带入）；

ρ'——液体工业品浓度 C' 时的密度，g/cm^3。

（3）再生一次所需稀再生液的体积为

$$V'' = \frac{G}{10C''\rho''} \quad (m^3) \tag{10-27}$$

式中　C''——进入交换器稀的再生液百分浓度（百分数带入）；

ρ''——再生液浓度为 C'' 时的密度，g/cm^3。

（4）稀释再生剂的耗水量。

采用液体工业品再生剂时的耗水量　$V_2 = V'' - V'$ (m^3)　（10-28）

采用固体再生剂时耗水量　$V_2 = V''$ (m^3)　（10-29）

（5）进碱液时间（通过混床的阴树脂）为

$$t_3 = \frac{60V''}{S_1 u_2} \quad (min) \tag{10-30}$$

式中　u_2——进混床碱液流速，m/h，NaOH 再生时取 5m/h。

4. 置换碱液的计算

置换碱液用水量　$V_3 = 0.5V_{ie}^{an}$ (m^3)　（10-31）

置换碱液的时间　$t_4 = \dfrac{60V_3}{S_1 u_2}$ (min)　（10-32）

式中　$V_{ie}{}^{an}$——混床中阴树脂的体积，m^3。

置换流速与再生流速 u_2 取相同值。

5. 阴树脂正洗计算（阳床在再生）

阴树脂正洗用水量　$$V_4=12V_{ie}{}^{an}\ (m^3) \tag{10-33}$$

阴树脂正洗时间　$$t_5=\frac{60V_4}{S_1u_3}\ (min) \tag{10-34}$$

其中 u_3 为正洗流速，一般取 15～30m/h。

6. 进酸液时间（同时阴树脂在正洗）

$$t'_5=\frac{60V''}{S_1u_2}\ (min) \tag{10-35}$$

式中　V''——再生一次的稀酸液体积，m^3；

u_2——进混床酸液的流速，采用 HCl 再生时取 5m/h，采用 H_2SO_4 时取 5～6m/h。

7. 置换酸液的计算

置换酸液用水量　$$V_5=0.5V_{ie}{}^{ca}\ (m^3) \tag{10-36}$$

置换酸液的时间　$$t''_5=\frac{60V_5}{S_1u_2}\ (min) \tag{10-37}$$

式中　$V_{ie}{}^{ca}$——混床中阳树脂的体积，m^3；

u_2——置换流速，与式（10－35）中再生流速相同。

8. 阳树脂正洗计算（水流方向由下向上）

阳树脂正洗用水量　$$V_4=6V_{ie}{}^{ca}\ (m^3) \tag{10-38}$$

阳树脂正洗时间　$$t'''_5=\frac{60V_6}{S_1u_4}\ (min) \tag{10-39}$$

其中阳树脂正洗流速 u_4 一般取 10m/h。

9. 阴、阳树脂冲洗水量

水流方向由上、下进，中部排出。

$$V_7=\frac{u_5S_1t_6}{60}\ (m^3) \tag{10-40}$$

式中　u_5——冲洗流速，上下进水一般均取 15～20m/h；

t_6——冲洗时间，一般取 15min。

10. 放水

放水时间 t_7 一般取 5～7min。

11. 树脂的混合

（1）树脂混合的时间 t_8 一般取 3～5min。

（2）树脂混合用压缩空气量的计算

$$q'_V=qS_1\times60\ (m^3/h) \tag{10-41}$$

式中　q——进混床的压缩空气比耗，一般取 2～3m^3/（m^2·min）。

（3）进气管内空气的流量（略去温度的校准）为

$$q''_V=\frac{q'_V}{p}\ (m^3/h) \tag{10-42}$$

式中　p——管道内空气的绝对压力，按 245kPa 计。

(4) 快速排水排气的时间 t_9 一般取 2～3min。

(5) 进水排气时的进水流量为

$$V_8=\frac{u_6 S_1 t_{10}}{60}\quad (m^3) \qquad (10-43)$$

式中　u_6——正洗流速，一般取 15～20m/h；

t_{10}——进水排气时间，一般取 5～8min。

12. 最终正洗的计算

水流从上部进入，底部排出。

正洗时间 t_{11} 取 20～30min。

正洗水量为

$$V_9=\frac{u_6 S_1 t_{11}}{60}\quad (m^3) \qquad (10-44)$$

13. 混床再生时的总自用水量和总时间

总自用水量　$$V=V_1+V_2+V_3+V_4+V_5+V_6+V_7+V_8+V_9\quad (m^3) \qquad (10-45)$$

式中　V_2——稀碱液和稀酸液体积之和，应包括再生时阳床进水量，其水量与稀碱液的量相当。

总再生时间为　$$T=t_1+t_2+t_3+t_4+t_5+t_6+t_7+t_8+t_9+t_{10}+t_{11}\quad (min) \qquad (10-46)$$

式中 t_5 应与（$t'_5+t''_5+t'''_5$）比较取两者中的大值代入计算。

14. 每台混床再生期间平均每小时自用水量为

$$\bar{q}_h=\frac{60V}{T}\quad (m^3/h) \qquad (10-47)$$

三、阴（阳）离子交换器的计算

（一）阴（阳）离子交换器直径和台数的计算

1. 一台交换器的出力为

$$Q_1=\frac{Q}{n}\quad (m^3/h) \qquad (10-48)$$

式中　Q——设备设计总出力，m^3/h；

n——交换器台数。

为了保证系统安全、正常运行，除盐系统中各种离子交换器应不少于 2 台，当一台设备检修时，其余设备应能满足正常供水量。

2. 一台交换器的工作面积

$$S=\frac{Q_1}{u}\quad (m^2) \qquad (10-49)$$

式中　u——交换器中水流速度，m/h，按表 10－3、表 10－4 和表 10－5 选取。

3. 交换器直径

$$d=\sqrt{4S/\pi}=1.13\sqrt{S}\quad (m) \qquad (10-50)$$

根据计算的交换器直径，按产品样本选取系列产品中直径相近者，然后进行验算以校核是否能满足要求。

表 10-3　　顺流再生离子交换器设计参考数据

设备名称		钠离子交换器	Ⅱ级钠离子交换器	弱酸阳离子交换器		弱碱阴离子交换器	强酸阳离子交换器		强碱阴离子交换器
运行流速（m/h）		20～30	≤60	20～30		20～30	20～30		20～30
反洗	流速（m/h）	15	15	15		5～8	15		6～10
	时间（min）	15	15	15		15～30	15		15
再生	再生剂	NaCl	NaCl	H_2SO_4	HCl	NaOH	H_2SO_4	HCl	NaOH
	耗量（g/mol）	100～120	400	60	40	40～50	100～150	70～80	100～120
	浓度（%）	5～8	5～8	1	2～2.5	2		2～4	2～3
	流速（m/h）	4～6	4～6		4～5	4～5		4～6	4～6
置换	时间（min）			20～40		40～60	25～30		25～40
正洗	水量（m^3/m^3）	3～6		2～2.5		2.5～5	5～6		10～12
	流速（m/h）	15～20	20～30	15～20		10～20	12		10～15
	时间（min）	30		10～20		25～30	30		60
工作交换容量（mol/m^3）		900～1000		1500～1800		800～1200	500～650	800～1000	250～350

注　置换流速与再生流速相同。

表 10-4　　逆流再生离子交换器设计参考数据

设备名称		钠离子交换器	强酸阳离子交换器		强碱阴离子交换器
运行流速（m/h）		20～30	20～30		20～30
小反洗	流速（m/h）	5～10	5～10		5～10
	时间（min）	3～5	15		15
放　水		至树脂层之上	至树脂层之上		至树脂层之上
顶压	无顶压	—	—		—
	气顶压［Pa（kgf/cm^2）］	2.94×10^4～4.9×10^4（0.3～0.5）	2.94×10^4～4.9×10^4（0.3～0.5）		2.94×10^4～4.9×10^4（0.3～0.5）
	水顶压［Pa（kgf/cm^2）］	4.9×10^4（0.5），流量为再生液流量的0.4～1倍	4.9×10^4（0.5），流量为再生液流量的0.4～1倍		4.9×10^4（0.5），流量为再生液流量的0.4～1倍
再生	再生剂	NaCl	H_2SO_4	HCl	NaOH
	耗量（g/mol）	80～100	≤85	50～55	≤60～65
	浓度（%）	5～8		1.5～3	1～3
	流速（m/h）	≤5		≤5	≤5
置换（逆洗）	流速（m/h）	≤5	8～10	≤5	≤5
	时间（min）	—	30		30
小正洗	流速（m/h）	10～15	10～15		7～10
	时间（min）	5～10	5～10		5～10

续表

设备名称		钠离子交换器	强酸阳离子交换器		强碱阴离子交换器
正洗	流速（m/h）	15～20	10～15		10～15
	水耗（m^3/m^3）	3～6	1～3		1～3
工作交换容量（mol/m^3）		800～900	500～650	800～900	250～300
出水质量		—	$Na^+<50\mu g/L$		$SiO_2<100\mu g/L$

注 置换流速与再生流速相同。

表 10-5 浮动床离子交换器设计参考数据

设备名称		钠离子交换器	强酸阳离子交换器		强碱阴离子交换器
运行流速（m/h）		30～50	30～50		30～50
再生	再生剂	NaCl	H_2SO_4	HCl	NaOH
	耗量（g/mol）	80～100	55～65	40～50	≤60～65
	浓度（%）	5～8		1.5～3	1～3
	流速（m/h）	2～5		5～7	4～6
置换	流速（m/h）	2～5	—	5～7	4～6
	时间（min）	15～20	20		30
正洗	流速（m/h）	15	15		15
	水耗（m^3/m^3）	1～3	1～2		1～2
	时间（min）	计算确定			
成床	流速（m/h）	15～20	15～20		15～20
	时间（min）	—	—		—
	顺洗时间（min）	3～5	3～5		3～5
工作交换容量（mol/m^3）		800～900	500～650	800～900	250～300
出水质量		—	$Na^+<50\mu g/L$		$SiO_2<50\mu g/L$

注 1. 置换流速与再生流速相同。
2. 浮动床清洗周期决定于进水浊度、周期制水量。一般运行 10～30 周期进行体外清洗，清洗后再生剂用量增加 50%～100%。

4. 实际水流速度

$$u'=\frac{Q_1}{S_1}\quad (m/h) \tag{10-51}$$

式中 S_1——选用交换器的实际面积，m^2。

5. 一个交换器一个周期交换的离子量

$$C=Q_1cT\quad (mol) \tag{10-52}$$

式中 c——进水中需除去的离子浓度，mmol/L；
T——交换器一个运行周期的制水时间，h。

离子交换器一个运行周期的制水时间可根据进水水质和再生次数确定。正常再生次数可按每昼夜每台 1～2 次考虑，当采用程序控制时，可按 2～3 次考虑。

6. 一台交换器装载树脂体积

$$V=\frac{C}{E_G}\quad(m^3) \tag{10-53}$$

式中　E_G——树脂工作交换容量，$mol/m^3\left(\frac{1}{n}I^n\right)$。

7. 交换器内树脂装载高度

$$h=\frac{V}{S_1}\quad(m) \tag{10-54}$$

根据计算的树脂层高度，按产品样本选取定型产品中树脂层高度相近的（最好略大于计算出的树脂高度），然后计算树脂层体积 V_R。

强型树脂高度一般不低于 1.0m，弱型树脂高度一般不低于 0.8m。

（二）阴（阳）离子交换器气顶压再生工艺的计算

1. 小反洗水量

$$V_1=\frac{S_1u_1t_1}{60}\quad(m^3) \tag{10-55}$$

式中　S_1——一台交换器的工作面积，m^2。

u_1——反洗流速，m/h；

t_1——反洗时间，min。

2. 放水

从中排装置排完水的时间 t_2 取 10～15min。

3. 顶压

预顶时间 t_3 取 5min。树脂上空间体积压缩空气耗量约为 0.5～$1m^3$/（m^3・min），交换器内压力为 30～50kPa 左右。

4. 再生

（1）再生一次所需药剂量（浓度 100%计）为

$$G=\frac{V_RE_GnN}{1000}=\frac{V_RE_GW}{1000}\quad(kg) \tag{10-56}$$

式中　W——恢复树脂 1mol 的交换容量所需再生剂的克数，即再生剂耗量，g/mol；

n——再生剂实际用量为理论量的倍数，即再生剂比耗；

N——再生剂的摩尔质量，g/mol。

（2）再生剂为液体工业品时，所需的体积为

$$V'=\frac{G}{10C'\rho'}\quad(m^3) \tag{10-57}$$

式中　C'——液体工业品再生剂的百分浓度（百分数带入）；

ρ'——液体工业品浓度 C' 时的密度，g/cm^3。

（3）再生一次所需稀再生液的体积为

$$V''=\frac{G}{10C''\rho''}\quad(m^3) \tag{10-58}$$

式中　C''——进入交换器稀的再生液百分浓度（百分数带入）；

ρ''——再生液浓度为C''时的密度，g/cm^3。

当使用硫酸再生时，稀硫酸浓度可采用二步法，第一步浓度约0.8%～1.7%，用酸量小于总酸量的40%，流速7～10m/h；第二步浓度为2%～3%，用酸量约为总酸量的60%，流速为8～10m/h。也可采用三步法。

(4) 再生溶液的耗水量。

采用液体工业品时的耗水量 $V_4 = V'' - V'$ (m^3) (10-59)

采用固体工业品再生剂时耗水量 $V_4 = V''$ (m^3) (10-60)

(5) 稀再生液通过交换器的时间

$$t_4 = \frac{60V''}{S_1 u_4} \quad (min) \tag{10-61}$$

式中 u_4——进交换器再生液的流速，m/h。

再生剂实际用量为理论量的倍数见表10-6。

表10-6 再生剂实际用量为理论量的倍数

树脂种类	弱酸阳树脂	弱碱阴树脂	强酸阳树脂	强碱阴树脂
顺流再生	1.05～1.10	1.2左右	HCl：1.9～2.2	2.5～3.0
			H_2SO_4：2.0～3.1	
对流再生			HCl<1.5	<1.6
			H_2SO_4<1.7	
混合床			3～4	4～5

5. 置换水量

$$V_5 = \frac{S_1 u_5 t_5}{60} \quad (m^3) \tag{10-62}$$

式中 u_5——置换流速，一般与进再生液流速一致，m/h；

t_5——置换时间，min。

6. 小正洗水量

$$V_6 = \frac{S_1 u_6 t_6}{60} \quad (m^3) \tag{10-63}$$

式中 u_6——小正洗流速，m/h；

t_6——小正洗时间，min。

7. 正洗时间

$$t_7 = \frac{60V_7}{u_7 S_1} \quad (min) \tag{10-64}$$

式中 u_7——正洗流速，m/h；

V_7——正洗时间水量，$V_7 = \alpha V_R$，m^3；

α——正洗水耗，m^3/m^3树脂。

8. 大反洗

一般经过10～20周期进行一次，再生剂的耗量约为平时的2倍，阳床的流速约15～

20m/h，阴床的流速约6～10m/h。

9. 再生所需的总时间和总水量

再生时间　　$T=t_1+t_2+t_3+t_4+t_5+t_6+t_7$ (min)　　(10-65)

自用水量　　$V=V_1+V_2+V_3+V_4+V_5+V_6+V_7$ (m^3)　　(10-66)

10. 逆流再生交换器平均自用水量

$$\overline{V}=\frac{V\varepsilon}{24}\ (m^3) \tag{10-67}$$

式中　ε——同类交换器每昼夜的再生次数。

对于顺流再生离子交换器，其再生工艺主要包括反洗、放水、再生、正洗等过程，可依据表10-3进行相应的计算。

四、强、弱型树脂联合应用的除盐单元

强、弱型树脂联合应用的床型可以是复床串联、双层床、双室床或双室双层浮动床。

1. 树脂的比例

确定强、弱型树脂比例的基本原则就是两种树脂同时失效，以便各自的交换容量得到充分发挥。

(1) 强、弱型阳树脂的体积比。根据周期产水量相等的原则，可得

$$\frac{V_R}{V_Q}=\frac{(H_T-a)E_{GQ}}{(\sum C_Y-H_T+a)E_{GR}} \tag{10-68}$$

式中　V_R——弱型离子交换树脂的体积，m^3；

V_Q——强型离子交换树脂的体积，m^3；

E_{GR}——弱型树脂的工作交换容量，mol/m^3；

E_{GQ}——强型树脂的工作交换容量，mol/m^3；

$\sum C_Y$——进水中阳离子总浓度，mmol/L；

H_T——进水中碳酸盐硬度，mmol/L；

a——弱酸树脂出水中平均碳酸盐硬度泄露量，一般按进水碳酸盐硬度的10%～15%取值，mmol/L。

(2) 强、弱型阴树脂的体积比为

$$\frac{V_R}{V_Q}=\frac{(C_Q-\beta)E_{GQ}}{(C_R+\beta)E_{GR}} \tag{10-69}$$

式中　V_R——弱型离子交换树脂的体积，m^3；

V_Q——强型离子交换树脂的体积，m^3；

E_{GR}——弱型树脂的工作交换容量，mol/m^3；

E_{GQ}——强型树脂的工作交换容量，mol/m^3；

C_R——进水中弱酸阴离子的浓度，mmol/L；

C_Q——进水中强酸阴离子的浓度，mmol/L；

β——弱碱树脂层出水中平均强酸酸度泄露量，一般按进水强酸酸度的10%～15%取值，mmol/L。

通常，强型树脂的工作交换容量应有10%～20%的富余量，以便弱型树脂交换容量

得以充分发挥。此外，选用双层床、双室床时，弱树脂层和强树脂层都不应低于 0.8m，以保证出水水质和基本的工作交换容量。

2. 再生剂用量

失效的弱型树脂很容易再生，无论再生方式如何，都能得到较好的再生效果。在实际使用中，弱型树脂的再生通常是与强型树脂串联进行的，即再生液先流经强型树脂，再流经弱型树脂，用强型树脂排液中未被利用的酸或碱再生弱型树脂。

强弱型树脂串联再生时，再生剂总量可由下式计算

$$G=(E_{GQ}V_Q+E_{GR}V_R)nN \quad (10-70)$$

式中 N——再生剂的摩尔质量，g/mol；

n——再生剂实际用量为理论量的倍数，即再生剂的比耗，一般阳树脂联合再生时取 1.05～1.1，阴树脂联合再生时取 1.1～1.2。

第四节 除碳器的工艺计算

水处理系统中常用的除碳器有鼓风填料式除碳器和真空式除碳器两种。

一、鼓风填料式除碳器

鼓风填料式除碳器的计算，主要是确定除碳器的尺寸、需要填料的数量、风机的风量及风压。鼓风填料式除碳器结构如图 10-1 所示。设计这种除碳器，需要的原始资料为：进水量（m^3/h）。进水中 CO_2 含量（mg/L），出水中允许 CO_2 含量（mg/L），进水最低温度（℃）等。

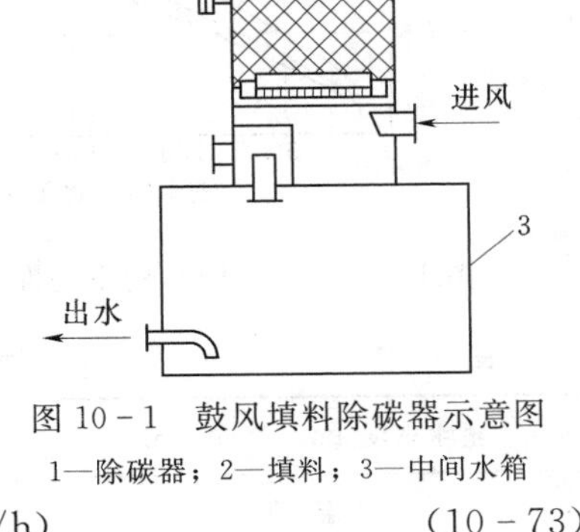

图 10-1 鼓风填料除碳器示意图

1—除碳器；2—填料；3—中间水箱

1. 除碳器的本体尺寸

除碳器工作面积 S 为

$$S=\frac{q}{b} \quad (m^2) \quad (10-71)$$

式中 q——除碳器的进水量，m^3/h；

b——淋水密度，设计时一般采用 $60m^3/(m^2\cdot h)$。

除碳器直径 d 为

$$d=\sqrt{4S/\pi}=1.13\sqrt{S} \quad (m) \quad (10-72)$$

2. 每小时需除去的 CO_2 量

$$G=q(c_1-c_2)\times 10^{-3} \quad (kg/h) \quad (10-73)$$

式中 c_1——进水中 CO_2 的含量，mg/L；

c_2——除碳器出水中 CO_2 的含量，一般取 3～5mg/L。

$$c_1=44[HCO_3^-]+22[1/2CO_3^{2-}]+[CO_2] \quad (mg/L) \quad (10-74)$$

式中 $[HCO_3^-]$、$[1/2CO_3^{2-}]$——阳床进水中 HCO_3^-、CO_3^{2-} 的含量，mmol/L；

$[CO_2]$——阳床进水中游离 CO_2 的含量，mg/L，缺少资料时，可按式：$[CO_2]=0.268[HCO_3^-]$ 估算。

3. 填料的表面积

$$A_1 = \frac{G}{K\Delta C} \quad (m^2) \tag{10-75}$$

其中

$$\Delta C = \frac{c_1 - c_2}{2.44\lg(c_1/c_2)} \times 10^{-3} \quad (kg/m^3) \tag{10-76}$$

$$K = \frac{1.02 a_k Re^{0.86} Pr^{0.33}}{d} \quad (m/h) \tag{10-77}$$

式中　ΔC——脱除 CO_2 的平均推动力，kg/m^3，也可由图 10－2 查得；

K——解析系数，当选用 25mm×25mm×2.5mm 瓷环时，K 值可由图 10－3 查得，当选用 ϕ50 塑料多面空心球时，K 值可由表 10－7 查得，选用其他填料时，K 值按式（10－75）计算；

d——填料水力当量直径，m；

a_k——CO_2 在水中的扩散系数，m^2/h，在 20℃时，$a_k = 6.4\times10^{-6}\ m^2/h$，在温度为 t℃时 $a_k{}^t = a_k\ [1+0.02\ (t-20)]$；

Pr——普兰特数，$Pr = \frac{\nu}{a_k}$；

Re——雷诺数，$Re = \frac{\omega d}{\nu}$；

ν——水的运动黏度，m^2/h；

ω——淋水密度，$m^3/(m^2\cdot h)$。

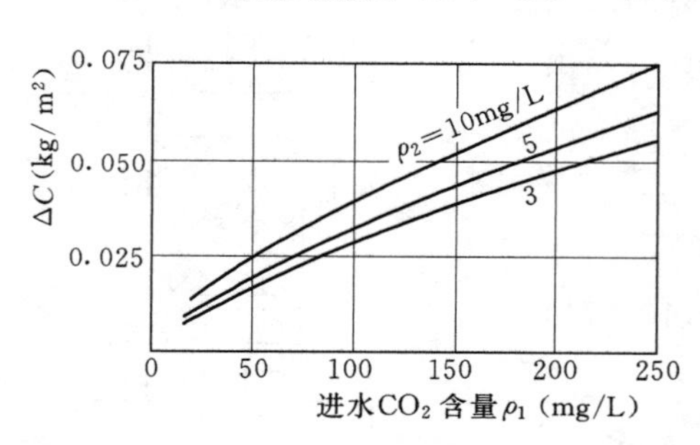

图 10－2　脱除 CO_2 的平均推动力 ΔC

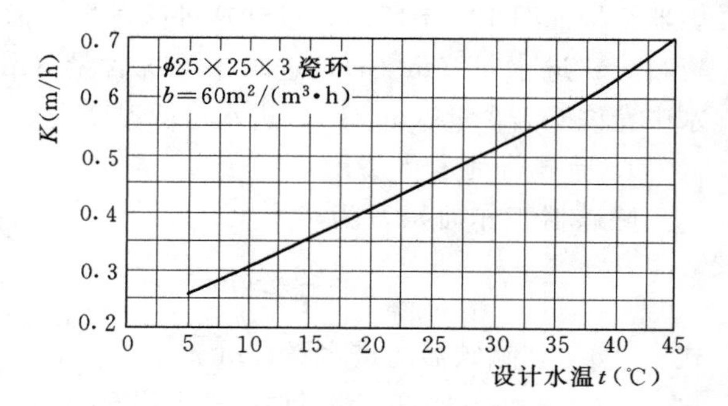

图 10－3　大气式除碳器 CO_2 的解析系数 K

表 10－7　　ϕ50 塑料多面空心球解析系数 K

淋水密度 [$m^3/(m^2\cdot h)$]	33.1		42.6		61.5	
水温（℃）	13	22	13	22	13	22
K（m/h）	0.295	0.375	0.355	0.470	0.450	0.555

4. 填料层体积的计算

$$V = \frac{A_1}{E} \quad (m^2) \tag{10-78}$$

式中　E——单位体积瓷环的工作面积，即比表面积，m^2/m^3，其值可查表 10－8，采用多面空心塑料球的比工作面积见表 10－9。

表 10-8　瓷环规格性能表

瓷环尺寸 (mm)	堆积密度 (kg/m^3)	空隙率 (m^3/m^3)	比表面积 E (m^2/m^3)	水力当量直径 d (m)
16×16×2	730	0.73	305	0.00957
25×25×2.5	505	0.78	190	0.0164
40×40×4.5	577	0.75	126	0.0238
50×50×4.5	457	0.81	93	0.0348

表 10-9　多面空心塑料球的规格性能

环径 ϕ (mm)	单位体积个数 (个/m^3)	空隙率 (m^3/m^3)	比表面积 E (m^2/m^3)	水力当量直径 d (m)
25	85000	0.84	460	0.00732
50	11500	0.9	236	0.01525

5. 填料层高度

$$h = \frac{V}{S} \quad (m^2) \tag{10-79}$$

6. 鼓风机的选择计算

(1) 风机风量为

$$L = 1.1 q_k q k k_1 k_2 \quad (m^2) \tag{10-80}$$

式中　1.1——风量备用系数；

q_k——气水比，即每处理 $1m^3$ 水所需的空气量，一般为 $20 \sim 30m^3/m^3$；

k——气压修正系数，$k = \frac{101.325}{p}$；

p——当地大气压，kPa；

k_1——空气温度修正系数，$k_1 = \frac{273+t}{273}$；

t——进风温度，℃；

k_2——进水温度修正系数，见表 10-10。

表 10-10　水温修正系数 k_2

水温 t (℃)	5	10	15	20	25	30	35	40
k_2	1.6	1.3	1.1	0.9	0.8	0.7	0.6	0.5

(2) 风机风压为

$$p = 1.2(\Delta p_L h + \Delta p_n) k k_1 \quad (m^2) \tag{10-81}$$

式中　Δp_L——填料单位高度的阻力，瓷环一般为 200～500Pa/m，塑料多面空心球一般为 120～140Pa/m；

h——填料高度，m；

Δp_n——除碳器内其余部分的总阻力，一般为 294～392Pa。

二、真空式除气器

真空除气器不仅能除去 CO_2，而且能除去 O_2 和其他溶于水中的气体，水经真空除气

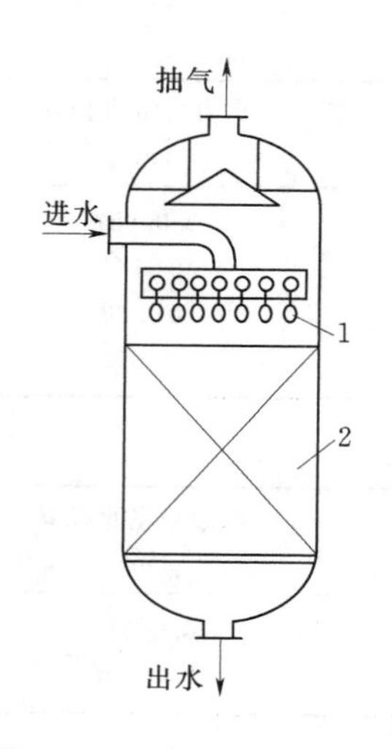

图 10-4 真空除气器结构
1—布水管 2—填料层

器除气后，CO_2可低至3mg/L，O_2的剩余量可达0.05mg/L。真空除气器包括本体和真空系统两部分，真空除气器的本体结构如图10-4所示。

1. 除气器的工作面积和直径

除气器工作面积S为

$$S = \frac{q}{b} \quad (m^2) \tag{10-82}$$

式中 q——除气器的进水量，m^3/h；

b——淋水密度，设计时一般采用40～60$m^3/(m^2 \cdot h)$。

除气器直径d为

$$d = \sqrt{4S/\pi} = 1.13\sqrt{S} \quad (m) \tag{10-83}$$

2. 除去CO_2和O_2的量

$$G = \frac{q(C_1 - C_2)}{1000} \quad (kg/h) \tag{10-84}$$

式中 C_1——进除气器水中的CO_2或O_2的含量，mg/L；

C_2——出除气器水中的CO_2或O_2的含量，mg/L。

3. 填料层高度

$$H = R\ln\frac{C_1}{C_2} \quad (m) \tag{10-85}$$

式中 R——单位传质高度，m。

多面空心塑料球的R值见表10-11。

H值除计算外也可查图10-5和图10-6得到。

表 10-11 多面空心塑料球的单位传质高度R值 单位：m

淋水密度 [$m^3/(m^2 \cdot h)$] / 水温（℃）	30	35	40	45	50	55	60	65	70	75	80
5	1.034	1.063	1.079	1.092	1.108	1.127	1.138	1.152	1.165	1.176	1.186
10	0.88	0.899	0.919	0.931	0.948	0.926	0.972	0.984	0.994	1.002	1.01
15	0.762	0.8	0.803	0.808	0.816	0.83	0.84	0.848	0.859	0.866	0.875
20	0.668	0.685	0.697	0.708	0.719	0.728	0.738	0.745	0.754	0.761	0.767
25	0.592	0.603	0.616	0.626	0.637	0.644	0.651	0.661	0.667	0.673	0.68
30	0.532	0.545	0.555	0.563	0.573	0.58	0.583	0.594	0.6	0.607	0.611
35	0.477	0.489	0.498	0.505	0.513	0.52	0.528	0.532	0.538	0.544	0.548
40	0.434	0.443	0.451	0.459	0.466	0.472	0.478	0.484	0.489	0.493	0.499
45	0.4	0.407	0.415	0.422	0.427	0.434	0.439	0.443	0.449	0.453	0.457
50	0.365	0.373	0.38	0.386	0.392	0.397	0.402	0.407	0.411	0.415	0.419

查得的填料层高度采用其中较大的值。

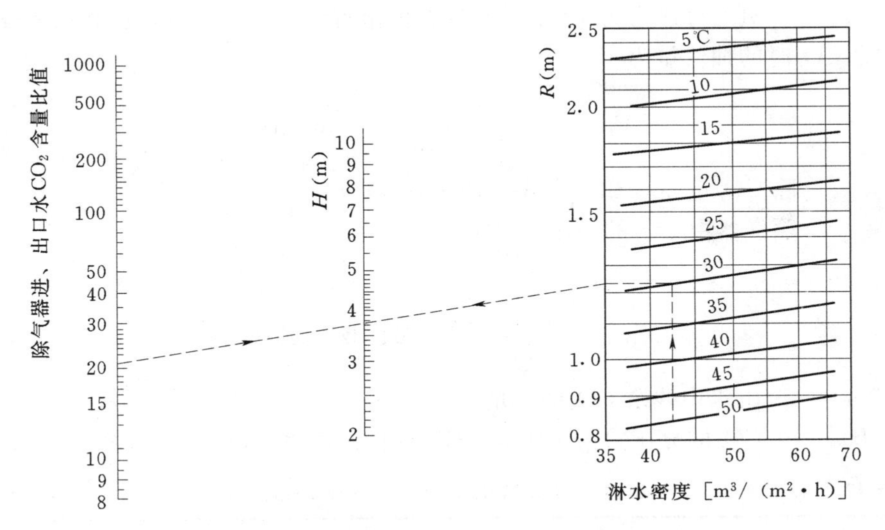

图 10-5 真空除气器除 CO_2 时的填料高度计算图

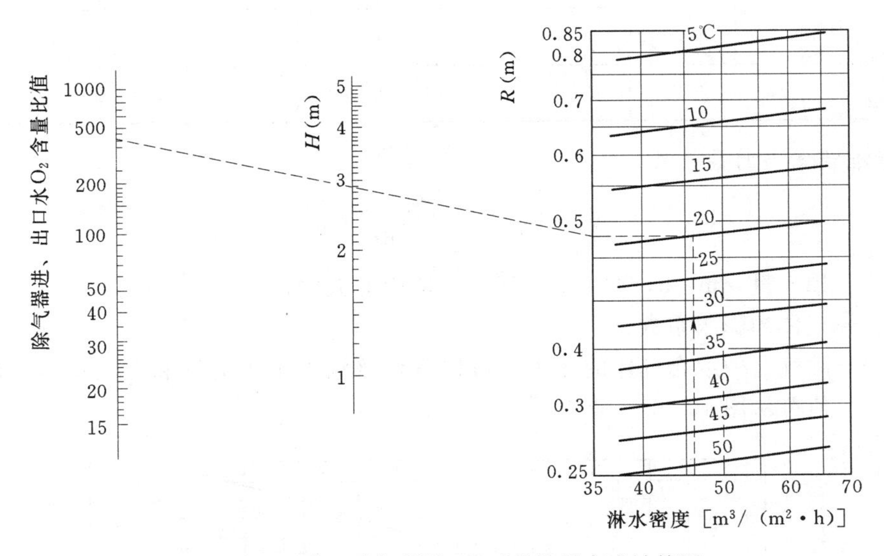

图 10-6 真空除气器除 O_2 时的填料高度计算图

4. 真空设备的抽气量计算

(1) 除 O_2时的抽气量为

$$V_{O_2}=\frac{G_{O_2}(273+t)}{3.72p_{O_2}}\quad (m^3/h) \tag{10-86}$$

式中 G_{O_2}——除 O_2量，kg/h，考虑到大气中氧的漏入按 1.3G 计算；

t——进水温度，℃；

p_{O_2}——除气器中 O_2的分压，kPa。

$$p_{O_2}=\left[\frac{(O_2)_2}{B_{O_2}}\right]\times 101.325\quad (kPa)$$

式中 $(O_2)_2$——出水中残余氧的含量，mg/L；

B_{O_2}——氧的分压力为101.325kPa时的溶解度，mg/L，由表10－12查出。

（2）除CO_2时的抽气量为

$$V_{CO_2}=\frac{G_{CO_2}(273+t)}{5.13p_{CO_2}}\quad (m^3/h) \tag{10-87}$$

式中　G_{CO_2}——除CO_2量，kg/h，由式（10－82）求出；

p_{CO_2}——除气器中CO_2的分压，kPa。

$$p_{CO_2}=\left[\frac{(CO_2)_2}{B_{CO_2}}\right]\times 101.325\quad (kPa)$$

式中　$(CO_2)_2$——出水中残余CO_2的含量，mg/L；

B_{CO_2}——CO_2的分压力为101.325kPa时的溶解度，mg/L，由表10－12查出。

表10－12　　分压力为101.325kPa时O_2和CO_2的溶解度

温度（℃）	0	5	10	15	20	25	30	40	50
B_{O_2}	69.5	60.7	53.7	48	43.4	39.3	35.9	30.8	26.6
B_{CO_2}	3350	2770	2310	1970	1690	1450	1260	970	760

5. 标准状态下的抽气量

$$V_B=\frac{0.01Vp}{1+0.00366t}\quad (m^3) \tag{10-88}$$

式中　V——抽气量，m^3/h，取V_{O_2}和V_{CO_2}二值中的大值；

0.00366——气体的膨胀系数；

p——除气器中混合气体的压力，可以看作该温度下水的饱和蒸汽压力，kPa，此值可从图10－7中查得。

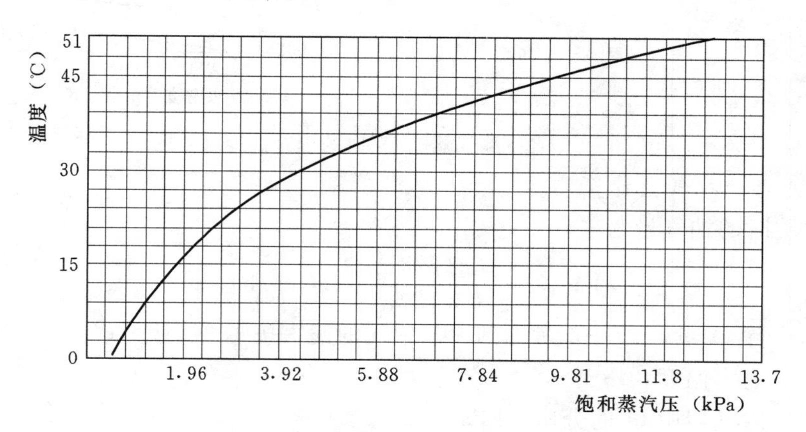

图10－7　不同温度下水的饱和蒸汽压力

计算出的抽气量V_B，可作为选择真空设备的技术依据。

第五节　其他设备及系统的工艺计算

一、酸碱系统

1. 运输与储存方式

采用离子交换除盐时，酸碱用量一般较大。图10－8所示是地下酸碱储存槽的酸碱系统，运来的酸碱靠重力流进地下酸碱储存槽，使用时用耐酸碱泵打到高位储存罐，酸和碱再靠重力流进计量箱，然后用水力喷射器配制成所需浓度的稀溶液输送到离子交换器中。系统中的地下酸碱储槽的施工质量要高，以防泄漏。

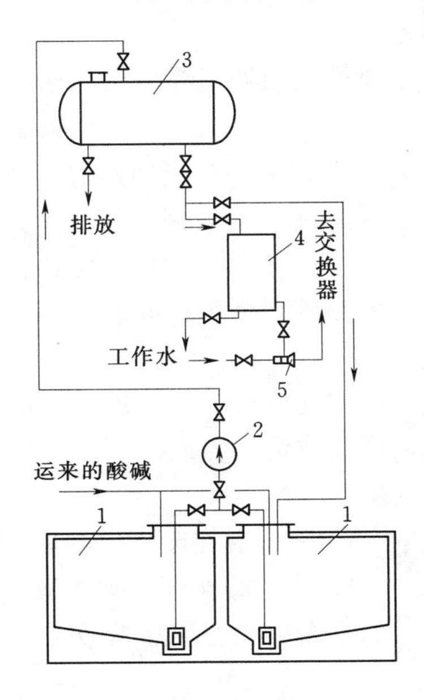

图10－8　地下储存槽的酸碱系统

1—地下酸碱储存槽；2—耐酸碱泵；3—高位储存罐；4—计量箱；5—喷射器

酸碱储存槽也可采用高位布置，此时如用汽车运输，卸酸碱可用泵；如用火车运输，除用泵卸酸碱外，也可采用对储存槽抽真空的方法。由于酸碱储存槽是高位布置的，万一有泄漏现象，一方面易及时发现，另一方面也可将储存槽中泄漏的酸碱引入酸碱中和池中。

酸碱储存槽附近应有清洗淋水设施，盐酸储存槽和计量箱通气口应接到酸雾吸收器，硫酸储存槽和计量箱通气口应接到除湿器。

2. 储存槽（罐）容积

储存槽（罐）的容积应根据水处理系统酸碱用量、货源供应情况和运输条件等确定，一般应能储存15～30天的酸碱使用量；由本地供应酸碱时，可以适当地减少酸碱的储存天数；当由铁路槽车运输酸碱时，还应考虑到各储存槽（罐）的总容积能满足存放1槽车的酸碱量再加10天的使用量。

3. 计量箱容积

计量箱的有效容积，应能满足最大一台离子交换器再生1次的1.3倍再生剂耗量。当同类型交换器台数较多，有两台同类型交换器需同时再生时，计量箱的台数或容量应能满足两台同时再生的需要。计量箱一般应做成圆柱形。混床一般专设一套再生剂计量箱。计量箱的容积按下式计算

计量箱容积　　$V=1.3V'$

二、各种水箱

各种水箱的容积可参考下列要求选择。

(1) 清水箱的有效容积：一般为1～2h的清水用量，台数不宜少于2台。

(2) 中间水箱：对单元制系统，应为每套水处理设备2～5min的出水量．且不应小于$2m^3$；对并联制系统，应为水处理设备15～30min的出水量。

(3) 除盐（或软化）水箱的总有效容积，应取下述三项中最大值：①最大一台锅炉酸

洗或启动时用水量；②一台最大出力的交换器再生所需水量；③满足热电厂 1～2h 正常补水量，对凝汽式发电厂，为最大一台锅炉 2～3h 最大连续蒸发量。

（4）如设反洗水箱，其容积应为最大一台机械过滤器或离子交换器反洗用水的 1.5 倍。

三、酸碱废液的浓度和中和池的计算

在离子交换法中，由于再生工艺中使用了酸和碱溶液，存在酸、碱废液的排放与中和问题。

离子交换器每周期酸、碱的排放量（浓度按 100%计）按下式计算

$$S(\text{或 } J) = V_R E_G (n-1) \quad (\text{mol/周期}) \tag{10-89}$$

式中　V_R——一台交换器内交换剂体积，m^3，在混床中指阳树脂或阴树脂装填体积；

E_G——交换剂实际工作交换容量，mol/m^3；

n——再生剂的实际比耗。

中和后剩余酸碱量为

$$S' = S - J \quad \text{或} \quad J' = J - S (\text{mol/周期}) \tag{10-90}$$

中和池容积为一个周期的酸碱废液排放量，宜设两个交替使用，如有其他废水排入时，应相应增大容积。

$$V = V_{ac} + V_{al} \quad (m^3) \tag{10-91}$$

式中　V_{ac}——酸性废水排放量，m^3/周期；

V_{al}——碱性废水排放量，m^3/周期。

如不在中和池中加入酸或碱，当酸液过量时，则排放的废水 pH 值为

$$pH = -\lg\left(\frac{S'}{V}\right) \tag{10-92}$$

当碱液过量时，则排放的废水 pH 值为

$$[H^+] = \frac{K_w}{[OH]} = \frac{K_w}{J'/V} \tag{10-93}$$

$$pH = -\lg[H^+] \tag{10-94}$$

参 考 文 献

［1］ 李培元．火力发电厂水处理及水质控制［M］．第二版．北京：中国电力出版社，2008.
［2］ 刘爱忠．电厂化学［M］．北京：中国电力出版社，2006.
［3］ 李培元，钱达中，王蒙聚等．锅炉水处理［M］．武汉：湖北科学技术出版社，1989.
［4］ 施燮钧．热力发电厂水处理（上下册）［M］．第三版．北京：中国电力出版社，1996.
［5］ 黄成群．电厂化学［M］．中国电力出版社，2006.
［6］ 刘智安，沈炳耘，王乃光，邢世录．电厂水处理技术［M］．北京：中国水利水电出版社，2009.
［7］ 顾夏声，黄铭荣，王占生，等．水处理工程［M］．北京：清华大学出版社，1985.
［8］ 王鼎臣．水处理技术及工程实例［M］．北京：化学工业出版社，2008.
［9］ 陈志和．600MW电厂化学设备及系统［M］．北京：中国电力出版社，2007.
［10］ 周柏青．电厂化学［M］．中国电力出版社，2006.
［11］ 钱达中．发电厂水处理工程［M］．北京：中国电力出版社，1998.
［12］ 施燮钧，王蒙聚，肖作善．火力发电厂水质净化［M］．北京：水利电力出版社，1990.
［13］ 郝景泰，于萍，周英．工业锅炉水处理技术［M］．北京：气象出版社，2000.
［14］ 严煦世，范瑾初．给水工程［M］．第四版．北京：中国建筑工业出版社，1999.
［15］ 张自杰．排水工程［M］．第四版．北京：中国建筑工业出版社，2000.
［16］ 戴广华．电厂水处理与化学监督［M］，北京：中国电力出版社，1999.
［17］ 赵毅，胡志光，等．电力环境保护实用技术及应用［M］，北京：中国水利水电出版社，2006.
［18］ 张林生．水的深度处理与回用技术［M］．第二版．北京：化学工业出版社，2009.
［19］ 刘海宁，薛拥军，杨兴华．大型纤维滤池在电厂中的应用［J］．华东电力，2002，(10)：71-72.
［20］ 陈宇畅，唐三连，邵林广，等．普通快滤池与V型滤池的性能比较［J］．供水技术，2007，1(5)：41-43
［21］ 周柏青．全膜水处理技术［M］．北京：中国电力出版社，2008.
［22］ 张葆宗．反渗透水处理应用技术［M］．北京：中国电力出版社，2006.
［23］ 华耀祖．超滤技术与应用［M］．北京：化学工业出版社，2004.
［24］ 时钧，袁权，等．膜技术手册［M］．北京：化学工业出版社，2001.
［25］ 窦照英．实用化学清洗技术［M］．北京：化学工业出版社，1998.
［26］ 国家电力公司华东公司．锅炉检修技术问答［M］．北京：中国电力出版社，2003.
［27］ 李瑞扬，吕薇，等．锅炉水处理原理与设备［M］．哈尔滨：哈尔滨工业大学出版社，2003.
［28］ 周国庆，孙涛，等．工业锅炉［M］．北京：化学工业出版社，2009.
［29］ 张兆杰，桑清莲，王建华，郝津晶，等．锅炉水处理技术［M］．郑州：黄河水利出版社，2003.
［30］ 窦照英，周军．锅炉压力容器腐蚀失效与防护技术［M］．北京：化学工业出版社，2008.
［31］ 解鲁生．锅炉水处理原理与实践［M］．北京：中国建筑工业出版社，1997.
［32］ 宋业林．锅炉水处理实用手册［M］．北京：中国石油出版社，2001.
［33］ 魏刚，熊蓉春，等．热水锅炉仿佛阻垢技术［M］．北京：北京工业出版社，2002.
［34］ 王方．锅炉水处理［M］．北京：中国建筑工业出版社，1996.